Theorie und Berechnung der Rotationsschalen

Von

Pedro B. J. Gravina

ord. Professor für „Brücken- und Hochbauten“ an der Escola Politécnica und für „Hochbauten“ an der Abteilung für Architektur und Städtebau der Universität von São Paulo

Deutsch von

Christoph P. Stüssi

Dipl. Bauing. ETH, Zürich

Mit 101 Abbildungen

Springer-Verlag

Berlin / Göttingen / Heidelberg

1961

Softcover reprint of the hardcover 1st edition 1961

ISBN 978-3-642-49316-4 ISBN 978-3-642-49315-7 (eBook)
DOI 10.1007/978-3-642-49315-7

Vorwort

Die moderne Ingenieurbaukunst ist gegenwärtig dabei, in Weiterentwicklung der klassischen Konzeptionen die eindimensionalen Tragelemente zu ersetzen und sich dafür die durch die Formgebung erhaltene Tragfähigkeit von Tragwerken dienbar zu machen, die sich über eine Fläche erstrecken und durch Stärken charakterisiert sind, die gegenüber den weiteren Abmessungen außerordentlich reduziert sind.

Dieser bautechnischen Entwicklung entspricht die Tendenz der zeitgenössischen Architektur, plastische, durch das Studium der Formen erhaltene Lösungen zu verwenden.

Obschon sich das Interesse für die Verwendung von Flächentragwerken auch im Stahlbau zeigt, rückt die Anwendung von Tragelementen, deren Tragfähigkeit hauptsächlich in der Form der Mittelfläche begründet ist, bei den Konstruktionen aus Stahlbeton in immer entscheidenderer Weise in den Vordergrund.

Mannigfaltig sind die Gründe für die zunehmende Verbreitung der Flächentragwerke, indessen liegt zweifellos einer der wichtigsten in der besseren Kenntnis, die wir heute von den Möglichkeiten haben, die sich durch diese Tragwerke ergeben, wobei diese Kenntnis die Frucht reiflicher Erfahrung und ausgiebiger theoretischer und experimenteller Untersuchungen ist.

Die ersten Untersuchungen wurden zu Beginn des vergangenen Jahrhunderts in Angriff genommen, nachdem die Grundlagen der Elastizitätstheorie bekannt geworden waren, worauf die Flächentragwerke Gegenstand wichtiger Untersuchungen seitens bedeutender Mathematiker wurden. Sie blieben indessen lange Zeit in der Sphäre theoretischer Spekulationen, obschon großartige, durch geniale Architekten in anderen Epochen verwirklichte Beispiele in kühner Weise die durch sie erzielbaren Vorteile infolge der Einsparung an Gewicht und der großen Steifigkeit demonstriert hatten.

Aus den großen analytischen Schwierigkeiten, die in einem Großteil der Fälle Lösungen unmöglich machten, erklärt sich das anfänglich von den Ingenieuren gezeigte geringe Interesse für diese theoretischen Untersuchungen über die Flächentragwerke.

Die sukzessive Entwicklung von Berechnungsmethoden, die erlaubten, genaue oder genügend genäherte Lösungen zu erhalten, in Verbindung mit den monolithischen Eigenschaften und den Vorteilen in der Ausführung, die der Stahlbeton aufweist, waren zum großen Teil im Fall des Bauingenieurwesens mitbestimmend für das gegenwärtig steigende Interesse für die Flächentragwerke und insbesondere für die Schalen. Mit ihnen erhalten wir durch die Ausnützung der in der Form begründeten Tragfähigkeit eine architektonisch plastische und technisch wirtschaftliche Lösung.

Wir haben unsere Untersuchung in drei Teile eingeteilt:

I. Grundlagen der Theorie der elastischen Flächentragwerke
II. Membrantheorie der Rotationsschalen unter drehsymmetrischer Belastung
III. Biegetheorie der Rotationsschalen unter drehsymmetrischer Belastung.

Im ersten Teil haben wir die Flächentragwerke in Funktion der grundlegenden Eigenschaften der Mittelfläche untersucht. Wir hielten es daher für richtig, mit Rücksicht auf die Einheit unserer Entwicklung unsere Betrachtung im Kapitel 1 mit der Untersuchung derjenigen geometrischen Eigenschaften zu beginnen, welche das Verhalten der Tragwerke bestimmen. Wir haben so die grundlegenden Beziehungen hergeleitet, die notwendig sind, um die allgemeinen Gleichungen der Theorie zu erhalten.

Nachdem wir im Kapitel 2 eine Einteilung der Flächentragwerke vorgenommen und die grundlegenden Annahmen dargelegt haben, wurden in den Kapiteln 3 und 4 die Gleichgewichtsbedingungen und die Ausdrücke für die Verzerrungskomponenten, bezogen auf krummlinige orthogonale Koordinaten, für die Tragwerke hergeleitet.

Im Kapitel 5 haben wir, ausgehend von den Beziehungen der vorhergehenden Untersuchung, die Grundgleichungen für verschiedene Tragwerke erhalten, wobei wir besonders die Rotationsschalen in den Mittelpunkt rückten.

Im zweiten und dritten Teil des Buches haben wir die Rotationsschalen unter drehsymmetrischen Lasten eingehend untersucht, wobei wir im besonderen den zweiten Teil der Untersuchung des Verhaltens der Schalen im Grenzfall des Membranzustandes widmeten, den wir im Kapitel 6 erklärt haben.

Die allgemeinen Gleichungen der Membrantheorie, die wir im Kapitel 7 dargestellt haben, wurden direkt aus der im ersten Teil entwickelten grundlegenden Betrachtung erhalten.

Wegen der Wichtigkeit dieser Theorie haben wir in den Kapiteln 8, 9 und 10 die Ausdrücke für die Kräfte, Verschiebungen und Drehungen für verschiedene Belastungsfälle von Kugelschalen, Kegelschalen und Kreiszylinderschalen angegeben.

Im dritten Teil des Buches haben wir die Untersuchung der Biegetheorie der Rotationsschalen unter drehsymmetrischen Lasten entwickelt. Infolge der Wichtigkeit des Gegenstandes wurde zuerst die genaue Theorie und anschließend die genäherte Theorie dargestellt.

Aus den allgemeinen Gleichungen von MEISSNER, die im Kapitel 11 Gegenstand unserer Betrachtungen waren, haben wir die Grundgleichungen der Kugelschalen, Kegelschalen und Kreiszylinderschalen hergeleitet.

Mit Rücksicht auf die Art der Grundgleichungen, die sich bei der Untersuchung der erwähnten Schalen einstellen, wurden im Kapitel 12 die Elemente der Theorie über die Integration der linearen Differentialgleichungen zweiter Ordnung in der Umgebung von singulären regulären Punkten angegeben.

Das Kapitel 13 ist der Untersuchung der Kugelschalen gewidmet. Wir haben die hypergeometrische Gleichung und ihre Lösungen untersucht, aus denen wir die Ausdrücke für die Kräfte, Verschiebungen und Drehungen erhalten haben. Nach Einführung des Begriffs der Verschiebungsgröße wurden die Ausdrücke für diese Größen für die Kugelschale hergeleitet und das Verfahren mit einem Anwendungsbeispiel erläutert.

Im Kapitel 14 haben wir eine der vorhergehenden analoge Betrachtung für die Kegelschalen angestellt. Wir haben die Gleichung von BESSEL und ihre Lösungen sowie die für die Anwendungen besonders wichtigen Funktionen von SCHLEICHER behandelt und die Ausdrücke für die Kräfte, Verschiebungen und Drehungen hergeleitet, die wir bei der Berechnung von zwei numerischen Beispielen angewendet haben.

Die Zylinderschalen sind im Kapitel 15 behandelt worden, wo wir eine detaillierte Untersuchung der Schnittgrößen infolge von in den Rändern angreifenden Störungen durchgeführt haben. Für entlang der Ränder verteilte Störungskräfte haben wir die Ausdrücke für die Schnittgrößen in der Schale hergeleitet.

Wir haben das Kapitel 16 der Behandlung der Auflagerreaktionen gewidmet, welche unter Verwendung der Verschiebungsgrößen sowohl mit der Kräftemethode als auch mit der Deformationsmethode bestimmt worden sind. Wir haben die Fälle von einfachen und mehrfachen Tragwerken betrachtet und eine Untersuchung der Vorspannung der Schalen zur Kompensation der Störungskräfte durchgeführt.

Die Behandlung der Näherungstheorie beginnt im Kapitel 17 mit der Darstellung der asymptotischen Methode von BLUMENTHAL für Kugelschalen, die wir in einem numerischen Beispiel angewendet haben.

Aus der Methode von Blumenthal haben wir im Kapitel 18 die abgeleitete asymptotische Methode hergeleitet, für welche wir die Ausdrücke für die Kräfte, Verschiebungen und Drehungen infolge von Störungen sowohl im oberen als auch im unteren Rand angegeben haben. Anschließend wurde die Theorie auf ein numerisches Beispiel angewendet.

Die Methode von Geckeler für Kugelschalen war Gegenstand einer detaillierten Untersuchung im Kapitel 19. Die Ausdrücke für die Grundunbekannten sind sowohl mit der abgeleiteten asymptotischen Methode als auch direkt aus den allgemeinen Gleichungen von Meissner hergeleitet worden. Wir haben anschließend die Ausdrücke für die Schnittgrößen infolge von im unteren Rand angreifenden Einheitskräften angegeben. Für die Schalen, welche die Annahme, daß die charakteristische Größe λ konstant sei, nicht erfüllen, haben wir ein genähertes Berechnungsverfahren entwickelt, welches wir sowohl auf die Schalen mit gekrümmtem Meridian als auch auf die Kegelschalen anwendeten, wobei wir die Ausdrücke für die Kräfte, Verschiebungen und Drehungen hergeleitet haben. Wir haben unsere Betrachtungen über die Methode von Geckeler mit einer Untersuchung des Verhaltens einer Kugelschale abgeschlossen, die wir als System von Meridianstreifen auf elastischer Unterstützung, welche durch die Parallelstreifen gebildet wird, aufgefaßt haben. Verschiedene Anwendungen der in diesem Kapitel 19 dargestellten Theorie sind durchgeführt worden, wobei die mit der Methode von Geckeler erzielte Näherung sowie die Berechnung von mehrfachen Tragwerken sowohl mit Hilfe der Kräftemethode als auch mit Hilfe der Deformationsmethode gezeigt worden sind. Gegenstand einer besonderen Entwicklung war ein Beispiel für die Berechnung der Vorspannung.

Im Kapitel 20 haben wir die Untersuchung der flachen Kugelschalen dargestellt, wobei wir die Ausdrücke für die Kräfte, Verschiebungen und Drehungen infolge der Randstörungen sowie die Ausdrücke für die Verschiebungsgrößen hergeleitet haben. Wir haben auch das Verhalten der Kugelschalen unter Einzellasten im Scheitel untersucht. Zwei numerische Beispiele erläutern die Anwendung der Theorie.

Im Literaturnachweis haben wir nur die von uns direkt benützten oder im Text zitierten Werke angegeben.

Wir haben die Arbeit mit der Wiedergabe einer Reihe von Hilfstabellen abgeschlossen, deren erste bei der Berechnung der Kreiszylinderschalen und der Kugelschalen nach der Methode von Geckeler angewendet werden kann, während die weiteren für die Untersuchung der flachen Kugelschalen benützt werden können. Diese letzten wurden in unserem Auftrag durch die elektronische Rechenmaschine FINAC des

Istituto Nazionale per le Applicazioni del Calcolo in Rom berechnet, dessen Direktor, Prof. MAURO PICONE, wir unseren Dank aussprechen möchten.

Unser besonders herzlicher Dank gilt Prof. Dr.-Ing. FRITZ STÜSSI von der Eidgenössischen Technischen Hochschule in Zürich, der uns zur Veröffentlichung dieses Buchs angeregt hat, sowie Ing. CHRISTOPH P. STÜSSI, dem die Aufgabe zufiel, das in portugiesischer Sprache verfaßte Manuskript ins Deutsche zu übersetzen. Dem Springer-Verlag danken wir für die Veröffentlichung dieses Buchs.

Wir möchten mit dieser Arbeit einen bescheidenen Beitrag zur Entwicklung der Theorie über die elastischen Flächentragwerke und insbesondere der Untersuchungen der Rotationsschalen beisteuern, bezüglich welcher wir mit LORENZ [13. 2, S. 683] bestätigen möchten: „Daß derartige Probleme auch von Ingenieuren in Angriff genommen und durchgeführt wurden, darf wohl als Beweis für ein erfolgreiches Zusammenwirken der Technik und der reinen Wissenschaft angesehen werden".

São Paulo, im April 1961

Pedro B. J. Gravina

Inhaltsverzeichnis

I. Grundlagen der Theorie der elastischen Flächentragwerke

II. Membrantheorie der Rotationsschalen unter drehsymmetrischer Belastung

III. Biegetheorie der Rotationsschalen unter drehsymmetrischer Belastung

Exakte Theorie

Tabellen

I. Grundlagen der Theorie der elastischen Flächentragwerke

1. Elemente der Differentialgeometrie

A. Raumkurven

a) Analytische Darstellung der Kurven. Eine Raumkurve kann durch die Vektorgleichung

$$\vec{r} = \vec{r}(u) \tag{1.1}$$

definiert werden, wobei $\vec{r}$ einen im Ursprung 0 angreifenden Vektor und u die unabhängige Variable bedeuten.

Der Vektorgleichung (1.1) entsprechen drei skalare Gleichungen

$$x = \varphi(u); \qquad y = \psi(u); \qquad z = \chi(u). \tag{1.2}$$

Diese Gleichungen heißen Parametergleichungen, wobei u der Parameter ist.

Wählen wir als Parameter die Kurvenlänge, ausgehend von einem Ursprung A und in einer bestimmten Richtung, so erhalten wir die sogenannte natürliche Darstellung der Kurve.

b) Dreibein von Frenet. Krümmung und Windung. Wir untersuchen kurz die charakteristischen Elemente der Kurve in der Umgebung eines Punkts P (Abb. 1.1).

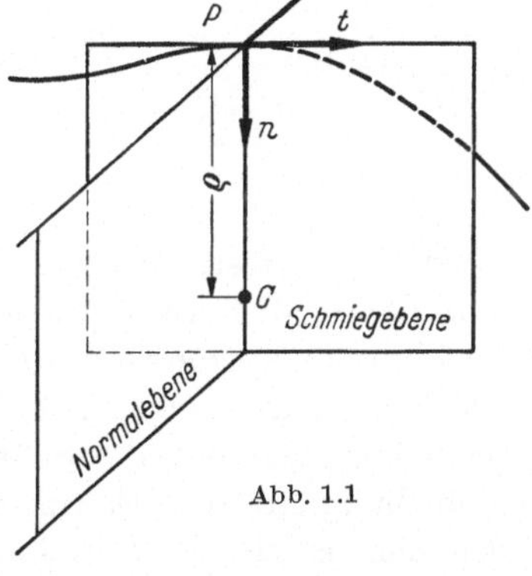

Abb. 1.1

Die Richtung der Tangente an die Kurve ist gegeben durch einen Einheitsvektor, den wir mit $\vec{t}$ bezeichnen. Die senkrecht auf der Tangente stehende Ebene nennen wir Normalebene. Die Raumkurve liegt nicht in der Ebene. Wir können nun die Ebene π betrachten, welche durch die Tangente in P und durch einen zweiten Punkt P_1 der gleichen Kurve gegeben ist. Die Grenzstellung dieser Ebene wird erreicht, wenn sich P_1 entlang der Kurve in den Punkt P verschiebt. Diese heißt Schmiegebene an die Kurve im Punkt P.

Die Schnittlinie zwischen der Schmiegebene und der Normalebene ist eine Gerade, die sogenannte Hauptnormale. Dies ist die Normale auf das Kurvenelement, welches wir in der unmittelbaren Nähe des Punkts P als eben annehmen können. Dieses Kurvenelement stimmt bis und mit den Gliedern zweiter Ordnung mit einer ebenen Kurve überein. Es existieren folglich ein Berührungskreis, der in der Schmiegebene liegt, und ein Krümmungsmittelpunkt C auf der Hauptnormalen. Der Abstand $\overline{CP}$ ist der Krümmungsradius ϱ.

Die auf der Schmiegebene senkrecht stehende Gerade ist gleichzeitig senkrecht auf die Tangente und auf die Hauptnormale, daher wird sie Binormale genannt.

Wie die Tangente durch den Einheitsvektor $\vec{t}$ gegeben ist, werden auch die Normale definiert durch den Einheitsvektor $\vec{n}$ und die Binormale durch den Einheitsvektor $\vec{b}$ (Abb. 1.1).

Die drei Einheitsvektoren bilden das sogenannte begleitende Dreibein oder Dreibein von FRENET.

Wenn die Kurve durch die Vektorgleichung

$$\vec{r} = \vec{r}(s) \tag{1.3}$$

gegeben ist, so ergibt sich

$$\vec{t} = \frac{d\vec{r}}{ds}, \tag{1.4}$$

$$\vec{n} = \varrho \frac{d^2\vec{r}}{ds^2}, \tag{1.5}$$

$$\vec{b} = \vec{t} \times \vec{n}. \tag{1.6}$$

Wir stellen fest, daß uns die Krümmung einer Raumkurve einen Begriff davon gibt, wie stark sich dieselbe in der Umgebung des betrachteten Punkts von einer Geraden unterscheidet. Wenn wir wissen wollen, wie sich die Kurve von einer ebenen Kurve unterscheidet, müssen wir untersuchen, wie sich die Schmiegebene oder die Binormale bei einer Verschiebung ändern. Daraus läßt sich die Windung der Kurve in P bestimmen; es gilt die Beziehung:

$$\frac{1}{\tau} = \lim_{\Delta s \to 0} \frac{\Delta \varphi}{\Delta s}, \tag{1.7}$$

worin $\Delta\varphi$ den Winkel bedeutet, der durch die beiden Binormalen in den Punkten P und P_1 gebildet wird, Δs den Abstand zwischen P und P_1. In vektorieller Form ergibt sich:

$$\frac{d\vec{b}}{ds} = -\frac{1}{\tau}\vec{n}. \tag{1.8}$$

Wir bezeichnen die Windung als positiv, wenn der Einheitsvektor der Binormalen $\vec{b}$ bei einer Verschiebung in Richtung von $\vec{t}$ eine Drehung im Uhrzeigersinn um die Tangente beschreibt.

Wir stellen fest, daß im Falle einer ebenen Kurve die Schmiegebene in einem Punkt identisch ist mit der Ebene, in der die Kurve liegt. In diesem Fall verschwindet die Windung.

Die Ableitungen der Einheitsvektoren $\vec{t}$, $\vec{n}$ und $\vec{b}$ nach s können als Funktionen der gleichen Einheitsvektoren, der Krümmung und der Windung angeschrieben werden:

$$\left.\begin{aligned} \frac{d\vec{t}}{ds} &= \frac{1}{\varrho}\vec{n}, \\ \frac{d\vec{n}}{ds} &= -\frac{1}{\varrho}\vec{t} + \frac{1}{\tau}\vec{b}, \\ \frac{d\vec{b}}{ds} &= -\frac{1}{\tau}\vec{n}. \end{aligned}\right\} \tag{1.9}$$

Dies sind die Formeln von FRENET, die für die Theorie der Kurven grundlegend sind.

B. Flächen

a) Analytische Darstellung der Flächen. Eine Fläche kann in vektorieller Form durch die Gleichung

$$\vec{r} = \vec{r}(u, v) \tag{1.10}$$

definiert werden, worin $\vec{r}$ einen Vektor mit Ursprung in 0 und u, v zwei unabhängige Variable bedeuten, welche wir bei der Behandlung der Flächentragwerke auch mit α_1 bzw. α_2 bezeichnen werden. Dieser Vektorgleichung entsprechen drei skalare Gleichungen:

$$x = \varphi(u, v); \quad y = \psi(u, v); \quad z = \chi(u, v). \tag{1.11}$$

Diese Gleichungen nennt man Parametergleichungen, wobei u und v die Parameter sind. Wenn wir in den Gln. (1.11) u und v eliminieren, erhalten wir eine Beziehung zwischen x, y, und z:

$$F(x, y, z) = 0,$$

dies ist die bekannte Gleichung einer Fläche.

Drücken wir eine der Variablen, zum Beispiel z, in Funktion der beiden andern aus, so ergibt sich:

$$z = f(x, y), \tag{1.12}$$

dies ist die Flächengleichung in der Form, wie sie von MONGE gegeben wurde. Diese Form kann auf die Parameterform zurückgeführt werden, indem wir schreiben:

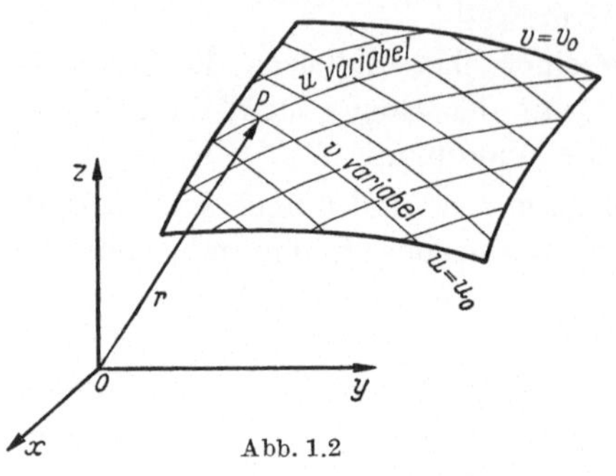

Abb. 1.2

$$\left.\begin{aligned} x &= u; \\ y &= v; \\ z &= f(u, v). \end{aligned}\right\} \qquad (1.13)$$

Eine beliebige Beziehung zwischen den Parametern, zum Beispiel $h(u, v) = 0$, stellt eine Kurve auf der Fläche dar, für welche in diesem Fall der Vektor $\vec{r}$ Funktion eines einzigen unabhängigen Parameters wird.

Besondere Bedeutung haben die Kurven $u = u_0 = \text{const}$ und $v = v_0 = \text{const}$, welche man Parameterkurven nennt.

Eine Kurve, gegeben durch $u = u_0$, entlang welcher u konstant bleibt und v variiert, heißt: Kurve $u = \text{const}$.

Wenn wir für u_0 alle möglichen Werte einsetzen, erhalten wir die Kurvenschar u.

Ebenso können wir die Kurvenschar v erhalten, wenn wir alle möglichen Werte von v_0 betrachten.

Die Parameterkurven bilden ein Netz, welches sich über die ganze Fläche erstreckt und infolgedessen ein System von krummlinigen Koordinaten auf der Fläche darstellt. Die Lage eines Punkts P auf derselben ist bestimmt durch die Werte von u und v (Abb. 1.2).

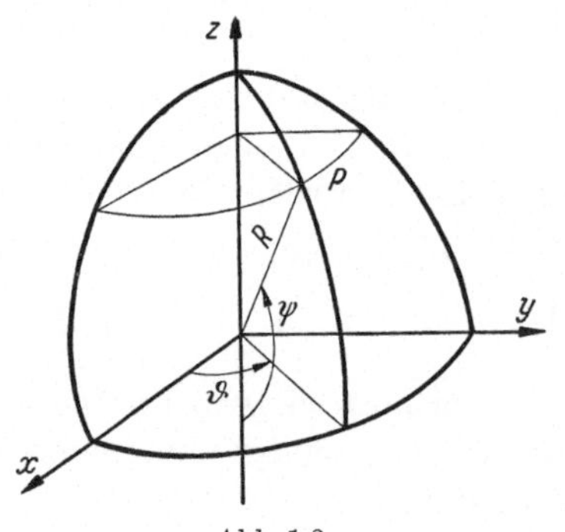

Abb. 1.3

Im Falle einer kugelförmigen Fläche beispielsweise (Abb. 1.3) können wir Kugelkoordinaten (R, ψ, ϑ) wählen, mit deren Hilfe sich die karthesischen Koordinaten des Punkts P wie folgt ausdrücken lassen:

$$\left.\begin{aligned} x &= R \cdot \sin\psi \cdot \cos\vartheta; \\ y &= R \cdot \sin\psi \cdot \sin\vartheta; \\ z &= -R \cdot \cos\psi. \end{aligned}\right\} \qquad (1.14)$$

Wir können demzufolge für die analytische Darstellung der Fläche ψ und ϑ als Parameter wählen. Die Parameterkurven $\vartheta = \text{const}$ entsprechen den Meridianen, während die Parameterkurven $\psi = \text{const}$ den Parallelkreisen entsprechen. Da sich die beiden Kurvenscharen unter einem rechten Winkel schneiden, erhalten wir somit orthogonale Parameterkurven.

b) Erste Fundamentalform. Wir betrachten auf der Fläche zwei benachbarte Punkte, P und Q (Abb. 1.4), denen die Parameterkoordinaten (u, v) bzw. $(u + du, v + dv)$ entsprechen.

Da $\vec{r}$ eine Funktion von u und v ist, folgt:

$$d\vec{r} = \frac{\partial \vec{r}}{\partial u} du + \frac{\partial \vec{r}}{\partial v} dv.$$

Zur Vereinfachung setzen wir

$$\left.\begin{aligned} &\frac{\partial \vec{r}}{\partial u} = \vec{r}_u; \qquad \frac{\partial \vec{r}}{\partial v} = \vec{r}_v; \\ &\frac{\partial^2 \vec{r}}{\partial u^2} = \vec{r}_{uu}; \qquad \frac{\partial^2 \vec{r}}{\partial u \cdot \partial v} = \vec{r}_{uv}; \qquad \frac{\partial^2 \vec{r}}{\partial v^2} = \vec{r}_{vv}. \end{aligned}\right\} \tag{1.15}$$

Damit haben wir:

$$d\vec{r} = \vec{r}_u du + \vec{r}_v dv. \tag{1.16}$$

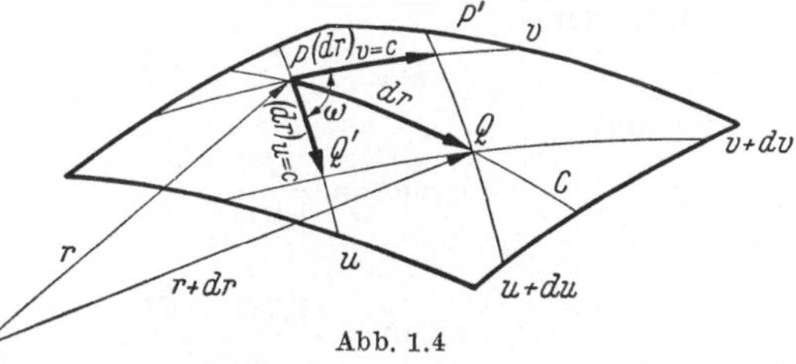

Abb. 1.4

Für zwei unendlich benachbarte Punkte P und Q können wir annehmen, daß durch sie eine ebene Kurve geht, deren Bogenelement, welches P mit Q verbindet, eine Länge ds hat, die dem Betrag von $d\vec{r}$ gleich ist.

Rufen wir uns das Skalarprodukt von Vektoren in Erinnerung, so ergibt sich aus Gl. (1.16):

$$(ds)^2 = (d\vec{r})^2 = \vec{r}_u^{\,2}(du)^2 + 2\vec{r}_u \cdot \vec{r}_v \, du \, dv + \vec{r}_v^{\,2}(dv)^2. \tag{1.17}$$

Setzen wir:

$$\left.\begin{aligned} E &= \vec{r}_u^{\,2} = \left(\frac{\partial x}{\partial u}\right)^2 + \left(\frac{\partial y}{\partial u}\right)^2 + \left(\frac{\partial z}{\partial u}\right)^2, \\ F &= \vec{r}_u \cdot \vec{r}_v = \frac{\partial x}{\partial u}\frac{\partial x}{\partial v} + \frac{\partial y}{\partial u}\frac{\partial y}{\partial v} + \frac{\partial z}{\partial u}\frac{\partial z}{\partial v}, \\ G &= \vec{r}_v^{\,2} = \left(\frac{\partial x}{\partial v}\right)^2 + \left(\frac{\partial y}{\partial v}\right)^2 + \left(\frac{\partial z}{\partial v}\right)^2, \end{aligned}\right\} \tag{1.18}$$

so erhalten wir:

$$(ds)^2 = E(du)^2 + 2F \, du \, dv + G(dv)^2 \equiv I. \tag{1.19}$$

Dieser Ausdruck, der eine positiv definierte quadratische Differentialgleichung darstellt, heißt die erste metrische Fundamentalform der Fläche. Die Koeffizienten E, F, G heißen Fundamentalgrößen erster Ordnung oder metrische Koeffizienten.

Aus Gl. (1.16) folgt für die Parameterkurven $u = \text{const}$ und $v = \text{const}$:

$$(d\vec{r})_{u=c} = \vec{r}_v\, dv; \quad \text{bzw.} \quad (d\vec{r})_{v=c} = \vec{r}_u\, du, \tag{1.20}$$

deren Längen sich zu

$$ds_{u=c} = \sqrt{G}\, dv; \quad \text{bzw.} \quad ds_{v=c} = \sqrt{E}\, du \tag{1.21}$$

ergeben.

Aus diesen Gleichungen geht die geometrische Bedeutung von E und G hervor.

Vergleichen wir die Gln. (1.16) und (1.20), so ergibt sich

$$d\vec{r} = (d\vec{r})_{v=c} + (d\vec{r})_{u=c}. \tag{1.22}$$

Wenn ω der Winkel zwischen den beiden Vektoren $\vec{r}_u$ und $\vec{r}_v$ ist, so erhalten wir:

$$F = \vec{r}_u \cdot \vec{r}_v = \sqrt{E}\sqrt{G}\cos\omega, \tag{1.23}$$

und daraus

$$\cos\omega = \frac{F}{\sqrt{EG}} \tag{1.24}$$

und

$$\sin\omega = \frac{\sqrt{EG - F^2}}{\sqrt{EG}}. \tag{1.25}$$

Weil

$$0 \leqq |\cos\omega| \leqq |1|,$$

folgt:

$$F \leqq \sqrt{EG},$$

d. h. der Ausdruck

$$\Delta^2 = EG - F^2$$

kann nie negativ werden. Halten wir fest, daß Δ^2 die Diskriminante der ersten Fundamentalform (1.19) darstellt.

Die Größe des Flächenelements, das von den Parameterkurven u, $u + du$ und v, $v + dv$ eingeschlossen wird, beträgt:

$$dS = ds_{v=c}\, ds_{u=c} \sin\omega = \sqrt{EG - F^2}\, du\, dv. \tag{1.26}$$

Aus Gl. (1.23) folgt, daß für $F = 0$ die beiden Parameterkurvenscharen orthogonal sind.

Wir wollen nun zwei Kurvenelemente betrachten, die durch die Vektoren $d\vec{r}$ und $\delta\vec{r}$ gegeben seien, mit Ursprung im gleichen Punkt (u, v). Diesen Elementen entsprechen einerseits der Zuwachs du, dv, andererseits der Zuwachs δu, δv der Parameter; damit und aus Gl. (1.16) folgt:

$$d\vec{r} = \vec{r}_u\, du + \vec{r}_v\, dv,$$
$$\delta\vec{r} = \vec{r}_u\, \delta u + \vec{r}_v\, \delta v.$$

Bezeichnen wir die Beträge der beiden Vektoren mit ds und δs, so erhalten wir:

$$d\vec{r}\cdot\delta\vec{r} = ds\cdot\delta s\cdot\cos\psi = E\cdot du\cdot\delta u + F(du\,\delta v + \delta u\cdot dv) + G\,du\,\delta v, \quad (1.27)$$

worin ψ den von $d\vec{r}$ und $\delta\vec{r}$ eingeschlossenen Winkel bedeutet. Orthogonalität ergibt sich für $\cos\psi = 0$, d. h.

$$E\frac{du}{dv}\frac{\partial u}{\partial v} + F\left(\frac{du}{dv} + \frac{\partial u}{\partial v}\right) + G = 0. \quad (1.28)$$

c) Tangentialebene. Normalebene. Beachten wir, daß die Richtung der Vektoren $\vec{r}_u$ und $\vec{r}_v$ die gleiche ist wie die der Tangenten an die Parameterkurve $v = \text{const}$ ($u = \text{variabel}$) bzw. an die Parameterkurve $u = \text{const}$ ($v = \text{var.}$) im betrachteten Punkt P.

Demnach definieren die Vektoren $\vec{r}_u$ und $\vec{r}_v$ die Tangentialebene an die Fläche im Punkt P. Rufen wir uns nun das Vektorprodukt in Erinnerung, so ist der Einheitsvektor der Normalen $\vec{N}$ auf die Fläche bestimmt durch:

$$\vec{N} = \frac{\vec{r}_u\times\vec{r}_v}{|\vec{r}_u\times\vec{r}_v|}. \quad (1.29)$$

Normalebene auf die Fläche in P heißt jede Ebene, welche die Normale auf die Fläche im gleichen Punkt enthält. Normalschnitt heißt die Kurve, welche sich ergibt, wenn wir eine Normalebene mit der Fläche schneiden. Der Normalschnitt ist eine ebene Kurve, deren Hauptnormale die gleiche Richtung hat wie die Normale auf die Fläche im Punkt P.

Die Krümmung eines Normalschnitts in P heißt Normalkrümmung der Fläche, bezogen auf die betrachtete Normalebene.

d) Zweite Fundamentalform. Um die Unterschiede zwischen einer Fläche und einer Ebene zu untersuchen, d. h. die Besonderheiten der Fläche im Zusammenhang mit der Krümmung in einem Punkt P (u, v), wollen wir eine Kurve betrachten, welche durch den Punkt P geht und in der untersuchten Fläche liegt. Die Parameter u und v seien Funktionen der Kurvenlänge s. In diesem Falle ergibt sich mit Gl. (1.4) und (1.16):

$$\vec{t} = \frac{dr}{ds} = \vec{r}_u\frac{du}{ds} + \vec{r}_v\frac{dv}{ds}, \quad (1.30)$$

worin $\vec{t}$ den Einheitsvektor der Tangente an die betrachtete Kurve im Punkt P bedeutet. Der Einheitsvektor $\vec{N}$ der Normalen auf die Fläche ist ebenfalls eine Funktion von u und v, d. h.:

$$\frac{d\vec{N}}{ds} = \vec{N}_u\frac{du}{ds} + \vec{N}_v\frac{dv}{ds}. \quad (1.31)$$

Die Einheitsvektoren $\vec{N}$ und $\vec{t}$ sind orthogonal und somit:

$$\vec{N} \cdot \vec{t} = 0, \tag{1.32}$$

und, wenn wir diese Beziehung nach s ableiten:

$$\vec{N} \cdot \frac{d\vec{t}}{ds} + \frac{d\vec{N}}{ds} \cdot \vec{t} = 0.$$

Aus der ersten der Gln. (1.9) von FRENET erhalten wir:

$$\frac{\vec{N} \cdot \vec{n}}{\varrho} + \frac{d\vec{N}}{ds} \cdot \vec{t} = 0, \tag{1.33}$$

worin $\vec{n}$ die Hauptnormale der betrachteten Kurve im Punkt P und ϱ den Krümmungsradius derselben im untersuchten Punkt bedeuten.

Aus Gl. (1.30) ergibt sich, daß die Richtung der Tangente in einem Punkt der Fläche nur von du/ds und dv/ds abhängt. Deren Werte ergeben auch den Wert von $d\vec{N}/ds$. In diesem Falle läßt sich mit Gl. (1.33) zeigen, daß für alle Kurven der Fläche, welche im betrachteten Punkt die gleiche Tangente $\vec{t}$ besitzen, der Wert des Skalarprodukts $\frac{\vec{N} \cdot \vec{n}}{\varrho}$ konstant ist. Wir können für diesen Fall die Untersuchung auf eine ebene Kurve beschränken, welche wir durch den Schnitt einer beliebigen Ebene, die die Tangente $\vec{t}$ enthält, mit der untersuchten Fläche erhalten. Sind $\vec{N}$ und $\vec{n}$ die Einheitsvektoren, so ergibt deren Skalarprodukt, wie in Gl. (1.33) dargestellt, den Cosinus des Winkels ϑ (Abb. 1.5), der gebildet wird von der Normalen auf die Fläche und der Hauptnormalen der Kurve, welche in der gleichen Ebene liegt, da sie ja eine ebene Kurve ist.

In dem Sonderfall, wo die Ebene, welche $\vec{t}$ enthält, zur Normalebene wird, sind die Einheitsvektoren $\vec{N}$ und $\vec{n}$ parallel, wie wir gesehen haben, es folgt daraus mit Gl. (1.33):

$$\frac{1}{\varrho_n} = \text{const},$$

wobei $1/\varrho_n$ die Krümmung des Normalschnitts darstellt. Wir haben also:

$$\frac{\cos\vartheta}{\varrho} = \frac{1}{\varrho_n} \tag{1.34}$$

oder

$$\varrho = \varrho_n \cos\vartheta, \tag{1.35}$$

wobei $1/\varrho$ die Krümmung des schiefen Schnitts bedeutet.

Die Beziehung (1.35) stellt den sogenannten Satz von MEUSNIER dar: Der Krümmungsradius ϱ eines schiefen Schnitts ist gleich der Projektion des Krümmungsradius ϱ_n des Normalschnitts auf die Ebene des schiefen Schnitts.

In vektorieller Form lautet der Satz von MEUSNIER wie folgt:

$$\frac{\vec{N} \cdot \vec{n}}{\varrho} = \frac{1}{\varrho_n}, \tag{1.36}$$

woraus wir mit Hilfe der ersten der Formeln (1.9) von FRENET und mit Gl. (1.4) erhalten:

$$\vec{N} \cdot \frac{d^2 \vec{r}}{ds^2} = \frac{1}{\varrho_n}. \tag{1.37}$$

Beachten wir, daß:

$$d^2 \vec{r} = d(\vec{r}_u \, du + \vec{r}_v \, dv) = \vec{r}_{uu}(du)^2 + 2\vec{r}_{uv} \, du \, dv + \vec{r}_{vv}(dv)^2$$

und daher:

$$\vec{N} \cdot d^2\vec{r} = L(du)^2 + 2M \, du \, dv + N(dv)^2 \equiv \mathrm{II}, \tag{1.38}$$

worin:

$$\left.\begin{aligned} L &= \vec{N} \cdot \vec{r}_{uu}, \\ M &= \vec{N} \cdot \vec{r}_{uv}, \\ N &= \vec{N} \cdot \vec{r}_{vv}. \end{aligned}\right\} \tag{1.39}$$

Die Differentialgleichung (1.38) heißt zweite Fundamentalform, und die Koeffizienten L, M und N sind die Fundamentalgrößen zweiter Ordnung. Diese besitzen für die Charakteristik der Krümmung der Fläche die gleiche Bedeutung wie die Fundamentalgrößen erster Ordnung für die metrischen Größen der gleichen Fläche.

Setzen wir die Gln. (1.38) und (1.19) miteinander in Beziehung, so ergibt sich mit Gl. (1.37):

$$\frac{1}{\varrho_n} = \frac{L(du)^2 + 2M \, du \, dv + N(dv)^2}{E(du)^2 + 2F \, du \, dv + G(dv)^2} \equiv \frac{II}{I}. \tag{1.40}$$

Aus dieser Formel kann nun mühelos die Lage der Fläche bezüglich ihrer Tangentialebene in der Umgebung des Berührungspunkts P hergeleitet werden. In der Tat: Da in der Gl. (1.40) der Nenner I gleich $(ds)^2$ ist, also eine positive Größe, ergibt sich, daß das Vorzeichen der Krümmung und damit die Lage des Krümmungsmittelpunkts vom Zähler II abhängen.

Drehen wir die Normalebene um die Normale auf die Fläche in P, so ändert sich die Krümmung der Normalschnitte.

Wenn die Diskriminante der quadratischen Gleichung II größer ist als Null, d. h.

$$LN - M^2 > 0,$$

so behält die quadratische Gleichung das gleiche Vorzeichen bei der Drehung der Normalebene. Dasselbe gilt für die Krümmung $\varkappa_n = \frac{1}{\varrho_n}$. Die Fläche bleibt folglich in der Umgebung des Berührungspunkts P auf der einen Seite der Tangentialebene. Man sagt in diesem Fall, daß die Fläche in P eine elliptische Krümmung besitze. Eine Fläche, welche, wie wir im folgenden sehen werden, in jedem Punkt eine elliptische Krümmung aufweist, ist das Ellipsoid.

Wenn dagegen

$$LN - M^2 < 0$$

wird, so verschwindet die Krümmung im Punkt P für zwei Stellungen der Normalebene, in welchen folglich der Normalschnitt einen Wendepunkt aufweist. Die durch diese Ebenen festgelegten Richtungen sind Asymptoten. Beim Durchgang durch diese besonderen Stellungen wechselt das Vorzeichen der Krümmung der Normalschnitte, und die Tangentialebene wird dann von der Fläche durchstoßen. In diesem Fall sagt man, die Fläche weise im Punkt P eine hyperbolische Krümmung auf. Eine Fläche, welche, wie wir im folgenden sehen werden, in allen Punkten eine hyperbolische Krümmung aufweist, ist das einschalige Hyperboloid.

Wird schließlich

$$LN - M^2 = 0,$$

so gibt es eine Stellung der Normalebene, in der die Krümmung Null wird und der zugehörige Normalschnitt einen Wendepunkt aufweist. Es tritt indessen bei einer Drehung der Normalebene kein Vorzeichenwechsel in der Krümmung der Normalschnitte auf. In diesem Fall sagt man, die Fläche weise im Punkt P eine parabolische Krümmung auf. Eine Fläche, welche, wie wir im folgenden sehen werden, in allen Punkten eine parabolische Krümmung aufweist, ist der Kegel.

e) Hauptkrümmungen. Totale Krümmung und mittlere Krümmung. Um die Besonderheiten der Krümmung der Normalschnitte in der Umgebung des Punkts P zu untersuchen, können wir ein Parametersystem wählen, das der von Monge gegebenen Form der Flächengleichung entspricht:

$$x = u; \quad y = v; \quad z = f(u, v) = f(x, y). \tag{1.13}$$

Als Punkt P wählen wir den Ursprung, und die Tangentialebene an die Fläche sei die xy-Ebene. Unter diesen Voraussetzungen haben wir im Ursprung P:

$$x = y = z = 0; \quad p = \frac{\partial z}{\partial x} = 0; \quad q = \frac{\partial z}{\partial y} = 0. \tag{1.41}$$

Entwickeln wir die Beziehung

$$z = f(x, y)$$

in die Reihe von MAC-LAURIN, so erhalten wir

$$z = \tfrac{1}{2}(r x^2 + 2s\, xy + t y^2) + \lambda, \tag{1.42}$$

worin r, s und t die Bezeichnungen von MONGE sind:

$$r = \frac{\partial^2 z}{\partial x^2}; \quad s = \frac{\partial^2 z}{\partial x \partial y}; \quad t = \frac{\partial^2 z}{\partial y^2} \tag{1.43}$$

und λ ein von höherer als zweiter Ordnung kleines Glied bezüglich x und y. Setzen wir $\lambda = 0$, so ersetzen wir in der Umgebung des Punkts P die Fläche durch ein Paraboloid mit der gleichen Tangentialebene im betrachteten Punkt.

Beachten wir, daß sich aus den Beziehungen (1.18) für den Ursprung ergibt:

$$\left.\begin{aligned} E &= 1 + \left(\frac{\partial z}{\partial x}\right)^2 = 1, \\ F &= \frac{\partial z}{\partial x}\,\frac{\partial z}{\partial y} = 0, \\ G &= 1 + \left(\frac{\partial z}{\partial y}\right)^2 = 1. \end{aligned}\right\} \tag{1.44}$$

Andererseits erhalten wir aus den gleichen Beziehungen (1.18):

$$|\vec{r}_u| = \sqrt{E}; \qquad |\vec{r}_v| = \sqrt{G}, \tag{1.45}$$

und damit, wenn wir den Wert von $\sin\omega$ aus Gl. (1.25) übernehmen, ergibt sich:

$$|\vec{r}_u \times \vec{r}_v| = \sqrt{EG - F^2} = \Delta. \tag{1.46}$$

Unter diesen Voraussetzungen ergibt sich mit der ersten der Gln. (1.39) und unter Beachtung der Regeln über das gemischte Produkt von Vektoren:

$$L = \frac{\vec{r}_u \times \vec{r}_v \cdot \vec{r}_{uu}}{\sqrt{EG - F^2}} = \frac{1}{\sqrt{EG - F^2}} \begin{vmatrix} \frac{\partial x}{\partial x} & \frac{\partial y}{\partial x} & \frac{\partial z}{\partial x} \\ \frac{\partial x}{\partial y} & \frac{\partial y}{\partial y} & \frac{\partial z}{\partial y} \\ \frac{\partial^2 x}{\partial x^2} & \frac{\partial^2 y}{\partial x^2} & \frac{\partial^2 z}{\partial x^2} \end{vmatrix} = r. \tag{1.47}$$

Ebenso:

$$M = s; \qquad N = t. \tag{1.48}$$

Wir erhalten somit die folgenden Ausdrücke für die Fundamentalgleichungen (1.19) und (1.38):

$$I \equiv (dx)^2 + (dy)^2 = (ds)^2, \tag{1.49}$$

$$II \equiv r(dx)^2 + 2s\, dx\, dy + t(dy)^2, \tag{1.50}$$

woraus wegen Gl. (1.40) folgt:

$$\frac{1}{\varrho_n} = \frac{r(dx)^2 + 2s\, dx\, dy + t(dy)^2}{(dx)^2 + (dy)^2}. \tag{1.51}$$

Wenn nun φ den Winkel zwischen der Richtung der Tangente im Ursprung an den Normalschnitt und der x-Achse bedeutet, haben wir:

$$dx = ds\cos\varphi; \qquad dy = ds\sin\varphi.$$

Damit können wir schreiben:

$$\frac{1}{\varrho_n} = r\cos^2\varphi + 2s\cos\varphi\sin\varphi + t\sin^2\varphi. \tag{1.52}$$

Setzen wir

$$\xi = \sqrt{\varrho_n}\cdot\cos\varphi; \qquad \eta = \sqrt{\varrho_n}\cdot\sin\varphi, \tag{1.53}$$

so geht der Ausdruck (1.52) in den folgenden über:

$$r\xi^2 + 2s\,\xi\,\eta + t\eta^2 = 1. \tag{1.54}$$

Wenn wir, ausgehend vom Punkte P, in der Tangentialebene entlang ihrer Schnittlinie mit der Normalebene einen Abschnitt herausgreifen, welcher die quadratische Wurzel aus dem Krümmungsradius $\sqrt{\varrho_n}$ des zugehörigen Normalschnitts darstellt, so erhalten wir eine Kurve, die nach Gl. (1.54) einen Kegelschnitt darstellt. Diese Kurve heißt Indikatrix von Dupin.

Wählen wir als Koordinatenachsen jene des Kegelschnitts, so geht dessen Gleichung in die folgende über:

$$\frac{1}{\varrho_n} = r\cos^2\varphi + t\sin^2\varphi. \tag{1.55}$$

Setzen wir $\varphi = 0$ und $\varphi = \frac{\pi}{2}$, so erhalten wir die Grenzwerte der Krümmungsradien, ϱ_1 und ϱ_2, Hauptkrümmungsradien genannt, womit:

$$\frac{1}{\varrho_n} = \frac{\cos^2\varphi}{\varrho_1} + \frac{\sin^2\varphi}{\varrho_2}. \tag{1.56}$$

Dies ist die Formel von Euler. $\frac{1}{\varrho_1}$ und $\frac{1}{\varrho_2}$ sind die Hauptkrümmungen, welche den Normalschnitten entsprechen, die mit den Achsen der Indikatrix in einer Ebene liegen. Als Funktion dieser Hauptkrümmungen werden die Krümmungen der übrigen Normalschnitte ausgedrückt.

Beachten wir, daß im Falle einer elliptischen, hyperbolischen oder parabolischen Krümmung die Indikatrix eine Ellipse, eine Hyperbel oder eine zu zwei parallelen Geraden verkümmerte Parabel wird.

Bestimmen wir in einem Punkt P die beiden Richtungen der Tangenten an die Normalschnitte mit den Hauptkrümmungen, so haben wir die sogenannten Hauptrichtungen. Aus dem Gesagten geht offenbar hervor, daß die beiden Hauptrichtungen orthogonal sind.

Bezeichnen wir allgemein mit R den Krümmungsradius ϱ_n des Normalschnitts, so können wir die Gl. (1.40) in der folgenden Form schreiben:

$$(R L - E) \left(\frac{du}{dv}\right)^2 + 2(R M - F) \frac{du}{dv} + R N - G = 0. \qquad (1.57)$$

Wir haben also eine Gleichung zweiten Grads für die Unbekannte $\frac{du}{dv}$, deren beide Wurzeln die Tangenten an die Normalschnitte bestimmen, welche den Krümmungsradius R aufweisen.

Die Gl. (1.57) ist eine Beziehung zwischen R und $\frac{du}{dv}$ vom Typ:

$$\Phi\left(R, \frac{du}{dv}\right) = 0.$$

In den Fällen, in denen R die Grenzwerte — Maximum oder Minimum — annimmt, muß sein:

$$\frac{dR}{d\left(\frac{du}{dv}\right)} = 0,$$

woraus sich mit den Vorschriften über die Ableitung von impliziten Funktionen ergibt:

$$\frac{dR}{d\left(\frac{du}{dv}\right)} = -\frac{\dfrac{\partial \Phi}{\partial\left(\frac{du}{dv}\right)}}{\dfrac{\partial \Phi}{\partial R}} = 0,$$

und somit:

$$(R L - E) \frac{du}{dv} + R M - F = 0. \qquad (1.58)$$

Wir multiplizieren diese Gleichung mit $\frac{du}{dv}$ und subtrahieren sie von Gl. (1.57), dann erhalten wir mit

$$(R M - F) \frac{du}{dv} + R N - G = 0 \qquad (1.59)$$

die für die Grenzfälle gültige Beziehung.

Die Gln. (1.58) und (1.59) haben jedoch nur dann einen Sinn, wenn R gleich den Hauptkrümmungsradien R_1 oder R_2 wird. Sind diese bekannt, so bestimmt eine der beiden erwähnten Gleichungen die Richtung der Tangente an den zugehörigen Normalschnitt.

Weil die Beziehungen (1.58) und (1.59) gleichzeitig gelten müssen, wird:

$$\begin{vmatrix} R L - E & R M - F \\ R M - F & R N - G \end{vmatrix} = 0. \qquad (1.60)$$

Wir erhalten somit eine Gleichung zweiten Grads, deren Wurzeln uns die Hauptkrümmungsradien R_1 und R_2 liefern:

$$(E G - F^2) \frac{1}{R^2} - (E N - 2F M + G L) \frac{1}{R} + (L N - M^2) = 0. \qquad (1.61)$$

Vergegenwärtigen wir uns die zwischen den Koeffizienten und den Wurzeln einer algebraischen Gleichung zweiten Grads bestehenden Beziehungen, so erhalten wir:

$$\frac{1}{R_1 R_2} = \frac{L N - M^2}{E G - F^2} = K, \tag{1.62}$$

$$\frac{1}{R_1} + \frac{1}{R_2} = \frac{E N - 2 F M + G L}{E G - F^2} = 2H. \tag{1.63}$$

K ist die totale Krümmung oder Krümmung von GAUSS, und H ist die mittlere Krümmung oder Krümmung von SOPHIE GERMAIN.

Wir können die Gln. (1.58) und (1.59), die uns die Hauptrichtungen liefern, in der folgenden Form schreiben:

$$R(L\,du + M\,dv) - (E\,du + F dv) = 0,$$

$$R(M\,du + N\,dv) - (F du + G\,dv) = 0.$$

Eliminieren wir R aus diesen Beziehungen, so ergibt sich:

$$(LF - ME)(du)^2 + (LG - NE)\,du\,dv + (MG - NF)(dv)^2 = 0. \tag{1.64}$$

Wir haben somit eine Differentialgleichung erster Ordnung und zweiten Grads mit den Wurzeln:

$$\frac{du}{dv} = f_1(u, v); \qquad \frac{du}{dv} = f_2(u, v).$$

Durch jeden Punkt einer Fläche gehen somit zwei Kurven, deren Tangenten im betrachteten Punkt die Richtungen haben, die mit den Hauptrichtungen übereinstimmen.

Diese Kurven nennen wir Hauptkrümmungskurven oder Hauptkurven. Sie bilden ein orthogonales Netz, das alle Teile der Fläche überzieht.

Wir können die Hauptkurven als Parameterkurven nehmen. Es ist leicht einzusehen, daß in diesem Fall sein muß:

$$F = M = 0. \tag{1.65}$$

Tatsächlich, wenn $F = M = 0$ wird, reduziert sich die Differentialgleichung (1.64) auf: $du\,dv = 0$, d. h. $u =$ const und $v =$ const stellen die Parameterkurven dar. Wenn wir andererseits als Parameterkurven die Hauptkurven nehmen, welche orthogonal sind und somit $F = 0$, so reduziert sich die Differentialgleichung (1.64) auf die folgende:

$$ME(du)^2 + (NE - L\,G)\,du\,dv - GM(dv)^2 = 0.$$

Dieser Ausdruck muß für beliebige Werte von du und dv gelten, so daß wir nacheinander $du = 0$ und $dv = 0$ setzen können und erhalten:

$$ME = MG = 0$$

und somit

$$M = 0.$$

f) Kurven auf einer Fläche. Für die Untersuchung einer Kurve C, die auf einer Fläche verläuft, ist es bequem, dieser Kurve ein bewegliches System von räumlichen rechtwinkligen Koordinaten zuzuordnen, das in jedem Punkt durch drei Einheitsvektoren $\vec{v}$, $\vec{G}$, $\vec{N}$ definiert wird. In diesem begleitenden Dreibein von RIBAUCOUR-DARBOUX fällt der Vektor $\vec{v}$ mit dem Tangentenvektor $\vec{t}$ an die Kurve zusammen, der Vektor $\vec{G}$, senkrecht auf $\vec{t}$ stehend, liegt in der Tangentialebene, und der Vektor $\vec{N}$ der Normalen wird durch die Vektorgleichung

$$\vec{N} = \vec{v} \times \vec{G} \tag{1.66}$$

bestimmt.

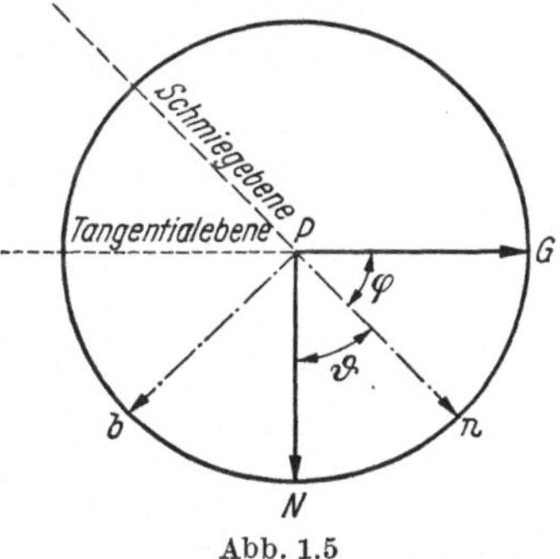

Abb. 1.5

Das Dreibein von FRENET $(\vec{t}, \vec{n}, \vec{b})$ für eine Raumkurve unterscheidet sich im allgemeinen vom Dreibein von RIBAUCOUR-DARBOUX $(\vec{v}, \vec{N}, \vec{G})$ für eine auf einer Fläche verlaufende Kurve. Das letztere kann durch Drehung um einen Winkel φ (Abb. 1.5) um eine gemeinsame Gerade, welche dem Vektor $\vec{v} \equiv \vec{t}$ entspricht, auf das erstere zurückgeführt werden. Diesen Winkel bezeichnen wir als positiv, wenn die Drehung um die Tangente im positiven Drehsinn erfolgt.

Wir bezeichnen mit

$$\vartheta = \frac{\pi}{2} - \varphi$$

den Winkel, der vom Einheitsvektor der Hauptnormalen, $\vec{n}$, und dem Einheitsvektor der Normalen auf die Fläche, $\vec{N}$, gebildet wird.

Bei einer Verschiebung entlang der Kurve erfährt das Dreibein $(\vec{v}, \vec{N}, \vec{G})$ eine Drehung $\vec{\omega}$, die der Gleichung

$$\vec{\omega} = a_1 \vec{v} + a_2 \vec{G} + a_3 \vec{N} \tag{1.67}$$

genügt.

Erinnern wir uns daran, daß ein Punkt Q, der durch einen Vektor $\vec{x}$ mit Ursprung im Punkt einer Achse gegeben ist, um welche sich Q mit einer Winkelgeschwindigkeit ω dreht, die ihrerseits bestimmt ist durch einen Vektor $\vec{\omega}$ in Richtung der Drehachse, die folgende Tangentialgeschwindigkeit besitzt:

$$\frac{d\vec{x}}{dt} = \vec{\omega} \times \vec{x}.$$

Nehmen wir nun die Bogenlänge s der Kurve als Parameter, so können die Drehungen der Endpunkte der Einheitsvektoren $\vec{v}$, $\vec{G}$, $\vec{N}$ bei einer Verschiebung des Dreibeins entlang der Kurve durch die Gleichungen

$$\left.\begin{aligned} \frac{d\vec{v}}{ds} &= \vec{\omega}\times\vec{v} = \qquad\qquad a_3\vec{G} - a_2\vec{N}, \\ \frac{d\vec{G}}{ds} &= \vec{\omega}\times\vec{G} = -a_3\vec{v} \qquad\qquad + a_1\vec{N}, \\ \frac{d\vec{N}}{ds} &= \vec{\omega}\times\vec{N} = \quad a_2\vec{v} - a_1\vec{G} \end{aligned}\right\} \tag{1.68}$$

bestimmt werden, und daraus

$$\left.\begin{aligned} a_1 &= \frac{d\vec{G}}{ds}\cdot\vec{N} = -\frac{d\vec{N}}{ds}\cdot\vec{G}, \\ a_2 &= \frac{d\vec{N}}{ds}\cdot\vec{v} = -\frac{d\vec{v}}{ds}\cdot\vec{N}, \\ a_3 &= \frac{d\vec{v}}{ds}\cdot\vec{G} = -\frac{d\vec{G}}{ds}\cdot\vec{v}. \end{aligned}\right\} \tag{1.69}$$

Beachten wir, daß mit $\vec{v}\equiv\vec{t}$ aus der ersten der Formeln (1.9) von FRENET folgt:

$$\frac{d\vec{v}}{ds} = \frac{d\vec{t}}{ds} = \frac{1}{\varrho}\vec{n},$$

und daraus:

$$a_2 = -\frac{d\vec{v}}{ds}\cdot\vec{N} = -\frac{1}{\varrho}\vec{n}\cdot\vec{N} = -\frac{1}{\varrho}\cos\vartheta. \tag{1.70}$$

Weil indessen nach dem Satz von MEUSNIER gilt

$$\frac{1}{\varrho_n} = \frac{1}{\varrho}\cos\vartheta,$$

worin $\frac{1}{\varrho_n}$ die Krümmung des zum Punkt P der untersuchten Kurve gehörenden Normalschnitts der Fläche ist, ergibt sich:

$$a_2 = -\frac{1}{\varrho_n}. \tag{1.71}$$

Aus der dritten der Formeln (1.69) entnehmen wir:

$$a_3 = \frac{d\vec{v}}{ds}\cdot\vec{G} = \frac{1}{\varrho}\vec{n}\cdot\vec{G} = \frac{1}{\varrho}\cos\varphi = \frac{1}{\varrho}\sin\vartheta. \tag{1.72}$$

a_3 ist die Krümmung im Punkt P der Projektion der Kurve auf die Tangentialebene:

$$a_3 = \frac{1}{\varrho_g}, \tag{1.73}$$

und wird deshalb geodätische Krümmung genannt. Kurven mit verschwindender geodätischer Krümmung heißen geodätische Linien. Beachten wir, daß wegen $\vec{t} \equiv \vec{v}$ mit Gl. (1.4) folgt:

$$\begin{aligned} a_3 = \frac{1}{\varrho_g} &= \frac{d\vec{v}}{ds} \cdot \vec{G} = \frac{d\vec{t}}{ds} \cdot (\vec{N} \times \vec{v}) = \frac{d\vec{t}}{ds} \cdot (\vec{N} \times \vec{t}) \\ &= \frac{d^2\vec{r}}{ds^2} \cdot \left(\vec{N} \times \frac{d\vec{r}}{ds}\right) = \frac{d\vec{r}}{ds} \cdot \left(\frac{d^2\vec{r}}{ds^2} \times \vec{N}\right). \end{aligned} \tag{1.74}$$

Wir nennen die Größe

$$a_1 = \frac{d\vec{G}}{ds} \cdot \vec{N} = -\frac{d\vec{N}}{ds} \cdot \vec{G} \tag{1.75}$$

geodätische Windung:

$$a_1 = \frac{1}{\tau_g}. \tag{1.76}$$

Wie die Windung $\frac{1}{\tau}$ einer Kurve ein Maß gibt für die Drehung der Schmiegebene um die Tangente, so gibt die geodätische Windung $\frac{1}{\tau_g}$ ein Maß für die Drehung der Tangentialebene um die Tangente. Geben wir also dem Einheitsvektor $\vec{G}$ (Abb. 1.5), einen Zuwachs $d\vec{G}$. Dieser Vektor $d\vec{G}$ steht senkrecht auf dem Einheitsvektor $\vec{G}$ und hat folglich eine Komponente parallel zu $\vec{v}$, welche auf die Drehung keinen Einfluß hat, und eine Komponente parallel zu $\vec{N}$, deren Produkt $d\vec{G} \cdot \vec{N}$ die Infinitesimaldrehung der Tangentialebene um die Tangente ergibt. Die Gl. (1.75) drückt nun eben aus, daß die geodätische Windung den Grenzwert darstellt, dem die Beziehung zwischen diesem Drehwinkel und dem Zuwachs der Bogenlänge zustrebt.

Mit

$$\frac{d\vec{N}}{ds} \cdot \vec{G} = \frac{d\vec{N}}{ds} \cdot (\vec{N} \times \vec{v}) = \vec{v} \cdot \left(\frac{d\vec{N}}{ds} \times \vec{N}\right)$$

können wir schreiben:

$$\frac{1}{\tau_g} = \vec{v} \cdot \left(\vec{N} \times \frac{d\vec{N}}{ds}\right). \tag{1.77}$$

Die geodätische Windung ist positiv, wenn die Drehung der Tangentialebene um $\vec{v}$ eine Abnahme des Winkels φ bewirkt, der durch die Tangentialebene und die Schmiegebene gebildet wird.

Setzen wir in der Gl. (1.67) für $\vec{\omega}$ die für a_1, a_2 und a_3 erhaltenen Werte ein, so folgt:

$$\vec{\omega} = \frac{1}{\tau_g}\vec{v} - \frac{1}{\varrho_n}\vec{G} + \frac{1}{\varrho_g}\vec{N}. \tag{1.78}$$

Desgleichen für die Formeln (1.68):

$$\left.\begin{aligned}\frac{d\vec{v}}{ds} &= \frac{1}{\varrho_g}\vec{G} + \frac{1}{\varrho_n}\vec{N},\\ \frac{d\vec{G}}{ds} &= -\frac{1}{\varrho_g}\vec{v} + \frac{1}{\tau_g}\vec{N},\\ \frac{d\vec{N}}{ds} &= -\frac{1}{\varrho_n}\vec{v} - \frac{1}{\tau_g}\vec{G}.\end{aligned}\right\}\quad(1.79)$$

Zu beachten ist, daß der Einheitsvektor $\vec{N}$ senkrecht auf der Tangentialebene an die Fläche im Punkt P steht und somit die Vektoren $\vec{N}_u$ und $\vec{N}_v$, welche die Ableitungen von $\vec{N}$ nach u und v sind, in der Tangentialebene liegen und daher durch die folgenden Beziehungen angegeben werden können:

$$\begin{aligned}\vec{N}_u &= \alpha\cdot\vec{r}_u + \beta\cdot\vec{r}_v\\ \vec{N}_v &= \gamma\cdot\vec{r}_u + \delta\cdot\vec{r}_v,\end{aligned}\quad(1.80)$$

in denen α, β, γ und δ unbekannte Koeffizienten sind.

Wir wollen diese Beziehungen skalar mit $\vec{r}_u$ und $\vec{r}_v$ multiplizieren. Berücksichtigen wir, daß:

$$\vec{r}_u\cdot\vec{N} = 0;\qquad \vec{r}_v\cdot\vec{N} = 0$$

und somit wegen Gl. (1.39):

$$\left.\begin{aligned}\vec{r}_u\cdot\vec{N}_u &= -\vec{r}_{uu}\cdot\vec{N} = -L; & \vec{r}_v\cdot\vec{N}_u &= -\vec{r}_{uv}\cdot\vec{N} = -M\\ \vec{r}_u\cdot\vec{N}_v &= -\vec{r}_{uv}\cdot\vec{N} = -M; & \vec{r}_v\cdot\vec{N}_v &= -\vec{r}_{vv}\cdot\vec{N} = -N,\end{aligned}\right\}\quad(1.81)$$

und führen wir noch die Gl. (1.18) in die Rechnung ein, so ergibt sich:

$$\begin{aligned}\alpha E + \beta F + L &= 0; & \gamma E + \delta F + M &= 0\\ \alpha F + \beta G + M &= 0; & \gamma F + \delta G + N &= 0.\end{aligned}$$

Aus diesen Gleichungen können wir die Werte der Unbekannten α, β, γ und δ berechnen und in die Gln. (1.80) einsetzen. Wir finden:

$$\left.\begin{aligned}\vec{N}_u &= \frac{1}{\Delta^2}\{(FM - GL)\vec{r}_u + (FL - EM)\vec{r}_v\},\\ \vec{N}_v &= \frac{1}{\Delta^2}\{(FN - GM)\vec{r}_u + (FM - EN)\vec{r}_v\},\end{aligned}\right\}\quad(1.82)$$

worin

$$\Delta^2 = EG - F^2.$$

Dies sind die Gleichungen von WEINGARTEN. Wie wir gesehen haben, gilt für den Fall, daß die Parameterkurven Hauptkurven sind:

$$F = M = 0.$$

Damit reduzieren sich die Gleichungen von WEINGARTEN auf die folgenden Ausdrücke:

$$\vec{N}_u = -\frac{L}{E}\vec{r}_u; \quad \vec{N}_v = -\frac{N}{G}\vec{r}_v, \tag{1.83}$$

woraus hervorgeht, daß entlang der Hauptkurven die Vektoren, welche als Ableitungen der Einheitsvektoren der Normalen erhalten werden, parallel sind zu den Tangentenvektoren. Beachten wir, daß wir für unseren Fall mit Hilfe der Gl. (1.40) schreiben können:

$$\frac{1}{R} = \frac{L(du)^2 + N(dv)^2}{E(du)^2 + G(dv)^2}, \tag{1.84}$$

d. h., entlang der Parameterkurven $u = \text{const}$, bzw. $v = \text{const}$ haben wir:

$$\frac{1}{R_1} = \frac{N}{G}; \quad \frac{1}{R_2} = \frac{L}{E}, \tag{1.85}$$

und somit können wir die Gln. (1.83) in der folgenden Form anschreiben:

$$\left.\begin{aligned} \vec{N}_u + \frac{1}{R_2}\vec{r}_u &= 0, \\ \vec{N}_v + \frac{1}{R_1}\vec{r}_v &= 0. \end{aligned}\right\} \tag{1.86}$$

Dies sind die Formeln von OLINDE RODRIGUES.

Falls wir in der Umgebung des Punkts P die untersuchte Fläche durch ein Paraboloid mit der gleichen Tangentialebene ersetzen, so ergibt sich mit Gl. (1.44), (1.47) und (1.48):

$$\frac{1}{R_1} = \frac{\partial^2 z}{\partial y^2}; \quad \frac{1}{R_2} = \frac{\partial^2 z}{\partial x^2}. \tag{1.87}$$

Liegen entlang einer Hauptkurve die drei Vektoren $d\vec{r}$, $\vec{N}$ und $d\vec{N}$ in einer Ebene, so muß das gemischte Produkt verschwinden:

$$d\vec{r} \cdot (\vec{N} \times d\vec{N}) = 0. \tag{1.88}$$

Andererseits gilt wegen Gl. (1.77):

$$\frac{1}{\tau_q} = \frac{d\vec{r}}{ds} \cdot \left(\vec{N} \times \frac{d\vec{N}}{ds}\right), \tag{1.89}$$

wobei

$$\vec{v} = \frac{d\vec{r}}{ds}.$$

Wir stellen also fest, daß entlang der Hauptkurven die geodätische Windung verschwindet.

Erinnern wir uns an die durch die Gln. (1.29) und (1.46) für den Einheitsvektor $\vec{N}$ gegebene Definition und führen wir die Gleichung von LAGRANGE ein:

$$(\vec{a}\times\vec{b})\cdot(\vec{c}\times\vec{d}) = \begin{vmatrix} \vec{a}\cdot\vec{c} & \vec{b}\cdot\vec{c} \\ \vec{a}\cdot\vec{d} & \vec{b}\cdot\vec{d} \end{vmatrix},$$

so können wir schreiben:

$$\vec{N}\cdot(d\vec{N}\times d\vec{r}) = \frac{1}{\Delta}(\vec{r}_u\times\vec{r}_v)\cdot(d\vec{N}\times d\vec{r}) = \frac{1}{\Delta}\begin{vmatrix} \vec{r}_u\cdot d\vec{N} & \vec{r}_v\cdot d\vec{N} \\ \vec{r}_u\cdot d\vec{r} & \vec{r}_v\cdot d\vec{r} \end{vmatrix}.$$

Wegen

$$d\vec{r} = \vec{r}_u\,du + \vec{r}_v\,dv\,,$$
$$d\vec{N} = \vec{N}_u\,du + \vec{N}_v\,dv$$

ergibt sich mit Gl. (1.81) und (1.18):

$$\vec{N}\cdot(d\vec{N}\times d\vec{r}) = \frac{1}{\Delta}\begin{vmatrix} -L\,du - M\,dv & -M\,du - N\,dv \\ E\,du + F\,dv & F\,du + G\,dv \end{vmatrix} = -\frac{1}{\Delta}\begin{vmatrix} L\,du + M\,dv & E\,du + F\,dv \\ M\,du + N\,dv & F\,du + G\,dv \end{vmatrix}. \tag{1.90}$$

Setzen wir diese Determinante gleich Null, so erhalten wir die Differentialgleichung der Hauptkurven (1.64). Andererseits wird mit Gl. (1.89):

$$\frac{1}{\tau_g} = \frac{1}{(ds)^2}\,\vec{N}\cdot(d\vec{N}\times d\vec{r}), \tag{1.91}$$

folglich:

$$\frac{1}{\tau_g} = \frac{1}{\Delta\cdot(ds)^2}\begin{vmatrix} E\,du + F\,dv & F\,du + G\,dv \\ L\,du + M\,dv & M\,du + N\,dv \end{vmatrix}. \tag{1.92}$$

Aus dieser Gleichung entnehmen wir, daß die geodätische Windung in P von der Richtung du/dv der Kurve auf der Fläche abhängt. Es ergibt sich somit, daß alle Kurven der Fläche, welche durch P gehen und die gleiche Tangente besitzen, im betrachteten Punkt auch die gleiche geodätische Windung haben.

Wir wollen nun diejenigen Kurven betrachten, die sich in P unter einem rechten Winkel schneiden. Weil die geodätische Windung nur von der Richtung der Tangente an die Kurve im betrachteten Punkt abhängt, schreiben wir der Fläche ein orthogonales Parametersystem zu, wodurch sich $F = 0$ ergibt. Mit Gl. (1.21):

$$(ds_{u=c})^2 = G(dv)^2; \qquad (ds_{v=c})^2 = E(du)^2$$

ergibt sich für die geodätische Windung $1/\tau_{g,\, u=c}$ der Kurve $u = \text{const}$ wegen Gl. (1.92):

$$\frac{1}{\tau_{g,\, u=c}} = \frac{1}{G(dv)^2 \sqrt{EG}} \begin{vmatrix} 0 & G\,dv \\ M\,dv & N\,dv \end{vmatrix} = -\frac{M}{\sqrt{EG}}, \tag{1.93}$$

und für $1/\tau_{g,\, v=c}$ der Kurve $v = \text{const}$

$$\frac{1}{\tau_{g,\, v=c}} = \frac{1}{E(du)^2 \sqrt{EG}} \begin{vmatrix} E\,du & 0 \\ L\,du & M\,du \end{vmatrix} = \frac{M}{\sqrt{EG}}, \tag{1.94}$$

und daraus:

$$\frac{1}{\tau_{g,\, u=c}} + \frac{1}{\tau_{g,\, v=c}} = 0, \tag{1.95}$$

d. h., die Summe der geodätischen Windungen der Kurven, die sich im Punkt P unter einem rechten Winkel schneiden, ist gleich Null.

Falls wir in der Umgebung des Punkts P die untersuchte Fläche durch ein Paraboloid mit der gleichen Tangentialebene ersetzen, so ergibt sich mit Gln. (1.44), (1.47) und (1.48):

$$\frac{1}{\tau_{g x}} = \frac{\partial^2 z}{\partial x \cdot \partial y}; \qquad \frac{1}{\tau_{g y}} = -\frac{\partial^2 z}{\partial x \cdot \partial y}. \tag{1.96}$$

Wir wollen nun die Werte der geodätischen Krümmungen im Falle von orthogonalen Parameterkurven anschauen. Der allgemeine Ausdruck für die geodätische Krümmung findet sich in Gl. (1.74), welche wir mit Hilfe der Formeln (1.29) und (1.46) wie folgt schreiben können:

$$\frac{1}{\varrho_g} = \frac{1}{\sqrt{EG}} \left(\frac{d\vec{r}}{ds} \times \frac{d^2\vec{r}}{ds^2} \right) \cdot (\vec{r}_u \times \vec{r}_v). \tag{1.97}$$

Beachten wir, daß die Ableitung einer Funktion f in der Richtung des Tangentenvektors an die Kurve $u = \text{const}$ mit Gl. (1.21) zu

$$\frac{\partial f}{\partial s_{u=c}} = \frac{1}{\sqrt{G}} \frac{\partial f}{\partial v} \tag{1.98}$$

wird. Ebenso für den Fall der Kurve $v = \text{const}$:

$$\frac{\partial f}{\partial s_{v=c}} = \frac{1}{\sqrt{E}} \frac{\partial f}{\partial u}. \tag{1.99}$$

Wir haben somit:

$$\vec{t}_{u=c} = \frac{\partial \vec{r}}{\partial s_{u=c}} = \frac{1}{\sqrt{G}} \cdot \vec{r}_v; \qquad \vec{t}_{v=c} = \frac{\partial \vec{r}}{\partial s_{v=c}} = \frac{1}{\sqrt{E}} \vec{r}_u, \tag{1.100}$$

worin $t_{u=c}$ und $\vec{t}_{v=c}$ die Einheitsvektoren der Tangenten an die Parameterkurven $u = \text{const}$, bzw. $v = \text{const}$ bedeuten. Daraus folgt mit Gl. (1.29):

$$\vec{N} = \frac{\vec{r}_u \times \vec{r}_v}{\sqrt{EG}} = \vec{t}_{v=c} \times \vec{t}_{u=c}. \tag{1.101}$$

Es ergibt sich demnach entlang der Kurve $u = \text{const}$:

$$\frac{1}{\varrho_{g,\,u=c}} = \frac{1}{\sqrt{EG}}\left(\frac{\vec{r}_v}{\sqrt{G}} \times \frac{\vec{r}_{vv}}{G}\right)\cdot(\vec{r}_u \times \vec{r}_v),$$

und entlang der Kurve $v = \text{const}$:

$$\frac{1}{\varrho_{g,\,v=c}} = \frac{1}{\sqrt{EG}}\left(\frac{\vec{r}_u}{\sqrt{E}} \times \frac{\vec{r}_{uu}}{E}\right)\cdot(\vec{r}_u \times \vec{r}_v)\,.$$

Wenn wir beachten, daß $\vec{r}_u \cdot \vec{r}_v = 0$, so ergibt sich mit der Identität von LAGRANGE:

$$\frac{1}{\varrho_{g,\,u=c}} = -\frac{\vec{r}_{vv}\cdot\vec{r}_u}{G\sqrt{E}}\,; \qquad \frac{1}{\varrho_{g,\,v=c}} = \frac{\vec{r}_{uu}\cdot\vec{r}_v}{E\sqrt{G}}\,. \tag{1.102}$$

Aus den Beziehungen:

$$\vec{r}_u^{\,2} = E; \qquad \vec{r}_u\cdot\vec{r}_v = F = 0; \qquad \vec{r}_v^{\,2} = G$$

erhalten wir:

$$\vec{r}_{uu}\cdot\vec{r}_u = \frac{1}{2}\,\frac{\partial E}{\partial u}\,; \qquad \vec{r}_{uv}\cdot\vec{r}_u = \frac{1}{2}\,\frac{\partial E}{\partial v}\,,$$

$$\vec{r}_{vv}\cdot\vec{r}_v = \frac{1}{2}\,\frac{\partial G}{\partial v}\,; \qquad \vec{r}_{vu}\cdot\vec{r}_v = \frac{1}{2}\,\frac{\partial G}{\partial u}\,,$$

$$\vec{r}_{uu}\cdot\vec{r}_v + \vec{r}_u\cdot\vec{r}_{vu} = 0; \qquad \vec{r}_{uv}\cdot\vec{r}_v + \vec{r}_u\cdot\vec{r}_{vv} = 0,$$

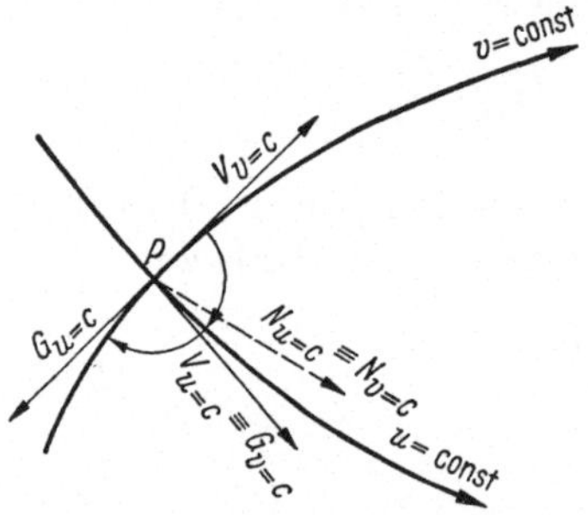

woraus folgt:

$$\left.\begin{aligned} \vec{r}_{vv}\cdot\vec{r}_u &= -\frac{1}{2}\,\frac{\partial G}{\partial u}\,;\\ \vec{r}_{uu}\cdot\vec{r}_v &= -\frac{1}{2}\,\frac{\partial E}{\partial v}\,. \end{aligned}\right\} \tag{1.103}$$

Abb. 1.6

Somit ergibt sich:

$$\left.\begin{aligned} \frac{1}{\varrho_{g,\,u=c}} &= \frac{1}{2G\sqrt{E}}\,\frac{\partial G}{\partial u}\,;\\ \frac{1}{\varrho_{g,\,v=c}} &= -\frac{1}{2E\sqrt{G}}\,\frac{\partial E}{\partial v}\,. \end{aligned}\right\} \tag{1.104}$$

Beachten wir, daß für die Einheitsvektoren der Tangenten an die Kurven $u = \text{const}$ und $v = \text{const}$

$$\vec{v}_{u=c} \equiv \vec{t}_{u=c} \quad \text{und} \quad \vec{v}_{v=c} \equiv \vec{t}_{v=c}$$

gilt (Abb. 1.6), so daß wir schreiben können:

$$\left.\begin{aligned} \vec{G}_{u=c} &\equiv -\vec{v}_{v=c} \equiv -\vec{t}_{v=c}\,,\\ \vec{G}_{v=c} &\equiv \vec{v}_{u=c} \equiv \vec{}_{u=c} \end{aligned}\right\} \tag{1.105}$$

und daraus wegen $\frac{1}{\tau_{g,u=c}} = -\frac{1}{\tau_{g,v=c}} = \frac{1}{\tau_g}$

erhalten wir mit Gl. (1.79) für die Kurve $u = \text{const}$:

$$\left.\begin{aligned}
\frac{\partial \vec{t}_{u=c}}{\partial s_{u=c}} &= \frac{1}{\varrho_{g,u=c}}(-\vec{t}_{v=c}) + \frac{1}{\varrho_{n,u=c}}\vec{N},\\
\frac{\partial(-\vec{t}_{v=c})}{\partial s_{u=c}} &= \frac{-1}{\varrho_{g,u=c}}\vec{t}_{u=c} \qquad + \frac{1}{\tau_g}\vec{N},\\
\frac{\partial \vec{N}}{\partial s_{u=c}} &= \frac{-1}{\varrho_{n,u=c}}\vec{t}_{u=c} \qquad - \frac{1}{\tau_g}(-\vec{t}_{v=c}).
\end{aligned}\right\} \tag{1.106}$$

Desgleichen für die Kurve $v = \text{const}$:

$$\left.\begin{aligned}
\frac{\partial \vec{t}_{v=c}}{\partial s_{v=c}} &= \frac{1}{\varrho_{g,v=c}}\vec{t}_{u=c} + \frac{1}{\varrho_{n,v=c}}\vec{N},\\
\frac{\partial \vec{t}_{u=c}}{\partial s_{v=c}} &= -\frac{1}{\varrho_{g,v=c}}\vec{t}_{v=c} - \frac{1}{\tau_g}\vec{N},\\
\frac{\partial \vec{N}}{\partial s_{v=c}} &= -\frac{1}{\varrho_{n,v=c}}\vec{t}_{v=c} + \frac{1}{\tau_g}\vec{t}_{u=c}.
\end{aligned}\right\} \tag{1.107}$$

Wenn wir als Parameterkurven die Hauptkurven nehmen, für welche gilt $\frac{1}{\tau_g} = 0$, so ergibt sich für $u = \text{const}$:

$$\left.\begin{aligned}
\frac{\partial \vec{t}_{u=c}}{\partial s_{u=c}} &= -\frac{\vec{t}_{v=c}}{\varrho_{g,u=c}} + \frac{\vec{N}}{R_1},\\
\frac{\partial \vec{t}_{v=c}}{\partial s_{u=c}} &= \frac{\vec{t}_{u=c}}{\varrho_{g,u=c}},\\
\frac{\partial \vec{N}}{\partial s_{u=c}} &= -\frac{\vec{t}_{u=c}}{R_1},
\end{aligned}\right\} \tag{1.108}$$

wobei R_1 den Krümmungsradius entlang der Kurve $u = \text{const}$ bedeutet.

Desgleichen für $v = \text{const}$:

$$\left.\begin{aligned}
\frac{\partial \vec{t}_{v=c}}{\partial s_{v=c}} &= \frac{\vec{t}_{u=c}}{\varrho_{g,v=c}} + \frac{\vec{N}}{R_2},\\
\frac{\partial \vec{t}_{u=c}}{\partial s_{v=c}} &= -\frac{\vec{t}_{v=c}}{\varrho_{g,v=c}},\\
\frac{\partial \vec{N}}{\partial s_{v=c}} &= -\frac{\vec{t}_{v=c}}{R_2}.
\end{aligned}\right\} \tag{1.109}$$

wobei R_2 den Krümmungsradius entlang der Kurve $v = \text{const}$ bedeutet.

Wenn wir in diese Gleichungen die Werte für die geodätischen Krümmungen aus den Formeln (1.104) einsetzen und uns die Beziehungen (1.98) und (1.99) vergegenwärtigen, so ergibt sich für die Kurve $u = \text{const}$:

$$\left.\begin{aligned}
\frac{\partial \vec{t}_{u=c}}{\partial v} &= -\frac{1}{\sqrt{E}}\,\frac{\partial \sqrt{G}}{\partial u}\,\vec{t}_{v=c} + \frac{\sqrt{G}}{R_1}\,\vec{N}, \\
\frac{\partial \vec{t}_{v=c}}{\partial v} &= \frac{1}{\sqrt{E}}\,\frac{\partial \sqrt{G}}{\partial u}\,\vec{t}_{u=c}, \\
\frac{\partial \vec{N}}{\partial v} &= -\frac{\sqrt{G}}{R_1}\,\vec{t}_{u=c}.
\end{aligned}\right\} \qquad (1.110)$$

Desgleichen für die Kurve $v = \text{const}$:

$$\left.\begin{aligned}
\frac{\partial \vec{t}_{v=c}}{\partial u} &= -\frac{1}{\sqrt{G}}\,\frac{\partial \sqrt{E}}{\partial v}\,\vec{t}_{u=c} + \frac{\sqrt{E}}{R_2}\,\vec{N}, \\
\frac{\partial \vec{t}_{u=c}}{\partial u} &= \frac{1}{\sqrt{G}}\,\frac{\partial \sqrt{E}}{\partial v}\,\vec{t}_{v=c}, \\
\frac{\partial \vec{N}}{\partial u} &= -\frac{\sqrt{E}}{R_2}\,\vec{t}_{v=c}.
\end{aligned}\right\} \qquad (1.111)$$

Die Gln. (1.110) und (1.111), sowie die Gl. (1.100) werden wir bei der Herleitung der allgemeinen Gleichgewichtsbedingungen der Flächentragwerke benötigen.

C. Rotationsflächen

a) Eigenschaften der Rotationsflächen. Weil für verschiedene Zwecke als Mittelfläche der Schalen die Rotationsflächen verwendet werden, wollen wir die hauptsächlichen geometrischen Eigenschaften derselben näher anschauen.

Eine Rotationsfläche entsteht bei der Drehung einer ebenen Kurve um eine Achse, die in der gleichen Ebene wie die Kurve liegt. Diese Ebene heißt Meridianebene, und die Kurve heißt Meridiankurve oder einfach Meridian (Abb. 1.7).

Wir schreiben der Fläche drei orthogonale Achsen x, y und z mit Ursprung in 0 zu und wählen z als Rotationsachse. R_0 sei der Abstand zwischen einem Punkt der Fläche und der Achse z, und zwar senkrecht auf z. Die Lage eines Meridians wird durch den Winkel ϑ zwischen der Meridianebene und der xz-Ebene festgelegt, und seine Gleichung lautet:

$$R_0 = R_0(z).$$

Die Schnitte der zur xy-Ebene parallelen Ebenen mit der Fläche sind sogenannte Parallelkreise, deren Lage durch den Wert von z festgelegt wird.

Die Lage eines Punkts P wird demzufolge festgelegt durch die drei karthesischen Koordinaten x, y und z, und zwar:

$$x = R_0(z)\cos\vartheta; \qquad y = R_0(z)\sin\vartheta; \qquad z = z, \tag{1.112}$$

daraus

$$\vec{r} = R_0(z)\cos\vartheta\,\vec{i} + R_0(z)\sin\vartheta\,\vec{j} + z\vec{k},$$

worin $\vec{i}$, $\vec{j}$ und $\vec{k}$ die drei Grundvektoren bedeuten.

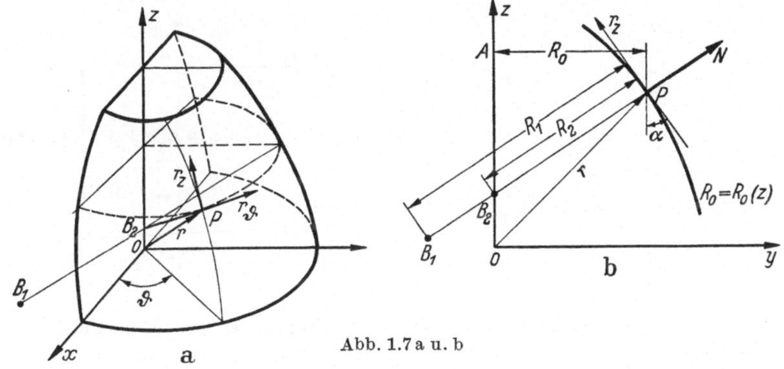

Abb. 1.7 a u. b

Wir wollen, um die Fläche zu bestimmen, als Parameterkurven die Meridiane und Parallelkreise wählen und setzen:

$$u = \vartheta; \qquad v = z.$$

Damit erhalten wir:

$$\frac{\partial\vec{r}}{\partial u} = \frac{\partial\vec{r}}{\partial\vartheta} = -R_0(z)\sin\vartheta\,\vec{i} + R_0(z)\cos\vartheta\,\vec{j},$$

$$\frac{\partial\vec{r}}{\partial v} = \frac{\partial\vec{r}}{\partial z} = R_0'(z)\cos\vartheta\,\vec{i} + R_0'(z)\sin\vartheta\,\vec{j} + \vec{k},$$

und daraus wegen Gl. (1.18) und (1.46):

$$\left.\begin{aligned} E &= R_0^2(z)\sin^2\vartheta + R_0^2(z)\cos^2\vartheta = R_0^2(z),\\ F &= -R_0(z)\,R_0'(z)\sin\vartheta\cos\vartheta + R_0(z)\,R_0'(z)\sin\vartheta\cos\vartheta = 0,\\ G &= R_0'^2(z)\cos^2\vartheta + R_0'^2(z)\sin^2\vartheta + 1 = 1 + R_0'^2(z), \end{aligned}\right\} \tag{1.113}$$

$$\Delta = R_0(z)\sqrt{1 + R_0'^2(z)}. \tag{1.114}$$

Wegen $F = 0$ sind die Parameterkurven orthogonal.

Zu beachten ist, daß

$$\frac{\partial^2\vec{r}}{\partial u^2} = -R_0(z)\cos\vartheta\,\vec{i} - R_0(z)\sin\vartheta\,\vec{j},$$

$$\frac{\partial^2\vec{r}}{\partial u\,\partial v} = -R_0'(z)\sin\vartheta\,\vec{i} + R_0'(z)\cos\vartheta\,\vec{j},$$

$$\frac{\partial^2\vec{r}}{\partial v^2} = R_0''(z)\cos\vartheta\,\vec{i} + R_0''(z)\sin\vartheta\,\vec{j},$$

und mit Gl. (1.29) und (1.46):

$$\vec{N} = \frac{1}{\Delta}\begin{vmatrix} \vec{i} & \vec{j} & \vec{k} \\ -R_0(z)\sin\vartheta & R_0(z)\cos\vartheta & 0 \\ R_0'(z)\cos\vartheta & R_0'(z)\sin\vartheta & 1 \end{vmatrix} = \frac{1}{\Delta}\left(R_0(z)\cos\vartheta\,\vec{i} + R_0(z)\sin\vartheta\,\vec{j} - R_0(z)\,R_0'(z)\,\vec{k}\right), \tag{1.115}$$

und daraus mit Gl. (1.39):

$$\left.\begin{aligned} L &= \frac{1}{\Delta}\left(-R_0^2(z)\cos^2\vartheta - R_0^2(z)\sin^2\vartheta\right) = -\frac{R_0^2(z)}{\Delta}, \\ M &= \frac{1}{\Delta}\left(-R_0(z)\,R_0'(z)\cos\vartheta\sin\vartheta + R_0(z)\,R_0'(z)\cos\vartheta\sin\vartheta\right) = 0, \\ N &= \frac{1}{\Delta}\left(R_0(z)\,R_0''(z)\cos^2\vartheta + R_0(z)\,R_0''(z)\sin^2\vartheta\right) = \frac{R_0(z)\,R_0''(z)}{\Delta}. \end{aligned}\right\} \tag{1.116}$$

Weil $F = M = 0$, sind die Parameterkurven nach Gl. (1.65) Hauptkurven.

Aus Gl. (1.21) erhalten wir die Bogenlänge für die Meridiane und Parallelkreise:

$$\left.\begin{aligned} ds_\vartheta &= dz\sqrt{1 + R_0'^2(z)}; \\ ds_z &= d\vartheta\,R_0(z) \end{aligned}\right\} \tag{1.117}$$

und damit den Inhalt eines Flächenelements aus Gl. (1.26):

$$dS = R_0(z)\,dz\,d\vartheta\sqrt{1 + R_0'^2(z)}. \tag{1.118}$$

Die Krümmung eines Normalschnitts bestimmt sich aus Gl. (1.40):

$$\frac{1}{R} = \frac{-R_0^2(z)\,(d\vartheta)^2 + R_0(z)\,R_0''(z)\,(dz)^2}{R_0(z)\sqrt{1 + R_0'^2(z)}\,[R_0^2(z)\,(d\vartheta)^2 + (1 + R_0'^2(z))\,(dz)^2]}. \tag{1.119}$$

Die Krümmung im Punkte P wird gegeben durch die Diskriminante der quadratischen Gleichung II, d. h.

$$LN - M^2 = -\frac{R_0(z)\,R_0''(z)}{1 + R_0'^2(z)}. \tag{1.120}$$

Um die Hauptkrümmungsradien zu berechnen, können wir die Gleichung zweiten Grads (1.61) auflösen. Einfacher ergibt sich aus Gl. (1.85):

$$\frac{1}{R_1} = \frac{R_0''(z)}{(1 + R_0'^2(z))^{3/2}}; \qquad \frac{1}{R_2} = -\frac{1}{R_0(z)\,(1 + R_0'^2(z))^{1/2}}. \tag{1.121}$$

Darin bedeuten R_1 den Krümmungsradius der Meridiane und R_2 den Krümmungsradius des Normalschnitts, der in der Ebene senkrecht zu den Meridianen liegt (Abb. 1.7).

Aus Abb. 1.7b entnehmen wir:

$$\operatorname{tg}\alpha = R_0'(z)$$

$$\overline{AB_2} = \overline{AP}\operatorname{tg}\alpha = R_0(z)\, R_0'(z),$$

somit:

$$\overline{B_2P} = \sqrt{(\overline{AP})^2 + (\overline{AB_2})^2} = R_0(z)\sqrt{1 + R_0'^2(z)},$$

d. h., der Abschnitt der Normalen zwischen dem Punkt P und dem Schnittpunkt mit der Rotationsachse ist gleich dem Hauptkrümmungsradius R_2.

Aus der Formel (1.29) entnehmen wir, daß bei der getroffenen Wahl der Parameterkurven der Einheitsvektor der Normalen $\vec{N}$ nach außen gerichtet ist. Wenn die Krümmung negatives Vorzeichen hat, so folgt aus der Vektorgleichung (1.36) des Satzes von MEUSNIER, daß die Einheitsvektoren $\vec{N}$ der Normalen auf die Fläche und $\vec{n}$ der Hauptnormalen auf die Parameterkurve entgegengesetzt gerichtet sind.

Entlang den Hauptkurven verschwindet, wie wir gesehen haben, die geodätische Windung.

Die totale Krümmung oder Krümmung von GAUSS ergibt sich mit Gl. (1.62) zu:

$$\frac{1}{R_1 R_2} = -\frac{R_0''(z)}{R_0(z)\,(1 + R_0'^2(z))^2}. \tag{1.122}$$

b) Ellipsoid, Hyperboloid, Kegel. Im Falle eines Rotationsellipsoids gilt (Abb. 1.8):

$$b^2 R_0^2(z) + a^2 z^2 = a^2 b^2, \tag{1.123}$$

daraus:

$$R_0'(z) = -\frac{a^2}{b^2}\,\frac{z}{R_0(z)},$$

$$R_0''(z) = -\frac{a^4}{b^2 R_0^3(z)}.$$

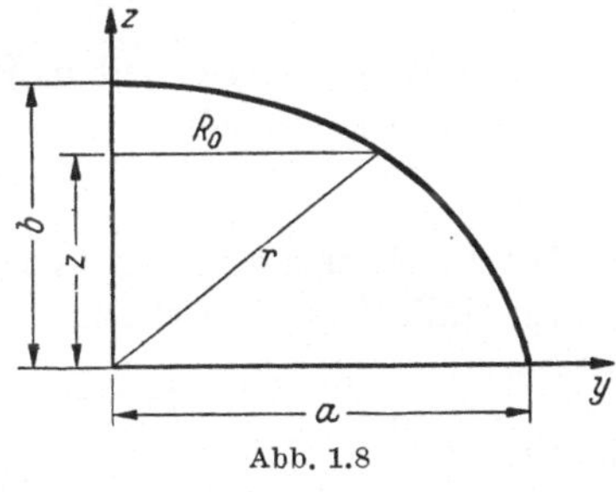

Abb. 1.8

Wegen $1 + R_0'^2(z) > 0$ bestimmt sich das Vorzeichen von $LN - M^2$ gemäß Gl. (1.120) aus:

$$-R_0(z)\, R_0''(z).$$

In unserem Fall haben wir:

$$\frac{a^4}{b^2 R_0^2(z)} > 0,$$

d. h., die Krümmung in jedem Punkt eines Rotationsellipsoids ist elliptisch.

Die Krümmungsradien ergeben sich aus Gl. (1.121):

$$\left.\begin{aligned} R_1 &= -\frac{(a^4 z^2 + b^4 R_0^2(z))^{3/2}}{a^4 b^4}, \\ R_2 &= -\frac{(a^4 z^2 + b^4 R_0^2(z))^{1/2}}{b^2}. \end{aligned}\right\} \tag{1.124}$$

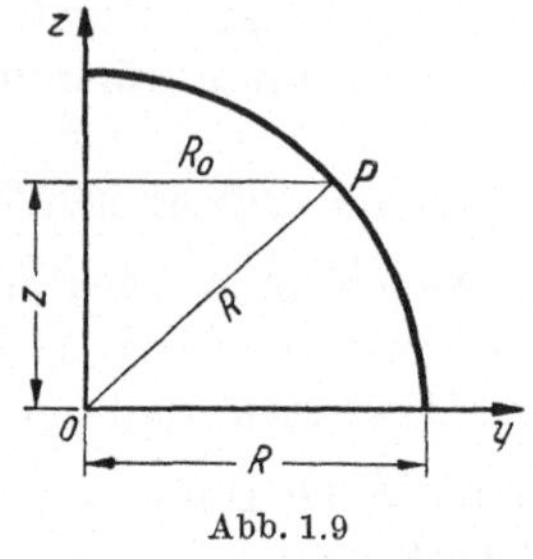

Abb. 1.9

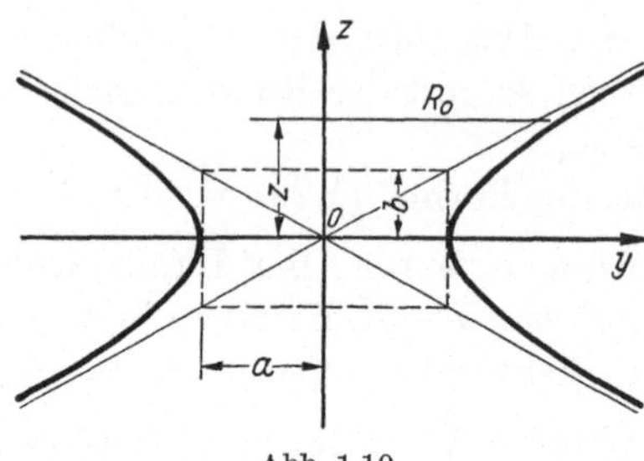

Abb. 1.10

Im Sonderfall der Kugelfläche (Abb. 1.9) haben wir:

$$R_0(z) = \sqrt{R^2 - z^2}; \quad R_0'(z) = -\frac{z}{R_0(z)}; \quad R_0''(z) = -\frac{R^2}{R_0^3(z)} \tag{1.125}$$

und daraus mit Gl. (1.120):

$$LN - M^2 = 1 > 0$$

d. h., die Krümmung in jedem Punkt einer Kugelfläche ist elliptisch.

Es ergibt sich noch:

$$R_1 = R_2 = -R. \tag{1.126}$$

Die Indikatrix von Dupin ist in diesem Falle ein Kreis.

Im Falle eines einschaligen Rotationshyperboloids (Abb. 1.10) gilt:

$$R_0^2(z)\, b^2 - z^2 a^2 = a^2 b^2 \tag{1.127}$$

daraus:

$$R_0'(z) = \frac{a^2}{b^2} \frac{z}{R_0(z)},$$

$$R_0''(z) = \frac{a^4}{b^2 R_0^3(z)}.$$

In diesem Falle ergibt sich mit Gl. (1.120):

$$LN - M^2 < 0,$$

d. h., die Krümmung in jedem Punkt eines einschaligen Rotationshyperboloids ist hyperbolisch.

Die Krümmungsradien können aus den folgenden Formeln bestimmt werden:

$$R_1 = \frac{(a^4 z^2 + b^4 R_0^2(z))^{3/2}}{a^4 b^4}, \tag{1.128}$$

$$R_2 = -\frac{(a^4 z^2 + b^4 R_0^2(z))^{1/2}}{b^2}. \tag{1.129}$$

Die Indikatrix von Dupin ist in diesem Fall eine Hyperbel.

Im Falle einer Kegelfläche (Abb. 1.11) gilt:

$$R_0(z) = \frac{R_{0c}}{H_c}(H_c - z); \quad R_0'(z) = -\frac{R_{0c}}{H_c}; \quad R_0''(z) = 0, \tag{1.130}$$

daraus mit Gl. (1.120):

$$LN - M^2 = 0,$$

d. h., in diesem Fall haben wir eine parabolische Krümmung.

Es ergibt sich noch:

$$R_1 = \infty; \quad R_2 = -\frac{R_0(z)}{\cos\alpha}. \tag{1.131}$$

Die Indikatrix von Dupin ist eine zu zwei parallelen Geraden verkümmerte Parabel.

Der Fall einer zylindrischen Fläche ist analog dem der Kegelfläche.

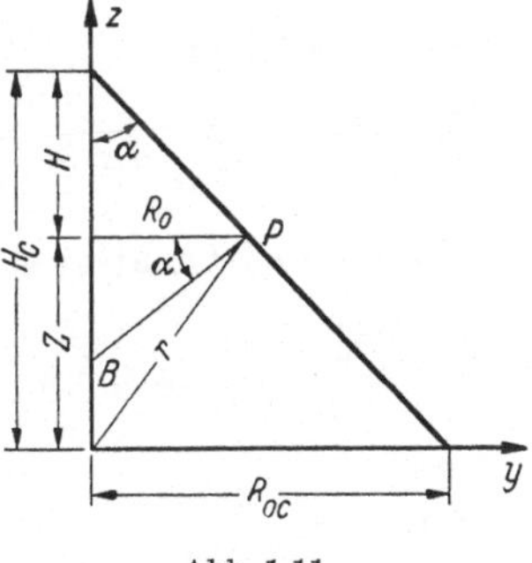

Abb. 1.11

D. Krummlinige Koordinaten im dreidimensionalen Raum

a) Allgemeines. Wir wollen im folgenden einige Begriffe der krummlinigen Koordinaten im Raum festhalten, welche wir bei der Herleitung der Ausdrücke für die Verzerrungskomponenten benötigen werden.

Ein Punkt P im Raum wird durch die drei karthesischen Koordinaten x, y und z bestimmt.

Diese Koordinaten seien Funktionen der drei Variablen α_1, α_2 und α_3:

$$x = \varphi(\alpha_1, \alpha_2, \alpha_3); \quad y = \psi(\alpha_1, \alpha_2, \alpha_3); \quad z = \chi(\alpha_1, \alpha_2, \alpha_3) \tag{1.132}$$

Wir wollen die Möglichkeit zulassen, α_1, α_2 und α_3 in Funktion von x, y und z auszudrücken. Führen wir zwei der Variablen als Konstante ein, beispielsweise α_1 und α_2, so beschreibt der Punkt P (x, y, z) eine Kurve, auf der nur α_3 variiert. Gleichermaßen erhalten wir Kurven, auf denen nur α_1 oder α_2 variieren. α_1, α_2 und α_3 sind demzufolge krummlinige Koordinaten. Wenn wir nur eine Variable festlegen, z. B. α_1, beschreibt der Punkt P eine Fläche, auf der nur α_2 und α_3 variieren. Die Gleichung dieser Fläche lautet demzufolge: $\alpha_1 = \text{const}$, und wir können für die Fläche α_2 und α_3 als Parameter wählen. Die Koordinatenkurven ergeben sich in diesem Fall aus dem Schnitt der Fläche $\alpha_1 = \text{const}$ mit der Fläche $\alpha_3 = \text{const}$, bzw. mit der Fläche $\alpha_2 = \text{const}$.

Die Gleichungen

$$\alpha_1 = \text{const}; \qquad \alpha_2 = \text{const}; \qquad \alpha_3 = \text{const}$$

bestimmen drei Flächenscharen. Durch jeden Punkt im Raum geht eine Fläche aus jeder Schar.

Die Flächenscharen bilden ein dreifach orthogonales System, wenn die Flächen in den Schnittkurven aufeinander senkrecht stehen.

Den drei karthesischen Gln. (1.132) entspricht eine Vektorgleichung:

$$\vec{s} = \vec{s}(\alpha_1, \alpha_2, \alpha_3) \tag{1.133}$$

Wir haben somit:

$$d\vec{s} = \frac{\partial \vec{s}}{\partial \alpha_1} d\alpha_1 + \frac{\partial \vec{s}}{\partial \alpha_2} d\alpha_2 + \frac{\partial \vec{s}}{\partial \alpha_3} d\alpha_3 = \sum_{i=1}^{3} \frac{\partial \vec{s}}{\partial \alpha_i} d\alpha_i, \tag{1.134}$$

und daraus das Quadrat der Länge:

$$\begin{aligned}(ds)^2 = {} & \frac{\partial \vec{s}}{\partial \alpha_1} \cdot \frac{\partial \vec{s}}{\partial \alpha_1} (d\alpha_1)^2 + \frac{\partial \vec{s}}{\partial \alpha_2} \cdot \frac{\partial \vec{s}}{\partial \alpha_2} (d\alpha_2)^2 + \frac{\partial \vec{s}}{\partial \alpha_3} \cdot \frac{\partial \vec{s}}{\partial \alpha_3} (d\alpha_3)^2 + \\ & + 2 \frac{\partial \vec{s}}{\partial \alpha_1} \cdot \frac{\partial \vec{s}}{\partial \alpha_2} d\alpha_1 \, d\alpha_2 + 2 \frac{\partial \vec{s}}{\partial \alpha_1} \cdot \frac{\partial \vec{s}}{\partial \alpha_3} d\alpha_1 \, d\alpha_3 + 2 \frac{\partial \vec{s}}{\partial \alpha_2} \cdot \frac{\partial \vec{s}}{\partial \alpha_3} d\alpha_2 \, d\alpha_3 .\end{aligned} \tag{1.135}$$

Wir setzen:

$$g_{ij} = \frac{\partial \vec{s}}{\partial \alpha_i} \cdot \frac{\partial \vec{s}}{\partial \alpha_j} \qquad (i = 1, 2, 3), \ (j = 1, 2, 3), \tag{1.136}$$

wobei

$$g_{ij} = g_{ji} . \tag{1.137}$$

Die g_{ij} sind die metrischen Fundamentalgrößen oder metrische Koeffizienten des durch krummlinige Koordinaten definierten Raums.

b) Orthogonale krummlinige Koordinaten. Die Vektoren $\frac{\partial \vec{s}}{\partial \alpha_i}$ sind Tangenten an die Parameterkurven α_i. Wenn sich diese rechtwinklig schneiden, so verschwindet das Skalarprodukt der Gl. (1.135), d. h.

$$g_{ij} = 0 . \tag{1.138}$$

Es ergibt sich somit:

$$(ds)^2 = g_{11}(d\alpha_1)^2 + g_{22}(d\alpha_2)^2 + g_{33}(d\alpha_3)^2 . \tag{1.139}$$

In diesem Fall bilden die drei Flächenscharen

$$\alpha_i = \text{const} \qquad (i = 1, 2, 3)$$

ein dreifach orthogonales System, und die krummlinigen Koordinaten werden orthogonal genannt. Beispiele für diese letzteren sind die karthesischen Koordinaten, die Zylinderkoordinaten und die Kugelkoordinaten, bei denen die Koordinatenflächen Ebenen, bzw. Ebenen und Zylinder, bzw. Ebenen, Kugeln und Kegel sind.

Mit:

$$x = \alpha_1; \quad y = \alpha_2; \quad z = \alpha_3 \tag{1.140}$$

und daher

$$\vec{s} = \alpha_1 \vec{i} + \alpha_2 \vec{j} + \alpha_3 \vec{k} \tag{1.141}$$

ergibt sich für karthesische Koordinaten:

$$g_{11} = 1; \quad g_{22} = 1; \quad g_{33} = 1, \tag{1.142}$$

und daraus:

$$(ds)^2 = (dx)^2 + (dy)^2 + (dz)^2. \tag{1.143}$$

Für Zylinderkoordinaten (Abb. 1.12) mit:

$$\alpha_1 = R; \quad \alpha_2 = \vartheta; \quad \alpha_3 = z \tag{1.144}$$

erhalten wir:

$$x = \alpha_1 \cos\alpha_2; \quad y = \alpha_1 \sin\alpha_2; \quad z = \alpha_3 \tag{1.145}$$

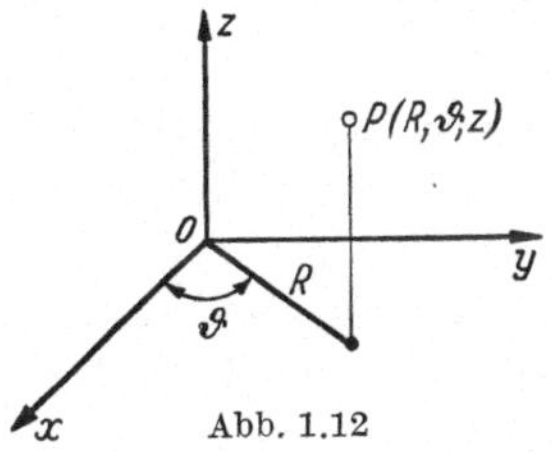

Abb. 1.12

und daraus:

$$\vec{s} = \alpha_1 \cos\alpha_2 \vec{i} + \alpha_1 \sin\alpha_2 \vec{j} + \alpha_3 \vec{k}, \tag{1.146}$$

folglich:

$$g_{11} = 1; \quad g_{22} = \alpha_1^2 = R^2; \quad g_{33} = 1. \tag{1.147}$$

Es ergibt sich schließlich:

$$(ds)^2 = (dR)^2 + R^2(d\vartheta)^2 + (dz)^2. \tag{1.148}$$

Für Kugelkoordinaten (Abb. 1.3) mit:

$$\alpha_1 = R; \quad \alpha_2 = \vartheta; \quad \alpha_3 = \psi \tag{1.149}$$

erhalten wir mit Gl. (1.14):

$$x = \alpha_1 \sin\alpha_3 \cos\alpha_2; \quad y = \alpha_1 \sin\alpha_3 \sin\alpha_2; \quad z = -\alpha_1 \cos\alpha_3 \tag{1.150}$$

und daraus:

$$\vec{s} = \alpha_1 \sin\alpha_3 \cos\alpha_2 \vec{i} + \alpha_1 \sin\alpha_3 \sin\alpha_2 \vec{j} - \alpha_1 \cos\alpha_3 \vec{k}, \tag{1.151}$$

folglich:

$$g_{11} = 1; \quad g_{22} = \alpha_1^2 \sin^2\alpha_3 = R^2 \sin^2\psi; \quad g_{33} = \alpha_1^2 = R^2. \tag{1.152}$$

Wir erhalten schließlich:

$$(ds)^2 = (dR)^2 = R^2 \sin^2\psi(d\vartheta)^2 + R^2(d\psi)^2. \tag{1.153}$$

2. Einteilung der Flächentragwerke. Grundlegende Annahmen. Definitionen

Wir betrachten einen Punkt P einer Fläche Σ von endlicher Ausdehnung, die entweder geschlossen oder von einer geschlossenen Kurve C begrenzt sei. Ausgehend von P greifen wir auf der Normalen an die Fläche in entgegengesetzten Richtungen die Abschnitte $\overline{PP'} = h/2$ und $\overline{PP''} = h/2$ heraus, wobei:

$$h = h(P).$$

Wenn die Fläche Σ geschlossen ist, so erzeugen die Endpunkte P' und P'' der Abschnitte der Normalen auf Σ zwei Flächen Σ' und Σ'' und begrenzen somit einen Körper.

Wenn die Fläche durch eine Umrißkurve begrenzt wird, so beschreiben die Abschnitte der Normalen auf Σ in den Punkten derselben die Umriß- oder Randfläche des Körpers, der durch P' und P'' erzeugt wird.

Wir setzen voraus, daß die Normalen auf die Fläche Σ in den Punkten der Umrißkurve auch auf die Flächen Σ' und Σ'' normal seien.

Wir schließen von unserer Betrachtung solche singulären Fälle aus wie der, bei dem die beiden Normalenabschnitte einen Schnittpunkt im Innern des Körpers haben.

Wenn die Länge des Normalenabschnitts h gegenüber den Abmessungen der Fläche Σ oder des so erhaltenen Körpers sehr klein ist, so haben wir ein sogenanntes Flächentragwerk oder zweidimensionales Tragwerk.

Wir bezeichnen die Fläche Σ als Mittelfläche.

Ein Flächentragwerk ist bestimmt, wenn die Mittelfläche und das Gesetz, nach dem die Dicke $h = h(P)$ variiert, gegeben sind.

Der Begriff des Flächentragwerks ist eine Erweiterung des Begriffs des linearen oder eindimensionalen Tragwerks, bei dem eine Dimension gegenüber den andern überwiegt.

Wie es im Falle von linearen Tragwerken mit der durch die Zähigkeit der Baustoffe bedingten Annäherung möglich ist, die geometrischen, statischen und elastischen Eigenschaften auf die Abszissen der Achse zu beziehen, so können wir bei Flächentragwerken mit einem analogen Kriterium die gleichen Eigenschaften auf die Koordinaten der Mittelfläche beziehen.

Die Mittelfläche kann eben oder gekrümmt sein.

An Tragwerken mit ebener Mittelfläche unterscheiden wir Platten und Scheiben. Die Scheiben werden durch Kräfte beansprucht, die in der Ebene der Mittelfläche liegen, während die Platten Kräften unterworfen sind, die senkrecht auf die erwähnte Ebene wirken.

Die Tragwerke mit gekrümmter Mittelfläche heißen Schalen. Setzt sich die Mittelfläche aus ebenen Flächenabschnitten zusammen, so haben wir die Faltwerke.

Die elastostatische Theorie der Flächentragwerke geht im allgemeinen von folgenden grundlegenden Annahmen aus:

1. Der Baustoff, aus dem das Tragwerk besteht, ist homogen, isotrop und gehorcht dem Gesetz von HOOKE.

2. Die Dicke h ist klein gegenüber den andern Abmessungen und den Krümmungsradien der Mittelfläche.

3. Die Spannungen normal zur Mittelfläche können gegenüber den andern Spannungen vernachlässigt werden.

4. Die Punkte, welche vor der Verformung auf zur Mittelfläche normalen Geraden liegen, befinden sich nach der Verformung auf Geraden, die senkrecht auf der verformten Mittelfläche stehen.

5. Die Verschiebungen sind gegenüber der Dicke h sehr klein, so daß wir deren Einfluß bei der Betrachtung der Gleichgewichtsbedingungen am Flächenelement vernachlässigen können.

Aus der letzten Annahme geht hervor, daß die Theorie linear ist und folglich von linearen Grundgleichungen ausgeht, für welche das Superpositionsgesetz gültig bleibt.

Zu beachten ist, daß für Flächentragwerke mit sehr kleiner Dicke h die Annahme 5 nicht zugelassen werden kann und sich eine Theorie zweiter Ordnung ergibt.

Die erwähnten Annahmen sind zur Hauptsache die von KIRCHOFF-LOVE [*850.1*], [*34.2*]. Weniger einschränkende Annahmen sind in neuerer Zeit von VLASOV [*51.2*] eingeführt worden.

Aus den am Schluß des vorhergehenden Kapitels zusammengestellten Angaben über krummlinige Koordinaten im Raum ergibt sich eindeutig, daß ein beliebiger Punkt des Tragwerks mit Hilfe von drei Parametern festgelegt werden kann, von denen zwei auf der Mittelfläche variieren, während sich der dritte auf der Normalen an dieselbe ändert.

Wählen wir als Parameterkurven die Hauptkurven der Mittelfläche, so erhalten wir ein dreifach orthogonales Koordinatensystem.

Bei der Herleitung der Theorie der Flächentragwerke bezeichnen wir zur Vereinfachung der Schreibweise die Parameterkurven der Mittelfläche mit $\alpha_1 = \text{const}$ bzw. $\alpha_2 = \text{const}$ anstatt mit $u = \text{const}$ bzw. $v = \text{const}$, wie wir das bei der allgemeinen Untersuchung der Eigenschaften der Flächen im Kapitel 1 getan haben. $\alpha_3 = z$ ist der Abstand des Punkts bezüglich der Mittelfläche, positiv in Richtung des Einheitsvektors $\vec{N}$ der Normalen.

Wir können nun (Abb. 2.1) die Lage eines Punkts P^* des Tragwerks mit Hilfe der folgenden Vektorgleichung festlegen:

$$\vec{s}(\alpha_1, \alpha_2, z) = \vec{r}(\alpha_1, \alpha_2) + z\vec{N}(\alpha_1, \alpha_2). \tag{2.1}$$

$\vec{s}(\alpha_1, \alpha_2, z)$ ist der Vektor mit Ursprung in 0, der die Lage des Punkts P^* festlegt; $\vec{r}(\alpha_1, \alpha_2)$ ist der Vektor mit Ursprung ebenfalls in 0, der die

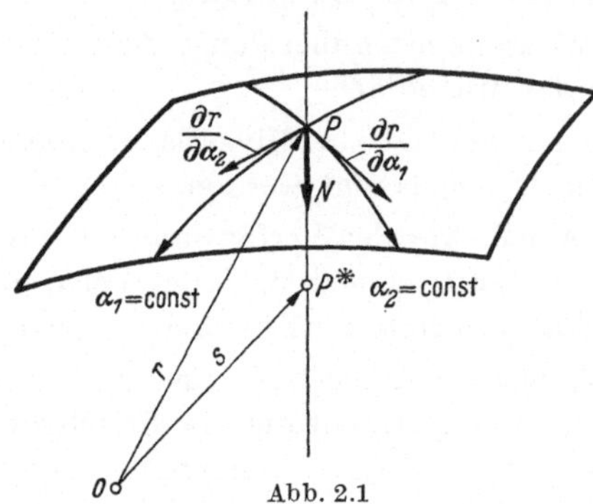

Abb. 2.1

Lage des Schnittpunkts P der Normalen auf die Mittelfläche mit dieser Mittelfläche festlegt, $\vec{N}(\alpha_1, \alpha_2)$ ist der Einheitsvektor der Normalen, der in Gl. (1.29) definiert wird.

Halten wir fest, daß:

$$\frac{\partial \vec{s}}{\partial \alpha_1} = \frac{\partial \vec{r}}{\partial \alpha_1} + z\frac{\partial \vec{N}}{\partial \alpha_1}; \qquad \frac{\partial \vec{s}}{\partial \alpha_2} = \frac{\partial \vec{r}}{\partial \alpha_2} + z\frac{\partial \vec{N}}{\partial \alpha_2}; \qquad \frac{\partial \vec{s}}{\partial z} = \vec{N}, \tag{2.2}$$

und daraus mit Gl. (1.136), (1.86) und (1.18):

$$g_{11} = \frac{\partial \vec{r}}{\partial \alpha_1} \cdot \frac{\partial \vec{r}}{\partial \alpha_1} + z^2 \frac{\partial \vec{N}}{\partial \alpha_1} \cdot \frac{\partial \vec{N}}{\partial \alpha_1} + 2z \frac{\partial \vec{r}}{\partial \alpha_1} \cdot \frac{\partial \vec{N}}{\partial \alpha_1} = \left(1 - \frac{z}{R_2}\right)^2 E. \tag{2.3}$$

Desgleichen:

$$g_{22} = \frac{\partial \vec{s}}{\partial \alpha_2} \cdot \frac{\partial \vec{s}}{\partial \alpha_2} = \left(1 - \frac{z}{R_1}\right)^2 G; \tag{2.4}$$

$$g_{33} = \frac{\partial \vec{s}}{\partial z} \cdot \frac{\partial \vec{s}}{\partial z} = 1, \tag{2.5}$$

woraus mit Gl. (1.139) folgt:

$$(ds)^2 = \left(1 - \frac{z}{R_2}\right)^2 E\,(d\alpha_1)^2 + \left(1 - \frac{z}{R_1}\right)^2 G\,(d\alpha_2)^2 + (dz)^2, \tag{2.6}$$

worin R_1 und R_2 die Krümmungsradien für die Kurven $\alpha_1 = \text{const}$ bzw. $\alpha_2 = \text{const}$ bedeuten.

Wir wollen nun ein Element des Tragwerks betrachten, das durch die Flächen

$$\alpha_1 = \text{const}, \quad \alpha_1 + d\alpha_1 = \text{const}, \quad \alpha_2 = \text{const}, \quad \alpha_2 + d\alpha_2 = \text{const}$$

(Abb. 2.2) begrenzt wird.

Die seitlichen Schnittebenen haben eine endliche Höhe h und eine infinitesimale mittlere Länge $\sqrt{E}\, d\alpha_1$ bzw. $\sqrt{G}\, d\alpha_2$ in der Mittelfläche.

Es seien x und y die Tangenten in P an die Parameterkurven $\alpha_2 = \text{const}$ ($\alpha_1 = \text{variabel}$) bzw. $\alpha_1 = \text{const}$ ($\alpha_2 = \text{variabel}$).

Wenn wir in jeder der seitlichen Schnittebenen des betrachteten Elements alle Kräfte, die auf die Ebene wirken, auf den Punkt reduzieren, der in der Mitte der zugehörigen mittleren Länge liegt, so erhalten wir eine resultierende Kraft und ein resultierendes Moment, welche von erster Ordnung klein sind.

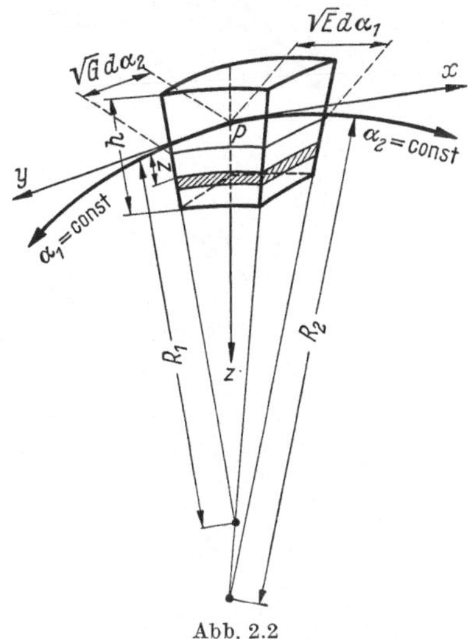

Abb. 2.2

Wenn wir die beiden Schnittkräfte durch die mittlere Länge der betrachteten Schnittebene dividieren, so erhalten wir eine endliche Kraft $\vec{F}$ und ein endliches Moment $\vec{M}$, die als Einheitsschnittkräfte bezeichnet werden.

Wir wollen nun die Komponenten von $\vec{F}$ (Abb. 2.3 a) und von $\vec{M}$ (Abb. 2.3 b) in drei orthogonalen Richtungen betrachten, nämlich in Richtung der Normalen auf die Schnittebene des Elements, in Richtung der Tangente an die Mittelfläche, die in der Schnittebene liegt, und in Richtung der Normalen auf die Mittelfläche. Es ist offensichtlich, daß die Tangente und die Normale auf die Mittelfläche auch Tangente und Normale auf die Hauptkurve derselben in den Randschnitten des untersuchten Elements sind.

Den erwähnten Kräften entspricht in jeder der seitlichen Schnittebenen eine Spannungsverteilung. Wenn wir also ein Element dS der Fläche herausgreifen, beispielsweise (Abb. 2.4) im Schnitt $\alpha_2 = \text{const}$, so ist dieses einer Normalspannung σ_2 unterworfen, welche parallel zur Kurve $\alpha_1 = \text{const}$ und senkrecht zum betrachteten Schnitt wirkt, einer Schubspannung τ_{21} parallel zur Mittelfläche und einer Schubspannung τ_{2z} normal zu dieser Fläche.

Untersuchen wir nun die Eigenschaften der Kräfte bezüglich der Schnittebenen des betrachteten Elements.

Aus Abb. 2.3a ergibt sich, daß N_1 die Einheitskraft ist, welche senkrecht zum Schnitt $\alpha_1 = \text{const}$ wirkt. N_1 ist daher eine Normalkraft, die wir als positiv bezeichnen wollen, wenn sie im untersuchten Schnitt Zug bewirkt.

Die gleichen Überlegungen können wir für N_2 anstellen.

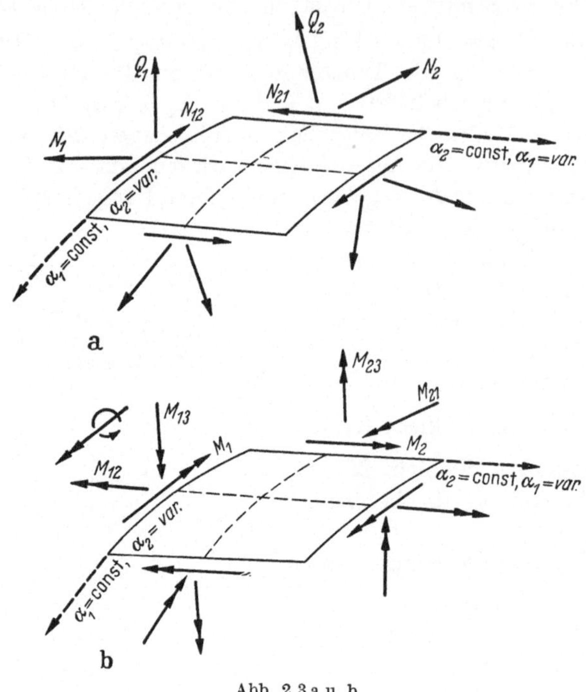

Abb. 2.3 a u. b

N_{12} ist die Einheitskraft, die im Schnitt $\alpha_1 = \text{const}$ und in Richtung der Tangente wirkt. Sie heißt daher Tangentialkraft. Diese Kraft wird als positiv bezeichnet (Abb. 2.3a), wenn sie in der positiven Richtung der Koordinatenkurve $\alpha_1 = \text{const}$ und in einem Schnitt wirkt, in dem auch die Normalkraft N_1 in der positiven Richtung der ihr zugehörigen Koordinatenkurve $\alpha_2 = \text{const}$ wirkt.

Die gleichen Überlegungen können wir für N_{21} anstellen.

Q_1 ist die Einheitskraft, die im Schnitt $\alpha_1 = \text{const}$ und in Richtung der Normalen auf die Fläche wirkt. Sie heißt daher Querkraft. Diese Kraft wird als positiv bezeichnet, wenn sie in der gleichen positiven Richtung wie die Normale z auf die Mittelfläche und in einem Schnitt $\alpha_1 = \text{const}$ wirkt, für den die positive Normalkraft die positive Richtung der zugehörigen Koordinatenkurve hat.

Die gleichen Überlegungen können wir für Q_2 anstellen.

M_1 und M_2 sind Einheitsbiegemomente bezüglich der Tangente an die Mittelfläche, die in den Ebenen wirken, welche normal auf dieser Fläche und den Schnitten $\alpha_1 = \text{const}$ bzw. $\alpha_2 = \text{const}$ stehen. Diese Momente werden als positiv bezeichnet, wenn sie in den Fasern des Schnitts, die positiven Werten von z entsprechen, positive Normalspannungen, d. h. Zugspannungen erzeugen.

M_{12} und M_{21} sind Einheitstorsionsmomente, die in den Ebenen der Schnitte $\alpha_1 = \text{const}$ bzw. $\alpha_2 = \text{const}$ wirken. Diese Momente werden als positiv bezeichnet, wenn sie in den Fasern des Schnitts, die negativen Werten von z entsprechen, positive Schubspannungen erzeugen.

M_{13} und M_{23} sind Einheitsbiegemomente bezüglich der Normalen auf die Mittelfläche, die in den Ebenen wirken, welche tangential an diese Fläche und senkrecht auf den Schnitten $\alpha_1 = \text{const}$ bzw. $\alpha_2 = \text{const}$ stehen. Diese Momente verschwinden aus Gründen, die wir im folgenden kennenlernen werden.

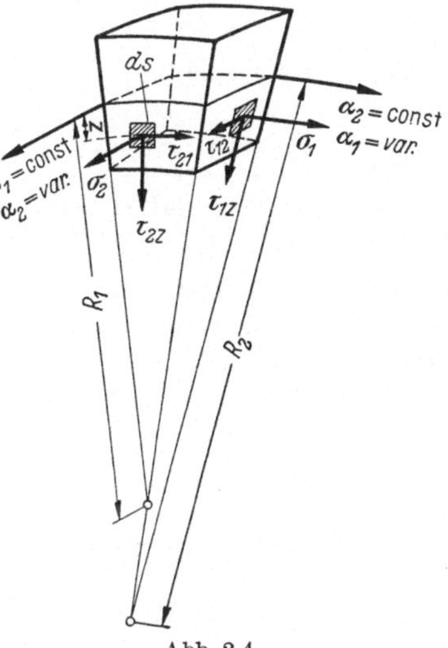

Abb. 2.4

Wir wollen nun die Schnittkräfte als Funktionen der zugehörigen Spannungen ausdrücken. Beachten wir, daß sich in einem Abstand z von der Mittelfläche die Länge der seitlichen Ebene $\alpha_2 = \text{const}$ des betrachteten Elements (Abb. 2.2) mit Gl. (2.6) zu

$$\left(1 - \frac{z}{R_2}\right) \sqrt{E}\, d\alpha_1$$

ergibt.

Desgleichen erhalten wir für die Ebene $\alpha_1 = \text{const}$:

$$\left(1 - \frac{z}{R_1}\right) \sqrt{G}\, d\alpha_2 .$$

Wir beachten, daß die Längen der seitlichen Ebenen infinitesimal sind, so daß wir annehmen können, wenn wir von den Gliedern höherer Ordnung absehen, daß die Spannungen σ und τ über diese Längen gleichförmig verteilt sind.

Wenn N_1 die Einheitsnormalkraft ist, die im Schnitt $\alpha_1 = \text{const}$ wirkt, so erhalten wir:

$$N_1 \sqrt{G}\, d\alpha_2 = \int_{-h/2}^{+h/2} \sigma_1 \left(1 - \frac{z}{R_1}\right) \sqrt{G}\, d\alpha_2\, dz ,$$

woraus wir den Wert von N_1 bestimmen können.

In gleicher Form erhalten wir die Werte der übrigen Einheitsschnittkräfte. Es ergibt sich somit:

$$N_1 = \int_{-h/2}^{+h/2} \sigma_1 \left(1 - \frac{z}{R_1}\right) dz; \qquad N_2 = \int_{-h/2}^{+h/2} \sigma_2 \left(1 - \frac{z}{R_2}\right) dz, \tag{2.7}$$

$$N_{12} = \int_{-h/2}^{+h/2} \tau_{12} \left(1 - \frac{z}{R_1}\right) dz; \qquad N_{21} = \int_{-h/2}^{+h/2} \tau_{21} \left(1 - \frac{z}{R_2}\right) dz, \tag{2.8}$$

$$Q_1 = \int_{-h/2}^{+h/2} \tau_{1z} \left(1 - \frac{z}{R_1}\right) dz; \qquad Q_2 = \int_{-h/2}^{+h/2} \tau_{2z} \left(1 - \frac{z}{R_2}\right) dz, \tag{2.9}$$

$$M_1 = \int_{-h/2}^{+h/2} \sigma_1 \left(1 - \frac{z}{R_1}\right) z\, dz; \qquad M_2 = \int_{-h/2}^{+h/2} \sigma_2 \left(1 - \frac{z}{R_2}\right) z\, dz, \tag{2.10}$$

$$M_{12} = -\int_{-h/2}^{+h/2} \tau_{12} \left(1 - \frac{z}{R_1}\right) z\, dz; \quad M_{21} = -\int_{-h/2}^{+h/2} \tau_{21} \left(1 - \frac{z}{R_2}\right) z\, dz, \tag{2.11}$$

$$M_{13} = 0; \qquad M_{23} = 0. \tag{2.12}$$

Beachten wir, daß sich das Verschwinden der Momente M_{13} und M_{23} bezüglich der Normalen auf die Mittelfläche aus der gleichförmigen Verteilung der Spannungen σ_1 und σ_2 über die infinitesimale Länge des Schnitts ergibt. In diesem Fall verschwinden die Elementarbeiträge symmetrisch.

Obwohl wegen der Reziprozität der Schubspannungen gilt:

$$\tau_{12} = \tau_{21}, \tag{2.13}$$

ergibt sich für

$$R_1 \neq R_2:$$

$$N_{12} \neq N_{21}; \qquad M_{12} \neq M_{21}.$$

Wenn wir die Werte von z/R_1 und z/R_2 gegenüber Eins vernachlässigen, so erhalten wir hingegen:

$$N_{12} = N_{21}; \qquad M_{12} = M_{21}. \tag{2.14}$$

Lassen wir die letzte dieser Gleichungen zu, so ergibt sich, wie wir sehen werden, eine Unverträglichkeit in einer der Gleichgewichtsbedingungen. Sie können jedoch bei der Berechnung der Spannungen in den Schnitten des Tragwerks verwendet werden.

3. Gleichgewichtsbedingungen

Wir untersuchen nun die Gleichgewichtsbedingungen für ein Element des Tragwerks unter der Wirkung einer verteilten Belastung $\vec{p}$ pro Flächeneinheit, der Einheitskraft $\mathfrak{N}_1$ und des Einheitsmoments $\mathfrak{M}_1$, die in der Ebene $\alpha_1 = \text{const}$ angreifen, sowie der Einheitskraft $\mathfrak{N}_2$ und des Einheitsmoments $\mathfrak{M}_2$, die in der Ebene $\alpha_2 = \text{const}$ angreifen.

Es seien $\vec{t}_1$ und $\vec{t}_2$ die Einheitsvektoren der Tangenten an die Koordinatenkurven $\alpha_1 = \text{const}$ bzw. $\alpha_2 = \text{const}$, dann folgt mit Gl. (1.101):

$$\vec{N} = \vec{t}_2 \times \vec{t}_1. \tag{3.1}$$

Für das Komponentengleichgewicht müssen wir zuerst die Teilresultierenden der in den Schnitten

$\alpha_1 = \text{const}, \quad \alpha_1 + d\alpha_1 = \text{const}$ bzw. $\alpha_2 = \text{const}, \ \alpha_2 + d\alpha_2 = \text{const}$

angreifenden Kräfte bestimmen. Wir erhalten für die ersteren:

$$-\mathfrak{N}_1 \sqrt{G}\, d\alpha_2 + \left(\mathfrak{N}_1 + \frac{\partial \mathfrak{N}_1}{\partial \alpha_1} d\alpha_1\right)\left(\sqrt{G}\, d\alpha_2 + \frac{\partial \sqrt{G}}{\partial \alpha_1} d\alpha_1 d\alpha_2\right)$$

$$= \left(\frac{\partial \mathfrak{N}_1}{\partial \alpha_1} \sqrt{G} + \mathfrak{N}_1 \frac{\partial \sqrt{G}}{\partial \alpha_1}\right) d\alpha_1 d\alpha_2 = \frac{\partial (\sqrt{G}\, \mathfrak{N}_1)}{\partial \alpha_1} d\alpha_1 d\alpha_2.$$

Ebenso für die weiteren Schnitte:

$$\frac{\partial (\sqrt{E}\, \mathfrak{N}_2)}{\partial \alpha_2} d\alpha_1 d\alpha_2.$$

Zählen wir nun die beiden Beiträge zusammen und führen wir noch die am Element angreifende äußere Belastung $\vec{p}$ ein:

$$\vec{p} \sqrt{E} \sqrt{G}\, d\alpha_1 d\alpha_2,$$

so ergibt sich für das Gleichgewicht:

$$\frac{\partial (\sqrt{G}\, \mathfrak{N}_1)}{\partial \alpha_1} + \frac{\partial (\sqrt{E}\, \mathfrak{M}_2)}{\partial \alpha_2} + \sqrt{EG}\, \vec{p} = 0. \tag{3.2}$$

Für das Momentengleichgewicht müssen wir die den Momenten $\mathfrak{M}_1$ und $\mathfrak{M}_2$ entsprechenden resultierenden Teilmomente bilden, die sich auf gleiche Art ergeben wie im vorigen Falle:

$$\left(\frac{\partial (\sqrt{G}\, \mathfrak{M}_1)}{\partial \alpha_1} + \frac{\partial (\sqrt{E}\, \mathfrak{N}_2)}{\partial \alpha_2}\right) d\alpha_1 d\alpha_2.$$

Um das Moment aus den am Schnitt des Elements angreifenden Kräften und der äußeren Belastung zu bilden, wählen wir als Bezugspunkt den Angriffspunkt des Vektors $\vec{r}$ (Abb. 2.1).

Das Moment der in den Schnitten $\alpha_1 = \text{const}$ und $\alpha_1 + d\alpha_1 = \text{const}$ angreifenden Kräfte ergibt sich zu:

$$-\vec{r} \times \mathfrak{N}_1 \sqrt{G}\, d\alpha_2 + \left(\vec{r} + \frac{\partial \vec{r}}{\partial \alpha_1} d\alpha_1\right) \times$$

$$\times \left(\mathfrak{N}_1 + \frac{\partial \mathfrak{N}_1}{\partial \alpha_1} d\alpha_1\right)\left(\sqrt{G}\, d\alpha_2 + \frac{\partial \sqrt{G}}{\partial \alpha_1} d\alpha_1 d\alpha_2\right),$$

woraus wir durch Reduktion und unter Vernachlässigung der Infinitesimale höherer Ordnung erhalten:

$$\frac{\partial \vec{r}}{\partial \alpha_1} \times \mathfrak{N}_1 \sqrt{G}\, d\alpha_1\, d\alpha_2 + \vec{r} \times \frac{\partial (\mathfrak{N}_1 \sqrt{G})}{\partial \alpha_1} d\alpha_1\, d\alpha_2 .$$

Gleichermaßen ergibt sich für die Momente der in den Schnitten $\alpha_2 = \text{const}$ und $\alpha_2 + d\alpha_2 = \text{const}$ angreifenden Kräfte:

$$\frac{\partial \vec{r}}{\partial \alpha_2} \times \mathfrak{N}_2 \sqrt{E}\, d\alpha_1\, d\alpha_2 + \vec{r} \times \frac{\partial (\mathfrak{N}_2 \sqrt{E})}{\partial \alpha_2} d\alpha_1 d\alpha_2 .$$

Das Moment aus äußerer Belastung ist:

$$\vec{r} \times \sqrt{E\,G}\, \vec{p}\, d\alpha_1\, d\alpha_2 .$$

Wenn wir die Anteile summieren und gleich Null setzen, erhalten wir die Gleichung für das Momentengleichgewicht:

$$\frac{\partial (\sqrt{G}\mathfrak{M}_1)}{\partial \alpha_1} + \frac{\partial (\sqrt{E}\mathfrak{M}_2)}{\partial \alpha_2} + \frac{\partial \vec{r}}{\partial \alpha_1} \times \sqrt{G}\,\mathfrak{N}_1 + \frac{\partial \vec{r}}{\partial \alpha_2} \times \sqrt{E}\,\mathfrak{N}_2 +$$
$$+ \vec{r} \times \left(\frac{\partial (\sqrt{G}\,\mathfrak{N}_1)}{\partial \alpha_1} + \frac{\partial (\sqrt{E}\,\mathfrak{N}_2)}{\partial \alpha_2} + \sqrt{E\,G}\, \vec{p} \right) = 0,$$

und daraus ergibt sich mit Gl. (3.2) schlußendlich:

$$\frac{\partial (\sqrt{G}\,\mathfrak{M}_1)}{\partial \alpha_1} + \frac{\partial (\sqrt{E}\,\mathfrak{M}_2)}{\partial \alpha_2} + \frac{\partial \vec{r}}{\partial \alpha_2} \times \sqrt{G}\,\mathfrak{N}_1 + \frac{\partial \vec{r}}{\partial \alpha_2} \times \sqrt{E}\,\mathfrak{N}_2 = 0 . \tag{3.3}$$

Wir können $\mathfrak{N}_1$, $\mathfrak{N}_2$, $\mathfrak{M}_1$ und $\mathfrak{M}_2$ in Funktion der zu den Koordinatenkurven parallelen Komponenten (Abb. 2.3a und b) anschreiben:

$$\left.\begin{aligned} \mathfrak{N}_1 &= N_1 \vec{t}_2 + N_{12} \vec{t}_1 + Q_1 \vec{N}, \\ \mathfrak{N}_2 &= N_2 \vec{t}_1 + N_{21} \vec{t}_2 + Q_2 \vec{N}, \\ \mathfrak{M}_1 &= M_1 \vec{t}_1 + M_{12} \vec{t}_2, \\ \mathfrak{M}_2 &= -M_2 \vec{t}_2 - M_{21} \vec{t}_1, \end{aligned}\right\} \tag{3.4}$$

worin $\vec{t}_1$ und $\vec{t}_2$ die Einheitsvektoren der Tangenten an die Koordinatenkurven $\alpha_1 = \text{const}$ bzw. $\alpha_2 = \text{const}$ bedeuten. $\vec{N}$ ist der Einheitsvektor der Normalen.

Ebenso:

$$\vec{p} = p_1 \vec{t}_2 + p_2 \vec{t}_1 + p_3 \vec{N}, \tag{3.5}$$

worin p_1 und p_2 die Komponenten der äußeren Kraft senkrecht auf die Koordinatenkurven $\alpha_1 = \text{const}$ bzw. $\alpha_2 = \text{const}$ bedeuten. p_3 ist die Komponente normal zur Mittelfläche.

Setzen wir diese Werte in die Gleichgewichtsbeziehungen (3.2) und (3.3) ein, so erhalten wir:

$$\left(\frac{\partial(\sqrt{G}N_1)}{\partial\alpha_1}+\frac{\partial(\sqrt{E}N_{21})}{\partial\alpha_2}\right)\vec{t}_2+\left(\frac{\partial(\sqrt{G}N_{12})}{\partial\alpha_1}+\frac{\partial(\sqrt{E}N_2)}{\partial\alpha_2}\right)\vec{t}_1+$$
$$+\left(\frac{\partial(\sqrt{G}Q_1)}{\partial\alpha_1}+\frac{\partial(\sqrt{E}Q_2)}{\partial\alpha_2}\right)\vec{N}+\sqrt{G}\left(N_1\frac{\partial\vec{t}_2}{\partial\alpha_1}+N_{12}\frac{\partial\vec{t}_1}{\partial\alpha_1}+Q_1\frac{\partial\vec{N}}{\partial\alpha_1}\right)+$$
$$+\sqrt{E}\left(N_2\frac{\partial\vec{t}_1}{\partial\alpha_2}+N_{21}\frac{\partial\vec{t}_2}{\partial\alpha_2}+Q_2\frac{\partial\vec{N}}{\partial\alpha_2}\right)+\sqrt{EG}(p_1\vec{t}_2+p_2\vec{t}_1+p_3\vec{N})=0. \tag{3.6}$$

$$\left(\frac{\partial(\sqrt{G}M_{12})}{\partial\alpha_1}-\frac{\partial(\sqrt{E}M_2)}{\partial\alpha_2}\right)\vec{t}_2+\left(\frac{\partial(\sqrt{G}M_1)}{\partial\alpha_1}-\frac{\partial(\sqrt{E}M_{21})}{\partial\alpha_2}\right)\vec{t}_1+$$
$$+\sqrt{G}\left(M_1\frac{\partial\vec{t}_1}{\partial\alpha_1}+M_{12}\frac{\partial\vec{t}_2}{\partial\alpha_1}\right)+\sqrt{E}\left(-M_2\frac{\partial\vec{t}_2}{\partial\alpha_2}-M_{21}\frac{\partial\vec{t}_1}{\partial\alpha_2}\right)+$$
$$+\frac{\partial\vec{r}}{\partial\alpha_1}\times[(\sqrt{G}N_1)\vec{t}_2+(\sqrt{G}N_{12})\vec{t}_1+(\sqrt{G}Q_1)\vec{N}]+$$
$$+\frac{\partial\vec{r}}{\partial\alpha_2}\times[(\sqrt{E}N_2)\vec{t}_1+(\sqrt{E}N_{21})\vec{t}_2+(\sqrt{E}Q_2)\vec{N}]=0. \tag{3.7}$$

Zu beachten ist, daß wegen Gln. (1.100), (1.110), (1.111) folgt:

$$\left.\begin{aligned}
\frac{\partial\vec{r}}{\partial\alpha_1}&=\sqrt{E}\,\vec{t}_2; & \frac{\partial\vec{r}}{\partial\alpha_2}&=\sqrt{G}\,\vec{t}_1,\\
\frac{\partial\vec{t}_1}{\partial\alpha_1}&=\frac{1}{\sqrt{G}}\frac{\partial\sqrt{E}}{\partial\alpha_2}\vec{t}_2; & \frac{\partial\vec{t}_1}{\partial\alpha_2}&=-\frac{1}{\sqrt{E}}\frac{\partial\sqrt{G}}{\partial\alpha_1}\vec{t}_2+\frac{\sqrt{G}}{R_1}\vec{N},\\
\frac{\partial\vec{t}_2}{\partial\alpha_1}&=-\frac{1}{\sqrt{G}}\frac{\partial\sqrt{E}}{\partial\alpha_2}\vec{t}_1+\frac{\sqrt{E}}{R_2}\vec{N}; & \frac{\partial\vec{t}_2}{\partial\alpha_2}&=\frac{1}{\sqrt{E}}\frac{\partial\sqrt{G}}{\partial\alpha_1}\vec{t}_1,\\
\frac{\partial\vec{N}}{\partial\alpha_1}&=-\frac{\sqrt{E}}{R_2}\vec{t}_2; & \frac{\partial\vec{N}}{\partial\alpha_2}&=-\frac{\sqrt{G}}{R_1}\vec{t}_1.
\end{aligned}\right\} \tag{3.8}$$

Setzen wir diese Ausdrücke in die Gl. (3.6) ein, so finden wir:

$$\left[\frac{\partial(\sqrt{G}N_1)}{\partial\alpha_1}+\frac{\partial(\sqrt{E}N_{21})}{\partial\alpha_2}+N_{12}\frac{\partial\sqrt{E}}{\partial\alpha_2}-N_2\frac{\partial\sqrt{G}}{\partial\alpha_1}-Q_1\frac{\sqrt{EG}}{R_2}+\right.$$
$$\left.+\sqrt{EG}\,p_1\right]\vec{t}_2+\left[\frac{\partial(\sqrt{G}N_{12})}{\partial\alpha_1}+\frac{\partial(\sqrt{E}N_2)}{\partial\alpha_2}+N_{21}\frac{\partial\sqrt{G}}{\partial\alpha_1}-\right.$$
$$\left.-N_1\frac{\partial\sqrt{E}}{\partial\alpha_2}-Q_2\frac{\sqrt{EG}}{R_1}+\sqrt{EG}\,p_2\right]\vec{t}_1+\left[\frac{\partial(\sqrt{G}Q_1)}{\partial\alpha_1}+\right.$$
$$\left.+\frac{\partial(\sqrt{E}Q_2)}{\partial\alpha_2}+\frac{\sqrt{EG}}{R_2}N_1+\frac{\sqrt{EG}}{R_1}N_2+\sqrt{EG}\,p_3\right]\vec{N}=0. \tag{3.9}$$

Ebenso setzen wir in die Gl. (3.7) ein und beachten dabei, daß:

$$\vec{N} = \vec{t}_2 \times \vec{t}_1; \quad \vec{t}_1 = \vec{N} \times \vec{t}_2; \quad \vec{t}_2 = \vec{t}_1 \times \vec{N}.$$

Es ergibt sich:

$$\left[\frac{\partial(\sqrt{G}M_{12})}{\partial\alpha_1} - \frac{\partial(\sqrt{E}M_2)}{\partial\alpha_2} + M_1\frac{\partial\sqrt{E}}{\partial\alpha_2} + M_{21}\frac{\partial\sqrt{G}}{\partial\alpha_1} + \sqrt{EG}\,Q_2\right]\vec{t}_2 +$$
$$+\left[\frac{\partial(\sqrt{G}M_1)}{\partial\alpha_1} - \frac{\partial(\sqrt{E}M_{21})}{\partial\alpha_2} - M_{12}\frac{\partial\sqrt{E}}{\partial\alpha_2} - M_2\frac{\partial\sqrt{G}}{\partial\alpha_1} - \sqrt{EG}\,Q_1\right]\vec{t}_1 +$$
$$+\left[M_{12}\frac{\sqrt{EG}}{R_2} - M_{21}\frac{\sqrt{EG}}{R_1} + \sqrt{EG}\,N_{12} - \sqrt{EG}\,N_{21}\right]\vec{N} = 0. \tag{3.10}$$

Nun wollen wir die Gln. (3.9) und (3.10) skalar mit $\vec{t}_1$, $\vec{t}_2$ und $\vec{N}$ multiplizieren. Wir erhalten:

$$\left.\begin{aligned}
&\frac{\partial(\sqrt{G}N_1)}{\partial\alpha_1} + \frac{\partial(\sqrt{E}\,N_{21})}{\partial\alpha_2} + N_{12}\frac{\partial\sqrt{E}}{\partial\alpha_2} - \\
&\qquad - N_2\frac{\partial\sqrt{G}}{\partial\alpha_1} - Q_1\frac{\sqrt{EG}}{R_2} + \sqrt{EG}\,p_1 = 0,\\
&\frac{\partial(\sqrt{G}N_{12})}{\partial\alpha_1} + \frac{\partial(\sqrt{E}\,N_2)}{\partial\alpha_2} + N_{21}\frac{\partial\sqrt{G}}{\partial\alpha_1} - \\
&\qquad - N_1\frac{\partial\sqrt{E}}{\partial\alpha_2} - Q_2\frac{\sqrt{EG}}{R_1} + \sqrt{EG}\,p_2 = 0,\\
&\frac{\partial(\sqrt{G}Q_1)}{\partial\alpha_1} + \frac{\partial(\sqrt{E}Q_2)}{\partial\alpha_2} + \frac{\sqrt{EG}}{R_2}N_1 + \frac{\sqrt{EG}}{R_1}N_2 + \sqrt{EG}\,p_3 = 0.
\end{aligned}\right\} \tag{3.11}$$

$$\left.\begin{aligned}
&\frac{\partial(\sqrt{E}\,M_{21}}{\partial\alpha_2} - \frac{\partial(\sqrt{G}\,M_1)}{\partial\alpha_1} + M_2\frac{\partial\sqrt{G}}{\partial\alpha_1} + M_{12}\frac{\partial\sqrt{E}}{\partial\alpha_2} + \sqrt{EG}\,Q_1 = 0,\\
&\frac{\partial(\sqrt{G}\,M_{12})}{\partial\alpha_1} - \frac{\partial(\sqrt{E}\,M_2)}{\partial\alpha_2} + M_1\frac{\partial\sqrt{E}}{\partial\alpha_2} + M_{21}\frac{\partial\sqrt{G}}{\partial\alpha_1} + \sqrt{EG}\,Q_2 = 0,\\
&\frac{M_{12}}{R_2} - \frac{M_{21}}{R_1} + N_{12} - N_{21} = 0.
\end{aligned}\right\} \tag{3.12}$$

Wir haben somit sechs Gleichgewichtsbedingungen erhalten. Die drei ersten stellen die Gleichgewichtsbedingungen für die Komponenten in Richtung der Koordinatenkurven $\alpha_2 = \text{const}$, $\alpha_1 = \text{const}$ und z dar. Die drei letzten stellen die Gleichgewichtsbedingungen für die Momente bezüglich der gleichen Koordinatenkurven dar.

Wenn wir nach Gl. (2.14) die Beziehungen

$$N_{12} = N_{21}; \qquad M_{12} = M_{21}$$

zulassen, so ist zu beachten, daß die letzte der drei Gln. (3.12) nicht bestehen kann, außer für $R_1 = R_2$. Wenn wir dagegen die Krümmungen des Flächenelements entlang den Koordinatenkurven berücksichtigen und infolgedessen die Werte für die Tangentialkräfte und die Torsionsmomente aus den Gln. (2.8) und (2.11) übernehmen, so können wir damit die Gleichgewichtsbedingung immer vollständig erfüllen.

Setzen wir die letzte der Gln. (3.12) identisch gleich Null, so erhalten wir nur fünf unabhängige Gleichgewichtsbedingungen.

4. Verzerrungskomponenten

Wir wollen in diesem Kapitel die Ausdrücke für die Verzerrungskomponenten in einem Punkt eines elastischen Körpers herleiten, den wir, um allgemeinere Resultate zu erhalten, wie bei der Herleitung der Gleichgewichtsbedingungen der Flächentragwerke auf ein System von orthogonalen krummlinigen Koordinaten beziehen.

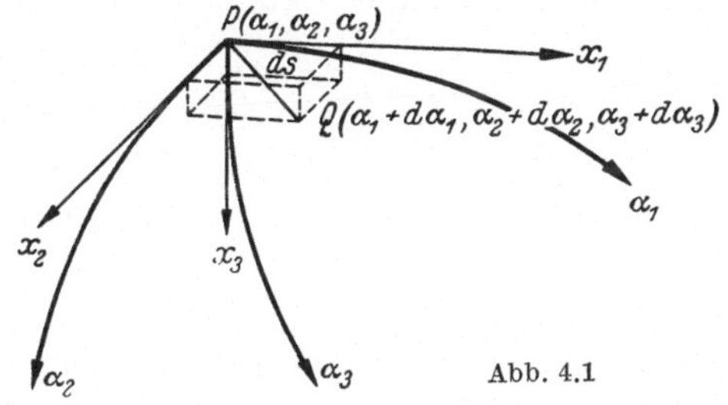

Abb. 4.1

Unter diesen Voraussetzungen haben wir im dreidimensionalen Raum drei Kurvenscharen α_1, α_2, α_3, auf denen je nur der Parameter ändert, der die Kurve bezeichnet, während die beiden anderen konstant bleiben. Ein Punkt des Tragwerks wird somit durch die zugehörigen Werte von α_1, α_2 und α_3 bestimmt.

Es seien (Abb. 4.1)

$$P(\alpha_1, \alpha_2, \alpha_3)$$

und

$$Q(\alpha_1 + d\alpha_1,\ \alpha_2 + d\alpha_2,\ \alpha_3 + d\alpha_3)$$

zwei unendlich benachbarte Punkte des betrachteten Körpers. Der Abstand $ds = \overline{PQ}$ zwischen den beiden ergibt sich mit Gl. (1.139) zu:

$$(ds)^2 = g_{11}(d\alpha_1)^2 + g_{22}(d\alpha_2)^2 + g_{33}(d\alpha_3)^2 = \sum_i g_{ii}(\alpha_1, \alpha_2, \alpha_3)(d\alpha_i)^2, \quad (4.1)$$

worin g_{ii} die metrischen Koeffizienten sind.

Bei der Verformung verschiebt sich der Punkt P $(\alpha_1, \alpha_2, \alpha_3)$ in den Punkt P_1 $(\alpha_1 + \xi_1, \alpha_2 + \xi_2, \alpha_3 + \xi_3)$, wobei ξ_1, ξ_2, ξ_3 die Änderungen der Parameter bedeuten. Diese entsprechen den Komponenten u_1, u_2, u_3 der Infinitesimalverschiebung des Punkts auf den drei Achsen x_1, x_2, x_3, welche Tangenten an die Koordinatenkurven in P (Abb. 4.1) sind. Wegen Gl. (4.1) ergibt sich somit:

$$u_1 = \sqrt{g_{11}}\,\xi_1; \quad u_2 = \sqrt{g_{22}}\,\xi_2; \quad u_3 = \sqrt{g_{33}}\,\xi_3. \quad (4.2)$$

Der Punkt $Q(\alpha_1 + d\alpha_1, \alpha_2 + d\alpha_2, \alpha_3 + d\alpha_3)$ verschiebt sich bei der Verformung nach $Q_1(\alpha_1 + \xi_1 + d(\alpha_1 + \xi_1), \quad \alpha_2 + \xi_2 + d(\alpha_2 + \xi_2), \alpha_3 + \xi_3 + d(\alpha_3 + \xi_3))$, woraus mit Gl. (4.1) folgt:

$$(d s_1)^2 = \sum_i g_{ii}(\alpha_1 + \xi_1, \alpha_2 + \xi_2, \alpha_3 + \xi_3)\,[d(\alpha_i + \xi_i)]^2. \tag{4.3}$$

Entwickeln wir die g_{ii} in die Reihe von TAYLOR, wobei wir unter Berücksichtigung der Näherung der linearen Theorie die Reihe nach den Gliedern erster Ordnung abbrechen, so erhalten wir:

$$g_{ii}(\alpha_1 + \xi_1, \alpha_2 + \xi_2, \alpha_3 + \xi_3) = g_{ii}(\alpha_1, \alpha_2, \alpha_3) + \sum_j \frac{\partial g_{ii}}{\partial \alpha_j}\xi_j. \tag{4.4}$$

Es ist zu beachten, daß

$$d\xi_i = \sum_j \frac{\partial \xi_i}{\partial \alpha_j} d\alpha_j,$$

woraus folgt:

$$[d(\alpha_i + \xi_i)]^2 = (d\alpha_i)^2 + 2 d\alpha_i\, d\xi_i + (d\xi_i)^2 \cong (d\alpha_i)^2 + 2\sum_j \frac{\partial \xi_i}{\partial \alpha_j} d\alpha_i\, d\alpha_j, \tag{4.5}$$

wobei wir im endgültigen Ausdruck den Anteil zweiter Ordnung $(d\xi_i)^2$ vernachlässigt haben.

Setzen wir die Ausdrücke (4.4) und (4.5) in die Gl. (4.3) ein und vernachlässigen wir die Glieder, in denen das Produkt $\xi_j \frac{\partial \xi_i}{\partial \alpha_j}$ vorkommt, so erhalten wir:

$$(d s_1)^2 = \sum_i \left[\left(g_{ii} + 2 g_{ii}\frac{\partial \xi_i}{\partial \alpha_j} + \sum_j \frac{\partial g_{ii}}{\partial \alpha_j}\xi_j\right) d\alpha_i\, d\alpha_j + 2 g_{ii}\sum_{j \neq i} \frac{\partial \xi_i}{\partial \alpha_j} d\alpha_i\, d\alpha_j\right].$$

Beachten wir, daß:

$$\sum_i \sum_{j \neq i} \frac{\partial \xi_i}{\partial \alpha_j} g_{ii}\, d\alpha_i\, d\alpha_j = \sum_i \sum_{j \neq i} \frac{\partial \xi_j}{\partial \alpha_i} g_{jj}\, d\alpha_j\, d\alpha_i.$$

Setzen wir somit:

$$g'_{ii} = g_{ii} + 2 g_{ii}\frac{\partial \xi_i}{\partial \alpha_i} + \sum_j \frac{\partial g_{ii}}{\partial \alpha_j}\xi_j, \tag{4.6}$$

$$g'_{ij} = \frac{\partial \xi_i}{\partial \alpha_j} g_{ii} + \frac{\partial \xi_j}{\partial \alpha_i} g_{jj} \qquad i \neq j, \tag{4.7}$$

so ergibt sich:

$$(d s_1)^2 = \sum_i \sum_j g'_{ij}\, d\alpha_i\, d\alpha_j. \tag{4.8}$$

Wir können nun mit Hilfe der Koeffizienten g_{ij} und g'_{ij} die Längenänderung und die Drehung eines Längenelements bestimmen, welches vor der Verformung parallel zu einer Koordinatenkurve α_i war. Nach

Gl. (4.1) war die ursprüngliche Länge des Elements:

$$d s_i = \sqrt{g_{ii}}\, d\alpha_i ,$$

während sich nach der Verformung mit Gl. (4.8) ergibt:

$$d s_{1i} = \sqrt{g'_{ii}}\, d\alpha_i ,$$

woraus die Dehnung folgt:

$$\varepsilon_i = \frac{d s_{1i} - d s_i}{d s_i} = \frac{\sqrt{g'_{ii}} - \sqrt{g_{ii}}}{\sqrt{g_{ii}}} = \sqrt{1 + \frac{g'_{ii} - g_{ii}}{g_{ii}}} - 1 \cong \frac{1}{2}\,\frac{g'_{ii} - g_{ii}}{g_{ii}} . \quad (4.9)$$

Führen wir die Formeln (4.6) und (4.2) in die Rechnung ein, so erhalten wir:

$$\begin{aligned}\varepsilon_i &= \frac{\partial \xi_i}{\partial \alpha_i} + \frac{1}{2 g_{ii}} \sum_j \frac{\partial g_{ii}}{\partial \alpha_j}\, \xi_j = \frac{\partial}{\partial \alpha_i}\left(\frac{u_i}{\sqrt{g_{ii}}}\right) + \frac{1}{2 g_{ii}} \sum_j \frac{\partial g_{ii}}{\partial \alpha_j}\, \frac{u_j}{\sqrt{g_{jj}}} \\ &= \frac{1}{\sqrt{g_{ii}}}\, \frac{\partial u_i}{\partial \alpha_i} + \frac{1}{\sqrt{g_{ii}}} \sum_{j \neq i} \frac{\partial \sqrt{g_{ii}}}{\partial \alpha_j}\, \frac{u_j}{\sqrt{g_{jj}}} . \end{aligned} \quad (4.10)$$

Aus der Gl. (1.24), die sich auf den Fall von Parameterkurven einer Fläche bezieht, ergibt sich, daß der Cosinus des Winkels ω_{ij}, der nach der Verformung von zwei Längenelementen gebildet wird, die ursprünglich parallel zu den Koordinatenkurven α_i und α_j waren, ist:

$$\cos \omega_{ij} = \frac{g'_{ij}}{\sqrt{g'_{ii}\, g'_{jj}}} . \quad (4.11)$$

Bezeichnen wir die Winkeländerung zwischen zwei ursprünglich aufeinander senkrechten Richtungen mit ϑ_{ij}, so erhalten wir:

$$\omega_{ij} = \frac{\pi}{2} - \vartheta_{ij} ,$$

somit

$$\cos \omega_{ij} = \sin \vartheta_{ij} \cong \vartheta_{ij}$$

Definieren wir nun die Schiebung γ_{ij} durch die Formel:

$$\gamma_{ij} = \vartheta_{ij} ,$$

so ergibt sich:

$$\gamma_{ij} = \frac{g'_{ij}}{\sqrt{g'_{ii}\, g'_{jj}}} \cong \frac{g'_{ij}}{\sqrt{g_{ii}\, g_{jj}}} . \quad (4.12)$$

Setzen wir in diese Gleichung den Ausdruck (4.7) für g'_{ij} ein und vergegenwärtigen wir uns die Beziehung (4.2), so ergibt sich:

$$\gamma_{ij} = \frac{1}{\sqrt{g_{ii}\, g_{jj}}} \left[g_{ii}\, \frac{\partial}{\partial \alpha_j}\left(\frac{u_i}{\sqrt{g_{ii}}}\right) + g_{jj}\, \frac{\partial}{\partial \alpha_i}\left(\frac{u_j}{\sqrt{g_{jj}}}\right) \right] \qquad i \neq j . \quad (4.13)$$

Damit haben wir schließlich die folgenden Ausdrücke für die Verzerrungskomponenten:

$$\varepsilon_1 = \frac{1}{\sqrt{g_{11}}} \frac{\partial u_1}{\partial \alpha_1} + \frac{u_2}{\sqrt{g_{11} g_{22}}} \frac{\partial \sqrt{g_{11}}}{\partial \alpha_2} + \frac{u_3}{\sqrt{g_{11} g_{33}}} \frac{\partial \sqrt{g_{11}}}{\partial \alpha_3}, \tag{4.14}$$

$$\varepsilon_2 = \frac{1}{\sqrt{g_{22}}} \frac{\partial u_2}{\partial \alpha_2} + \frac{u_1}{\sqrt{g_{11} g_{22}}} \frac{\partial \sqrt{g_{22}}}{\partial \alpha_1} + \frac{u_3}{\sqrt{g_{22} g_{33}}} \frac{\partial \sqrt{g_{22}}}{\partial \alpha_3}, \tag{4.15}$$

$$\varepsilon_3 = \frac{1}{\sqrt{g_{33}}} \frac{\partial u_3}{\partial \alpha_3} + \frac{u_2}{\sqrt{g_{22} g_{33}}} \frac{\partial \sqrt{g_{33}}}{\partial \alpha_2} + \frac{u_1}{\sqrt{g_{11} g_{33}}} \frac{\partial \sqrt{g_{33}}}{\partial \alpha_1}, \tag{4.16}$$

$$\gamma_{12} = \frac{1}{\sqrt{g_{11} g_{22}}} \left[g_{11} \frac{\partial}{\partial \alpha_2} \left(\frac{u_1}{\sqrt{g_{11}}} \right) + g_{22} \frac{\partial}{\partial \alpha_1} \left(\frac{u_2}{\sqrt{g_{22}}} \right) \right], \tag{4.17}$$

$$\gamma_{13} = \frac{1}{\sqrt{g_{11} g_{33}}} \left[g_{11} \frac{\partial}{\partial \alpha_3} \left(\frac{u_1}{\sqrt{g_{11}}} \right) + g_{33} \frac{\partial}{\partial \alpha_1} \left(\frac{u_3}{\sqrt{g_{33}}} \right) \right], \tag{4.18}$$

$$\gamma_{23} = \frac{1}{\sqrt{g_{22} g_{33}}} \left[g_{22} \frac{\partial}{\partial \alpha_3} \left(\frac{u_2}{\sqrt{g_{22}}} \right) + g_{33} \frac{\partial}{\partial \alpha_2} \left(\frac{u_3}{\sqrt{g_{33}}} \right) \right]. \tag{4.19}$$

Nachdem wir die allgemeinen Ausdrücke für die Verzerrungskomponenten in einem Punkt eines elastischen Körpers erhalten haben, wollen wir uns nun besonders auf den Fall der Flächentragwerke konzentrieren. Hierzu müssen wir uns die in Kapitel 2 getroffenen Annahmen in Erinnerung rufen, insbesondere daß:

die Normalspannungen, die senkrecht zur Mittelfläche wirken, gegenüber den übrigen Spannungen vernachlässigt werden können,

die Normalen auf die Mittelfläche vor der Verformung auch nach der Verformung normal auf dieselbe bleiben.

Im Falle von Flächentragwerken sind die Koordinatenkurven:

$$\alpha_1 = \alpha_1; \quad \alpha_2 = \alpha_2; \quad \alpha_3 = z.$$

Bei der Herleitung der Verzerrungskomponenten haben wir für die Verformung der Mittelfläche keinerlei Einschränkungen getroffen. Es ergibt sich somit, daß die Verschiebungen eines Punkts in Richtung von α_1 und α_2 durch die Ausdrücke

$$u_1 = u_{10} + z \left(\frac{\partial u_1}{\partial z} \right)_{z=0}; \qquad u_2 = u_{20} + z \left(\frac{\partial u_2}{\partial z} \right)_{z=0} \tag{4.20}$$

bestimmt sind, wobei u_{10} und u_{20} die der Mittelfläche zugehörigen Verschiebungen bedeuten.

Aus der zweiten der erwähnten Annahmen schließen wir, daß die rechten Winkel zwischen der Normalen an die Mittelfläche, parallel zur Kurve z, und den Tangenten an dieselbe Fläche, parallel zu den Kurven α_1 bzw. α_2, bei der Verformung keiner Änderung unterliegen, somit:

$$(\gamma_{1z})_{z=0} = (\gamma_{2z})_{z=0} = 0. \tag{4.21}$$

Aus Gl. (4.18) und (4.19) erhalten wir durch Ableiten:

$$\gamma_{1z} = \frac{1}{\sqrt{g_{33}}} \frac{\partial u_1}{\partial z} - \frac{u_1}{\sqrt{g_{11} g_{33}}} \frac{\partial \sqrt{g_{11}}}{\partial z} + \frac{\sqrt{g_{33}}}{\sqrt{g_{11}}} \frac{\partial}{\partial \alpha_1}\left(\frac{u_3}{\sqrt{g_{33}}}\right), \tag{4.22}$$

$$\gamma_{2z} = \frac{\sqrt{g_{33}}}{\sqrt{g_{22}}} \frac{\partial}{\partial \alpha_2}\left(\frac{u_3}{\sqrt{g_{33}}}\right) + \frac{1}{\sqrt{g_{33}}} \frac{\partial u_2}{\partial z} - \frac{u_2}{\sqrt{g_{22} g_{33}}} \frac{\partial \sqrt{g_{22}}}{\partial z}. \tag{4.23}$$

Beachten wir, daß sich mit Gl. (2.6) ergibt:

$$\sqrt{g_{11}} = \left(1 - \frac{z}{R_2}\right)\sqrt{E}; \quad \sqrt{g_{22}} = \left(1 - \frac{z}{R_1}\right)\sqrt{G}; \quad \sqrt{g_{33}} = 1, \tag{4.24}$$

worin R_1 und R_2 die Krümmungsradien der Fläche entlang den Kurven $\alpha_1 = \text{const}$ bzw. $\alpha_2 = \text{const}$ bedeuten.

Setzen wir diese Werte in die Gln. (4.22) und (4.23) ein und führen wir die Beziehung (4.21) in die Rechnung ein, so erhalten wir:

$$\left.\begin{aligned} \left(\frac{\partial u_1}{\partial z}\right)_{z=0} &= -\frac{u_{10}}{R_2} - \frac{1}{\sqrt{E}} \frac{\partial w}{\partial \alpha_1}, \\ \left(\frac{\partial u_2}{\partial z}\right)_{z=0} &= -\frac{u_{20}}{R_1} - \frac{1}{\sqrt{G}} \frac{\partial w}{\partial \alpha_2}, \end{aligned}\right\} \tag{4.25}$$

wobei wir mit $u_{30} = w$ die Verschiebung des Punkts der Fläche in der Richtung der Normalen auf dieselbe bezeichnet haben.

Es ergibt sich somit aus Gl. (4.20):

$$\left.\begin{aligned} u_1 &= u_{10} - z\left(\frac{u_{10}}{R_2} + \frac{1}{\sqrt{E}} \frac{\partial w}{\partial \alpha_1}\right), \\ u_2 &= u_{20} - z\left(\frac{u_{20}}{R_1} + \frac{1}{\sqrt{G}} \frac{\partial w}{\partial \alpha_2}\right), \\ u_3 &= w. \end{aligned}\right\} \tag{4.26}$$

Wenn wir in Gl. (4.24) z/R_2 und z/R_1 gegenüber Eins vernachlässigen, so erhalten wir:

$$\sqrt{g_{11}} = \sqrt{E}; \quad \sqrt{g_{22}} = \sqrt{G}; \quad \sqrt{g_{33}} = 1. \tag{4.27}$$

Beachten wir, daß:

$$\frac{\partial \sqrt{g_{11}}}{\partial z} = -\frac{\sqrt{E}}{R_2}; \quad \frac{\partial \sqrt{g_{22}}}{\partial z} = -\frac{\sqrt{G}}{R_1}, \tag{4.28}$$

so können wir mit den Beziehungen (4.26) die Gln. (4.14), (4.15), (4.17) in der folgenden Form schreiben:

$$\varepsilon_1 = \left(\frac{1}{\sqrt{E}} \frac{\partial u_{10}}{\partial \alpha_1} + \frac{u_{20}}{\sqrt{E G}} \frac{\partial \sqrt{E}}{\partial \alpha_2} - \frac{w}{R_2}\right) - \\ - z\left[\frac{1}{\sqrt{E}} \frac{\partial}{\partial \alpha_1}\left(\frac{u_{10}}{R_2} + \frac{1}{\sqrt{E}} \frac{\partial w}{\partial \alpha_1}\right) + \frac{1}{\sqrt{E G}}\left(\frac{u_{20}}{R_1} + \frac{1}{\sqrt{G}} \frac{\partial w}{\partial \alpha_2}\right) \frac{\partial \sqrt{E}}{\partial \alpha_2}\right], \tag{4.29}$$

$$\varepsilon_2 = \left(\frac{1}{\sqrt{G}} \frac{\partial u_{20}}{\partial \alpha_2} + \frac{u_{10}}{\sqrt{E G}} \frac{\partial \sqrt{G}}{\partial \alpha_1} - \frac{w}{R_1}\right) - \\ - z\left[\frac{1}{\sqrt{G}} \frac{\partial}{\partial \alpha_2}\left(\frac{u_{20}}{R_1} + \frac{1}{\sqrt{G}} \frac{\partial w}{\partial \alpha_2}\right) + \frac{1}{\sqrt{E G}}\left(\frac{u_{10}}{R_2} + \frac{1}{\sqrt{E}} \frac{\partial w}{\partial \alpha_1}\right) \frac{\partial \sqrt{G}}{\partial \alpha_1}\right], \tag{4.30}$$

$$\gamma_{12} = \left[\frac{\sqrt{G}}{\sqrt{E}} \frac{\partial}{\partial \alpha_1}\left(\frac{u_{20}}{\sqrt{G}}\right) + \frac{\sqrt{E}}{\sqrt{G}} \frac{\partial}{\partial \alpha_2}\left(\frac{u_{10}}{\sqrt{E}}\right)\right] - \\ - z\left[\frac{\sqrt{G}}{\sqrt{E}} \frac{\partial}{\partial \alpha_1}\left(\frac{u_{20}}{\sqrt{G} R_1} + \frac{1}{G} \frac{\partial w}{\partial \alpha_2}\right) + \frac{\sqrt{E}}{\sqrt{G}} \frac{\partial}{\partial \alpha_2}\left(\frac{u_{10}}{\sqrt{E} R_2} + \frac{1}{E} \frac{\partial w}{\partial \alpha_1}\right)\right]. \tag{4.31}$$

Um diese Ausdrücke zu deuten, wollen wir ein Längenelement betrachten, das parallel zu einer Koordinatenkurve α_1 = variabel (α_2 = const) sei (Abb. 4.2).

Wir wollen mit R_2 und R_2' die Krümmungsradien der Mittelfaser vor und nach der Verformung bezeichnen und mit ε_{10} die Dehnung derselben. Wir erhalten somit für ein Längenelement im Abstand z den folgenden Wert für die Dehnung (Abb. 4.2):

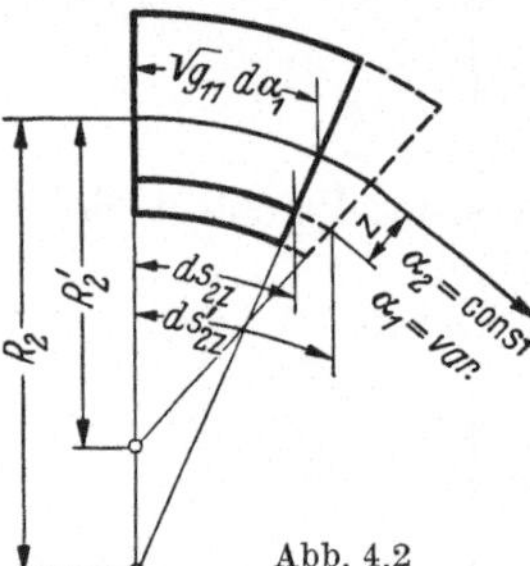

Abb. 4.2

$$\varepsilon_1 = \frac{d s_{2z}' - d s_{2z}}{d s_{2z}},$$

worin:

$$d s_{2z} = d s_2 \left(1 - \frac{z}{R_2}\right);$$

$$d s_{2z}' = d s_2 (1 + \varepsilon_{10}) \left(1 - \frac{z}{R_2'}\right),$$

und daraus:

$$\varepsilon_1 = \frac{\varepsilon_{10}}{1 - \frac{z}{R_2}} - \frac{z}{1 - \frac{z}{R_2}} \left[\frac{1}{(1 - \varepsilon_{10}) R_2'} - \frac{1}{R_2}\right].$$

Vernachlässigen wir den Wert von z/R_2 gegenüber Eins sowie den Einfluß der Längenänderung ε_{10} auf die Krümmung, so erhalten wir den endgültigen Wert der Dehnung eines Elements parallel zur Koordinatenkurve α_1 = variabel (α_2 = const):

$$\varepsilon_1 = \varepsilon_{10} - z\left(\frac{1}{R_2'} - \frac{1}{R_2}\right) = \varepsilon_{10} - \chi_1 z, \tag{4.32}$$

wobei χ die Änderung der zugehörigen Krümmung bedeutet.

Ebenso ergibt sich für ein Element parallel zur Koordinatenkurve $\alpha_2 =$ variabel ($\alpha_1 =$ const):

$$\varepsilon_2 = \varepsilon_{20} - z\left(\frac{1}{R_1'} - \frac{1}{R_1}\right) = \varepsilon_{20} - \chi_2 z. \tag{4.33}$$

Erinnern wir uns daran, daß wir in der Umgebung eines Punkts P die untersuchte verformte Fläche durch ein Paraboloid mit der gleichen Tangentialebene ersetzen können, dessen Gleichung durch die Formel (1.42) mit $\lambda = 0$ gegeben wird. Es ergibt sich mit Gl. (1.44):

$$\sqrt{E} = \sqrt{G} = 1.$$

Da wir bei dieser Untersuchung die Werte von z/R_2 und z/R_1 gegenüber Eins vernachlässigt haben, erhalten wir an Stelle der Gln. (4.26) die folgenden Ausdrücke für die Verschiebungen:

$$u_1 = u_{10} - z\frac{\partial w}{\partial \alpha_1}; \qquad u_2 = u_{20} - z\frac{\partial w}{\partial \alpha_2}; \qquad u_3 = w,$$

und daraus, wenn wir uns vergegenwärtigen, daß die Schiebung γ_{12} durch die Formel

$$\gamma_{12} = \frac{\partial u_1}{\partial \alpha_2} + \frac{\partial u_2}{\partial \alpha_1}$$

gegeben wird, erhalten wir:

$$\gamma_{12} = \frac{\partial u_{10}}{\partial \alpha_2} + \frac{\partial u_{20}}{\partial \alpha_1} - 2z\frac{\partial^2 w}{\partial \alpha_1 \partial \alpha_2},$$

d. h.

$$\gamma_{12} = \gamma_0 - 2z\,\chi_{12}, \tag{4.34}$$

worin γ_0 die der Mittelfläche zugehörige Schiebung und χ_{12}, mit Gl. (1.96), die geodätische Windung der untersuchten verformten Fläche entlang des Längenelements, das ursprünglich zu der Kurve $\alpha_2 =$ const ($\alpha_1 =$ variabel) parallel war, bedeuten.

Die Gln. (4.32), (4.33) und (4.34) erlauben, die Beziehungen (4.29), (4.30) und (4.31) zu deuten.

Wir erhalten so:

$$\varepsilon_{10} = \frac{1}{\sqrt{E}}\frac{\partial u_{10}}{\partial \alpha_1} + \frac{u_{20}}{\sqrt{EG}}\frac{\partial \sqrt{E}}{\partial \alpha_2} - \frac{w}{R_2}, \tag{4.35}$$

$$\varepsilon_{20} = \frac{1}{\sqrt{G}}\frac{\partial u_{20}}{\partial \alpha_2} + \frac{u_{10}}{\sqrt{EG}}\frac{\partial \sqrt{G}}{\partial \alpha_1} - \frac{w}{R_1}, \tag{4.36}$$

$$\gamma_0 = \frac{\sqrt{G}}{\sqrt{E}}\frac{\partial}{\partial \alpha_1}\left(\frac{u_{20}}{\sqrt{G}}\right) + \frac{\sqrt{E}}{\sqrt{G}}\frac{\partial}{\partial \alpha_2}\left(\frac{u_{10}}{\sqrt{E}}\right), \tag{4.37}$$

$$\chi_1 = \frac{1}{\sqrt{E}}\frac{\partial}{\partial \alpha_1}\left(\frac{u_{10}}{R_2} + \frac{1}{\sqrt{E}}\frac{\partial w}{\partial \alpha_1}\right) + \frac{1}{\sqrt{EG}}\left(\frac{u_{20}}{R_1} + \frac{1}{\sqrt{G}}\frac{\partial w}{\partial \alpha_2}\right)\frac{\partial \sqrt{E}}{\partial \alpha_2}, \tag{4.38}$$

$$\chi_2 = \frac{1}{\sqrt{G}}\frac{\partial}{\partial \alpha_2}\left(\frac{u_{20}}{R_1} + \frac{1}{\sqrt{G}}\frac{\partial w}{\partial \alpha_2}\right) + \frac{1}{\sqrt{EG}}\left(\frac{u_{10}}{R_2} + \frac{1}{\sqrt{E}}\frac{\partial w}{\partial \alpha_1}\right)\frac{\partial \sqrt{G}}{\partial \alpha_1}, \tag{4.39}$$

$$\chi_{12} = \frac{1}{2}\left[\frac{\sqrt{G}}{\sqrt{E}}\frac{\partial}{\partial \alpha_1}\left(\frac{u_{20}}{\sqrt{G}\,R_1} + \frac{1}{G}\frac{\partial w}{\partial \alpha_2}\right) + \frac{\sqrt{E}}{\sqrt{G}}\frac{\partial}{\partial \alpha_2}\left(\frac{u_{10}}{\sqrt{E}\,R_2} + \frac{1}{E}\frac{\partial w}{\partial \alpha_1}\right)\right]. \tag{4.40}$$

Erinnern wir uns daran, daß R_1 und R_2 die Krümmungsradien der Mittelfläche entlang der Koordinatenkurven $\alpha_1 = \text{const}$ ($\alpha_2 = \text{variabel}$) bzw. $\alpha_2 = \text{const}$ ($\alpha_1 = \text{variabel}$) bedeuten.

Nach der ersten der vorerwähnten Annahmen sei die senkrecht zur Mittelfläche wirkende Normalspannung vernachlässigbar, und wir erhalten:

$$\sigma_1 = \frac{(\varepsilon_1 + \nu\,\varepsilon_2)\,E}{1-\nu^2}; \quad \sigma_2 = \frac{(\varepsilon_2 + \nu\,\varepsilon_1)\,E}{1-\nu^2}; \quad \tau_{12} = \tau_{21} = \frac{\gamma_{12} E}{2(1+\nu)}, \tag{4.41}$$

worin ν die POISSON-Zahl und E den Elastizitätsmodul des Baustoffs bedeuten.

Setzen wir die Ausdrücke (4.41) in die Gln. (2.7) bis (2.11) ein, in denen wir z/R_2 und z/R_1 gegenüber Eins vernachlässigen, so erhalten wir:

$$N_1 = \frac{E\,h}{1-\nu^2}\,(\varepsilon_{10} + \nu\,\varepsilon_{20}), \tag{4.42}$$

$$N_2 = \frac{E\,h}{1-\nu^2}\,(\varepsilon_{20} + \nu\,\varepsilon_{10}), \tag{4.43}$$

$$N_{12} = N_{21} = \frac{E\,h\,\gamma_0}{2(1+\nu)}, \tag{4.44}$$

$$M_1 = -D(\chi_1 + \nu\,\chi_2), \tag{4.45}$$

$$M_2 = -D(\chi_2 + \nu\,\chi_1), \tag{4.46}$$

$$M_{12} = M_{21} = D(1-\nu)\,\chi_{12}, \tag{4.47}$$

worin:

$$D = \frac{E\,h^3}{12(1-\nu^2)} \tag{4.48}$$

die Biegesteifigkeit des Flächentragwerks bedeutet.

Die erhaltenen Formeln ergeben sich für die in Kapitel 2 getroffenen Annahmen. Allgemeinere Resultate erhält man, wenn man von den Annahmen von VLASOV [*51.2*] ausgeht, welche für die Verformung der Fasern normal zur Mittelfläche keine Einschränkung treffen.

Wenn wir annehmen, daß die Verschiebungen u_{10}, u_{20} und w mit der Bedingung verknüpft seien, daß die Fasern der Mittelfläche keinerlei Längenänderung erfahren, d. h. daß sie unverformt bleiben, so erhalten wir die „inextensional theory" von Lord RAYLEIGH [*45.1*].

Wenn wir für diesen Fall die Beziehungen (4.35), (4.36), (4.37) gleich Null setzen, so erhalten wir ein System von drei partiellen Differentialgleichungen, die uns die Werte der Verschiebungen in Funktion von $\sqrt{E}$ und $\sqrt{G}$ liefern. Die weiteren drei Gln. (4.38), (4.39), (4.40) liefern die Werte von χ_1, χ_2 und χ_{12}.

Diese Theorie wird bei der Untersuchung der Flächentragwerke häufig angewendet [LOVE, *34.2*] [TIMOSHENKO, *40.1*] [GIRKMANN, *54.1*).

5. Grundgleichungen

Nachdem wir die Gleichgewichtsbedingungen und die Ausdrücke für die Verzerrungskomponenten erhalten haben, wollen wir im folgenden die Grundgleichungen für die Berechnung einiger der wichtigsten Flächentragwerke herleiten.

A. Scheiben

Die Scheiben sind, wie wir schon gesehen haben, Tragwerke mit ebener Mittelfläche, welche von Kräften beansprucht werden, die in der Ebene der Mittelfläche wirken.

Weil die Mittelfläche eine Ebene ist, stellt jede Linie in ihr eine Hauptkurve dar, für welche sich ergibt:

$$R_1 = R_2 = R = \infty . \tag{5.1}$$

Wir wählen daher als Bezugssystem das karthesische, wobei die beiden orthogonalen Koordinatenachsen x und y in der Mittelebene liegen und z dazu senkrecht steht. Wir setzen:

$$\alpha_1 = x; \qquad \alpha_2 = y. \tag{5.2}$$

Wegen der Symmetrie des Systems bleibt die Mittelfläche immer eben, so daß wir keine Verschiebung senkrecht zu dieser Fläche erhalten. Daher:

$$w = 0. \tag{5.3}$$

Wir haben somit:

$$(ds)^2 = (dx)^2 + (dy)^2, \tag{5.4}$$

woraus sich bei Berücksichtigung von Gl. (1.19) ergibt:

$$\sqrt{E} = 1; \qquad \sqrt{G} = 1. \tag{5.5}$$

Wegen Gl. (4.35) bis (4.40) können wir schreiben:

$$\varepsilon_{10} = \frac{\partial u_{10}}{\partial x}; \qquad \varepsilon_{20} = \frac{\partial u_{20}}{\partial y}; \qquad \gamma_0 = \frac{\partial u_{20}}{\partial x} + \frac{\partial u_{10}}{\partial y}, \tag{5.6}$$

$$\chi_1 = \frac{\partial^2 w}{\partial x^2}; \qquad \chi_2 = \frac{\partial^2 w}{\partial y^2}; \qquad \chi_{12} = \frac{\partial^2 w}{\partial x \, \partial y}. \tag{5.7}$$

Da $w = 0$, erhalten wir:

$$\chi_1 = \chi_2 = \chi_{12} = 0, \tag{5.8}$$

und daraus mit Gl. (4.45) bis (4.47)

$$M_1 = M_2 = M_{12} = M_{21} = 0 \tag{5.9}$$

und somit, wenn wir uns die beiden ersten der Gleichgewichtsbedingungen (3.12) vergegenwärtigen:

$$Q_1 = Q_2 = 0. \tag{5.10}$$

Setzen wir:

$$N_1 = N_x; \quad N_2 = N_y; \quad N_{12} = N_{21} = N_{xy} = N_{yx}$$

und bezeichnen wir mit X und Y die als konstant angenommenen Komponenten des Eigengewichts des Tragwerks pro Einheit der Mittelfläche in Richtung der Achsen x und y, so erhalten wir bei Anwendung der Gln. (3.11):

$$\left.\begin{aligned} \frac{\partial N_x}{\partial x} + \frac{\partial N_{xy}}{\partial y} + X = 0, \\ \frac{\partial N_{xy}}{\partial x} + \frac{\partial N_y}{\partial y} + Y = 0. \end{aligned}\right\} \tag{5.11}$$

Dies sind die unbestimmten Gleichgewichtsbedingungen, d. h. die im Innern des Tragwerks geltenden. Für die Ränder müssen die Randbedingungen eingeführt werden.

Um die drei Unbekannten N_x, N_y und N_{xy} zu bestimmen, müssen wir die Beziehungen (5.11) um eine dritte Gleichung vermehren, welche wir erhalten, wenn wir die Verzerrung der Mittelfläche betrachten. Aus Gl. (5.6) können wir eine Beziehung zwischen den Dehnungen und der Schiebung in der Ebene der Mittelfläche herleiten. Setzen wir:

$$\varepsilon_{10} = \varepsilon_{x0}; \quad \varepsilon_{20} = \varepsilon_{y0}; \quad \gamma_0 = \gamma_{xy0},$$

so ergibt sich:

$$\frac{\partial^2 \varepsilon_{x0}}{\partial y^2} + \frac{\partial^2 \varepsilon_{y0}}{\partial x^2} - \frac{\partial^2 \gamma_{xy0}}{\partial x \, \partial y} = 0. \tag{5.12}$$

Diese Gleichung wird Verträglichkeitsbedingung genannt.

Aus Gl. (4.42) bis (4.44) leiten wir her:

$$\left.\begin{aligned} \varepsilon_{x0} &= \frac{1}{h E} (N_x - \nu N_y), \\ \varepsilon_{y0} &= \frac{1}{h E} (N_y - \nu N_x), \\ \gamma_{xy0} &= \frac{2(1+\nu)}{h E} N_{xy}, \end{aligned}\right\} \tag{5.13}$$

und daraus mit Gl. (5.12):

$$\frac{\partial^2 N_x}{\partial y^2} + \frac{\partial^2 N_y}{\partial x^2} - 2\frac{\partial^2 N_{xy}}{\partial x \, \partial y} - \nu \left(\frac{\partial^2 N_x}{\partial x^2} + \frac{\partial^2 N_y}{\partial y^2} + 2\frac{\partial^2 N_{xy}}{\partial x \, \partial y} \right) = 0.$$

Wegen Gl. (5.11) muß der Ausdruck in Klammern Null werden, so daß wir schließlich erhalten:

$$\frac{\partial^2 N_x}{\partial y^2} + \frac{\partial^2 N_y}{\partial x^2} - 2\frac{\partial^2 N_{xy}}{\partial x \, \partial y} = 0. \tag{5.14}$$

Dies ist die Gleichung, die zur Vervollständigung des Systems noch fehlte. Um die Lösung dieses Systems zu vereinfachen, setzen wir:

$$N_x = \frac{\partial^2 F}{\partial y^2} - X x - Y y; \quad N_y = \frac{\partial^2 F}{\partial x^2} - X x - Y y; \quad N_{xy} = -\frac{\partial^2 F}{\partial x \partial y}, \qquad (5.15)$$

wobei F eine Funktion von x und y ist. Diese Funktion heißt Funktion von Airy und wird für die Untersuchung von zweidimensionalen Spannungszuständen häufig verwendet.

Leiten wir nun die Gln. (5.15) in geeigneter Weise ab, so erhalten wir mit Gl. (5.14):

$$\frac{\partial^4 F}{\partial x^4} + 2 \frac{\partial^4 F}{\partial x^2 \partial y^2} + \frac{\partial^4 F}{\partial y^4} = 0. \qquad (5.16)$$

Dies ist die Grundgleichung der Scheiben, die wir auch in der Form:

$$\Delta \Delta F = 0 \qquad (5.17)$$

schreiben können, worin Δ den Laplace-Operator bedeutet.

Es ergibt sich folglich, daß F eine biharmonische Funktion ist.

Auf die gleiche Weise können wir die Grundgleichung der Scheiben für Polarkoordinaten erhalten, wie wir im Falle der Platten sehen werden.

B. Platten

a) Platten beliebiger Form. Die Platten sind, wie wir schon gesehen haben, Tragwerke mit ebener Mittelfläche, welche von Kräften beansprucht werden, die senkrecht zur Mittelfläche wirken.

Aus den früher gesehenen Gründen ist jede Linie in der Mittelebene eine Hauptkurve, für welche gilt:

$$R_1 = R_2 = R = \infty.$$

Wir wählen zuerst als Bezugssystem ein karthesisches, dessen zwei orthogonale Koordinatenachsen x und y in der Mittelebene liegen, während die dritte z normal auf dieselbe steht. Wir setzen:

$$\alpha_1 = x; \quad \alpha_2 = y,$$

woraus mit Gl. (5.4) und (5.5) folgt:

$$\sqrt{E} = 1; \quad \sqrt{G} = 1.$$

Wie bei der Untersuchung der Scheiben wollen wir die Indices 1 und 2 bei den in den Kapiteln 3 und 4 verwendeten Bezeichnungen für die Kräfte und Verzerrungskomponenten durch die Indices x und y ersetzen.

Weil $p_x = p_y = 0$ und mit der Bezeichnung $p_3 = p$ ergibt sich aus den Gln. (3.11) und (3.12):

$$\left.\begin{aligned} \frac{\partial N_x}{\partial x} + \frac{\partial N_{yx}}{\partial y} &= 0, \\ \frac{\partial N_y}{\partial y} + \frac{\partial N_{xy}}{\partial x} &= 0, \\ \frac{\partial Q_x}{\partial x} + \frac{\partial Q_y}{\partial y} + p &= 0, \\ \frac{\partial M_{xy}}{\partial x} - \frac{\partial M_y}{\partial y} + Q_y &= 0, \\ \frac{\partial M_{yx}}{\partial y} - \frac{\partial M_x}{\partial x} + Q_x &= 0. \end{aligned}\right\} \tag{5.18}$$

Ebenso erhalten wir aus den Gln. (4.35) bis (4.40):

$$\varepsilon_{x0} = \frac{\partial u_{x0}}{\partial x}; \qquad \varepsilon_{y0} = \frac{\partial u_{y0}}{\partial y}; \qquad \gamma_{xy0} = \frac{\partial u_{y0}}{\partial x} + \frac{\partial u_{x0}}{\partial y}, \tag{5.19}$$

$$\chi_x = \frac{\partial^2 w}{\partial x^2}; \qquad \chi_y = \frac{\partial^2 w}{\partial y^2}; \qquad \chi_{xy} = \frac{\partial^2 w}{\partial x\,\partial y}. \tag{5.20}$$

Bei seinen Untersuchungen über die Platten hat KIRCHOFF [*850.1*] zum ersten Mal die Unverformbarkeit der Mittelfläche angenommen und damit die bekannte „Inextensional Theory" der Platten begründet.

Unter diesen Bedingungen erhalten wir:

$$\varepsilon_{x0} = \varepsilon_{y0} = \gamma_{xy0} = 0, \tag{5.21}$$

woraus wegen Gl. (4.42) bis (4.44) folgt:

$$N_x = N_y = N_{xy} = N_{yx} = 0 \tag{5.22}$$

und wegen Gl. (4.45) bis (4.47):

$$M_x = -D\left(\frac{\partial^2 w}{\partial x^2} + \nu\,\frac{\partial^2 w}{\partial y^2}\right), \tag{5.23}$$

$$M_y = -D\left(\frac{\partial^2 w}{\partial y^2} + \nu\,\frac{\partial^2 w}{\partial x^2}\right), \tag{5.24}$$

$$M_{xy} = M_{yx} = D(1-\nu)\,\frac{\partial^2 w}{\partial x\,\partial y}. \tag{5.25}$$

Da nach den beiden letzten der Gln. (5.18) gilt:

$$Q_x = \frac{\partial M_x}{\partial x} - \frac{\partial M_{yx}}{\partial y}; \qquad Q_y = \frac{\partial M_y}{\partial y} - \frac{\partial M_{xy}}{\partial x}, \tag{5.26}$$

ergibt sich:

$$\frac{\partial Q_x}{\partial x} = \frac{\partial^2 M_x}{\partial x^2} - \frac{\partial^2 M_{yx}}{\partial y\,\partial x}; \qquad \frac{\partial Q_y}{\partial y} = \frac{\partial^2 M_y}{\partial y^2} - \frac{\partial^2 M_{xy}}{\partial x\,\partial y}, \tag{5.27}$$

und daraus gemäß der dritten der Gln. (5.18):

$$\frac{\partial^2 M_x}{\partial x^2} - 2\frac{\partial^2 M_{xy}}{\partial x \partial y} + \frac{\partial^2 M_y}{\partial y^2} = -p. \tag{5.28}$$

Beachten wir, daß wegen Gl. (5.23) bis (5.25) gilt:

$$\begin{aligned} \frac{\partial^2 M_x}{\partial x^2} &= -D\left(\frac{\partial^4 w}{\partial x^4} + \nu \frac{\partial^4 w}{\partial y^2 \partial x^2}\right), \\ \frac{\partial^2 M_y}{\partial y^2} &= -D\left(\frac{\partial^4 w}{\partial y^4} + \nu \frac{\partial^4 w}{\partial x^2 \partial y^2}\right), \\ \frac{\partial^2 M_{xy}}{\partial x \partial y} &= \quad D(1-\nu)\frac{\partial^4 w}{\partial x^2 \partial y^2}, \end{aligned}$$

so ergibt sich:

$$\frac{\partial^4 w}{\partial x^4} + 2\frac{\partial^4 w}{\partial x^2 \partial y^2} + \frac{\partial^4 w}{\partial y^4} = \frac{p}{D}, \tag{5.29}$$

mithin die bekannte Gleichung von Lagrange, die wir auch in der folgenden Form schreiben können:

$$\Delta\Delta w = \frac{p}{D}. \tag{5.30}$$

b) Kreisplatten. Bei der Untersuchung von Kreisplatten, welche durch verteilte, bezüglich der Achse senkrecht zur Mittelebene im Zentrum 0 symmetrische Lasten beansprucht werden, ist es bequem, an Stelle eines karthesischen ein polares Koordinatensystem zu verwenden.

Wählen wir den Punkt O als Pol und die Polarachse und den Radiusvektor r in der Mittelebene, so können wir schreiben:

$$(ds)^2 = (dr)^2 + r^2(d\vartheta)^2, \tag{5.31}$$

worin ϑ das auf die Polarachse bezogene Winkelargument darstellt.

Wählen wir r und ϑ als Parameter und setzen wir:

$$\alpha_1 = r; \quad \alpha_2 = \vartheta, \tag{5.32}$$

so erhalten wir mit Gl. (1.19):

$$\sqrt{E} = 1; \quad \sqrt{G} = r. \tag{5.33}$$

Bei der folgenden Entwicklung wollen wir die Indices 1 und 2 bei den in den Kapiteln 3 und 4 verwendeten Bezeichnungen für die Kräfte und Verzerrungskomponenten durch r und ϑ ersetzen.

Weil

$$p_r = p_\vartheta = 0; \quad p_3 = p,$$

ergibt sich mit Gl. (3.11) und (3.12):

$$\left.\begin{aligned} \frac{\partial (r N_r)}{\partial r} + \frac{\partial N_{\vartheta r}}{\partial \vartheta} - N_\vartheta = 0, \\ \frac{\partial (r N_{r\vartheta})}{\partial r} + \frac{\partial N_\vartheta}{\partial \vartheta} + N_{\vartheta r} = 0, \\ \frac{\partial (r Q_r)}{\partial r} + \frac{\partial Q_\vartheta}{\partial \vartheta} + r p = 0, \\ \frac{\partial (r M_{r\vartheta})}{\partial r} - \frac{\partial M_\vartheta}{\partial \vartheta} + M_{\vartheta r} + r Q_\vartheta = 0, \\ \frac{\partial M_{\vartheta r}}{\partial \vartheta} - \frac{\partial (r M_r)}{\partial r} + M_\vartheta + r Q_r = 0. \end{aligned}\right\} \tag{5.34}$$

Weil die Belastung bezüglich dem Zentrum der Platte symmetrisch ist, ergibt sich:

$$\frac{\partial N_{\vartheta r}}{\partial \vartheta} = \frac{\partial Q_\vartheta}{\partial \vartheta} = \frac{\partial M_\vartheta}{\partial \vartheta} = \frac{\partial M_{\vartheta r}}{\partial \vartheta} = 0.$$

Aus Gl. (4.35) bis (4.40) erhalten wir:

$$\varepsilon_{r_0} = \frac{\partial u_{r_0}}{\partial r}, \tag{5.35}$$

$$\varepsilon_{\vartheta_0} = \frac{1}{r} \frac{\partial u_{\vartheta_0}}{\partial \vartheta} + \frac{u_{r_0}}{r}, \tag{5.36}$$

$$\gamma_{r\vartheta_0} = r \frac{\partial}{\partial r}\left(\frac{u_{\vartheta_0}}{r}\right) + \frac{1}{r} \frac{\partial u_{r_0}}{\partial \vartheta}, \tag{5.37}$$

$$\chi_r = \frac{\partial^2 w}{\partial r^2}, \tag{5.38}$$

$$\chi_\vartheta = \frac{1}{r^2} \frac{\partial^2 w}{\partial \vartheta^2} + \frac{1}{r} \frac{\partial w}{\partial r}, \tag{5.39}$$

$$\chi_{r\vartheta} = \frac{1}{2}\left[r \frac{\partial}{\partial r}\left(\frac{1}{r^2} \frac{\partial w}{\partial \vartheta}\right) + \frac{1}{r} \frac{\partial}{\partial \vartheta}\left(\frac{\partial w}{\partial r}\right)\right]. \tag{5.40}$$

Wegen der Annahme der Unverformbarkeit der Mittelebene folgt:

$$\varepsilon_{r_0} = \varepsilon_{\vartheta_0} = \gamma_{r\vartheta_0} = 0,$$

und daraus mit Gl. (4.42) bis (4.44):

$$N_r = N_\vartheta = N_{r\vartheta} = N_{\vartheta r} = 0.$$

Wegen der Symmetrie der Belastung gilt:

$$\frac{\partial w}{\partial \vartheta} = 0.$$

Unter diesen Bedingungen ergibt sich:

$$\chi_r = \frac{\partial^2 w}{\partial r^2}; \qquad \chi_\vartheta = \frac{1}{r} \frac{\partial w}{\partial r}; \qquad \chi_{r\vartheta} = 0, \tag{5.41}$$

und daraus mit Gl. (4.47):

$$M_{r\vartheta} = M_{\vartheta r} = 0.$$

Wir erhalten somit im Falle symmetrischer Belastung an Stelle der Gln. (5.34) die folgenden Gleichgewichtsbedingungen:

$$\left.\begin{aligned} r\frac{\partial Q_r}{\partial r} + Q_r + r\,p &= 0, \\ r\,Q_\vartheta &= 0, \\ -r\frac{\partial M_r}{\partial r} - M_r + M_\vartheta + r\,Q_r &= 0. \end{aligned}\right\} \tag{5.42}$$

Aus der zweiten ergibt sich: $Q_\vartheta = 0$.
Aus Gl. (4.45) und (4.46) finden wir mit Gl. (5.41):

$$M_r = -D\left(\frac{d^2 w}{d r^2} + \frac{\nu}{r}\,\frac{d w}{d r}\right), \tag{5.43}$$

$$M_\vartheta = -D\left(\frac{1}{r}\,\frac{d w}{d r} + \nu\,\frac{d^2 w}{d r^2}\right). \tag{5.44}$$

Setzen wir diese Ausdrücke in die letzte der Gln. (5.42) ein, so ergibt sich:

$$\frac{d^3 w}{d r^3} + \frac{1}{r}\,\frac{d^2 w}{d r^2} - \frac{1}{r^2}\,\frac{d w}{d r} = -\frac{Q_r}{D}. \tag{5.45}$$

Dies ist die Grundgleichung für die Berechnung von Kreisplatten unter symmetrischer Belastung.

Im Falle einer nicht symmetrischen Belastung geht man auf die gleiche Weise vor, um die Grundgleichung zu erhalten.

C. Schalen

Die Schalen sind, wie wir schon gesehen haben, Tragwerke mit gekrümmter Mittelfläche. Die allgemeinen Gleichgewichtsbedingungen sowie die allgemeinen Ausdrücke für die Verzerrungskomponenten erlauben uns, die Grundgleichungen für die Berechnung dieser Tragwerke herzuleiten. Die Schalen werden nach ihrer Mittelfläche bezeichnet, wobei für die Ausführungen entweder Rotationsflächen (Zylinder, Kegel, Kugel, Ellipsoid, einschaliges Hyperboloid) oder Regelflächen (hyperbolisches Paraboloid, Konoid, Schraubenfläche) verwendet werden.

Wir können Schalen auch erhalten, indem wir Flächenelemente entlang ihrer Kanten zusammenfügen, wie die Faltwerke oder prismatischen Schalen und die polygonalen Kuppeln.

Wir wollen im folgenden die Grundgleichungen für einige Schalentypen herleiten.

a) Rotationsschalen unter beliebiger Belastung. Wir wollen den allgemeinen Fall einer Schale betrachten, deren Mittelfläche durch die Rotation einer Kurve um eine Gerade, genannt Achse, gebildet wird, wobei die Kurve und die Gerade in der gleichen Ebene liegen.

Wie wir im Kapitel 1 gesehen haben, sind die Hauptkurven der Rotationsfläche die Meridiane und die Parallelkreise, welche wir im folgenden als Koordinatenkurven wählen.

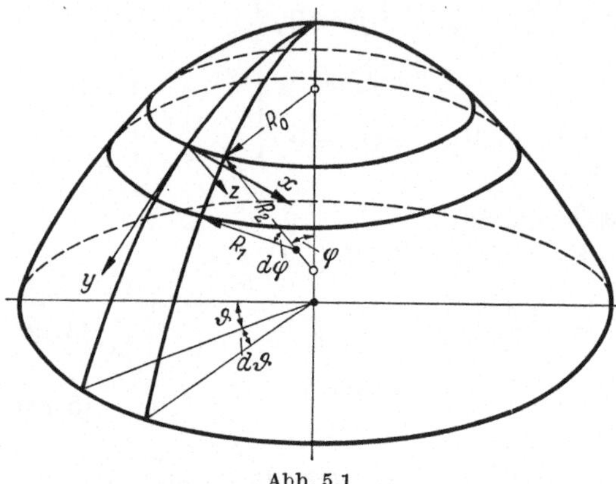

Abb. 5.1

Setzen wir:

$$\alpha_1 = \vartheta; \quad \alpha_2 = \varphi, \tag{5.46}$$

so erhalten wir für ein Element einer Kurve auf der Fläche (Abb. 5.1):

$$(ds)^2 = R_0^2 (d\vartheta)^2 + R_1^2 (d\varphi)^2, \tag{5.47}$$

wobei:

$$R_0 = R_2 \sin\varphi. \tag{5.48}$$

Damit ergibt sich aus Gl. (1.19):

$$\sqrt{E} = R_0; \quad \sqrt{G} = R_1. \tag{5.49}$$

Wir wollen im folgenden bei den in den Kapiteln 3 und 4 verwendeten Bezeichnungen für die Kräfte und Verzerrungskomponenten die Indices 1 und 2 durch ϑ und φ ersetzen (Abb. 5.2) und setzen noch $p_3 = p_z$.

Aus Gl. (3.11) und (3.12) erhalten wir nun die folgenden Gleichgewichtsbedingungen, die für Rotationsschalen unter beliebiger Belastung gelten:

$$\left.\begin{aligned}
&\frac{\partial(R_1 N_\vartheta)}{\partial\vartheta} + \frac{\partial(R_0 N_{\varphi\vartheta})}{\partial\varphi} + N_{\vartheta\varphi}\frac{\partial R_0}{\partial\varphi} - N_\varphi \frac{\partial R_1}{\partial\vartheta} - Q_\vartheta \frac{R_0 R_1}{R_2} + R_0 R_1 p_\vartheta = 0,\\
&\frac{\partial(R_0 N_\varphi)}{\partial\varphi} + \frac{\partial(R_1 N_{\vartheta\varphi})}{\partial\vartheta} + N_{\varphi\vartheta}\frac{\partial R_1}{\partial\vartheta} - N_\vartheta \frac{\partial R_0}{\partial\varphi} - Q_\varphi \frac{R_0 R_1}{R_1} + R_0 R_1 p_\varphi = 0,\\
&\frac{\partial(R_1 Q_\vartheta)}{\partial\vartheta} + \frac{\partial(R_0 Q_\varphi)}{\partial\varphi} + N_\vartheta \frac{R_0 R_1}{R_2} + N_\varphi \frac{R_0 R_1}{R_1} + R_0 R_1 p_z = 0,\\
&\frac{\partial(R_1 M_{\vartheta\varphi})}{\partial\vartheta} - \frac{\partial(R_0 M_\varphi)}{\partial\varphi} + M_\vartheta \frac{\partial R_0}{\partial\varphi} + M_{\varphi\vartheta}\frac{\partial R_1}{\partial\vartheta} + Q_\varphi R_0 R_1 = 0,\\
&\frac{\partial(R_0 M_{\varphi\vartheta})}{\partial\varphi} - \frac{\partial(R_1 M_\vartheta)}{\partial\vartheta} + M_\varphi \frac{\partial R_1}{\partial\vartheta} + M_{\vartheta\varphi}\frac{\partial R_0}{\partial\varphi} + Q_\vartheta R_0 R_1 = 0.
\end{aligned}\right\} \tag{5.50}$$

Aus Abb. 5.3 entnehmen wir:

$$\overline{CB} = dR_0.$$

Andererseits ist:

$$\overline{CB} = \overline{AC}\cos(\varphi + d\varphi) = R_1\, d\varphi \cos(\varphi + d\varphi) \cong R_1\, d\varphi \cos\varphi,$$

daraus:

$$\frac{dR_0}{d\varphi} = R_1 \cos\varphi. \tag{5.51}$$

Es ergibt sich noch mit Gl. (5.48):

$$\frac{R_0 R_1}{R_2} = R_1 \sin\varphi. \tag{5.52}$$

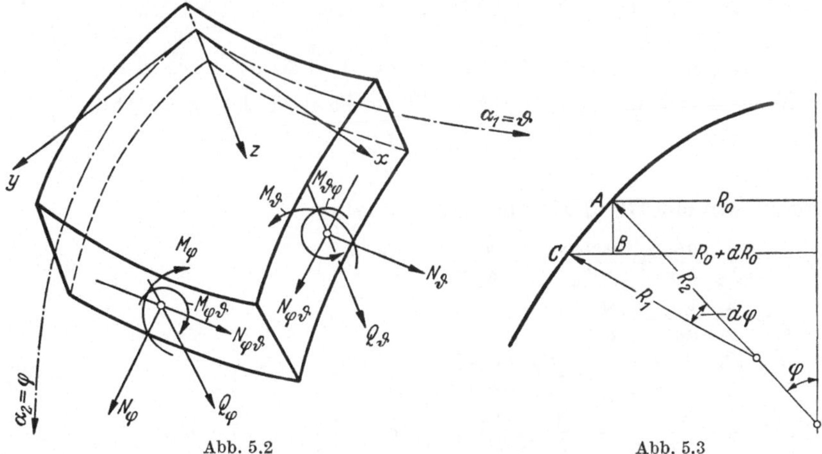

Abb. 5.2 Abb. 5.3

Weil es sich um eine Rotationsfläche handelt, ist zu beachten, daß:

$$\frac{dR_1}{d\vartheta} = 0. \tag{5.53}$$

Wir können somit die Gln. (5.50) in der folgenden Form schreiben:

$$\left.\begin{aligned}
R_1 \frac{\partial N_\vartheta}{\partial\vartheta} + \frac{\partial(R_0 N_{\varphi\vartheta})}{\partial\varphi} + N_{\vartheta\varphi} R_1 \cos\varphi - Q_\vartheta R_1 \sin\varphi + R_0 R_1 p_\vartheta &= 0,\\
\frac{\partial(R_0 N_\varphi)}{\partial\varphi} + R_1 \frac{\partial N_{\vartheta\varphi}}{\partial\vartheta} - N_\vartheta R_1 \cos\varphi - Q_\varphi R_0 + R_0 R_1 p_\varphi &= 0,\\
R_1 \frac{\partial Q_\vartheta}{\partial\vartheta} + \frac{\partial(R_0 Q_\varphi)}{\partial\varphi} + N_\vartheta R_1 \sin\varphi + N_\varphi R_0 + R_0 R_1 p_z &= 0,\\
R_1 \frac{\partial M_{\vartheta\varphi}}{\partial\vartheta} - \frac{\partial(R_0 M_\varphi)}{\partial\varphi} + M_\vartheta R_1 \cos\varphi + Q_\varphi R_0 R_1 &= 0,\\
\frac{\partial(R_0 M_{\varphi\vartheta})}{\partial\varphi} - R_1 \frac{\partial M_\vartheta}{\partial\vartheta} + M_{\vartheta\varphi} R_1 \cos\varphi + Q_\vartheta R_0 R_1 &= 0.
\end{aligned}\right\} \tag{5.54}$$

Aus den allgemeinen Gleichungen für die Verzerrungskomponenten (4.35) bis (4.40) ergibt sich mit $u_{10} = u$, $u_{20} = v$:

$$\varepsilon_{\vartheta_0} = \frac{1}{R_0}\frac{\partial u}{\partial \vartheta} + \frac{v}{R_0 R_1}\frac{\partial R_0}{\partial \varphi} - \frac{w}{R_2}, \tag{5.55}$$

$$\varepsilon_{\varphi_0} = \frac{1}{R_1}\frac{\partial v}{\partial \varphi} + \frac{u}{R_0 R_1}\frac{\partial R_1}{\partial \vartheta} - \frac{w}{R_1}, \tag{5.56}$$

$$\gamma_{\vartheta\varphi_0} = \frac{R_1}{R_0}\frac{\partial}{\partial \vartheta}\left(\frac{v}{R_1}\right) + \frac{R_0}{R_1}\frac{\partial}{\partial \varphi}\left(\frac{u}{R_0}\right), \tag{5.57}$$

$$\chi_\vartheta = \frac{1}{R_0}\frac{\partial}{\partial \vartheta}\left(\frac{u}{R_2} + \frac{1}{R_0}\frac{\partial w}{\partial \vartheta}\right) + \frac{1}{R_0 R_1}\left(\frac{v}{R_1} + \frac{1}{R_1}\frac{\partial w}{\partial \varphi}\right)\frac{\partial R_0}{\partial \varphi}, \tag{5.58}$$

$$\chi_\varphi = \frac{1}{R_1}\frac{\partial}{\partial \varphi}\left(\frac{v}{R_1} + \frac{1}{R_1}\frac{\partial w}{\partial \varphi}\right) + \frac{1}{R_0 R_1}\left(\frac{u}{R_2} + \frac{1}{R_0}\frac{\partial w}{\partial \vartheta}\right)\frac{\partial R_1}{\partial \vartheta}, \tag{5.59}$$

$$\chi_{\vartheta\varphi} = \frac{1}{2}\left[\frac{R_1}{R_0}\frac{\partial}{\partial \vartheta}\left(\frac{v}{R_1^2} + \frac{1}{R_1^2}\frac{\partial w}{\partial \varphi}\right) + \frac{R_0}{R_1}\frac{\partial}{\partial \varphi}\left(\frac{u}{R_0 R_2} + \frac{1}{R_0^2}\frac{\partial w}{\partial \vartheta}\right)\right]. \tag{5.60}$$

Weil es sich um eine Rotationsfläche handelt, ist zu beachten, daß:

$$\frac{\partial R_0}{\partial \varphi} = \frac{d R_0}{d \varphi},$$

worauf wir mit Gl. (5.51) und (5.53) erhalten:

$$\varepsilon_{\vartheta_0} = \frac{1}{R_0}\frac{\partial u}{\partial \vartheta} + \frac{v\cos\varphi}{R_0} - \frac{w}{R_2}, \tag{5.61}$$

$$\varepsilon_{\varphi_0} = \frac{1}{R_1}\frac{\partial v}{\partial \varphi} - \frac{w}{R_1}, \tag{5.62}$$

$$\gamma_{\vartheta\varphi_0} = \frac{R_1}{R_0}\frac{\partial}{\partial \vartheta}\left(\frac{v}{R_1}\right) + \frac{R_0}{R_1}\frac{\partial}{\partial \varphi}\left(\frac{u}{R_0}\right), \tag{5.63}$$

$$\chi_\vartheta = \frac{1}{R_0}\frac{\partial}{\partial \vartheta}\left(\frac{u}{R_2} + \frac{1}{R_0}\frac{\partial w}{\partial \vartheta}\right) + \frac{1}{R_0}\cos\varphi\left(\frac{v}{R_1} + \frac{1}{R_1}\frac{\partial w}{\partial \varphi}\right), \tag{5.64}$$

$$\chi_\varphi = \frac{1}{R_1}\frac{\partial}{\partial \vartheta}\left(\frac{v}{R_1} + \frac{1}{R_1}\frac{\partial w}{\partial \varphi}\right), \tag{5.65}$$

$$\chi_{\vartheta\varphi} = \frac{1}{2}\left[\frac{R_1}{R_0}\frac{\partial}{\partial \vartheta}\left(\frac{v}{R_1^2} + \frac{1}{R_1^2}\frac{\partial w}{\partial \varphi}\right) + \frac{R_0}{R_1}\frac{\partial}{\partial \varphi}\left(\frac{u}{R_0 R_2} + \frac{1}{R_0^2}\frac{\partial w}{\partial \vartheta}\right)\right]. \tag{5.66}$$

Wir haben zu beachten, daß die Verschiebungen tangential zur Mittelfläche, u und v, positiv sind, wenn sie im Sinne zunehmender $\alpha_1 = \vartheta$ und $\alpha_2 = \varphi$ gerichtet sind, und daß, entsprechend den positiven Richtungen für diese Winkel (Abb. 5.1), die Verschiebung w senkrecht zur Mittelfläche positiv ist, wenn in Übereinstimmung mit der Formel (1.29), welche den Einheitsvektor $\vec{N}$ definiert, derselbe gegen das Innere der Schale gerichtet ist.

Wir können in den ersten drei der Gln. (5.54) die Querkräfte Q_ϑ und Q_φ mit Hilfe der beiden letzten eliminieren. Aus den Gln. (4.42) bis (4.47) erhalten wir die Schnittkräfte in Funktion von u, v und w. Setzen wir diese Ausdrücke in die ersten drei der Gln. (5.54) ein, in denen nun die Querkräfte nicht mehr vorkommen, so erhalten wir drei partielle Differentialgleichungen für die Unbekannten u, v und w.

1. Kreiszylindrische Schale. Nachdem wir den allgemeinen Fall behandelt haben, wollen wir, im Hinblick auf ihre besondere Bedeutung, die Grundgleichungen für die kreiszylindrische Schale unter beliebigen Belastungen herleiten.

Es wäre möglich, die Gleichgewichtsbedingungen und die Ausdrücke für die Verzerrungskomponenten zu erhalten, indem wir den Zylinder als Grenzfall der Rotationsschale betrachten, die wir soeben untersucht haben, wobei $R_1 = \infty$, $R_2 = R_0 = R$, $\varphi = \frac{\pi}{2}$.

Wir finden indessen, daß es bequemer ist, die Herleitung durchzuführen, indem wir direkt von den allgemeinen Gleichungen der Theorie der elastischen Flächentragwerke ausgehen.

Wir wählen als Koordinatenkurven die Hauptkurven der kreiszylindrischen Fläche, die, wie wir im Kapitel 1 gesehen haben, die Erzeugenden und die Parallelkreise sind.

Wir erhalten folglich als Parameter $\alpha_1 = \vartheta$ den Winkel zwischen den Meridianebenen und einer Bezugsebene, welche durch die Zylinderachse geht, und als Parameter $\alpha_2 = y$ die den Erzeugenden entlang gemessene Abszisse. z ist die Ordinate, gemessen auf der Normalen an die Fläche im betrachteten Punkt. Die Parallelkreise haben den Radius R. Wir erhalten somit für ein Element ds einer auf der Fläche liegenden Kurve:

$$(ds)^2 = R^2 (d\vartheta)^2 + (dy)^2, \tag{5.67}$$

und daraus mit Gl. (1.19):

$$\sqrt{E} = R; \quad \sqrt{G} = 1.$$

Es ergibt sich noch für die Koordinatenkurve $\alpha_1 = \vartheta = \text{const}$:

$$R_1 = \infty,$$

und für die Koordinatenkurve $\alpha_2 = y = \text{const}$:

$$R_2 = R.$$

Wir wollen im folgenden bei den in den Kapiteln 3 und 4 verwendeten Bezeichnungen für die Kräfte und Verzerrungskomponenten die Indices 1 und 2 durch ϑ und y ersetzen und noch $p_3 = p_z$ setzen.

Aus Gl. (3.11) und (3.12) ergibt sich:

$$\left.\begin{aligned}
\frac{\partial N_\vartheta}{\partial \vartheta} + R\frac{\partial N_{y\vartheta}}{\partial y} - Q_\vartheta + R\,p_\vartheta &= 0,\\
\frac{\partial N_{\vartheta y}}{\partial \vartheta} + R\frac{\partial N_y}{\partial y} + R\,p_y &= 0,\\
\frac{\partial Q_\vartheta}{\partial \vartheta} + R\frac{\partial Q_y}{\partial y} + N_\vartheta + R\,p_z &= 0,\\
R\frac{\partial M_{y\vartheta}}{\partial y} - \frac{\partial M_\vartheta}{\partial \vartheta} + R\,Q_\vartheta &= 0,\\
\frac{\partial M_{\vartheta y}}{\partial \vartheta} - R\frac{\partial M_y}{\partial y} + R\,Q_y &= 0.
\end{aligned}\right\} \tag{5.68}$$

Wir erinnern uns daran, daß p_ϑ und p_y die Komponenten der äußeren Kraft pro Flächeneinheit in Richtung der Koordinatenkurven $\alpha_1 = \vartheta$, d. h. der Parallelkreise, bzw. $\alpha_2 = y$, d. h. der Erzeugenden sind, während p_z die Komponente derselben Kraft in Richtung der Normalen z auf die Fläche ist.

Aus den beiden letzten der Gln. (5.68) finden wir:

$$Q_\vartheta = \frac{1}{R}\frac{\partial M_\vartheta}{\partial \vartheta} - \frac{\partial M_{y\vartheta}}{\partial y}; \quad Q_y = \frac{\partial M_y}{\partial y} - \frac{1}{R}\frac{\partial M_{y\vartheta}}{\partial \vartheta}. \tag{5.69}$$

Setzen wir diese Ausdrücke und ihre Ableitungen in die ersten drei der Gln. (5.68) ein, so erhalten wir:

$$\left.\begin{aligned}
R\frac{\partial N_{y\vartheta}}{\partial y} + \frac{\partial N_\vartheta}{\partial \vartheta} + \frac{\partial M_{y\vartheta}}{\partial y} - \frac{1}{R}\frac{\partial M_\vartheta}{\partial \vartheta} + R\,p_\vartheta &= 0,\\
R\frac{\partial N_y}{\partial y} + \frac{\partial N_{\vartheta y}}{\partial \vartheta} + R\,p_y &= 0,\\
R\frac{\partial^2 M_y}{\partial y^2} - 2\frac{\partial^2 M_{y\vartheta}}{\partial y\,\partial \vartheta} + \frac{1}{R}\frac{\partial^2 M_\vartheta}{\partial \vartheta^2} + N_\vartheta + R\,p_z &= 0.
\end{aligned}\right\} \tag{5.70}$$

Setzen wir:

$$u_{10} = u; \quad u_{20} = v,$$

wobei nun u die Verschiebung auf dem Parallelkreis und v die Verschiebung auf der Erzeugenden bedeuten, so ergibt sich aus Gl. (4.35) bis (4.40):

$$\varepsilon_{\vartheta_0} = \frac{1}{R}\frac{\partial u}{\partial \vartheta} - \frac{w}{R}, \tag{5.71}$$

$$\varepsilon_{y_0} = \frac{\partial v}{\partial y}, \tag{5.72}$$

$$\gamma_{\vartheta y_0} = \frac{\partial u}{\partial y} + \frac{1}{R}\frac{\partial v}{\partial \vartheta}, \tag{5.73}$$

$$\chi_\vartheta = \frac{1}{R}\frac{\partial}{\partial \vartheta}\left(\frac{u}{R} + \frac{1}{R}\frac{\partial w}{\partial \vartheta}\right), \tag{5.74}$$

$$\chi_y = \frac{\partial^2 w}{\partial y^2}, \tag{5.75}$$

$$\chi_{\vartheta y} = \frac{1}{2}\left(\frac{1}{R}\frac{\partial u}{\partial y} + 2\frac{1}{R}\frac{\partial^2 w}{\partial \vartheta\,\partial y}\right). \tag{5.76}$$

Setzen wir diese Ausdrücke in die Gln. (4.42) bis (4.47) ein, so erhalten wir:

$$N_\vartheta = \frac{E\,h}{1-\nu^2}\left(\frac{1}{R}\frac{\partial u}{\partial \vartheta} - \frac{w}{R} + \nu\frac{\partial v}{\partial y}\right), \tag{5.77}$$

$$N_y = \frac{E\,h}{1-\nu^2}\left[\frac{\partial v}{\partial y} + \nu\left(\frac{1}{R}\frac{\partial u}{\partial \vartheta} - \frac{w}{R}\right)\right], \tag{5.78}$$

$$N_{\vartheta y} = N_{y\vartheta} = \frac{E\,h}{2(1+\nu)}\left(\frac{1}{R}\frac{\partial v}{\partial \vartheta} + \frac{\partial u}{\partial y}\right), \tag{5.79}$$

$$M_\vartheta = -D\left[\frac{1}{R}\frac{\partial}{\partial \vartheta}\left(\frac{u}{R} + \frac{1}{R}\frac{\partial w}{\partial \vartheta}\right) + \nu\frac{\partial^2 w}{\partial y^2}\right], \tag{5.80}$$

$$M_y = -D\left[\frac{\partial^2 w}{\partial y^2} + \nu\frac{1}{R}\frac{\partial}{\partial \vartheta}\left(\frac{u}{R} + \frac{1}{R}\frac{\partial w}{\partial \vartheta}\right)\right], \tag{5.81}$$

$$M_{\vartheta y} = M_{y\vartheta} = D(1-\nu)\frac{1}{2R}\left(\frac{\partial u}{\partial y} + 2\frac{\partial^2 w}{\partial \vartheta\,\partial y}\right). \tag{5.82}$$

Wir erhalten so die Schnittkräfte in Funktion der Verschiebungen u, v und w der Mittelfläche.

Wenn wir die soeben hergeleiteten Ausdrücke und ihre Ableitungen in die Gln. (5.70) einsetzen, so erhalten wir:

$$\begin{aligned}\frac{1+\nu}{2R}\frac{\partial^2 v}{\partial y\,\partial\vartheta}+\frac{1-\nu}{2}\frac{\partial^2 u}{\partial y^2}+\frac{1}{R^2}\frac{\partial^2 u}{\partial\vartheta^2}-\frac{1}{R^2}\frac{\partial w}{\partial\vartheta}&+\\+\frac{h^2}{12R^2}\left(\frac{\partial^3 w}{\partial y^2\,\partial\vartheta}+\frac{\partial^3 w}{R^2\,\partial\vartheta^3}\right)&+\\+\frac{h^2}{12R^2}\left(\frac{1-\nu}{2}\frac{\partial^2 u}{\partial y^2}+\frac{\partial^2 u}{R^2\,\partial\vartheta^2}\right)+\frac{p_\vartheta(1-\nu^2)}{E\,h}&=0,\end{aligned} \tag{5.83}$$

$$\frac{\partial^2 v}{\partial y^2}+\frac{1-\nu}{2R^2}\frac{\partial^2 v}{\partial\vartheta^2}+\frac{1+\nu}{2R}\frac{\partial^2 u}{\partial y\,\partial\vartheta}-\frac{\nu}{R}\frac{\partial w}{\partial y}+\frac{p_y(1-\nu^2)}{E\,h}=0, \tag{5.84}$$

$$\begin{aligned}\nu\frac{\partial v}{\partial y}+\frac{\partial u}{R\,\partial\vartheta}-\frac{w}{R}-\frac{h^2}{12}\left(R\frac{\partial^4 w}{\partial y^4}+\frac{2}{R}\frac{\partial^4 w}{\partial y^2\,\partial\vartheta^2}+\frac{\partial^4 w}{R^3\,\partial\vartheta^4}\right)&-\\-\frac{h^2}{12}\left(\frac{1}{R}\frac{\partial^3 u}{\partial y^2\,\partial\vartheta}+\frac{1}{R^3}\frac{\partial^3 u}{\partial\vartheta^3}\right)+\frac{R\,p_z(1-\nu^2)}{E\,h}&=0.\end{aligned} \tag{5.85}$$

Das Studium der kreiszylindrischen Schale unter beliebiger Belastung beschränkt sich auf die Lösung eines Systems von drei partiellen Differentialgleichungen für die Unbekannten u, v und w. Sind die Funktionen bekannt, welche die Grundgleichungen und die Randbedingungen erfüllen, so erlauben die Gln. (5.77) bis (5.82), die inneren Kräfte zu berechnen.

Im Sonderfall der Zylinderschale unter drehsymmetrischer Belastung werden die Gln. (5.83), (5.84) und (5.85) erheblich einfacher. Es ergibt sich nämlich wegen der Symmetrie der Belastung:

$$p_\vartheta = u = 0;\qquad \frac{\partial v}{\partial\vartheta}=\frac{\partial w}{\partial\vartheta}=0.$$

Somit sind v und w Funktionen von y allein. Wir erhalten:

$$\frac{d^2 v}{d y^2}-\frac{\nu}{R}\frac{d w}{d y}+\frac{p_y(1-\nu^2)}{E\,h}=0, \tag{5.86}$$

$$\nu\frac{d v}{d y}-\frac{w}{R}-\frac{h^2 R}{12}\frac{d^4 w}{d y^4}+\frac{R\,p_z(1-\nu^2)}{E\,h}=0. \tag{5.87}$$

b) Rotationsschalen unter drehsymmetrischer Belastung. Wir wollen die Rotationsschalen unter drehsymmetrischer Belastung besonders untersuchen.

In diesem Fall ergibt sich $u = 0$, wobei v und w von ϑ unabhängig sind:

$$\frac{\partial v}{\partial\vartheta}=\frac{\partial w}{\partial\vartheta}=0. \tag{5.88}$$

Wir erhalten somit aus Gl. (5.61) bis (5.66):

$$\varepsilon_{\vartheta_0} = \frac{v \cdot \cos\varphi}{R_0} - \frac{w}{R_2}, \tag{5.89}$$

$$\varepsilon_{\varphi_0} = \frac{1}{R_1}\frac{\partial v}{\partial \varphi} - \frac{w}{R_1}, \tag{5.90}$$

$$\gamma_{\vartheta\varphi_0} = 0, \tag{5.91}$$

$$\chi_\vartheta = \frac{1}{R_0}\cos\varphi\left(\frac{v}{R_1} + \frac{1}{R_1}\frac{\partial w}{\partial\varphi}\right) = \frac{\cos\varphi}{R_0} V, \tag{5.92}$$

$$\chi_\varphi = \frac{1}{R_1}\frac{d}{d\varphi}\left(\frac{v}{R_1} + \frac{1}{R_1}\frac{dw}{d\varphi}\right) = \frac{1}{R_1}\frac{dV}{d\varphi}, \tag{5.93}$$

$$\chi_{\vartheta\varphi} = 0, \tag{5.94}$$

worin

$$V = \frac{v}{R_1} + \frac{1}{R_1}\frac{dw}{d\varphi} = \chi_\vartheta \frac{R_0}{\cos\varphi} \tag{5.95}$$

die Drehung der Meridiantangente bedeutet.

Um das zu sehen, betrachten wir das Element $\widehat{BA} = R_1\, d\varphi$ des Meridians (Abb. 5.4). Der Punkt A erfährt infolge der Verzerrung die Verschiebungen v und w, von denen wir annehmen können, daß sie nacheinander stattfinden. Gehen wir von A nach A', so erfährt die Tangente die Drehung $\frac{v}{R_1}$. Wenn sich der Punkt dann nach A'' verschiebt, erfährt die Tangente eine weitere Drehung, welche sich unter Vernachlässigung der Infinitesimale höherer Ordnung zu $dw/R_1\, d\varphi$ ergibt. Damit ergibt sich schließlich:

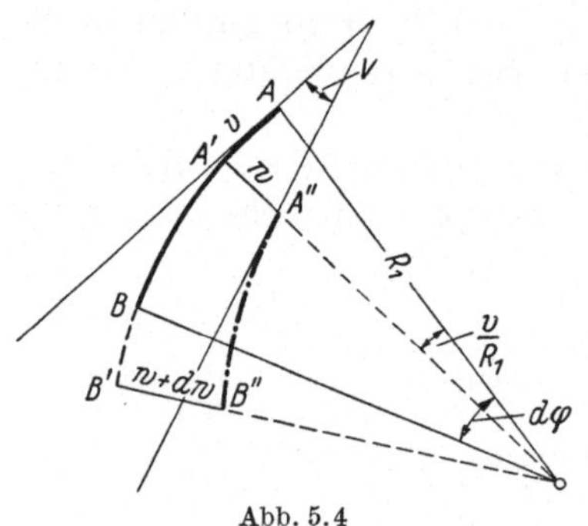

Abb. 5.4

$$V = \frac{v}{R_1} + \frac{1}{R_1}\frac{dw}{d\varphi}.$$

Weil, wie wir schon bemerkt haben, v im Sinne wachsender φ und w gegen das Innere der Fläche positiv sind, so ergibt sich aus Abb. 5.4, daß die Drehung V der Meridiantangente positiv ist, wenn sie den gleichen Drehsinn hat, der die y-Achse in die z-Achse überführen würde (Abb. 5.1).

Im Falle drehsymmetrischer Lasten wird:

$$\gamma_{\vartheta\varphi_0} = \chi_{\vartheta\varphi} = 0,$$

woraus sich mit Gl. (4.44) und (4.47) ergibt:

$$N_{\varphi\vartheta} = N_{\vartheta\varphi} = M_{\varphi\vartheta} = M_{\vartheta\varphi} = 0. \tag{5.96}$$

Andererseits erhalten wir wegen der nämlichen Symmetrie der Belastung:

$$p_\vartheta = \frac{\partial N_\vartheta}{\partial \vartheta} = \frac{\partial M_\vartheta}{\partial \vartheta} = 0. \tag{5.97}$$

Unter diesen Bedingungen ergibt sich aus der ersten der Gln. (5.54) $Q_\vartheta = 0$. Wir erhalten somit die folgenden Gleichgewichtsbedingungen für Rotationsschalen im Fall von drehsymmetrischer Belastung:

$$\left.\begin{aligned} \frac{d(R_0 N_\varphi)}{d\varphi} - N_\vartheta R_1 \cos\varphi - Q_\varphi R_0 + R_0 R_1 p_\varphi = 0, \\ \frac{d(R_0 Q_\varphi)}{d\varphi} + N_\vartheta R_1 \sin\varphi + N_\varphi R_0 + R_0 R_1 p_z = 0, \\ \frac{d(R_0 M_\varphi)}{d\varphi} - M_\vartheta R_1 \cos\varphi - Q_\varphi R_0 R_1 = 0. \end{aligned}\right\} \tag{5.98}$$

Von den sechs Gleichgewichtsbedingungen (3.11), (3.12) werden im Fall der Rotationsschalen unter drehsymmetrischer Belastung drei identisch Null. Wir haben indessen bereits gesehen, daß im allgemeinen Fall von den sechs Gleichgewichtsbedingungen immer eine identisch verschwindet.

Wir wollen die erste der Gln. (5.98) mit $\sin\varphi$ und die zweite mit $\cos\varphi$ multiplizieren. Addieren wir dann und integrieren wir über φ, so ergibt sich:

$$R_2 \sin\varphi (N_\varphi \sin\varphi + Q_\varphi \cos\varphi) - F(\varphi) = 0, \tag{5.99}$$

worin

$$F(\varphi) = C - \int R_1 R_2 \sin\varphi (p_\varphi \sin\varphi + p_z \cos\varphi)\, d\varphi. \tag{5.100}$$

$F(\varphi)$ ist abhängig von den äußeren Kräften und der Integrationskonstanten C.

Wie wir leicht feststellen können, stellt die Gl. (5.99) multipliziert mit 2π für den durch die äußere Kraft belasteten Teil der Schale, der sich zwischen den durch die Grenzwerte von φ gegebenen Parallelkreisen befindet, die Komponentengleichgewichtsbedingung in Richtung der Achse der Fläche dar.

Die Konstante C wird, wie wir sehen werden, im Falle der oben geschlossenen Schalen aus der Bedingung bestimmt, daß die Werte von N_ϑ und N_φ für $\varphi = 0$ endlich oder gleich sein müssen. Im Falle der offenen Schalen bestimmt sich C, zusammen mit anderen Integrationskonstanten, aus den Randbedingungen.

Wir wollen die zweite der Gln. (5.98) mit $\sin\varphi$ multiplizieren und dabei beachten, daß:

$$R_0 = R_2 \sin\varphi,$$

woraus wir erhalten:

$$\begin{aligned}\frac{d(Q_\varphi R_2)}{d\varphi}\sin^2\varphi + N_\vartheta R_1 \sin^2\varphi &+ \\ + N_\varphi R_2 \sin^2\varphi + Q_\varphi R_2 \sin\varphi\cos\varphi &+ p_z R_1 R_2 \sin^2\varphi = 0 .\end{aligned} \tag{5.101}$$

Aus Gl. (5.99) erhalten wir:

$$N_\varphi R_2 = -Q_\varphi R_2 \operatorname{ctg}\varphi + \frac{F(\varphi)}{\sin^2\varphi} . \tag{5.102}$$

Setzen wir diesen Ausdruck in die Gl. (5.101) ein, so ergibt sich:

$$N_\vartheta R_1 = -\frac{d(Q_\varphi R_2)}{d\varphi} - H(\varphi) , \tag{5.103}$$

worin:

$$H(\varphi) = \frac{F(\varphi)}{\sin^2\varphi} + p_z R_1 R_2 . \tag{5.104}$$

Aus der letzten der Gln. (5.98) erhalten wir:

$$\frac{d(M_\varphi R_2)}{d\varphi} + (M_\varphi R_2 - M_\vartheta R_1)\operatorname{ctg}\varphi - Q_\varphi R_1 R_2 = 0 . \tag{5.105}$$

Die Beziehungen (5.102), (5.103), (5.105) sind die aus Gl. (5.98) transformierten Gleichungen und eignen sich besser für die Anwendungen.

Wir stellen fest, daß uns die Gleichgewichtsbedingungen im Falle der Rotationsschalen unter drehsymmetrischer Belastung drei Beziehungen zwischen den fünf Schnittkräften liefern. Das Problem ist somit, statisch betrachtet, innerlich unbestimmt. Weitere Beziehungen erhalten wir aus Betrachtungen über die Verformbarkeit des Systems, d. h. aus den Gln. (5.89), (5.90), (5.92), (5.93), denen wir die Gln. (4.42), (4.43), (4.45), (4.46) beifügen müssen, welche wir wie folgt schreiben können:

$$N_\vartheta = \frac{E h}{1-\nu^2}(\varepsilon_{\vartheta_0} + \nu\,\varepsilon_{\varphi_0}) , \tag{5.106}$$

$$N_\varphi = \frac{E h}{1-\nu^2}(\varepsilon_{\varphi_0} + \nu\,\varepsilon_{\vartheta_0}) , \tag{5.107}$$

$$M_\vartheta = -D\left(\frac{\operatorname{ctg}\varphi}{R_2} V + \nu \frac{1}{R_1}\frac{dV}{d\varphi}\right) , \tag{5.108}$$

$$M_\varphi = -D\left(\frac{1}{R_1}\frac{dV}{d\varphi} + \nu \frac{\operatorname{ctg}\varphi}{R_2} V\right) . \tag{5.109}$$

Es ergeben sich schließlich zwölf Gleichungen für die zwölf Unbekannten

$$N_\vartheta,\ N_\varphi,\ Q_\varphi,\ M_\vartheta,\ M_\varphi,\ \varepsilon_{\vartheta_0},\ \varepsilon_{\varphi_0},\ \chi_\vartheta,\ \chi_\varphi,\ V,\ v,\ w .$$

Wie im allgemeinen Fall können wir das Problem auf die Lösung von zwei partiellen Differentialgleichungen für die Unbekannten v und w reduzieren.

1. Kegelschale. Die Schale mit kegelförmiger Mittelfläche (Abb. 5.5) ist ein Sonderfall der Rotationsschale, für den $R_1 = \infty$ und $\varphi = \text{const}$.

Die Gleichgewichtsbedingungen, die Ausdrücke für die Verzerrungskomponenten sowie die Ausdrücke für die Schnittkräfte können daher aus den entsprechenden Gleichungen hergeleitet werden, welche wir bei der allgemeinen Untersuchung der Rotationsschale unter drehsymmetrischer Belastung erhalten haben, indem $R_1 = \infty$ und $\varphi = \text{const}$ gesetzt werden.

Bezeichnen wir mit dy ein Meridianelement, so ergibt sich im allgemeinen Fall:

$$dy = R_1\, d\varphi,$$

daraus:

$$\frac{d(\cdot)}{d\varphi} = R_1 \frac{d(\ )}{dy},$$

d. h.

$$(\ )' = R_1 (\ )^{\cdot}, \tag{5.110}$$

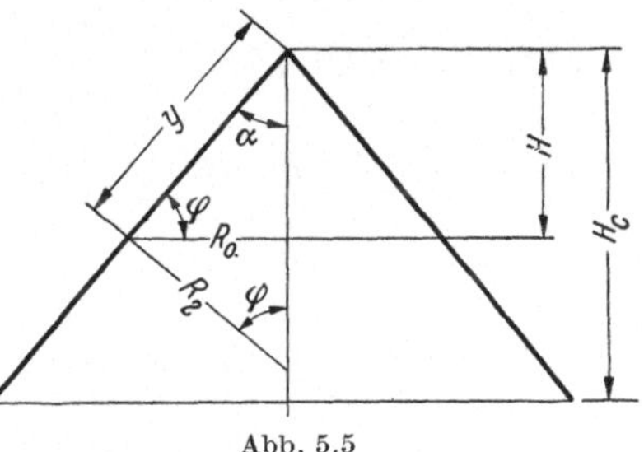

Abb. 5.5

wobei wir mit $'$ die Ableitung nach φ und mit $^{\cdot}$ die Ableitung nach y bezeichnen.

Wir können somit die Gl. (5.110) bei der Berechnung der in den Beziehungen (5.98) vorkommenden Ableitungen verwenden, wo wir y an Stelle des Index φ bei den Bezeichnungen für die Schnittkräfte einführen. Dividieren wir nun die Gleichungen durch R_1 und vollziehen wir den Grenzübergang für $R_1 = \infty$, so ergibt sich wegen $\varphi = \text{const}$:

$$\left.\begin{aligned} (N_y\, y)^{\cdot} - N_\vartheta + p_y\, y &= 0, \\ (Q_y\, y)^{\cdot} + N_\vartheta \operatorname{tg}\varphi + p_z\, y &= 0, \\ (M_y\, y)^{\cdot} - M_\vartheta - Q_y\, y &= 0. \end{aligned}\right\} \tag{5.111}$$

Aus den ersten beiden erhalten wir wie im allgemeinen Fall:

$$y(N_y \sin\varphi + Q_y \cos\varphi) = F(y) = C - \int (p_y \sin\varphi + p_z \cos\varphi)\, y\, dy, \tag{5.112}$$

woraus:

$$N_y = -Q_y \operatorname{ctg}\varphi + \frac{F(y)}{y \sin\varphi}. \tag{5.113}$$

Multiplizieren wir die zweite der Gln. (5.111) mit $\operatorname{ctg}\varphi$, so ergibt sich:

$$N_\vartheta = -(Q_y\, y \operatorname{ctg}\varphi)^{\cdot} - p_z\, y \operatorname{ctg}\varphi. \tag{5.114}$$

Die gleiche Beziehung (5.110), angewendet auf Gl. (5.89) bis (5.94), in denen wir den Index φ durch y ersetzen, gibt uns:

$$\varepsilon_{\vartheta_0} = \frac{v - w \operatorname{tg} \varphi}{y}, \tag{5.115}$$

$$\varepsilon_{y_0} = v^{\cdot}, \tag{5.116}$$

$$\gamma_{\vartheta y_0} = 0, \tag{5.117}$$

$$\chi_{\vartheta} = \frac{V}{y}, \tag{5.118}$$

$$\chi_y = V^{\cdot}, \tag{5.119}$$

$$\chi_{\vartheta y} = 0, \tag{5.120}$$

wobei wegen Gl. (5.95)

$$V = w^{\cdot}, \tag{5.121}$$

und daraus mit Gl. (5.115) und (5.116):

$$V = [\varepsilon_{y_0} - (\varepsilon_{\vartheta_0} y)^{\cdot}] \operatorname{ctg} \varphi. \tag{5.122}$$

Wir erhalten noch an Stelle der Gln. (5.108) und (5.109) die folgenden Ausdrücke für die Biegemomente:

$$M_{\vartheta} = -D\left(\frac{V}{y} + \nu V^{\cdot}\right), \tag{5.123}$$

$$M_y = -D\left(V^{\cdot} + \nu \frac{V}{y}\right). \tag{5.124}$$

2. Kreiszylindrische Schale. Die Formeln für den Sonderfall der Zylinderfläche ergeben sich aus den im Falle der Kegelschale erhaltenen, indem wir setzen:

$$R_2 = R_0 = R = \text{const}; \qquad \varphi = \frac{\pi}{2}$$

und beachten, daß $y \cos \varphi = R_0$:

$$N_y = \frac{C - \int 2\pi R p_y \, dy}{2\pi R}, \tag{5.125}$$

$$N_{\vartheta} = -(Q_y R)^{\cdot} - p_z R. \tag{5.126}$$

Desgleichen:

$$\varepsilon_{\vartheta_0} = -\frac{w}{R}, \tag{5.127}$$

$$\varepsilon_{y_0} = v^{\cdot}, \tag{5.128}$$

$$\gamma_{\vartheta y_0} = 0, \tag{5.129}$$

$$\chi_{\vartheta} = 0, \tag{5.130}$$

$$\chi_y = V^{\cdot} = w^{\cdot\cdot}, \tag{5.131}$$

$$\chi_{\vartheta y} = 0 \tag{5.132}$$

und somit:

$$M_{\vartheta} = -D \nu V^{\cdot}, \tag{5.133}$$

$$M_y = -D V^{\cdot}. \tag{5.134}$$

II. Membrantheorie der Rotationsschalen unter drehsymmetrischer Belastung

6. Membranzustand

Die Untersuchung der Schalen führt, wie wir schon gesehen haben, auf die Lösung eines Systems von partiellen Differentialgleichungen für die Unbekannten u, v und w im Falle beliebiger Belastung, oder für die Unbekannten v und w im Falle drehsymmetrischer Belastung. Die Auflösung dieser Gleichungen bietet sogar in diesem letzten Fall große analytische Schwierigkeiten.

Das Problem vereinfacht sich merklich, wenn wir für die Schale ein idealisiertes Verhalten, den sogenannten Membranzustand, annehmen.

Die Annahme dieses Verhaltens wurde schon bei den ersten Untersuchungen über die Schale [Lamé, *852.1*], [Lecornu, *880.1*], [Lévy, *887.1*] getroffen, woraus sich die Membrantheorie entwickelte.

Diese Theorie nimmt an, daß das Tragwerk keine Biegesteifigkeit und keine Torsionssteifigkeit besitze, so daß die Biegemomente und Torsionsmomente verschwinden.

Der Membranzustand ist somit der Grenzzustand, gegen den, wenigstens von einem gewissen Abstand vom Rand an, der Spannungszustand in einer Schale strebt, wenn die Dicke h gegen Null strebt. Dieser Grenzzustand stellt eine Abstraktion dar, schon weil die Dicken, obwohl sehr klein im Verhältnis zu den übrigen Abmessungen, endlich bleiben.

Wir können indessen im Hinblick auf den kleinen Wert von h annehmen, daß die Spannungen über die Dicke gleichmäßig verteilt seien [Belluzzi, *51.1*, S. 243], so daß mit Gl. (2.10) und (2.11) unter Vernachlässigung von z/R_1 und z/R_2 gegenüber Eins die Biegemomente und Torsionsmomente verschwinden.

Unter diesen Bedingungen verschwinden, wie wir sehen werden, auch die Querkräfte, und die Schale ist lediglich durch Schnittkräfte in der Mittelfläche beansprucht, wenn die Auflagerbedingungen mit dem Membranzustand vereinbar sind.

Wir haben somit den Fall, daß die Mittelfläche mit der Druckfläche zusammenfällt, ein bei der Schale gebräuchlicher Begriff, der dem Begriff der Drucklinie entspricht, wie er gewöhnlich für die Untersuchung von eindimensionalen Tragwerken verwendet wird.

Wir haben indessen zu beachten, daß im Falle eines eindimensionalen Tragwerks die Übereinstimmung zwischen Achse und Drucklinie einzig dann zutreffen kann, wenn nur die durch die Biegemomente erzeugten Verformungen berücksichtigt werden, da ja die Drucklinie das Seilpolygon zu den äußeren Lasten darstellt. Im Falle der Schalen trifft die Übereinstimmung zwischen Mittelfläche und Druckfläche immer zu, sofern bestimmte Auflagerbedingungen erfüllt sind. So übernehmen im besonders einfachen Fall der Rotationsschale unter drehsymmetrischen äußeren Kräften die Parallelkreise, die als Seilpolygone zu gleichmäßig verteilten Radiallasten aufgefaßt werden können, einen bestimmten Teil der Radialkomponenten der äußeren Kräfte, während die Meridiane jene Kräfte übernehmen, deren Seilpolygone ein ihnen entsprechendes Aussehen haben.

Der Membranzustand kann auf die ganze Schale ausgedehnt werden, sofern die Auflagerbedingungen mit diesem Zustand verträglich sind, d. h. sofern sich aus ihnen Kräfte ergeben, die in den Tangentialebenen an die Mittelfläche wirken. Falls das nicht zutrifft, so entsteht in der Umgebung der Ränder eine Zone, in der der Membranzustand gestört ist, wo auch Biegemomente und Querkräfte auftreten, außerdem noch Normalkräfte, die ebenfalls durch die Störkräfte erzeugt werden. Wie wir im folgenden sehen werden, ist diese Zone sehr klein, weil die von den Randstörungen ausgehende Wirkung sehr rasch abklingt.

Das Membranverhalten der Schalen kann auf gleiche Weise untersucht werden, wie das Verhalten der Fachwerke. Die Annahme, daß die Knotenpunkte gelenkig seien und die Lasten nur in diesen auftreten, führt bei den letzteren zum Schluß, daß die Stäbe einzig durch Normalkräfte beansprucht werden. Die kleine Steifigkeit der Knoten, die in Wirklichkeit vorhanden ist, bewirkt vernachlässigbare sekundäre Kräfte. Das gleiche trifft im Fall der Schalen zu, wo die kleine Biege- und Torsionssteifigkeit einen sekundären Spannungszustand von geringer Bedeutung erzeugt.

Wir haben zu beachten, daß selbst für den Fall, daß die Auflagerbedingungen mit dem Membranzustand verträglich sind, dieser in der Nähe des Angriffspunkts einer Einzellast oder im allgemeinen in der Gegend, wo Unstetigkeiten im Verlauf der äußeren Kräfte auftreten, gestört sein wird. Das gleiche gilt in der Umgebung der Meridianschnitte, in denen eine Unstetigkeit in der Druckfläche oder in der Schalenstärke h auftritt.

Es ergibt sich somit die Bestätigung, daß wir den Membranzustand für die Schalen einführen dürfen, wenn die folgenden Bedingungen erfüllt sind:

1. Der Verlauf der Normalkrümmungen der Mittelfläche muß stetig sein.
2. Der Verlauf der Schalenstärke h muß stetig sein.
3. Der Verlauf der äußeren Kräfte muß stetig sein.

4. Die in den freien Rändern angreifenden äußeren Kräfte müssen in den zugehörigen Tangentialebenen an die Mittelfläche wirken.

5. Die Auflagerreaktionen müssen in den Tangentialebenen an die Mittelfläche liegen.

Jede Abweichung von den erwähnten Bedingungen erzeugt eine Störung, im allgemeinen lokaler Natur, für deren Untersuchung wir die Steifigkeit der Schale einführen müssen.

Die Wichtigkeit der Theorie des Membranzustands beruht auf der Tatsache, daß mit guter Näherung angenommen werden kann, daß sich derselbe aus Gründen, die mit der konstruktiven Ausbildung zusammenhängen, bei der Mehrzahl der gewöhnlich verwendeten Schalen einstellt, wodurch sich die Berechnung dieser Tragwerke vereinfacht, deren genaue Theorie, wie wir sehen werden, einigermaßen komplex ist.

7. Allgemeine Gleichungen für die Schnittkräfte und die Verschiebungen

Die Annahme, daß die Biege- und Torsionsmomente im Membranzustand verschwinden, führt auf eine wesentliche Vereinfachung der Gleichgewichtsbedingungen (5.54) für Rotationsschalen unter beliebiger Belastung.

Die beiden letzten der erwähnten Gleichungen erlauben den Schluß, daß die Querkräfte verschwinden:

$$Q_\varphi = Q_\vartheta = 0 \tag{7.1}$$

woraus sich endgültig ergibt:

$$\left.\begin{aligned} R_1 \frac{\partial N_\vartheta}{\partial \vartheta} + \frac{\partial (R_0 N_{\varphi\vartheta})}{\partial \varphi} + N_{\vartheta\varphi} R_1 \cos\varphi + R_0 R_1 p_\vartheta = 0\,, \\ \frac{\partial (R_0 N_\varphi)}{\partial \varphi} + R_1 \frac{\partial N_{\vartheta\varphi}}{\partial \vartheta} - N_\vartheta R_1 \cos\varphi + R_0 R_1 p_\varphi = 0\,, \\ N_\vartheta R_1 \sin\varphi + N_\varphi R_0 + R_0 R_1 p_z = 0\,. \end{aligned}\right\} \tag{7.2}$$

Wir erhalten somit drei Gleichgewichtsbedingungen für die drei Schnittkräfte N_ϑ, N_φ, $N_{\vartheta\varphi} = N_{\varphi\vartheta}$. Die Schalen im Membranzustand sind somit — statisch gesehen — innerlich bestimmte Tragwerke. Wenn auch die Auflagerbedingungen mit dem Membranzustand verträglich sind, so erfolgt die Berechnung der Schnittkräfte völlig unabhängig von der Verzerrung des Tragwerks sowie von seiner Dicke, und das System wird bei dieser Untersuchung als unverformt angenommen.

Beachten wir, daß es mit der letzten der Gln. (7.2) möglich ist, in den beiden ersten eine der Normalkräfte zu eliminieren, z. B. N_ϑ, und das Problem auf die Lösung von zwei partiellen Differentialgleichungen zu reduzieren, in denen als Unbekannte die Normalkraft N_φ und die Tangentialkraft $N_{\varphi\vartheta} = N_{\vartheta\varphi}$ auftreten:

$$\left.\begin{aligned} &\frac{\partial N_{\varphi\vartheta}}{\partial\varphi} + \left(\frac{1}{R_0}\frac{\partial R_0}{\partial\varphi} + \frac{R_1}{R_2}\operatorname{ctg}\varphi\right) N_{\varphi\vartheta} - \frac{1}{\sin\varphi}\frac{\partial N_\varphi}{\partial\vartheta} + \\ &\qquad + \left(p_\vartheta - \frac{1}{\sin\varphi}\frac{\partial p_z}{\partial\vartheta}\right) R_1 = 0, \\ &\frac{\partial N_\varphi}{\partial\varphi} + \left(\frac{1}{R_0}\frac{\partial R_0}{\partial\varphi} + \operatorname{ctg}\varphi\right) N_\varphi + \frac{R_1}{R_0}\frac{\partial N_{\varphi\vartheta}}{\partial\vartheta} + \\ &\qquad + (p_\varphi + p_z\operatorname{ctg}\varphi) R_1 = 0. \end{aligned}\right\} \tag{7.3}$$

Dieses System wurde von H. Reissner [*12.1*] für den Fall der Kugelfläche und von Dischinger [*28.1*] für den Fall der Kegelfläche für die folgende Belastungsannahme gelöst:

$$p_\vartheta = 0; \quad p_\varphi = 0; \quad p_z = p\sin\varphi\cos\vartheta, \tag{7.4}$$

was ungefähr der Windbelastung entspricht.

Die allgemeine Untersuchung des Membranzustands in Rotationsschalen kann unter Verwendung der Spannungsfunktionen nach Némenyi [*36.1*], [*43.1*] und Pucher [*37.1*] durchgeführt werden. Diese Funktionen wurden von Truesdell [*45.2*] bei seinen Untersuchungen über den Membranzustand ausgiebig verwendet.

Im Fall von Rotationsschalen unter drehsymmetrischer Belastung erhalten wir aus Gl. (5.96) und (5.97):

$$p_\vartheta = \frac{\partial N_\vartheta}{\partial\vartheta} = N_{\varphi\vartheta} = N_{\vartheta\varphi} = 0, \tag{7.5}$$

womit die erste der Gln. (7.2) identisch Null wird. Das System von drei Gleichungen reduziert sich auf zwei Gleichungen.

Kennzeichnen wir die Bezeichnungen für die Kräfte und Verzerrungen des Membranzustands mit dem Exponenten 0, so erhalten wir:

$$\left.\begin{aligned} \frac{d(R_0 N_\varphi^0)}{d\varphi} - N_\vartheta^0 R_1\cos\varphi + R_0 R_1 p_\varphi = 0, \\ \frac{N_\varphi^0}{R_1} + \frac{N_\vartheta^0}{R_2} + p_z = 0, \end{aligned}\right\} \tag{7.6}$$

worin

$$R_0 = R_2\sin\varphi.$$

Es ergeben sich somit an Stelle der Gln. (5.102), (5.103) und mit den Beziehungen (7.1) die folgenden Gleichungen:

$$N_\varphi^0 = \frac{F(\varphi)}{R_2\sin^2\varphi}, \tag{7.7}$$

$$N_\vartheta^0 = -\frac{H(\varphi)}{R_1}, \tag{7.8}$$

und daraus, wenn wir uns die Bedeutung des in Gl. (5.100) auftretenden Integrals vergegenwärtigen, erhalten wir:

$$R_2 \sin^2\varphi \, N_\varphi^0 = C - \frac{P_\varphi}{2\pi}, \tag{7.9}$$

$$R_1 N_\vartheta^0 = - N_\varphi^0 R_2 - p_z R_1 R_2, \tag{7.10}$$

wobei P_φ die Resultierende aller über die Mittelfläche verteilter Kräfte bedeutet, die zwischen den den Grenzwerten von φ entsprechenden Parallelkreisen wirken, in Übereinstimmung mit dem in Gl. (5.100) auftretenden Integral.

Ist die Belastung drehsymmetrisch, so ist die Resultierende P_φ parallel zur Achse der Mittelfläche.

Wir wollen im folgenden das Problem der Verzerrungen der Schalen im Membranzustand untersuchen.

Im allgemeinen Fall, wenn der durch die angreifenden Kräfte erzeugte Spannungszustand bekannt ist, können wir in den Gln. (5.61), (5.62) und (5.63) die Werte von $\varepsilon_{\vartheta_0}^0$, $\varepsilon_{\varphi_0}^0$ und $\gamma_{\varphi\,\vartheta_0}^0$ berechnen und erhalten ein System von partiellen Differentialgleichungen für die Unbekannten u^0, v^0, w^0.

Im besonders wichtigen Fall der drehsymmetrischen Belastung vereinfacht sich das Problem erheblich. Tatsächlich liefern uns die Formeln (5.89) und (5.90) zwei Beziehungen zwischen den Unbekannten des Problems v^0 und w^0, wobei aus Symmetriegründen $u^0 = 0$ wird. Es ergibt sich somit:

$$\frac{dv^0}{d\varphi} - v^0 \operatorname{ctg}\varphi = R_1 \varepsilon_{\varphi_0}^0 - R_2 \varepsilon_{\vartheta_0}^0, \tag{7.11}$$

$$w^0 = v^0 \operatorname{ctg}\varphi - R_2 \varepsilon_{\vartheta_0}^0. \tag{7.12}$$

Aus Gln. (4.42) und (4.43) folgt:

$$\varepsilon_{\varphi_0}^0 = \frac{1}{E h} (N_\varphi^0 - \nu N_\vartheta^0), \tag{7.13}$$

$$\varepsilon_{\vartheta_0}^0 = \frac{1}{E h} (N_\vartheta^0 - \nu N_\varphi^0), \tag{7.14}$$

und es ergibt sich:

$$\frac{dv^0}{d\varphi} - v^0 \operatorname{ctg}\varphi = \frac{1}{E h} [N_\varphi^0 (R_1 + \nu R_2) - N_\vartheta^0 (R_2 + \nu R_1)], \tag{7.15}$$

$$w^0 = v^0 \operatorname{ctg}\varphi - \frac{R_2}{E h} (N_\vartheta^0 - \nu N_\varphi^0). \tag{7.16}$$

Bezeichnen wir das zweite Glied der Gl. (7.15) mit $f(\varphi)$, so erhalten wir:

$$\frac{dv^0}{d\varphi} - v^0 \operatorname{ctg}\varphi = f(\varphi),$$

woraus:

$$v^0 = \sin\varphi \left(\int \frac{f(\varphi)}{\sin\varphi} d\varphi + C \right). \tag{7.17}$$

Die Konstante C, welche die Möglichkeit einer (steifen) Verschiebung der ganzen Schale entlang der Achse andeutet, bestimmt sich aus den Randbedingungen.

Aus den Verschiebungen v^0 entlang der Tangente an den Meridian — positiv im Sinne wachsender φ — und w^0 entlang der Normalen auf denselben — positiv gegen das Innere der Schale — können wir die Verschiebungen ξ^0 und η^0 in den Richtungen senkrecht und parallel zur Achse der Fläche ermitteln. Nehmen wir die letztere vertikal an, so erhalten wir die horizontale Verschiebung ξ^0 positiv nach außen und die vertikale Verschiebung η^0 positiv nach unten (Abb. 7.1).

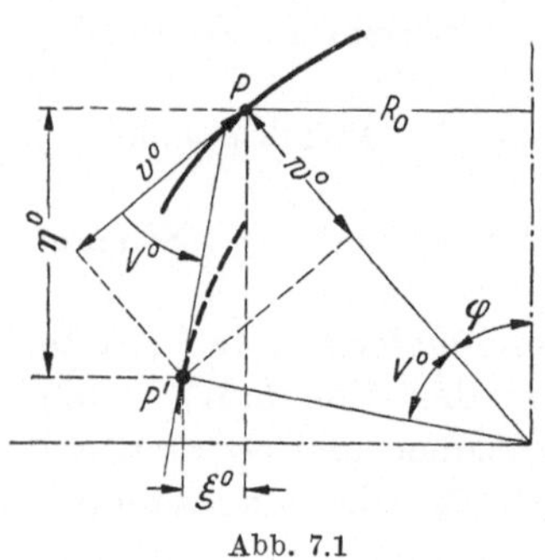

Abb. 7.1

Beachten wir, daß die Verschiebung ξ^0 der Längenänderung des Radius $R_0 = R_2 \sin\varphi$ entspricht, so erhalten wir:

$$\xi^0 = v^0 \cos\varphi - w^0 \sin\varphi = R_2 \sin\varphi \, \varepsilon^0_{\vartheta_0} = \frac{R_2 \sin\varphi}{E h} (N^0_\vartheta - \nu N^0_\varphi), \tag{7.18}$$

$$\eta^0 = v^0 \sin\varphi + w^0 \cos\varphi = \frac{v^0}{\sin\varphi} - R_2 \cos\varphi \, \varepsilon^0_{\vartheta_0}$$

$$= \frac{v^0}{\sin\varphi} - \frac{R_2 \cos\varphi}{E h} (N^0_\vartheta - \nu N^0_\varphi). \tag{7.19}$$

Es ist besonders wichtig, wie wir sehen werden, für die Berechnung der Störkräfte des Membranzustands den Drehwinkel V^0 der Tangente an den Meridian (Abb. 7.1) zu kennen.

Der Wert von V^0 ergibt sich aus Gl. (5.95), welche wir mit Gl. (7.17), (7.12) und unter Vergegenwärtigung des Ausdrucks $f(\varphi)$ auch schreiben können:

$$V^0 = \frac{1}{R_1} \left[(R_1 \varepsilon^0_{\varphi_0} - R_2 \varepsilon^0_{\vartheta_0}) \operatorname{ctg}\varphi - \frac{d (R_2 \varepsilon^0_{\vartheta_0})}{d\varphi} \right]$$

$$= \frac{1}{R_1} \left\{ \frac{N^0_\varphi (R_1 + \nu R_2) - N^0_\vartheta (R_2 + \nu R_1)}{E h} \operatorname{ctg}\varphi + \right.$$

$$\left. + \frac{R_2}{E h^2} \frac{dh}{d\varphi} (N^0_\vartheta - \nu N^0_\varphi) - \frac{1}{E h} \frac{d}{d\varphi} [R_2 (N^0_\vartheta - \nu N^0_\varphi] \right\}. \tag{7.20}$$

Es ist zu beachten, daß wir im Falle einer Temperaturänderung erhalten:

$$\varepsilon^0_{\vartheta_0} = \varepsilon^0_{\varphi_0} = \alpha_t t; \quad \chi^0_\vartheta = \chi^0_\varphi = 0, \tag{7.21}$$

worin α_t den Temperaturausdehnungskoeffizient des Baustoffs und t die betrachtete Temperaturänderung bedeuten.

Wir haben bei den Bedingungen, die erfüllt sein müssen, damit sich in der ganzen Schale der Membranzustand einstellt, bereits auf diejenige hingewiesen, die sich auf die Auflagerreaktionen bezieht. Diese müssen, wie wir gesehen haben, in der Tangentialebene an die Mittelfläche in den Randschnitten liegen.

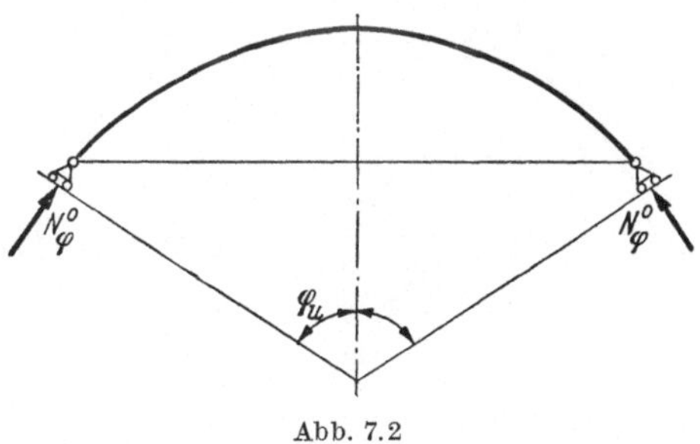

Abb. 7.2

Wenn die Schale auf beweglichen, in Richtung der Normalen auf die Mittelfläche verschieblichen Auflagern gelagert ist (Abb. 7.2), so haben die Reaktionen die Richtungen der Tangenten an die Meridiane, und die Schale kann ungehindert die dem Membranzustand eigenen Verschiebungen erfahren.

Im Fall der Schale auf beweglichen, horizontal verschieblichen Auflagern (Abb. 7.3), hat die vertikale Reaktion A^0, die sich aus den Gleichgewichtsbedingungen für starre Körper ermitteln läßt, eine mit dem Membranzustand verträgliche Tangentialkomponente N_φ^0, welche mit den äußeren Kräften im Gleichgewicht steht, während die Horizontalkomponente H^0 eine Störung dieses Zustands in der Nähe des Rands bewirkt.

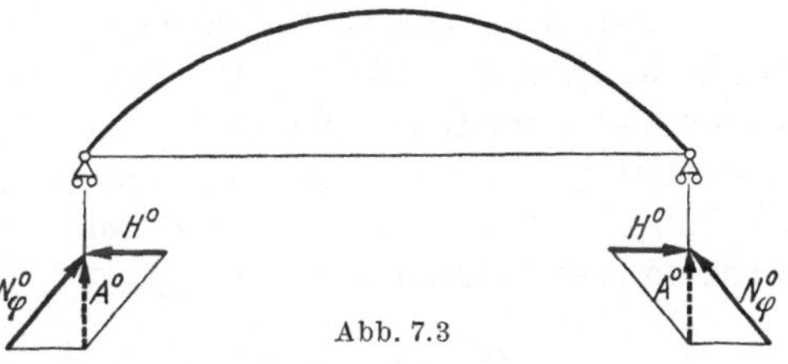

Abb. 7.3

Im allgemeinen ist es im Fall der Abb. 7.3 üblich, entlang des Rands einen verstärkten Ring anzuordnen, um die Horizontalkomponente der Auflagerreaktion aufzunehmen. Unter diesen Bedingungen jedoch erleidet der Randschnitt, der mit dem Ring verbunden bleiben muß, im allgemeinen eine Verschiebung, welche nicht dieselbe ist, die sich einstellen würde, wenn mit dem Membranzustand verträgliche Auflagerbedingungen vorhanden wären (Abb. 7.2). Aus dieser Tatsache ergibt sich eine Störung dieses Zustands in der Nähe des Rands.

Die gleichen Bemerkungen gelten für den Fall der offenen Schale. Der im oberen Rand angeordnete Verstärkungsring (Abb. 7.4), der für die Aufnahme der Horizontalkomponenten der verteilten äußeren Lasten vorgesehen ist, stört den Membranzustand in der Nähe des Rands.

Ähnliche Aussagen können wir für die Fälle der gelenkig gelagerten oder eingespannten Ränder machen.

Wir werden im Kapitel 16 die Reaktionen in den Rändern infolge der verschiedenen Auflagerbedingungen eingehend untersuchen.

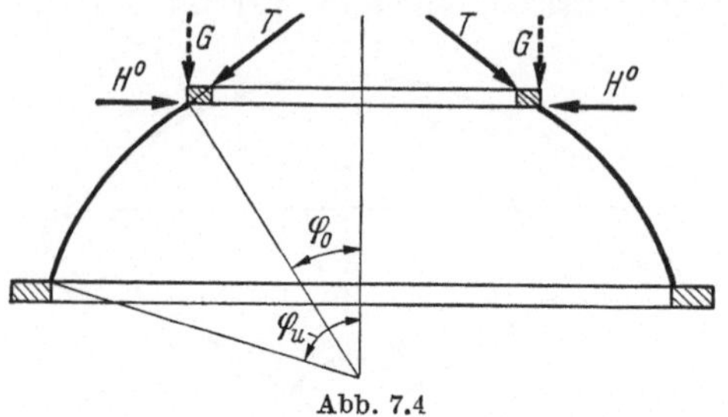

Abb. 7.4

8. Kugelschalen

Im Sonderfall der Kugelschale erhalten wir:

$$R_1 = R_2 = R \tag{8.1}$$

und daraus mit Gl. (7.9) und (7.10):

$$R \sin^2\varphi\, N_\varphi^0 = C - \frac{P_\varphi}{2\pi}, \tag{8.2}$$

$$N_\vartheta^0 = -N_\varphi^0 - p_z R, \tag{8.3}$$

worin

$$P_\varphi = 2\pi\, R^2 \int (p_\varphi \sin\varphi + p_z \cos\varphi) \sin\varphi\, d\varphi \tag{8.4}$$

die Resultierende der über die Mittelfläche verteilten Kräfte oberhalb des Parallelkreises, der dem Winkel φ entspricht, bedeutet.

Im Fall der geschlossenen Schale bestimmt sich die Konstante C aus der Bedingung, daß für $\varphi = 0$: $N_\varphi^0 = N_\vartheta^0$ wird.

Im Fall der offenen Schale bestimmt sich die Konstante C aus der Belastung im als nicht aufgelagert angenommenen Rand. So ergibt sich im Fall der oben offenen Schale ohne Belastung im oberen, als frei angenommenen Rand mit $\varphi = \varphi_0$:

$$P_\varphi = 0 \quad \text{und} \quad N_\varphi^0 = 0, \text{ daraus: } C = 0.$$

Wenn im gleichen oberen Rand der Schale eine gleichförmig verteilte Belastung G (Abb. 7.4) aufgebracht wird, so muß die Schnittkraft N_φ^0 mit der Tangentialkomponente T der Last G im Gleichgewicht sein:

$$N_\varphi^0 = -T = -\frac{G}{\sin\varphi_0}, \tag{8.5}$$

daraus

$$C = -T R \sin^2\varphi_0 = -G R \sin\varphi_0 \tag{8.6}$$

somit:

$$N_\varphi^0 = -\frac{P_\varphi}{2\pi\, R \sin^2\varphi} - \frac{G \sin\varphi_0}{\sin^2\varphi}, \tag{8.7}$$

$$N_\vartheta^0 = -N_\varphi^0 - p_z R. \tag{8.8}$$

Wenn im Rand keine Kraft angreift, so ergibt sich offensichtlich:

$$G = 0 .$$

Die Berechnung der Verschiebungen und der Drehungen geschieht mit den Formeln (7.16) bis (7.20).

Wegen $R_1 = R_2 = R$ und mit dem Ausdruck $f(\varphi)$ ergibt sich:

$$v^0 = \sin\varphi \left[R(1+\nu) \int \frac{(N_\varphi^0 - N_\vartheta^0)}{E\,h \sin\varphi} d\varphi + C \right], \tag{8.9}$$

$$w^0 = v^0 \operatorname{ctg}\varphi - \frac{R}{E\,h} (N_\vartheta^0 - \nu N_\varphi^0), \tag{8.10}$$

$$\xi^0 = \frac{R \sin\varphi}{E\,h} (N_\vartheta^0 - \nu N_\varphi^0), \tag{8.11}$$

$$\eta^0 = \frac{v^0}{\sin\varphi} - \frac{R \cos\varphi}{E\,h} (N_\vartheta^0 - \nu N_\varphi^0), \tag{8.12}$$

$$V^0 = \frac{1+\nu}{E\,h} (N_\varphi^0 - N_\vartheta^0) \operatorname{ctg}\varphi - \frac{d}{d\varphi} \left(\frac{N_\vartheta^0 - \nu N_\varphi^0}{E\,h} \right). \tag{8.13}$$

Im Fall einer Temperaturänderung erhalten wir mit Gln. (7.11), (7.12), (7.18), (7.19), (7.20) und wenn wir uns Gl. (7.21) vergegenwärtigen:

$$v^0 = C \sin\varphi \tag{8.14}$$

$$w^0 = -R\,\alpha_t\,t + C \cos\varphi \tag{8.15}$$

$$\xi^0 = R\,\alpha_t\,t \sin\varphi \tag{8.16}$$

$$\eta^0 = -R\,\alpha_t\,t \cos\varphi + C \tag{8.17}$$

$$V^0 = 0 \tag{8.18}$$

worin C, wie wir gesehen haben, eine Konstante ist, die eine (steife) Verschiebung entlang der Achse der Fläche definiert. Der Wert von C bestimmt sich aus den Auflagerbedingungen.

Sind die angreifenden äußeren Kräfte bekannt, so berechnen sich aus Gl. (8.2), (8.3) oder (8.7), (8.8) leicht die inneren Kräfte. In Funktion dieser letzteren erhält man aus Gl. (8.9) bis (8.13) die Verschiebungen und Drehungen.

Wir geben im folgenden die Ausdrücke für die Schnittkräfte, die Verschiebungen und die Drehungen für einige der häufigsten Belastungen von Schalen, deren Dicke wir als konstant annehmen wollen.

A. Geschlossene Schalen

I. $$p_\vartheta = 0; \quad p_\varphi = g \sin\varphi; \quad p_z = g \cos\varphi .$$

Diese Belastung entspricht dem Eigengewicht der Schale konstanter Stärke, wobei g das Gewicht pro Einheit der Mittelfläche (Abb. 8.1) bedeutet.

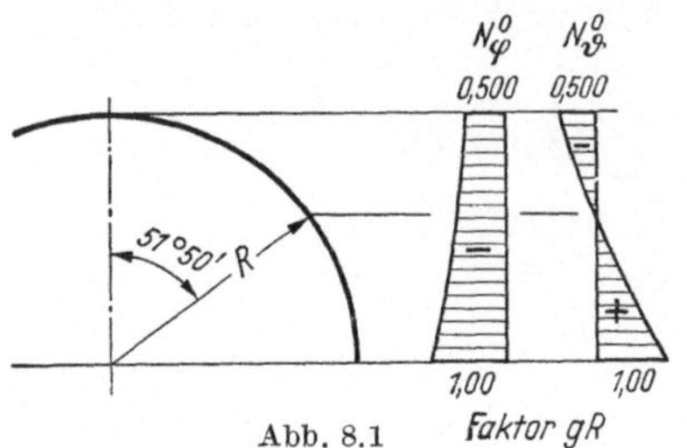

Abb. 8.1

$$N_\varphi^0 = -\frac{g R}{1 + \cos\varphi}, \tag{8.19}$$

$$N_\vartheta^0 = \frac{g R}{1 + \cos\varphi}(1 - \cos\varphi - \cos^2\varphi). \tag{8.20}$$

Die Kraft N_φ^0 entlang der Meridiane ist immer eine Druckkraft, während die Kraft N_ϑ^0 entlang der Parallelkreise ihr Vorzeichen bei $\varphi = 51°\,50'$ wechselt, wobei sie in der Zone über diesem Parallelkreis eine Druckkraft ist.

Im Fall der umgekehrten Schale bleibt der Kräfteverlauf derselbe, wobei lediglich das Vorzeichen wechselt.

Für die Verschiebungen und Drehungen erhalten wir:

$$\xi^0 = \frac{g R^2}{E h} \sin\varphi \left(\frac{1 + \nu}{1 + \cos\varphi} - \cos\varphi\right), \tag{8.21}$$

$$\eta^0 = \frac{g R^2}{E h} [\cos^2\varphi + (1 + \nu) \ln(1 + \cos\varphi)] + C, \tag{8.22}$$

$$V^0 = -\frac{g R}{E h}(2 + \nu) \sin\varphi . \tag{8.23}$$

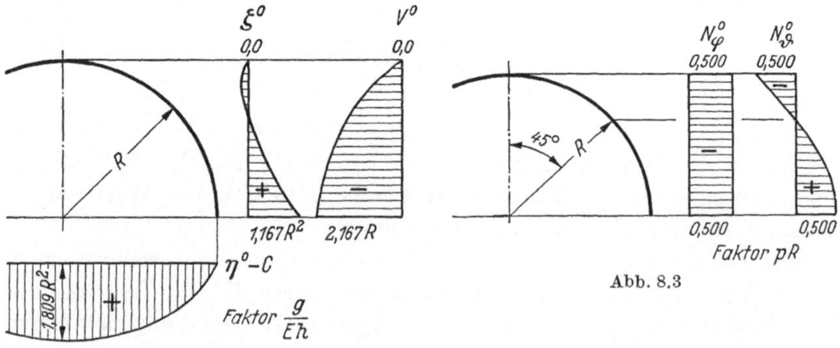

Abb. 8.2

Abb. 8.3

In Abb. 8.2 ist der Verlauf der Verschiebungen und der Drehungen für $\nu = 1/6$ dargestellt.

II. $$p_\vartheta = 0, \quad p_\varphi = p \sin\varphi \cos\varphi, \quad p_z = p \cos^2\varphi .$$

Diese Belastungsannahme entspricht einer über den Grundriß gleichmäßig verteilten Belastung, worin p die Last pro Einheit der projizierten Fläche bedeutet. Dies ist der Fall der Belastung durch Schnee (Abb. 8.3).

$$N_\varphi^0 = -\frac{p\,R}{2}, \tag{8.24}$$

$$N_\vartheta^0 = -\frac{p\,R}{2}\cos 2\varphi\,. \tag{8.25}$$

Für die Verschiebungen und Drehungen erhalten wir:

$$\xi^0 = \frac{p\,R^2}{E\,h}\sin\varphi\left(\frac{1+\nu}{2} - \cos^2\varphi\right), \tag{8.26}$$

$$\eta^0 = \frac{p\,R^2}{E\,h}\cos\varphi\left(\frac{1+\nu}{2} + \cos^2\varphi\right) + C, \tag{8.27}$$

$$V^0 = -\frac{p\,R}{E\,h}(3+\nu)\sin\varphi\cos\varphi\,. \tag{8.28}$$

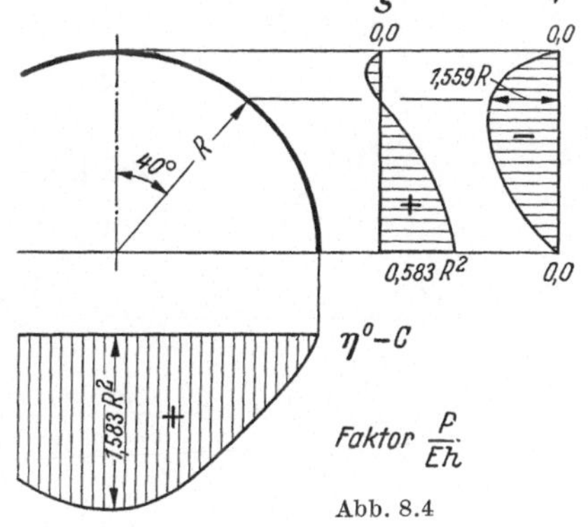

Abb. 8.4

In Abb. 8.4 ist der Verlauf der Verschiebungen und Drehungen für $\nu = 1/6$ eingezeichnet.

III. $\quad p_\vartheta = 0; \quad p_\varphi = 0; \quad p_z = \pm\gamma\,R\left(\frac{H_0 + R}{R} \mp \cos\varphi\right).$

Diese Annahme entspricht der Belastung durch eine Flüssigkeit mit dem spezifischen Gewicht γ, die auf eine Schale wirkt, deren Mittelpunkt

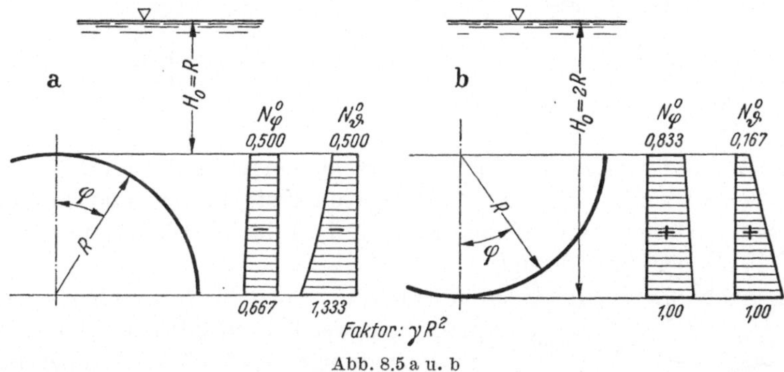

Abb. 8.5 a u. b

sich in Übereinstimmung mit dem doppelten Vorzeichen auf der entgegengesetzten bzw. der gleichen Seite der Mittelfläche befindet wie die Flüssigkeit. H_0 ist die Höhe der Flüssigkeit über dem Scheitel. Für $H_0 \geqq 0$ bzw. $H_0 \geqq R$ erhalten wir:

$$N_\varphi^0 = \mp\frac{\gamma\,R^2}{6}\left(3\,\frac{H_0 \pm R}{R} \mp 2\,\frac{1-\cos^3\varphi}{\sin^2\varphi}\right), \tag{8.29}$$

$$N_\vartheta^0 = \mp\frac{\gamma\,R^2}{6}\left(3\,\frac{H_0 \pm R}{R} \mp 6\cos\varphi \pm 2\,\frac{1-\cos^3\varphi}{\sin^2\varphi}\right). \tag{8.30}$$

In Abb. 8.5 ist der Verlauf der Schnittkräfte für $H_0 = R$ bzw. $H_0 = 2R$ dargestellt.

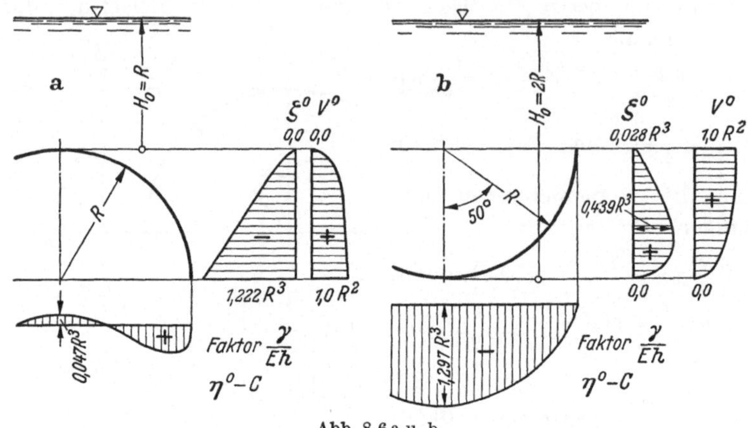

Abb. 8.6 a u. b

Für die Verschiebungen und Drehungen erhalten wir:

$$\xi^0 = \mp \frac{\gamma R^3}{E h} \frac{\sin\varphi}{2} \left[\frac{H_0}{R}(1-\nu) \pm \right.$$
$$\left. \pm (1-\cos\varphi)\left(2 - \frac{1+\nu}{3}\,\frac{1+2\cos\varphi}{1+\cos\varphi}\right)\right], \tag{8.31}$$

$$\eta^0 = \pm \frac{\gamma R^3}{E h} \left\{\frac{1-\nu}{2}\cos\varphi\left(\frac{H_0}{R} \pm 1\right) \pm \right.$$
$$\left. \pm \frac{1+\nu}{3}\left[\cos^2\varphi - \ln(1+\cos\varphi)\right] \mp \cos^2\varphi\right\} + C, \tag{8.32}$$

$$V^0 = \frac{\gamma R^2}{E h}\sin\varphi\,. \tag{8.33}$$

In Abb. 8.6 ist der Verlauf der Verschiebungen und Drehungen für $H_0 = R$ bzw. $H_0 = 2R$ und $\nu = 1/6$ dargestellt. Der Maßstab des Diagramms für η^0 ist zweieinhalbmal größer als der des Diagramms für ξ^0.

IV. Temperaturänderung t^0.

In Abb. 8.7 ist in Übereinstimmung mit den Gln. (8.16), (8.17) und (8.18) der Verlauf der Verschiebungen und Drehungen bei einer Temperaturänderung t^0 dargestellt.

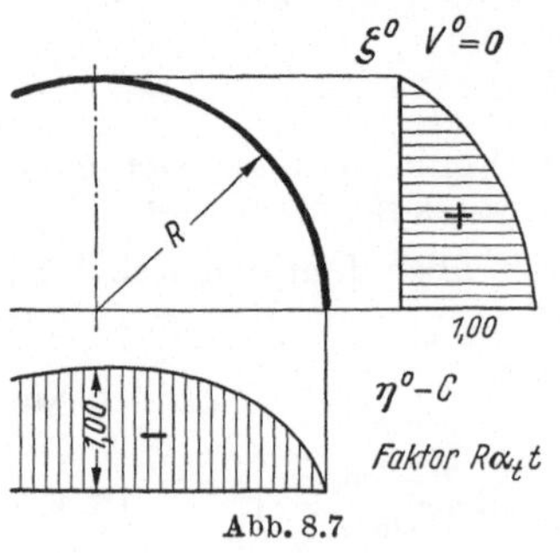

Abb. 8.7

B. Offene Schalen

I. $p_\vartheta = 0$; $p_\varphi = g\sin\varphi$; $p_z = g\cos\varphi$.

$$N_\varphi^0 = -g R \frac{\cos\varphi_0 - \cos\varphi}{\sin^2\varphi}, \tag{8.34}$$

$$N_\vartheta^0 = g R\left(\frac{\cos\varphi_0 - \cos\varphi}{\sin^2\varphi} - \cos\varphi\right), \tag{8.35}$$

worin φ_0 den dem oberen Rand entsprechenden Winkel bedeutet. In Abb. 8.8 ist der Verlauf der Schnittkräfte für $\varphi_0 = 30°$ dargestellt.

Für die Verschiebungen und Drehungen erhalten wir:

$$\xi^0 = \frac{g\,R^2}{E\,h} \sin\varphi \left[(1+\nu)\,\frac{\cos\varphi_0 - \cos\varphi}{\sin^2\varphi} - \cos\varphi\right], \tag{8.36}$$

$$\eta^0 = \frac{g\,R^2}{E\,h} \left[\cos^2\varphi + (1+\nu)\left(\ln\sin\varphi - \cos\varphi_0 \ln \operatorname{tg}\frac{\varphi}{2}\right)\right] + C, \tag{8.37}$$

$$V^0 = -\frac{g\,R}{E\,h}\,(2+\nu)\sin\varphi. \tag{8.38}$$

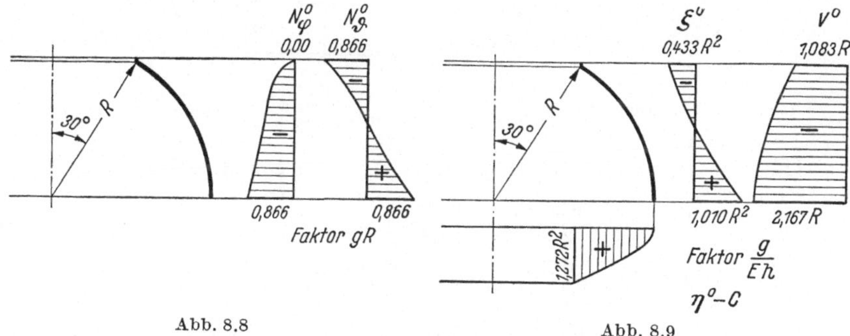

Abb. 8.8

Abb. 8.9

In Abb. 8.9 ist der Verlauf der Verschiebungen und Drehungen für $\varphi_0 = 30°$ und $\nu = 1/6$ dargestellt.

II.
$$G = \frac{L}{2\pi\,R\sin\varphi_0}.$$

Diese Annahme entspricht der Belastung durch ein Oberlicht mit dem Totalgewicht L.

$$N_\varphi^0 = -N_\vartheta^0 = -\frac{L}{2\pi\,R}\,\frac{1}{\sin^2\varphi}. \tag{8.39}$$

Die im oberen Randring auftretende totale Schnittkraft infolge der Horizontalkomponente der Kraft G beträgt:

$$N_G^0 = -\frac{L}{2\pi}\operatorname{ctg}\varphi_0. \tag{8.40}$$

In Abb. 8.10 ist der Verlauf der Schnittkräfte für $\varphi_0 = 30°$ dargestellt.

Für die Verschiebungen und Drehungen erhalten wir:

$$\xi^0 = \frac{L}{E\,h}\,\frac{1+\nu}{2\pi\sin\varphi}, \tag{8.41}$$

$$\eta^0 = -\frac{L}{E\,h}\,\frac{1+\nu}{2\pi}\ln\operatorname{tg}\frac{\varphi}{2} + C, \tag{8.42}$$

$$V^0 = 0. \tag{8.43}$$

In Abb. 8.11 ist der Verlauf der Verschiebungen und Drehungen für $\varphi_0 = 30°$ und $\nu = 1/6$ dargestellt.

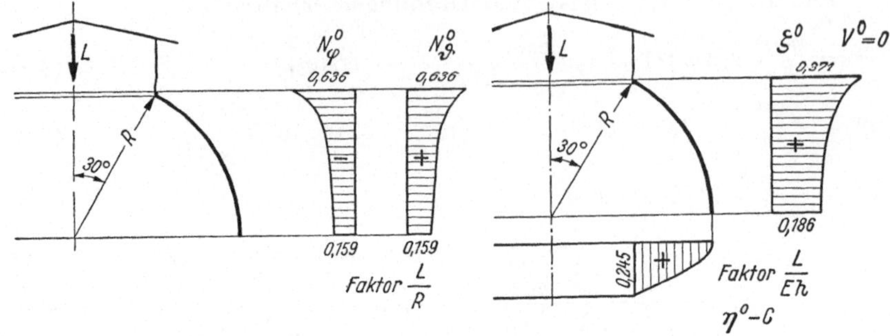

Abb. 8.10 Abb. 8.11

III. $p_\vartheta = 0;\quad p_\varphi = p\sin\varphi\cos\varphi;\quad p_z = p\cos^2\varphi.$

$$N_\varphi^0 = -\frac{pR}{2}\left(1 - \frac{\sin^2\varphi_0}{\sin^2\varphi}\right), \tag{8.44}$$

$$N_\vartheta^0 = -\frac{pR}{2}\left(\cos 2\varphi + \frac{\sin^2\varphi_0}{\sin^2\varphi}\right). \tag{8.45}$$

In Abb. 8.12 ist der Verlauf der Schnittkräfte für $\varphi_0 = 30°$ dargestellt.

Für die Verschiebungen und Drehungen erhalten wir:

$$\xi^0 = \frac{pR^2}{Eh}\sin\varphi\left[\frac{1+\nu}{2}\left(1 - \frac{\sin^2\varphi_0}{\sin^2\varphi}\right) - \cos^2\varphi\right], \tag{8.46}$$

$$\eta^0 = \frac{pR^2}{Eh}\left[\frac{1+\nu}{2}\left(\cos\varphi + \sin^2\varphi_0 \ln\operatorname{tg}\frac{\varphi}{2}\right) + \cos^3\varphi\right] + C, \tag{8.47}$$

$$V^0 = -\frac{pR}{Eh}(3+\nu)\sin\varphi\cos\varphi. \tag{8.48}$$

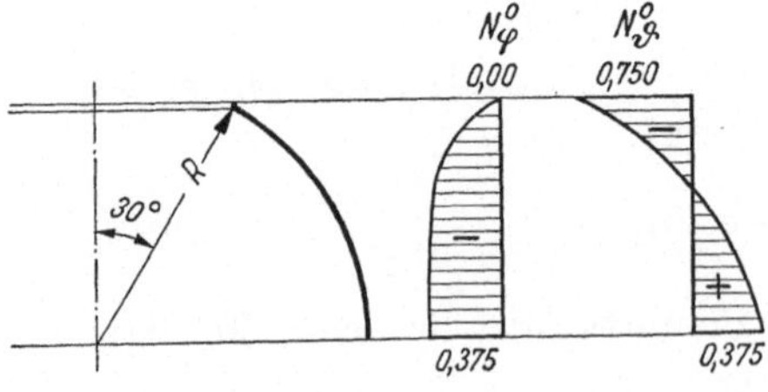

Abb. 8.12

In Abb. 8.13 ist der Verlauf der Verschiebungen und Drehungen für $\varphi_0 = 30°$ und $\nu = 1/6$ dargestellt.

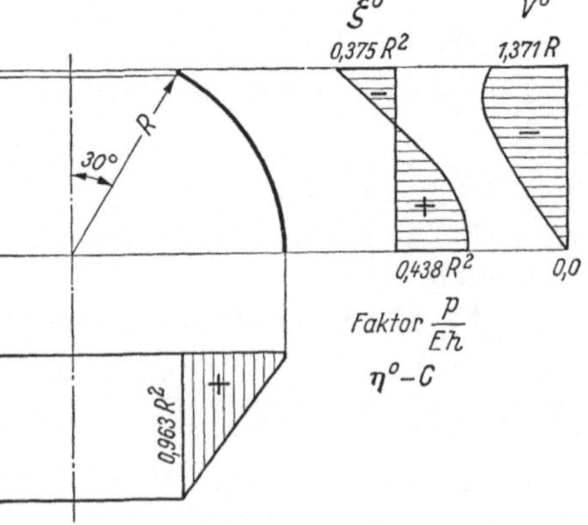

Abb. 8.13

9. Kegelschalen

Im Falle einer kegelförmigen Mittelfläche erhalten wir die Schnittkräfte im Membranzustand aus Gl. (5.113), (5.114) mit $Q_y = 0$. Weil (Abb. 5.5):

$$H = y \sin\varphi,$$

worin H den entlang der Achse gemessenen Abstand eines Parallelkreises von der Spitze bedeutet, erhalten wir:

$$N_y^0 = \frac{F(y)}{y\sin\varphi} = \frac{C}{H} - \frac{\int 2\pi R_0 (p_y \sin\varphi + p_z \cos\varphi)\, dy}{2\pi H \cos\varphi}$$

$$= \frac{C}{H} - \frac{P_y}{2\pi H\cos\varphi}, \tag{9.1}$$

$$N_\vartheta^0 = -p_z y \operatorname{ctg}\varphi = -p_z H \frac{\cos\varphi}{\sin^2\varphi}. \tag{9.2}$$

P_y bedeutet dabei die Resultierende der über die Mittelfläche verteilten Kräfte oberhalb des Parallelkreises, der dem Abstand y entspricht.

Die Verschiebungen und Drehungen ergeben sich aus Gl. (7.16) bis (7.20), wobei wir uns vergegenwärtigen, wie wir schon im Kapitel 5 gesehen haben, daß:

$$dy = R_1\, d\varphi, \qquad (\ )' = R_1 (\ )^{\cdot}$$

und den Grenzübergang für $R_1 = \infty$ vollziehen.

Es ergibt sich:

$$v^0 = \frac{1}{\sin\varphi} \int \frac{(N_y^0 - \nu N_\vartheta^0)}{E h}\, dH + C \sin\varphi, \tag{9.3}$$

$$w^0 = \operatorname{ctg}\varphi \left[v^0 - \frac{H}{E h \sin\varphi} (N_\vartheta^0 - \nu N_y^0) \right], \tag{9.4}$$

$$\xi^0 = \frac{H}{E h} \operatorname{ctg}\varphi\, (N_\vartheta^0 - \nu N_y^0), \tag{9.5}$$

$$\eta^0 = \frac{v^0}{\sin\varphi} - \frac{H}{E h} \operatorname{ctg}^2\varphi\, (N_\vartheta^0 - \nu N_y^0), \tag{9.6}$$

$$V^0 = \operatorname{ctg}\varphi \left[\frac{1+\nu}{E h} (N_y^0 - N_\vartheta^0) - H \frac{d}{dH} \left(\frac{N_\vartheta^0 - \nu N_y^0}{E h} \right) \right]. \tag{9.7}$$

Wir können die gleichen Formeln auch direkt aus den Ausdrücken für die Dehnungen und die Krümmungsänderungen (5.115) bis (5.120) für die Kegelfläche erhalten, und zwar mit Hilfe der gleichen Entwicklung, die uns auf die Gln. (7.16) bis (7.20) führte.

Im Falle einer Temperaturänderung erhalten wir mit Gl. (7.21):

$$v^0 = \frac{\alpha_t t H}{\sin\varphi} + C \sin\varphi, \tag{9.8}$$

$$w^0 = C \cos\varphi \tag{9.9}$$

$$\xi^0 = \alpha_t t H \operatorname{ctg}\varphi \tag{9.10}$$

$$\eta^0 = \alpha_t t H + C \tag{9.11}$$

$$V^0 = 0. \tag{9.12}$$

Wir geben im folgenden die Ausdrücke für die Schnittkräfte, die Verschiebungen und die Drehungen für die Belastungsfälle, die wir schon bei der Behandlung der Kugelschale angeführt haben.

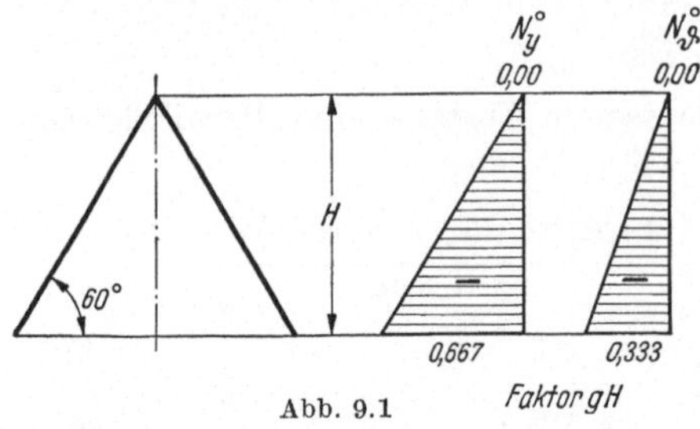

Abb. 9.1

Wir nehmen eine konstante Stärke an.

A. Geschlossene Schalen

I. $p_\vartheta = 0$; $p_y = g \sin\varphi$; $p_z = g \cos\varphi$.

$$N_y^0 = -\frac{g\,H}{2\sin^2\varphi}\,, \tag{9.13}$$

$$N_\vartheta^0 = -g\,H \operatorname{ctg}^2\varphi\,. \tag{9.14}$$

In Abb. 9.1 ist der Verlauf der Schnittkräfte für $\varphi = 60°$ dargestellt. Für die Verschiebungen und Drehungen erhalten wir:

$$\xi^0 = -\frac{g\,H^2}{E\,h}\,\frac{\operatorname{ctg}\varphi}{2\sin^2\varphi}\,(2\cos^2\varphi - \nu)\,, \tag{9.15}$$

$$\eta^0 = -\frac{g\,H^2}{E\,h}\,\frac{1}{4\sin^4\varphi}\,(1 - 4\cos^4\varphi) + C\,, \tag{9.16}$$

$$V^0 = -\frac{g\,H}{E\,h}\,\frac{\operatorname{ctg}\varphi}{2\sin^2\varphi}\,[1 + 2\nu - 2\cos^2\varphi\,(2 + \nu)]\,. \tag{9.17}$$

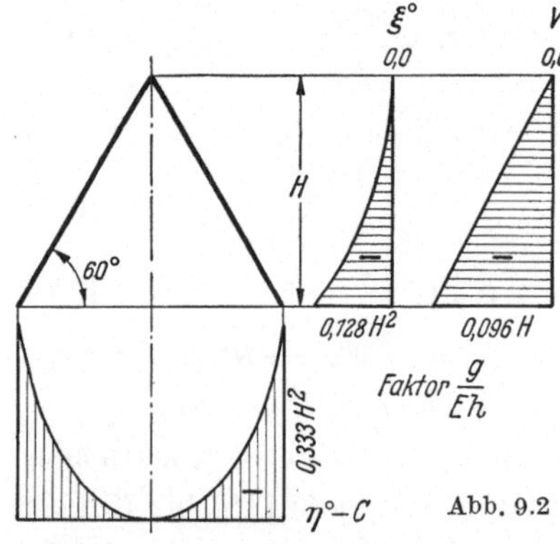

Abb. 9.2

In Abb. 9.2 ist der Verlauf der Verschiebungen und Drehungen für $\varphi = 60°$ und $\nu = 1/6$ dargestellt.

II. $p_\vartheta = 0$; $p_y = p \sin\varphi \cos\varphi$; $p_z = p \cos^2\varphi$.

Die Ausdrücke für die Schnittkräfte und die Verschiebungen ergeben sich aus den im vorhergehenden Fall angegebenen, wenn $p \cos\varphi$ an Stelle von g gesetzt wird.

III. $p_\vartheta = 0$; $p_y = 0$; $p_z = \pm\gamma(H_0 \pm H)$.

Die oberen und unteren Vorzeichen beziehen sich auf die Fälle von außerhalb bzw. innerhalb der Schale wirkenden Lasten. Bezeichnen wir mit H_c die totale Höhe der Schale und mit H_0 die Tiefe, in der sich die Spitze gegenüber dem Flüssigkeitsspiegel befindet, so ergibt sich für $H_0 \geqq 0$ bzw. $H_0 \geqq H_c$:

$$N_y^0 = \mp\frac{\gamma\,H}{6}\,(3H_0 \pm 2H)\,\frac{\cos\varphi}{\sin^2\varphi}\,, \tag{9.18}$$

$$N_\vartheta^0 = \mp\frac{\gamma\,H}{6}\,(H_0 \pm H)\,\frac{\cos\varphi}{\sin^2\varphi}\,. \tag{9.19}$$

In Abb. 9.3 ist der Verlauf der Schnittkräfte für $H_c = H_0$ bzw. $H_c = \frac{1}{2} H_0$ dargestellt.

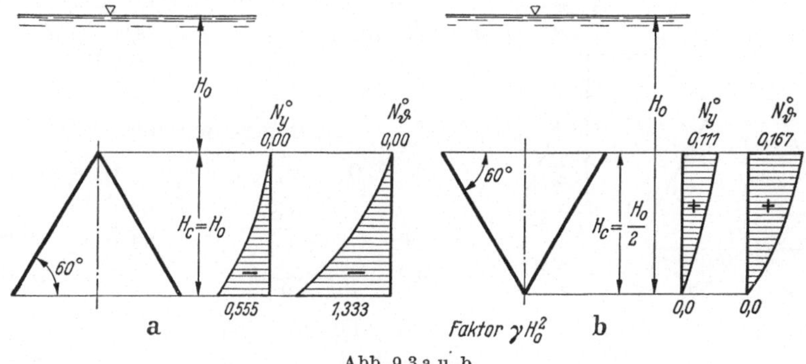

Abb. 9.3 a u. b

Für die Verschiebungen und Drehungen erhalten wir:

$$\xi^0 = \mp \frac{\gamma H^2}{E h} \frac{\operatorname{ctg}^2 \varphi}{6 \sin \varphi} [3 H_0 (2 - \nu) \pm 2 H (3 - \nu)], \tag{9.20}$$

$$\eta^0 = \pm \frac{\gamma H^2}{E h} \frac{\operatorname{ctg} \varphi}{36 \sin^3 \varphi} \{9 H_0 [2 \cos^2 \varphi (2 - \nu) - 1 + 2\nu] \pm$$
$$\pm 4 H [3 \cos^2 \varphi (3 - \nu) - 1 + 3\nu]\} + C, \tag{9.21}$$

$$V^0 = \pm \frac{\gamma H}{E h} \frac{\operatorname{ctg}^2 \varphi}{6 \sin \varphi} (9 H_0 \pm 16 H). \tag{9.22}$$

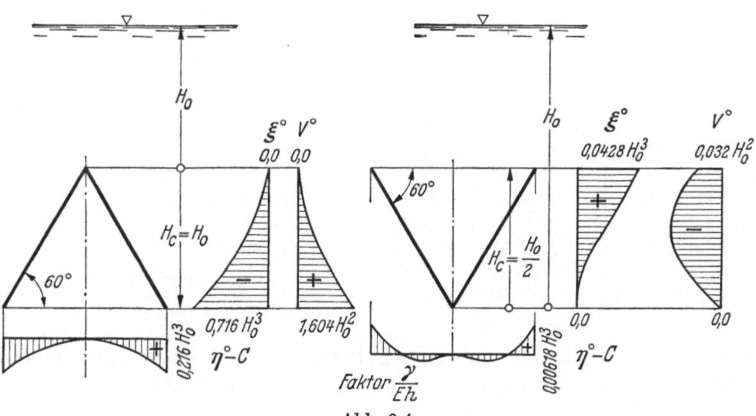

Abb. 9.4

Der Verlauf der Verschiebungen und Drehungen ist in Abb. 9.4 für $H_c = H_0$ bzw. $H_c = H_0/2$ für $\varphi = 60^\circ$ und $\nu = 1/6$ dargestellt. Der Maßstab des Diagramms für η^0 ist dreimal größer als der Maßstab des Diagramms für ξ^0.

IV. Temperaturänderung t°.

In Abb. 9.5 ist in Übereinstimmung mit den Gln. (9.10), (9.11) und (9.12) der Verlauf der Verschiebungen und Drehungen für $\varphi = 60^\circ$ und eine Temperaturänderung t° dargestellt.

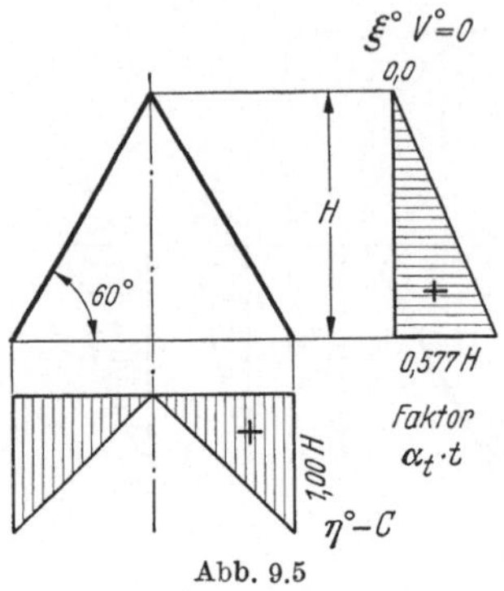

Abb. 9.5

B. Offene Schalen

I. $p_\vartheta = 0; \quad p_y = g \sin\varphi; \quad p_z = g \cos\varphi.$

$$N_y^0 = -\frac{g\,H}{2\sin^2\varphi}\left(1 - \frac{H_0^2}{H^2}\right), \tag{9.23}$$

$$N_\vartheta^0 = g\,H \operatorname{ctg}^2\varphi\,, \tag{9.24}$$

wobei H_0 den auf der Achse gemessenen Abstand des oberen Randes von der Spitze bedeutet.

In Abb. 9.6 ist der Verlauf der Schnittkräfte für $\varphi = 60^\circ$ und $H_u = 3H_0$ dargestellt, wobei H_u den auf der Achse gemessenen Abstand des unteren Rands von der Spitze bedeutet.

Für die Verschiebungen und Drehungen erhalten wir:

$$\xi^0 = -\frac{g\,H^2}{E\,h}\operatorname{ctg}^3\varphi\left[1 - \frac{\nu}{2\cos^2\varphi}\left(1 - \frac{H_0^2}{H^2}\right)\right], \tag{9.25}$$

$$\eta^0 = -\frac{g\,H^2}{E\,h}\,\frac{1}{4\sin^4\varphi}\left[1 - 4\cos^4\varphi - 2\frac{H_0^2}{H^2}(\nu\cos^2\varphi + \ln H)\right] + C\,, \tag{9.26}$$

$$V^0 = -\frac{g\,H}{E\,h}\,\frac{\operatorname{ctg}\varphi}{2\sin^2\varphi}\left[1 + 2\nu - 2\cos^2\varphi\,(2+\nu) - \frac{H_0^2}{H^2}\right]. \tag{9.27}$$

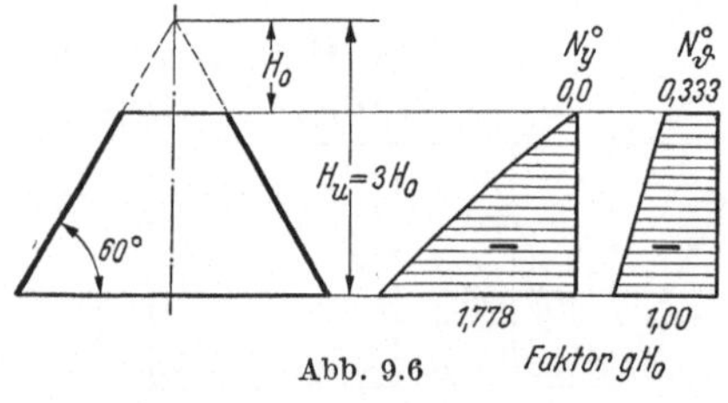

Abb. 9.6

In Abb. 9.7 ist der Verlauf der Verschiebungen und Drehungen für $\varphi = 60^\circ$, $H_u = 3H_0$, $\nu = 1/6$ dargestellt.

II. $p_\vartheta = 0;$
$p_y = p\sin\varphi\cos\varphi;$
$p_z = p\cos^2\varphi.$

Die entsprechenden Formeln ergeben sich aus denen des vorhergehenden Falls, wenn $p\cos\varphi$ an Stelle von g eingesetzt wird.

III.
$$G = \frac{L}{2\pi\,H_0\operatorname{ctg}\varphi},$$

$$N_y^0 = -\frac{L}{2\pi\,H\cos\varphi}, \tag{9.28}$$

$$N_\vartheta^0 = 0. \tag{9.29}$$

Die im oberen Randring auftretende totale Schnittkraft infolge der Horizontalkomponente der Kraft G beträgt:

$$N_G^0 = -\frac{L}{2\pi}\operatorname{ctg}\varphi. \tag{9.30}$$

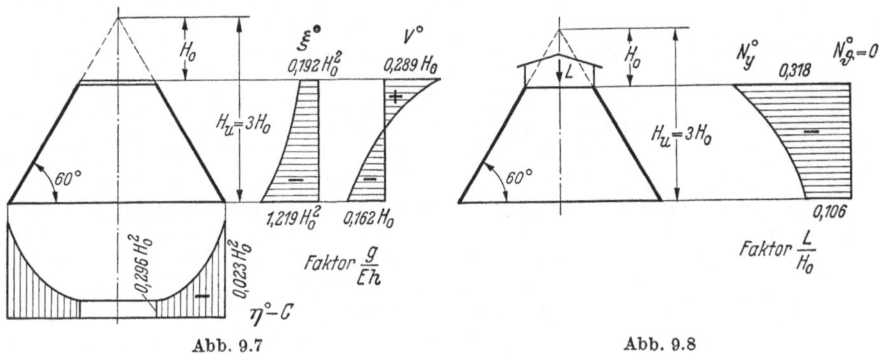

Abb. 9.7 Abb. 9.8

In Abb. 9.8 ist der Verlauf der Schnittkräfte für $\varphi = 60°$ und $H_u = 3H_0$ dargestellt.

Für die Verschiebungen und Drehungen erhalten wir:

$$\xi^0 = \frac{L}{E\,h}\,\frac{\nu}{2\pi\sin\varphi}, \tag{9.31}$$

$$\eta^0 = -\frac{L}{E\,h}\,\frac{1}{2\pi\sin^2\varphi\cos\varphi}(\ln H + \nu\cos^2\varphi) + C, \tag{9.32}$$

$$V^0 = -\frac{L}{E\,h}\,\frac{1}{2\pi H\sin\varphi}. \tag{9.33}$$

In Abb. 9.9 ist der Verlauf der Verschiebungen und der Drehungen für $\varphi = 60°$, $H_u = 3H_0$ und $\nu = 1/6$ dargestellt.

Der Maßstab des Diagramms für η^0 ist dreimal kleiner als der Maßstab des Diagramms für ξ^0.

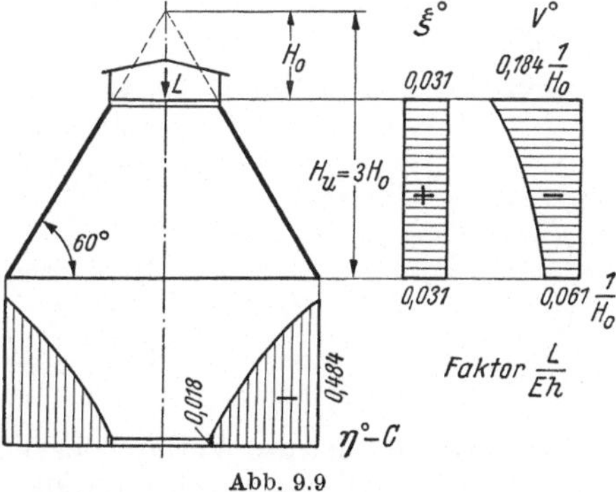

Abb. 9.9

10. Kreiszylindrische Schalen

Im Fall der kreiszylindrischen Schalen sind die Schnittkräfte im Membranzustand durch die Formeln (5.125), (5.126) gegeben, in welchen $Q_y = 0$.

Die Verschiebungen und die Drehungen ergeben sich aus Gln. (9.3) bis (9.7), wenn wir beachten, daß:

$$H\operatorname{ctg}\varphi = R_0 = R$$

und den Grenzübergang für $\varphi = \pi/2$ vollziehen. Im Fall der zylindrischen Schale wird $H = y$, so daß wir erhalten:

$$\xi^0 = -w^0 = \frac{R}{E h}(N_\vartheta^0 - \nu N_y^0), \tag{10.1}$$

$$\eta^0 = v^0 = \int \frac{(N_y^0 - \nu N_\vartheta^0)}{E h} dy + C, \tag{10.2}$$

$$V^0 = -R \frac{d}{dy}\left(\frac{N_\vartheta^0 - \nu N_y^0}{E h}\right). \tag{10.3}$$

Für den Fall einer Temperaturänderung ergibt sich aus Gl. (9.8) bis (9.12):

$$\xi^0 = -w^0 = R \alpha_t t, \tag{10.4}$$

$$\eta^0 = v^0 = \alpha_t t y + C, \tag{10.5}$$

$$V^0 = 0. \tag{10.6}$$

Wir geben im folgenden die Ausdrücke für die Schnittkräfte, die Verschiebungen und die Drehungen für die Beanspruchung durch Eigengewicht bzw. durch eine Flüssigkeit mit dem spezifischen Gewicht γ. Wir nehmen die Stärke h der Schale als konstant an.

I. $p_\vartheta = 0; \quad p_y = g; \quad p_z = 0.$

$$N_y^0 = -g y, \tag{10.7}$$

$$N_\vartheta^0 = 0. \tag{10.8}$$

In Abb. 10.1 ist der Verlauf der Schnittkräfte für $y = 3R$ dargestellt.

Für die Verschiebungen und Drehungen erhalten wir:

$$\xi^0 = \frac{g R}{E h} y \nu, \tag{10.9}$$

$$\eta^0 = -\frac{g}{E h}\frac{y^2}{2} + C, \tag{10.10}$$

$$V^0 = -\frac{g R}{E h}\nu. \tag{10.11}$$

In Abb. 10.2 ist der Verlauf der Verschiebungen und der Drehungen für $y = 3R$ und $\nu = 1/6$ dargestellt.

Der Maßstab des Diagramms für ξ^0 wurde fünfmal größer gewählt als der Maßstab des Diagramms für η^0.

II. $p_\vartheta = 0; \quad p_y = 0; \quad p_z = -\gamma(y + H_0).$

Für $H_0 \geqq 0$ erhalten wir:

$$N_y^0 = 0, \tag{10.12}$$

$$N_\vartheta^0 = \gamma R (H_0 + y). \tag{10.13}$$

In Abb. 10.3 ist der Verlauf der Schnittkräfte für $H_0 = R$ dargestellt.

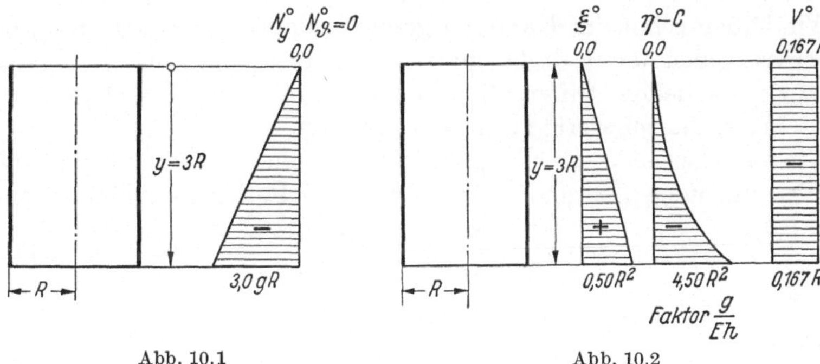

Abb. 10.1 Abb. 10.2

Für die Verschiebungen und die Drehungen erhalten wir:

$$\xi^0 = \frac{\gamma R^2}{E h} (H_0 + y), \tag{10.14}$$

$$\eta^0 = -\frac{\gamma R}{E h} \frac{\nu y}{2} (2 H_0 + y) + C, \tag{10.15}$$

$$V^0 = -\frac{\gamma R^2}{E h}. \tag{10.16}$$

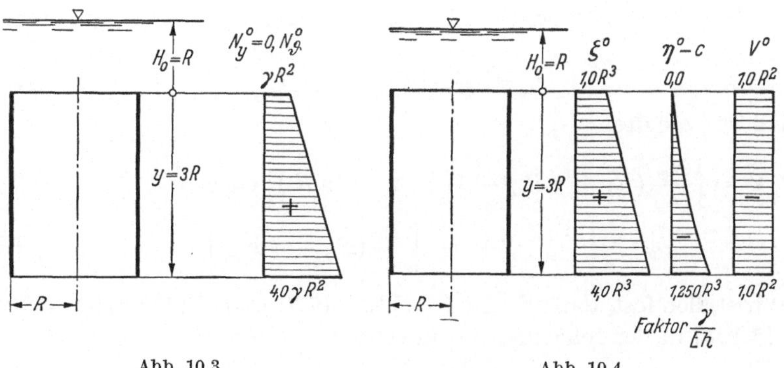

Abb. 10.3 Abb. 10.4

In Abb. 10.4 ist der Verlauf der Verschiebungen und Drehungen für $H_0 = R$, $y = 3R$ und $\nu = 1/6$ dargestellt.

III. Biegetheorie der Rotationsschalen unter drehsymmetrischer Belastung

Exakte Theorie

11. Gleichungen von Meißner

Wir haben schon im Kapitel 5 gesehen, daß die Untersuchung der Rotationsschalen unter drehsymmetrischer Belastung auf ein System von zwei partiellen Differentialgleichungen für die Unbekannten v und w führt, die schwierig zu integrieren sind.

Wir erreichen indessen eine große Vereinfachung, wenn wir an Stelle der Verschiebungen v und w die Drehung V der Meridiantangente (Abb. 5.4):

$$V = \frac{1}{R_1}\left(v + \frac{dw}{d\varphi}\right), \tag{11.1}$$

und

$$U = R_2 Q_\varphi \tag{11.2}$$

wählen.

Diese Methode für die Untersuchung der Rotationsschalen wurde von H. Reissner [*12.1*] im Fall der Kugelschalen aufgegriffen und im folgenden von E. Meissner [*13.1*], [*15.1*] für die weiteren Rotationsschalen erweitert.

Aus Gl. (5.89) und (5.90) erhalten wir mit den gleichen Überlegungen, die uns auf Gl. (7.20) führten:

$$V = \frac{1}{R_1}\left[(R_1\varepsilon_{\varphi_0} - R_2\varepsilon_{\vartheta_0})\operatorname{ctg}\varphi - \frac{d(R_2\varepsilon_{\vartheta_0})}{d\varphi}\right]. \tag{11.3}$$

Wegen Gl. (4.42) und (4.43) gilt:

$$\varepsilon_{\varphi_0} = \frac{1}{Eh}(N_\varphi - \nu N_\vartheta), \tag{11.4}$$

$$\varepsilon_{\vartheta_0} = \frac{1}{Eh}(N_\vartheta - \nu N_\varphi), \tag{11.5}$$

so daß wir erhalten:

$$E R_1 V = \left[\frac{N_\varphi}{h}(R_1 + \nu R_2) - \frac{N_\vartheta}{h}(R_2 + \nu R_1)\right]\operatorname{ctg}\varphi - \\ - \frac{d}{d\varphi}\left[\frac{R_2}{h}(N_\vartheta - \nu N_\varphi)\right]. \tag{11.6}$$

Wir stellen fest, daß wir mit Gl. (11.2), (7.7) und (7.8) die Gln. (5.102) und (5.103) in der folgenden Form schreiben können:

$$N_\varphi = -\frac{\operatorname{ctg}\varphi}{R_2}U + N_\varphi^0, \tag{11.7}$$

$$N_\vartheta = -\frac{1}{R_1}\frac{dU}{d\varphi} + N_\vartheta^0, \tag{11.8}$$

worin N_φ^0 und N_ϑ^0 die dem Fall des Membranzustands entsprechenden Schnittkräfte bedeuten.

Setzen wir diese Ausdrücke in die Gl. (11.6) ein, so ergibt sich nach Bildung der Ableitungen und Vereinfachung:

$$E h^2 V = \frac{h}{R_1}\frac{R_2}{R_1}\frac{d^2 U}{d\varphi^2} + \frac{1}{R_1}\left\{-\frac{R_2}{R_1}\frac{dh}{d\varphi} + \right.$$
$$\left. + h\left[\frac{R_2}{R_1}\operatorname{ctg}\varphi + \frac{d}{d\varphi}\left(\frac{R_2}{R_1}\right)\right]\right\}\frac{dU}{d\varphi} + \frac{1}{R_1}\left[\nu \operatorname{ctg}\varphi \frac{dh}{d\varphi} + \right.$$
$$\left. + h\left(\nu - \frac{R_1}{R^2}\operatorname{ctg}^2\varphi\right)\right] U + \frac{h \operatorname{ctg}\varphi}{R_1}[N_\varphi^0(R_1 + \nu R_2) - N_\vartheta^0(R_2 + \nu R_1)] -$$
$$- \frac{1}{R_1}\frac{dh}{d\varphi}[\nu N_\varphi^0 R_2 - N_\vartheta^0 R_2] + \frac{h}{R_1}\frac{d}{d\varphi}[\nu N_\varphi^0 R_2 - N_\vartheta^0 R_2]. \qquad (11.9)$$

Nun setzen wir in die Gl. (5.105) die durch Gln. (5.108) und (5.109) gegebenen Ausdrücke für die Momente ein. Nach Vereinfachung erhalten wir:

$$-\frac{U h}{D} = \frac{h}{R_1}\frac{R_2}{R_1}\frac{d^2 V}{d\varphi^2} + \frac{1}{R_1}\left\{3\frac{R_2}{R_1}\frac{dh}{d\varphi} + \right.$$
$$\left. + h\left[\frac{R_2}{R_1}\operatorname{ctg}\varphi + \frac{d}{d\varphi}\left(\frac{R_2}{R_1}\right)\right]\right\}\frac{dV}{d\varphi} + \frac{1}{R_1}\left[3\nu \operatorname{ctg}\varphi\frac{dh}{d\varphi} - \right.$$
$$\left. - h\left(\nu + \frac{R_1}{R_2}\operatorname{ctg}^2\varphi\right)\right] V. \qquad (11.10)$$

Führen wir den linearen Operator

$$L(\;) = \frac{R_2}{R_1}\frac{d^2(\;)}{d\varphi^2} + \left[\frac{R_2}{R_1}\operatorname{ctg}\varphi + \frac{d}{d\varphi}\left(\frac{R_2}{R_1}\right)\right]\frac{d(\;)}{d\varphi} - \frac{R_1}{R_2}\operatorname{ctg}^2\varphi\,(\;) \qquad (11.11)$$

ein, auch Operator von MEISSNER genannt, so können wir Gl. (11.9) und (11.10) in der folgenden Form schreiben:

$$\frac{h}{R_1}L(U) - \frac{1}{R_1}\frac{R_2}{R_1}\frac{dh}{d\varphi}\frac{dU}{d\varphi} + \frac{1}{R_1}\left(\nu\operatorname{ctg}\varphi\frac{dh}{d\varphi} + \nu h\right)U$$
$$= E h^2 V - \frac{h\operatorname{ctg}\varphi}{R_1}[N_\varphi^0(R_1 + \nu R_2) - N_\vartheta^0(R_2 + \nu R_1)] +$$
$$+ \frac{1}{R_1}\frac{dh}{d\varphi}[\nu N_\varphi^0 R_2 - N_\vartheta^0 R_2] - \frac{h}{R_1}\frac{d}{d\varphi}[\nu N_\varphi^0 R_2 - N_\vartheta^0 R_2], \qquad (11.12)$$

$$\frac{h}{R_1}L(V) + \frac{3}{R_1}\frac{R_2}{R_1}\frac{dh}{d\varphi}\frac{dV}{d\varphi} + \frac{1}{R_1}\left(3\nu\operatorname{ctg}\varphi\frac{dh}{d\varphi} - \nu h\right)V = -\frac{Uh}{D}, \qquad (11.13)$$

und weil nach Gl. (7.20) gilt:

$$Q(\varphi) = \frac{1}{h}\frac{dh}{d\varphi}[\nu N_\varphi^0 R_2 - N_\vartheta^0 R_2] - \frac{d}{d\varphi}[\nu N_\varphi^0 R_2 - N_\vartheta^0 R_2] -$$
$$- \operatorname{ctg}\varphi[N_\varphi^0(R_1 + \nu R_2) - N_\vartheta^0(R_2 + \nu R_1)] = - E h R_1 V^0, \qquad (11.14)$$

erhalten wir:

$$L(U) + \nu U + \frac{1}{h}\frac{dh}{d\varphi}\left(\nu \operatorname{ctg}\varphi \cdot U - \frac{R_2}{R_1}\frac{dU}{d\varphi}\right) = E h R_1 V + Q(\varphi), \qquad (11.15)$$

$$L(V) - \nu V + \frac{3}{h}\frac{dh}{d\varphi}\left(\nu \operatorname{ctg}\varphi \cdot V + \frac{R_2}{R_1}\frac{dV}{d\varphi}\right) = -\frac{R_1 U}{D}. \qquad (11.16)$$

$Q(\varphi)$ ist der Ausdruck, der von den äußeren Kräften abhängt, und V^0 die Drehung der Meridiantangente, wenn für die Schale der Membranzustand angenommen wird.

Wir haben so die grundlegenden Differentialgleichungen der auf Biegung beanspruchten Rotationsschalen für den Fall von drehsymmetrischen Lasten erhalten.

Setzen wir $Q(\varphi) = 0$, so erhalten wir ein System von homogenen Gleichungen, welches wir in eine einzige Differentialgleichung für nur eine Unbekannte umformen können. Es ergibt sich eine Differentialgleichung vierter Ordnung, somit treten bei der Lösung vier Konstanten auf, die sich aus den Randbedingungen bestimmen lassen. Das allgemeine Integral erhalten wir, wenn wir zum allgemeinen Integral des homogenen Systems eine Partikulärlösung des inhomogenen Systems addieren.

Ist die eine Unbekannte gefunden, so kann die andere aus Gl. (11.15) oder (11.16) erhalten werden.

Sind die Funktionen V und U einmal bekannt, so können wir die Normalkräfte aus Gl. (11.7) und (11.8) und die Biegemomente aus Gl. (5.108) und (5.109) berechnen.

Im folgenden erhalten wir durch die gleiche Entwicklung, welche auf Gl. (7.17) führte, den Ausdruck für die Verschiebungskomponente in Richtung der Meridiantangente:

$$v = \sin\varphi\left(\int \frac{N_\varphi (R_1 + \nu R_2) - N_\vartheta (R_2 + \nu R_1)}{E h \sin\varphi}\, d\varphi + C\right). \qquad (11.17)$$

Wiederholen wir die gleichen Überlegungen, die auf Gl. (7.18) und (7.19) führten, so erhalten wir die Ausdrücke für die horizontalen und vertikalen Komponenten der Verschiebungen:

$$\xi = \frac{R_2 \sin\varphi}{E h}(N_\vartheta - \nu N_\varphi), \qquad (11.18)$$

$$\eta = \frac{v}{\sin\varphi} - \frac{R_2 \cos\varphi}{E h}(N_\vartheta - \nu N_\varphi). \qquad (11.19)$$

Die Auflagerbedingungen der Ränder, welche die Verschiebungen und Drehungen einschränken, erlauben, die Werte der Integrationskonstanten zu bestimmen.

Wir stellen nun fest, daß die Partikulärlösung eine Funktion der angreifenden äußeren Kräfte und unabhängig von den Randbedingungen ist. Diese Lösung entspricht somit dem Fall der als unbegrenzt, d. h. nicht durch die Ränder unterbrochen angenommenen Schale, die entlang ihrer ganzen Mittelfläche unter der durch einen gegebenen Verlauf festgelegten Belastung steht.

Das allgemeine Integral des homogenen Systems hängt dagegen durch die Integrationskonstanten von den Randbedingungen ab. Wird nun dieses der Partikulärlösung für die unbegrenzte Schale überlagert, so kann das allgemeine Integral des inhomogenen Systems die Auflagerbedingungen erfüllen.

In dieser Form entspricht die Summe der beiden erwähnten Lösungen im allgemeinen Integral des inhomogenen Systems der Summe von zwei Spannungszuständen. Der eine wird durch die äußeren Kräfte erzeugt, die im unbegrenzten, Grundtragwerk genannten Tragwerk wirken, der andere wird durch die in den Rändern wirkenden Auflagerreaktionen erzeugt. Werden die beiden Spannungszustände einander überlagert, so bewirken sie im Tragwerk einen Verzerrungszustand, der mit den Auflagerbedingungen verträglich ist.

Für die Schalen mit konstanter Stärke gilt:

$$\frac{dh}{d\varphi} = 0 .$$

Wir erhalten somit an Stelle der Beziehungen (11.15) und (11.16) die folgenden Gleichungen:

$$L(U) + \nu U = E h R_1 V + Q(\varphi), \tag{11.20}$$

$$L(V) - \nu V = -\frac{R_1 U}{D} . \tag{11.21}$$

Im folgenden wollen wir die Lösungen des Systems der homogenen Gleichungen untersuchen.

Setzen wir $Q(\varphi) = -E h R_1 V^0 = 0$, so erhalten wir:

$$L(U) + \nu U = E h R_1 V, \tag{11.22}$$

$$L(V) - \nu V = -\frac{R_1 U}{D}, \tag{11.23}$$

und daraus:

$$L\left[\frac{1}{R_1} L(U)\right] + \nu L\left(\frac{U}{R_1}\right) - \nu \frac{1}{R_1} L(U) + \left[\frac{E h R_1}{D} - \nu^2 \frac{1}{R_1}\right] U = 0 , \tag{11.24}$$

$$L\left[\frac{1}{R_1} L(V)\right] - \nu L\left(\frac{V}{R_1}\right) + \nu \frac{1}{R_1} L(V) + \left[\frac{E h R_1}{D} - \nu^2 \frac{1}{R_1}\right] V = 0 . \tag{11.25}$$

Wenn der Krümmungsradius R_1 des Meridians konstant ist, so ergibt sich:

$$L L(U) + \mu^4 U = 0 , \tag{11.26}$$

$$L L(V) + \mu^4 V = 0 , \tag{11.27}$$

worin:

$$\mu^4 = \frac{E\,h\,R_1^2}{D} - \nu^2 = 12\,(1-\nu^2)\frac{R_1^2}{h^2} - \nu^2. \qquad (11.28)$$

Sowohl die Gl. (11.24), (11.25) als auch die Gl. (11.26), (11.27) sind gewöhnliche Differentialgleichungen vierter Ordnung.

Weil die beiden Gln. (11.26) und (11.27) den gleichen Aufbau haben, wollen wir die Lösung nur für die eine angeben, nämlich für Gl. (11.26).

Beachten wir, daß wir schreiben können:

$$L[L(U) + i\,\mu^2 U] - i\,\mu^2[L(U) + i\,\mu^2 U] = 0$$

oder auch:

$$L[L(U) - i\,\mu^2 U] + i\,\mu^2[L(U) - i\,\mu^2 U] = 0.$$

Das heißt, die Lösungen U_1, U_2 und U_3, U_4 der Gleichungen

$$L(U) + i\,\mu^2 U = 0, \qquad (11.29)$$

$$L(U) - i\,\mu^2 U = 0 \qquad (11.30)$$

sind auch die Lösungen der Gl. (11.26).

Die Differentialgleichung vierter Ordnung (11.26) ist somit äquivalent den beiden Differentialgleichungen zweiter Ordnung (11.29) und (11.30).

Es ist auch klar, daß die Lösungen von (11.29) komplex sind:

$$U_1 = I_1 + i\,I_2; \qquad U_2 = I_3 + i\,I_4. \qquad (11.31)$$

Setzen wir diese Ausdrücke in Gl. (11.29) ein, und trennen wir die Realteile von den Imaginärteilen, so ergibt sich:

$$\left.\begin{aligned} L(I_1) &= \mu^2 I_2; & L(I_2) &= -\mu^2 I_1, \\ L(I_3) &= \mu^2 I_4; & L(I_4) &= -\mu^2 I_3. \end{aligned}\right\} \qquad (11.32)$$

Es ist nun leicht einzusehen, daß die Lösung von Gl. (11.30) wie folgt aussieht:

$$U_3 = I_1 - i\,I_2; \qquad U_4 = I_3 - i\,I_4. \qquad (11.33)$$

Aus Gl. (11.32) folgern wir:

$$\left.\begin{aligned} L\,L(I_1) &= -\mu^4 I_1; & L\,L(I_2) &= -\mu^4 I_2, \\ L\,L(I_3) &= -\mu^4 I_3; & L\,L(I_4) &= -\mu^4 I_4. \end{aligned}\right\} \qquad (11.34)$$

I_1, I_2, I_3 und I_4 sind somit Lösungen der Differentialgleichung vierter Ordnung:

$$L\,L(I) + \mu^4 I = 0, \qquad (11.35)$$

welche äquivalent ist den beiden Gln. (11.29) und (11.30), d. h. Lösungen der Gl. (11.26). Folglich:

$$U = c_1 I_1 + c_2 I_2 + c_3 I_3 + c_4 I_4, \qquad (11.36)$$

worin die c_i Realkonstanten sind.

Kennen wir die Funktion U, so erhalten wir mit Gl. (11.22):

$$V = \frac{1}{E\,h\,R_1}[L(U) + \nu\,U] = \frac{1}{E\,h\,R_1}[c_1 L(I_1) + c_2 L(I_2) + c_3 L(I_3) + \\ + c_4 L(I_4) + \nu(c_1 I_1 + c_2 I_2 + c_3 I_3 + c_4 I_4)], \qquad (11.37)$$

und daraus, wenn wir die Werte aus Gl. (11.32) einsetzen:

$$V = \frac{1}{E\,h\,R_1}[(\nu\,c_1 - \mu^2 c_2)\,I_1 + (\nu\,c_2 + \mu^2 c_1)\,I_2 + \\ + (\nu\,c_3 - \mu^2 c_4)\,I_3 + (\nu\,c_4 + \mu^2 c_3)\,I_4]. \qquad (11.38)$$

Wie wir schon gesehen haben, werden die Integrationskonstanten aus den Randbedingungen bestimmt.

12. Elemente der Theorie über die Integration von linearen Differentialgleichungen zweiter Ordnung in der Umgebung von regulären singulären Punkten

Um die Methode zur Lösung der Differentialgleichungen zu erhellen, die bei der Untersuchung der Schalen auftreten, geben wir im folgenden einige Elemente der Integrationstheorie für Reihen von linearen Differentialgleichungen.

Eine Funktion $f(z)$ wird in einem Gebiet R der komplexen Ebene analytisch oder regulär genannt, wenn sie in allen Punkten von R endliche Ableitungen beliebiger Ordnung hat, und wenn sie eineindeutig ist, d. h. für jeden Punkt von R nur einen Wert hat.

Eine analytische Funktion in a kann mit den Potenzen von $(z - a)$ in die Reihe von TAYLOR entwickelt werden.

Wenn eine Funktion $f(z)$ in der Umgebung eines Punkts a analytisch ist, in a jedoch nicht mehr, so sagen wir, a sei ein singulärer Punkt der Funktion $f(z)$.

Wir sagen, daß eine Funktion $f(z)$ im Punkt $z = a$ einen Pol m-ter Ordnung habe, wenn wir $f(z)$ mit $(z - a)^m$ multiplizieren und so eine reguläre Funktion in a erhalten können. Wenn das mit einem endlichen Wert von m nicht möglich ist, so haben wir in a einen irregulären singulären Punkt.

Die üblicherweise verwendeten Methoden zur Integration der Differentialgleichungen mit variablen Koeffizienten können angewendet werden, sofern die Funktionen, die als Koeffizienten der Gleichung auftreten, und die bekannte Funktion stetig sind.

Andere Methoden sind zu verwenden, wenn die Differentialgleichung singulär ist, d. h. wenn die Funktionen, die als Koeffizienten der Gleichung auftreten, und die bekannte Funktion singuläre Punkte aufweisen.

Wir wollen den für unsere Untersuchung besonders wichtigen Fall der homogenen Differentialgleichung zweiter Ordnung betrachten, die wir in die folgende Form bringen:

$$y'' + p_1(x)\,y' + p_2(x)\,y = 0. \tag{12.1}$$

Die Differentialgleichungen zweiter Ordnung, die in der Schalentheorie auftreten, sind von der Art, die erstmals von L. FUCHS untersucht wurde, und werden fuchsianisch genannt, wenn sie in allen singulären Punkten die Bedingung von FUCHS erfüllen:

Als notwendige und hinreichende Bedingung, damit die Differentialgleichung (12.1) Lösungen vom Typ:

$$y = x^s \sum_{n=0}^{\infty} c_n x^n \tag{12.2}$$

in der Umgebung eines singulären Punkts $x = x_0$ der Koeffizienten besitzt, gilt, daß $p_1(x)$ im Maximum einen Pol erster Ordnung in x_0 und $p_2(x)$ im Maximum einen Pol zweiter Ordnung in demselben Punkt besitzen. Wenn diese Bedingung erfüllt ist, sagen wir, daß x_0 einen regulären Punkt der Gleichung darstellt.

In Gl. (12.2) sind s und c_n zu bestimmende Konstanten. Wir setzen voraus, daß c_0, Koeffizient des ersten Glieds der Reihe, von Null verschieden sei.

Wir wollen zur Vereinfachung annehmen, der singuläre Punkt sei durch eine Änderung der Variablen in den Ursprung versetzt worden, dergestalt, daß $x_0 = 0$ wird. Wir wollen auch annehmen, daß:

$$p_1(x) = \frac{P_1(x)}{x}; \qquad p_2(x) = \frac{P_2(x)}{x^2}, \tag{12.3}$$

worin

$$P_1(x) = \sum_{n=0}^{\infty} a_n x^n; \qquad P_2(x) = \sum_{n=0}^{\infty} b_n x^n. \tag{12.4}$$

Wir erhalten somit:

$$y'' + P_1(x)\,\frac{y'}{x} + P_2(x)\,\frac{y}{x^2} = 0. \tag{12.5}$$

In Übereinstimmung mit dem untenstehenden System schreiben wir rechts die Ausdrücke für y'', $\frac{y'}{x}$, $\frac{y}{x^2}$ und links daneben die Ausdrücke für die Koeffizienten:

1	$s(s-1)\,c_0 x^{s-2} + s(s+1)\,c_1 x^{s-1} +$ $+ (s+1)(s+2)\,c_2 x^s + \cdots$
$a_0 + a_1 x + a_2 x^2 + \cdots$	$s\,c_0 x^{s-2} + (s+1)\,c_1 x^{s-1} + (s+2)\,c_2 x^s + \cdots$
$b_0 + b_1 x + b_2 x^2 + \cdots$	$c_0 x^{s-2} + c_1 x^{s-1} + c_2 x^s + \cdots$

Wir wollen die Ausdrücke links mit denen rechts multiplizieren und die Resultate gemäß Gl. (12.5) addieren. Da der sich ergebende Ausdruck für jeden Wert von x Null sein muß, müssen die Koeffizienten der Potenzen von x Null sein. Setzen wir:

$$\left.\begin{aligned} \Phi_0(s) &= s(s-1) + a_0\, s + b_0\,, \\ \Phi_k(s) &= s\, a_k + b_k \qquad\qquad k = 1, 2, 3 \ldots, \end{aligned}\right\} \tag{12.6}$$

so erhalten wir:

$$\left.\begin{aligned} c_0\, \Phi_0(s) &= 0\,, \\ c_1\, \Phi_0(s+1) + c_0\, \Phi_1(s) &= 0\,, \\ c_2\, \Phi_0(s+2) + c_1\, \Phi_1(s+1) + c_0\, \Phi_2(s) &= 0\,. \\ \ldots\ldots\ldots\ldots\ldots\ldots\ldots\ldots\ldots\ldots \end{aligned}\right\} \tag{12.7}$$

Wegen der Voraussetzung $c_0 \neq 0$ bestimmt die erste dieser Gleichungen s, indem sein muß:

$$\Phi_0(s) = 0\,. \tag{12.8}$$

Das heißt, s fällt mit einer der Wurzeln der Gleichung zweiten Grads zusammen:

$$s(s-1) + a_0\, s + b_0 = 0\,, \tag{12.9}$$

welche wir Bestimmungsgleichung nennen. Setzen wir eine der Wurzeln in die übrigen der Gln. (12.7) ein, so können wir die Koeffizienten c_k in Funktion von c_0 bestimmen, sofern sich für eine natürliche Zahl ν nicht ergibt: $\Phi_0(s+\nu) = 0$. In diesem Fall ist $s_1 = s + \nu$ auch eine Wurzel der Gl. (12.8), und die beiden Wurzeln s und s_1 unterscheiden sich um eine ganze Zahl.

Wir können somit sagen, daß es möglich ist, für jede Wurzel aus den Gln. (12.7) die Werte von c_k ($k \geqq 1$) in Funktion von c_0, einer willkürlichen Konstanten, zu erhalten, wenn die beiden Wurzeln der Bestimmungsgleichung sich nicht um eine ganze Zahl unterscheiden.

Bezeichnen wir mit s_1 und s_2 ($s_1 > s_2$) die beiden Wurzeln der Gl. (12.9), so erhalten wir die beiden Lösungen:

$$y_1 = x^{s_1} \sum_{n=0}^{\infty} c_n^{(1)}\, x^n \qquad c_0^{(1)} \neq 0\,, \tag{12.10}$$

$$y_2 = x^{s_2} \sum_{n=0}^{\infty} c_n^{(2)}\, x^n \qquad c_0^{(2)} \neq 0\,. \tag{12.11}$$

Wenn sich dagegen die beiden Wurzeln um eine ganze Zahl unterscheiden, $s_1 - s_2 = m$, so gestatten die Gln. (12.7) nur, die Konstanten c_k für die größere Wurzel s_1 zu bestimmen.

Um die zweite Lösung zu erhalten, setzen wir:

$$y_2 = y_1 \cdot u. \tag{12.12}$$

Wenn wir ableiten, in die Gl. (12.5) einsetzen und beachten, daß y_1 eine Lösung derselben darstellt, so ergibt sich:

$$x^2 u'' y_1 + [2 x^2 y_1' + P_1(x)\, x\, y_1]\, u' = 0,$$

woraus wir die Differentialgleichung erster Ordnung in u' erhalten:

$$u'' + \left[2 \frac{y_1'}{y_1} + \frac{P_1(x)}{x}\right] u' = 0. \tag{12.13}$$

Wir bemerken nun, daß:

$$\frac{y_1'}{y_1} = \frac{1}{x} \frac{s_1 c_0^{(1)} + (s_1 + 1)\, c_1^{(1)} x + \cdots}{c_0^{(1)} + c_1^{(1)} x + \cdots}, \tag{12.14}$$

$$\frac{P_1(x)}{x} = \frac{1}{x} (a_0 + a_1 x + \cdots), \tag{12.15}$$

in $x = 0$ im Maximum einen Pol erster Ordnung aufweisen. Die Gl. (12.1) läßt somit in Übereinstimmung mit der Bedingung von Fuchs für Gleichungen erster Ordnung eine Lösung vom Typ (12.2) zu mit der Bestimmungsgleichung:

$$s + 2 s_1 + a_0 = 0.$$

Aus den bekannten Beziehungen zwischen den Wurzeln und den Koeffizienten der algebraischen Gleichungen zweiten Grads erhalten wir im Fall der Gl. (12.9):

$$s_1 + s_2 = 1 - a_0$$

und daraus:

$$s = s_2 - s_1 - 1 = -m - 1.$$

Es ergibt sich somit die folgende Lösung der Differentialgleichung erster Ordnung in u', Gl. (12.13):

$$u' = x^{s_2 - s_1 - 1} \sum_{n=0}^{\infty} d_n x^n \qquad d_0 \neq 0. \tag{12.16}$$

Integrieren wir und beachten dabei, daß für $n = m$ gilt:

$$x^{s_2 - s_1 - 1 + m} = x^{-m - 1 + m} = x^{-1},$$

so ergibt sich:

$$u = x^{s_2 - s_1} \sum_{n=0}^{\infty} d_n^* x^n + A (\ln x), \tag{12.17}$$

worin $A = d_m$. Falls $d_m \neq 0$ ist, so ist es möglich, $A = 1$ zu setzen, so daß die Lösung nicht durch die Multiplikation mit einer Konstanten beeinflußt wird.

Wir erhalten endgültig mit Gl. (12.12):

$$y_2 = y_1 \cdot u = x^{s_2} \sum_{n=0}^{\infty} c_n^{(2)} x^n + A (\ln x) \cdot x^{s_1} \sum_{n=0}^{\infty} c_n^{(1)} x^n, \tag{12.18}$$

d. h.

$$y_2 = A (\ln x)\, y_1 + x^{s_2} \sum_{n=0}^{\infty} c_n^{(2)} x^n, \tag{12.19}$$

wobei

$$c_0^{(2)} \neq 0; \qquad s_1 > s_2.$$

Falls der singuläre Punkt im Unendlichen liegt, können wir die Substitution $z = 1/x$ durchführen und nun wieder den singulären Punkt $z = 0$ betrachten.

Besonders wichtig sind die Gleichungen, die in der folgenden Form auftreten:

$$(R_0 + R_m x^m)\, y'' + (S_0 + S_m x^m) \frac{y'}{x} + (T_0 + T_m x^m) \frac{y}{x^2} = 0. \tag{12.20}$$

Bei der Untersuchung der Gleichungen dieser Art, welche häufig in Problemen physikalisch-mathematischer Natur auftauchen, können wir die gleiche, schon früher angegebene Entwicklung wiederholen, um die Konstanten der Lösung (12.2) in der Umgebung von $x = 0$ zu erhalten.

Wir setzen:

$$f_0(s) = R_0\, s(s-1) + S_0\, s + T_0, \tag{12.21}$$

$$f_k(s) = R_k\, s(s-1) + S_k\, s + T_k \qquad (k = 1, 2, 3, \ldots), \tag{12.22}$$

wobei wir annehmen, daß $R_0 \neq 0$. Die Gl. (12.21) ist die Bestimmungsgleichung für die Gl. (12.20). Es ist offensichtlich, daß:

$$f_k(s) = 0 \qquad\qquad k \neq m. \tag{12.23}$$

Wenn wir ein Gleichungssystem in der Art der Gl. (12.7) aufstellen, so können wir leicht feststellen, daß wegen Gl. (12.23) die Gleichungen des Systems nur aus zwei Gliedern vom Typ

$$c_n\, f_0(s+n) + c_{n-m}\, f_m(s+n-m) = 0. \tag{12.24}$$

bestehen.

Somit werden die Koeffizienten $c_1, c_2, \ldots, c_{m-1}$ Null. Wir erhalten nun:

$$c_m = -\frac{f_m(s)}{f_0(s+m)}\, c_0. \tag{12.25}$$

Im folgenden zeigt uns die Untersuchung des Systems, daß wegen Gl. (12.23) auch die Koeffizienten $c_{m+1}, c_{m+2}, \ldots, c_{2m-1}$ Null werden. Wir erhalten folglich:

$$c_{2m} = (-1)^2 \frac{f_m(s)\, f_m(s+m)}{f_0(s+m)\, f_0(s+2m)}\, c_0. \tag{12.26}$$

Wir schließen also, daß nur die Koeffizienten von Null verschieden sind, deren Indices Vielfache von m sind, so daß sich die Lösung

$$y = x^{s_i} \sum_{n=0}^{\infty} c_{nm} x^{nm}, \tag{12.27}$$

ergibt, wo s_i eine der Wurzeln der Bestimmungsgleichung (12.21) ist:

$$f_0(s) = 0. \tag{12.28}$$

Der allgemeine Ausdruck für die Konstante c_{nm} lautet:

$$c_{nm} = (-1)^n \frac{f_m(s)\, f_m(s+m) \ldots f_m[s+(n-1)\, m]}{f_0(s+m)\, f_0(s+2m) \ldots f_0(s+nm)}\, c_0. \tag{12.29}$$

Auch für die Gl. (12.20) gelten die Bemerkungen, die wir schon für den Fall gemacht haben, daß sich die beiden Wurzeln der Bestimmungsgleichung um eine ganze Zahl unterscheiden.

Sonderfälle der Gl. (12.20) sind die hypergeometrische Gleichung und die Gleichung von BESSEL, welche im folgenden in unserer Untersuchung behandelt werden sollen. Eine weitere Gleichung derselben Art ist diejenige von LEGENDRE.

13. Kugelschalen

A. Integration der Grundgleichungen

a) Hypergeometrische Gleichung. Wir untersuchen im folgenden den für die Anwendungen sehr wichtigen Fall der Schale mit kugelförmiger Mittelfläche, für welche gilt:

$$R_1 = R_2 = R = \text{const}.$$

Vergegenwärtigen wir uns nun die Definition des Operators L gemäß Gl. (11.11), so können wir die homogenen Gln. (11.29) und (11.30) in der folgenden Form schreiben:

$$\frac{d^2 U}{d\varphi^2} + \operatorname{ctg}\varphi \frac{dU}{d\varphi} - (\operatorname{ctg}^2\varphi - i\,\mu^2)\, U = 0, \tag{13.1}$$

$$\frac{d^2 U}{d\varphi^2} + \operatorname{ctg}\varphi \frac{dU}{d\varphi} - (\operatorname{ctg}^2\varphi + i\,\mu^2)\, U = 0. \tag{13.2}$$

Um die trigonometrischen Funktionen zu eliminieren, führen wir die folgende Variablensubstitution durch:

$$x = \sin^2\varphi, \tag{13.3}$$

$$U = z \cdot \sin\varphi = z \cdot x^{1/2} \tag{13.4}$$

und daraus mit:

$$\frac{dU}{d\varphi} = 2x\,(1-x)^{1/2} \frac{dz}{dx} + (1-x)^{1/2} z, \tag{13.5}$$

$$\frac{d^2 U}{d\varphi^2} = 4x^{3/2}(1-x) \frac{d^2 z}{dx^2} + [6x^{1/2}(1-x) - 2x^{3/2}] \frac{dz}{dx} - x^{1/2} z. \tag{13.6}$$

können wir die Gl. (13.1) in der folgenden Form schreiben:

$$x(x-1)\frac{d^2z}{dx^2}+\left(\frac{5}{2}x-2\right)\frac{dz}{dx}+\frac{1-i\mu^2}{4}z=0. \qquad (13.7)$$

Dies ist eine hypergeometrische Gleichung, auch Gleichung von Gauss genannt. Die allgemeine Form der Gleichung lautet:

$$x(x-1)z''+[(\alpha+\beta+1)x-\gamma]z'+\alpha\beta z=0, \qquad (13.8)$$

worin α, β und γ reale oder komplexe Parameter sind. Es zeigt sich, daß die Gl. (13.8) ein Sonderfall der Gl. (12.20) ist, für den gilt:

$$\left.\begin{array}{llll} m=1; & R_0=-1; & R_m=1; & S_0=-\gamma; \\ S_m=\alpha+\beta+1; & T_0=0; & T_m=\alpha\beta. & \end{array}\right\} \qquad (13.9)$$

Ein Vergleich der Gl. (13.7) mit (13.8) liefert:

$$\alpha=\frac{3\mp\sqrt{5+4i\mu^2}}{4}; \qquad \beta=\frac{3\pm\sqrt{5+4i\mu^2}}{4}; \qquad \gamma=2. \qquad (13.10)$$

Die hypergeometrische Gleichung besitzt reguläre singuläre Punkte bei $x=0$, $x=1$, $x=\infty$.

In der Umgebung dieser Punkte können wir in Übereinstimmung mit dem, was wir schon bei der Bedingung von Fuchs dargelegt haben, die Lösungen durch Reihenentwicklung erhalten.

Es ist zu beachten, daß $x=\sin^2\varphi$ zwischen 0 und 1 variieren kann. Im untersuchten Fall hat somit die Berücksichtigung einer Lösung in der Umgebung von $x=\infty$ keinen Sinn.

Da im allgemeinen die Kugelschalen durch einen Parallelkreis im unteren Rand begrenzt sind, dessen Winkel $\varphi_u<\pi/2$ und somit $|x|<1$, können wir die Behandlung der Lösungen auf die Umgebung des regulären singulären Punkts $x=0$ beschränken.

Gemäß Gl. (12.28) und (12.21) lautet mit Gl. (13.9) die Bestimmungsgleichung:

$$s(s-1)+\gamma s=0 \qquad (13.11)$$

und damit die Wurzeln:

$$s_1=0; \qquad s_2=1-\gamma. \qquad (13.12)$$

In unserem Fall, mit $\gamma=2$, unterscheiden sich die beiden Wurzeln um eine ganze Zahl. Wir haben also eine Lösung vom Typ (12.10), die der größeren Wurzel entspricht, während die zweite Lösung vom Typ (12.19) sein wird.

Mit Gl. (12.21) und (12.22) erhalten wir:

$$f_0(s)=-s(s+\gamma-1),$$

$$f_1(s)=(s+\alpha)(s+\beta).$$

Weil in unserem Fall $m = 1$ ist, ergibt sich mit Gl. (12.29):

$$c_n = \frac{(s+\alpha)(s+\beta)(s+\alpha+1)\dots[s+\alpha+(n-1)][s+\beta+(n-1)]}{(s+1)(s+\gamma)(s+2)(s+\gamma+1)\dots(s+n)(s+\gamma+n-1)} c_0, \qquad (13.13)$$

und daraus ergibt sich mit Gl. (12.10) für $s_1 = 0$:

$$z_1 = F(\alpha, \beta, \gamma, x) = 1 + \frac{\alpha\beta}{1!\gamma} x + \frac{\alpha(\alpha+1)\beta(\beta+1)}{2!\gamma(\gamma+1)} x^2 + \cdots \qquad (13.14)$$

wobei $c_0 = 1$ gesetzt wurde.

Die Reihe in Gl. (13.14) wird hypergeometrische Reihe genannt. Sie konvergiert für $|x| < 1$.

Für $x = 1$ konvergiert die Reihe nur, wenn $\gamma - \alpha - \beta > 0$.

Für $\gamma \leqq 0$ existiert keine Lösung.

Da in unserem Fall $\gamma = 2$ ist, können wir schreiben:

$$\begin{aligned} z_1 = S_1 + i S_2 = 1 &+ \frac{\alpha\beta}{1\cdot 2} x + \frac{\alpha(\alpha+1)\beta(\beta+1)}{(1\cdot 2)(2\cdot 3)} x^2 + \cdots \\ &+ \cdots + \frac{\alpha\dots(\alpha+n-1)\beta\dots(\beta+n-1)}{n!(n+1)!} x^n + \cdots \end{aligned} \qquad (13.15)$$

Um die zweite Lösung zu erhalten, können wir die Methode der unbestimmten Koeffizienten verwenden, weil wir ja wissen, daß die Lösung die in Gl. (12.19) gegebene Form aufweist. Weil $\gamma = 2$, $s_2 = -1$, und wenn wir $A = 1$ setzen, so ergibt sich:

$$z_2 = z_1 \ln x + \sum_{n=0}^{\infty} c_n x^{n-1}. \qquad (13.16)$$

Wir wollen diese Funktion zweimal differenzieren und die Ausdrücke für sie und ihre Ableitungen in Gl. (13.8) einsetzen. Weil diese letztere für einen beliebigen Wert von x erfüllt sein muß, müssen die Koeffizienten der verschiedenen Potenzen von x Null werden. Wir erhalten nun:

$$\left.\begin{aligned} c_0 &= \frac{\gamma-1}{(\alpha-1)(\beta-1)}, \\ c_1 &= 1, \\ c_2 &= \frac{\alpha\beta}{1\gamma}\left[\frac{1}{\alpha} + \frac{1}{\beta} - \frac{1}{\gamma}\right], \\ c_3 &= \frac{\alpha(\alpha+1)\beta(\beta+1)}{1\cdot 2\gamma(\gamma+1)}\left[\frac{1}{\alpha} + \frac{1}{\alpha+1} + \frac{1}{\beta} + \frac{1}{\beta+1} - \right. \\ &\qquad \left. - \frac{1}{\gamma} - \frac{1}{\gamma+1} - \frac{1}{2}\right], \\ &\cdots\cdots\cdots\cdots\cdots\cdots \\ c_n &= \frac{\alpha(\alpha+1)\dots(\alpha+n-2)\beta(\beta+1)\dots(\beta+n-2)}{1\cdot 2\dots(n-1)\gamma(\gamma+1)\dots(\gamma+n-2)}\left[\sum_{s=0}^{n-2}\left(\frac{1}{\alpha+s} + \right.\right. \\ &\qquad \left.\left. + \frac{1}{\beta+s} - \frac{1}{\gamma+s} - \frac{1}{1+s} + 1\right)\right], \end{aligned}\right\} \qquad (13.17)$$

Wegen $\gamma = 2$ ergibt sich nun mit Gl. (13.16):

$$z_2 = S_3 + i\,S_4 = z_1 \ln x + \frac{1}{(\alpha - 1)(\beta - 1)}\, x^{-1} + 1 +$$
$$+ \frac{\alpha\beta}{1\cdot 2}\left[\frac{1}{\alpha} + \frac{1}{\beta} - \frac{1}{2}\right] x + \cdots +$$
$$+ \frac{\alpha(\alpha+1)\ldots(\alpha+n-1)\,\beta(\beta+1)\ldots(\beta+n-1)}{n!\,(n+1)!}\left[\sum_{s=0}^{n-1}\left(\frac{1}{\alpha+s} +\right.\right.$$
$$\left.\left. + \frac{1}{\beta+s} - \frac{2}{2+s}\right) + \frac{1}{n+1}\right] x^n + \cdots \tag{13.18}$$

Die Reihen konvergieren für $|x| < 1$. Wir haben so mit den Gln. (13.15) und (13.18) die beiden Lösungen der Gl. (13.7) in der Umgebung von $x = 0$ erhalten, wobei die Werte von α und β in Gl. (13.10) gegeben sind.

Es ergeben sich folglich, wenn wir uns die Gl. (13.4) vor Augen halten, die Lösungen der Gl. (13.1):

$$\left.\begin{aligned} U_1 &= \sin\varphi \cdot z_1 = \sin\varphi \cdot (S_1 + i\,S_2)\,, \\ U_2 &= \sin\varphi \cdot z_2 = \sin\varphi \cdot (S_3 + i\,S_4) \end{aligned}\right\} \tag{13.19}$$

und mit Gl. (11.33) erhalten wir auch die Lösungen der Gl. (13.2):

$$\left.\begin{aligned} U_3 &= \sin\varphi \cdot z_3 = \sin\varphi \cdot (S_1 - i\,S_2)\,, \\ U_4 &= \sin\varphi \cdot z_4 = \sin\varphi \cdot (S_3 - i\,S_4)\,. \end{aligned}\right\} \tag{13.20}$$

Vergegenwärtigen wir uns nun die Gl. (11.31) und (11.33), so ergibt sich:

$$\left.\begin{aligned} I_1 &= S_1 \cdot \sin\varphi; \quad & I_2 &= S_2 \cdot \sin\varphi\,, \\ I_3 &= S_3 \cdot \sin\varphi; \quad & I_4 &= S_4 \cdot \sin\varphi \end{aligned}\right\} \tag{13.21}$$

und daraus mit Gl. (11.36):

$$\begin{aligned} U = Q_\varphi\, R &= c_1\, I_1 + c_2\, I_2 + c_3\, I_3 + c_4\, I_4 \\ &= \sin\varphi \cdot (c_1\, S_1 + c_2\, S_2 + c_3\, S_3 + c_4\, S_4)\,. \end{aligned} \tag{13.22}$$

Die Gl. (11.38) liefert den Wert der Unbekannten V. Setzen wir:

$$a_1 = \frac{c_1}{R^2}\,; \quad a_2 = \frac{c_2}{R^2}\,; \quad a_3 = \frac{c_3}{R^2}\,; \quad a_4 = \frac{c_4}{R^2}\,, \tag{13.23}$$

so ergibt sich mit Gl. (13.22):

$$Q_\varphi = \frac{U}{R} = R \sin\varphi\,(a_1\, S_1 + a_2\, S_2 + a_3\, S_3 + a_4\, S_4) \tag{13.24}$$

und mit Gl. (11.38):

$$\begin{aligned} V = \frac{R \sin\varphi}{E\,h}\,[(\nu\, a_1 - \mu^2\, a_2)\, S_1 + (\nu\, a_2 + \mu^2\, a_1)\, S_2 + \\ + (\nu\, a_3 - \mu^2\, a_4)\, S_3 + (\nu\, a_4 + \mu^2\, a_3)\, S_4]\,. \end{aligned} \tag{13.25}$$

Wir haben so die Unbekannten U und V in Funktion von φ erhalten. Unter Verwendung der Gl. (11.7) und (11.8) können die Normalkräfte berechnet werden. Die Gl. (5.108) und (5.109) liefern die Werte der Biegemomente. Die Verschiebungen ergeben sich mit Hilfe der Gln. (11.17), (11.18) und (11.19). Die Randbedingungen erlauben, die vier Integrationskonstanten zu bestimmen.

Beachten wir nun, daß nach Gl. (13.10) α und β komplexe Zahlen sind; somit können wir, wenn wir die Imaginärteile von den Realteilen trennen, schreiben:

$$z_1 = S_1 + i\,S_2 = (A_0 + i\,B_0) + (A_1 + i\,B_1)\,x + (A_2 + i\,B_2)\,x^2 + \cdots, \tag{13.26}$$

$$z_2 = S_3 + i\,S_4 = (S_1 + i\,S_2)\ln x + (C_{-1} + i\,D_{-1})\,x^{-1} + (C_0 + i\,D_0) + (C_1 + i\,D_1)\,x + (C_2 + i\,D_2)\,x^2 + \cdots. \tag{13.27}$$

Somit:

$$S_1 = A_0 + A_1\,x + A_2\,x^2 + \cdots, \tag{13.28}$$

$$S_2 = B_0 + B_1\,x + B_2\,x^2 + \cdots, \tag{13.29}$$

$$S_3 = S_1 \ln x + C_{-1}\,x^{-1} + C_0 + C_1\,x + C_2\,x^2 + \cdots, \tag{13.30}$$

$$S_4 = S_2 \ln x + D_{-1}\,x^{-1} + D_0 + D_1\,x + D_2\,x^2 + \cdots. \tag{13.31}$$

Setzen wir die Werte von α und β aus Gl. (13.10) in (13.15) ein, so erhalten wir:

$$A_n + i\,B_n = (A_{n-1} + i\,B_{n-1})\,\frac{(\alpha + n - 1)\,(\beta + n - 1)}{n\,(n+1)}$$

und daraus:

$$A_n = A_{n-1}\,\frac{4n^2 - 2n - 1}{4n\,(n+1)} + B_{n-1}\,\frac{\mu^2}{4n\,(n+1)}, \tag{13.32}$$

$$B_n = -A_{n-1}\,\frac{\mu^2}{4n\,(n+1)} + B_{n-1}\,\frac{4n^2 - 2n - 1}{4n\,(n+1)} \tag{13.33}$$

für $n = 1, 2, 3, \ldots$, wobei

$$A_0 = 1; \qquad B_0 = 0. \tag{13.34}$$

Weil der Ausdruck, der in Gl. (13.18) als Koeffizient der Reihe für x^n $(n > 0)$ vorkommt, der gleiche ist, wie der des Glieds $(A_n + i\,B_n)$, erhalten wir leicht aus Gl. (13.15):

$$C_n = A_n \left\{\frac{1}{n+1} + \sum_{s=0}^{n-1}\left[(6 + 8s)\,\frac{4s^2 + 6s + 1}{(4s^2 + 6s + 1)^2 + \mu^4} - \frac{2}{2+s}\right]\right\} - B_n \sum_{s=0}^{n-1}\left[(6 + 8s)\,\frac{\mu^2}{(4s^2 + 6s + 1)^2 + \mu^4}\right], \tag{13.35}$$

$$D_n = B_n \left\{\frac{1}{n+1} + \sum_{s=0}^{n-1}\left[(6 + 8s)\,\frac{4s^2 + 6s + 1}{(4s^2 + 6s + 1)^2 + \mu^4} - \frac{2}{2+s}\right]\right\} + A_n \sum_{s=0}^{n-1}\left[(6 + 8s)\,\frac{\mu^2}{(4s^2 + 6s + 1)^2 + \mu^4}\right] \tag{13.36}$$

für $n = 1, 2, 3, \ldots$, worin:

$$C_{-1} = -\frac{4}{1+\mu^4}; \quad C_0 = 1; \quad D_{-1} = \frac{4\mu^2}{1+\mu^4}; \quad D_0 = 0. \tag{13.37}$$

Wir stellen fest, daß die Werte der Koeffizienten A_n und B_n Funktionen einer Potenz von μ^2 sind, die mit dem Wert von n zunimmt. Weil nach Gl. (11.28) gilt:

$$\mu^2 = \sqrt{12(1-\nu^2)\left(\frac{R}{h}\right)^2 - \nu^2} \cong \frac{R}{h}\sqrt{12(1-\nu^2)} \tag{13.38}$$

ergibt sich, daß der Wert des Verhältnisses $\frac{R}{h}$ einen merklichen Einfluß auf die Werte von S_1 und S_2 hat, die in Gl. (13.28) und (13.29) gegeben sind. Sind A_n und B_n berechnet, so liefern die Gln. (13.35), (13.36) und (13.37) die Werte von C_n und D_n.

Wir beachten, daß für $x \to 0$ gilt: $\ln x \to -\infty$. Somit nehmen nach Gl. (13.30) und (13.31) S_3 und S_4 unendlich große Werte an im Punkt $x = 0$, d. h. im Scheitel. Weil indessen die Spannung in diesem Punkt endlich sein muß, werden die Konstanten a_3 und a_4 der Gln. (13.24) und (13.25) Null im Fall der geschlossenen Schalen. Es ist somit für diese Tragwerke nicht notwendig, die zweite Lösung z_2 zu berechnen. Im Fall der offenen Schalen dagegen sind die Konstanten a_3 und a_4, zusammen mit a_1 und a_2 durch die Randbedingungen bestimmt.

Für die Berechnung von S_1, S_2, S_3 und S_4 können wir die Werte von A_n, B_n, C_n und D_n direkt mit den Gln. (13.32) bis (13.37) bestimmen, und danach die Gl. (13.28) bis (13.31) verwenden, wobei wir im Hinblick auf die Konvergenz der Reihen eine genügende Anzahl Glieder berücksichtigen müssen.

Es ist indessen bequem, zuerst den Wert von S_i in einem Rand zu berechnen, wo $\varphi = \varphi_r$. Setzen wir:

$$\left.\begin{aligned} A_n^r &= A_n \cdot x_r^n = A_n \cdot (\sin^2\varphi_r)^n, \\ B_n^r &= B_n \cdot x_r^n = B_n \cdot (\sin^2\varphi_r)^n, \\ C_n^r &= C_n \cdot x_r^n = C_n \cdot (\sin^2\varphi_r)^n, \\ D_n^r &= D_n \cdot x_r^n = D_n \cdot (\sin^2\varphi_r)^n, \end{aligned}\right\} \tag{13.39}$$

wobei:

$$x_r = \sin^2\varphi_r,$$

so erhalten wir z. B. für S_1:

$$S_1^r = A_0^r + A_1^r + A_2^r + \cdots + A_n^r, \tag{13.40}$$

wovon wir $(n+1)$ Glieder der Reihe berücksichtigen, die uns einen genügend genauen Näherungswert der untersuchten Funktion liefern.

Die Konstanten sind durch die folgenden Rekursionsformeln gegeben:

$$\left.\begin{aligned} A_n^r &= A_{n-1}^r \frac{(4n^2 - 2n - 1)\,x_r}{4n(n+1)} + B_{n-1}^r \frac{\mu^2 x_r}{4n(n+1)}, \\ B_n^r &= -A_{n-1}^r \frac{\mu^2 x_r}{4n(n+1)} + B_{n-1}^r \frac{(4n^2 - 2n - 1)\,x_r}{4n(n+1)}, \\ A_0^r &= 1; \quad B_0^r = 1, \end{aligned}\right\} \tag{13.41}$$

$$\left.\begin{aligned} C_n^r &= A_n^r W_n - B_n^r Z_n, \\ D_n^r &= B_n^r W_n + A_n^r Z_n, \\ C_{-1}^r &= -\frac{4}{(1+\mu^4)\,x_r}; \quad C_0^r = 1; \quad D_{-1}^r = \frac{4\mu^2}{(1+\mu^4)\,x_r}; \quad D_0^r = 0, \end{aligned}\right\} \tag{13.42}$$

worin:

$$\left.\begin{aligned} W_n &= \frac{1}{n+1} + \sum_{s=0}^{n-1} \left[(6+8s)\frac{4s^2+6s+1}{(4s^2+6s+1)^2+\mu^4} - \frac{2}{2+s}\right], \\ Z_n &= \sum_{s=0}^{n-1} \left[(6+8s)\frac{\mu^2}{(4s^2+6s+1)^2+\mu^4}\right]. \end{aligned}\right\} \tag{13.43}$$

Haben wir z. B. den Wert von S_1 für $x = x_r$ erhalten, so ist der Wert derselben Funktion ein einem anderen Punkt x gegeben durch

$$S_1 = A_0^r + A_1^r \frac{x}{x_r} + A_2^r \left(\frac{x}{x_r}\right)^2 + \cdots + A_n^r \left(\frac{x}{x_r}\right)^n. \tag{13.44}$$

Diese Berechnung kann leicht durchgeführt werden, wenn wir beachten, daß es möglich ist, den Wert einer Funktion

$$f(z) = a_0 + a_1 z + a_2 z^2 + \cdots + a_n z^n$$

für einen bestimmten Wert von z durch die Berechnung folgender Ausdrücke zu erhalten:

$$\begin{aligned} a'_{n-1} &= a_n \cdot z + a_{n-1}, \\ a'_{n-2} &= a'_{n-1} \cdot z + a_{n-2}, \\ a'_{n-3} &= a'_{n-2} \cdot z + a_{n-3}, \\ &\cdots\cdots\cdots\cdots \\ a'_0 &= a'_1 \cdot z + a_0 = f(z). \end{aligned}$$

Wir können hierfür das folgende Schema aufstellen:

$$\begin{array}{c|cccccccc} & a_n & a_{n-1} & a_{n-2} & a_{n-3} \cdots a_2 & a_1 & a_0 & \\ z & & a_n z & a'_{n-1} z & a'_{n-2} z & a'_3 z & a'_2 z & a'_1 z & . \\ \hline & & a'_{n-1} & a'_{n-2} & a'_{n-3} & a'_2 & a'_1 & a'_0 = f(z) & \end{array} \tag{13.45}$$

Im Fall des Ausdrucks (13.44) setzen wir A_i^r an Stelle der a_i und die Variablen $\frac{x}{x_r}$ an Stelle der z.

Aus der Untersuchung der Formeln (5.108), (5.109) und (11.8) entnehmen wir, daß es für die Berechnung von M_ϑ, M_φ und N_ϑ notwendig ist, die Ausdrücke für die Ableitungen $\frac{dV}{d\varphi}$ und $\frac{dU}{d\varphi}$ zu kennen. Für die Gl. (13.24) und (13.25) ist es somit notwendig, die Ausdrücke für die Ableitungen

$$\frac{d(\sin\varphi\, S_1)}{d\varphi}; \quad \frac{d(\sin\varphi\, S_2)}{d\varphi}; \quad \frac{d(\sin\varphi\, S_3)}{d\varphi}; \quad \frac{d(\sin\varphi\, S_4)}{d\varphi}$$

zu kennen.

Aus den Gln. (13.28) bis (13.31) erhalten wir, wenn wir uns die Bedeutung von x vergegenwärtigen, mit Leichtigkeit die folgenden Ausdrücke für die Ableitungen:

$$\frac{d(\sin\varphi\, S_1)}{d\varphi} = \cos\varphi\,(A_0 + 3A_1 x + 5A_2 x^2 + \cdots) = \cos\varphi \sum_0^\infty (2n+1)\, A_n x^n, \tag{13.46}$$

$$\frac{d(\sin\varphi\, S_2)}{d\varphi} = \cos\varphi\,(B_0 + 3B_1 x + 5B_2 x^2 + \cdots) = \cos\varphi \sum_0^\infty (2n+1)\, B_n x^n, \tag{13.47}$$

$$\frac{d(\sin\varphi\, S_3)}{d\varphi} = \cos\varphi\left[\ln x \sum_0^\infty (2n+1)\, A_n x^n + 2S_1 + \sum_{-1}^\infty (2n+1)\, C_n x^n\right], \tag{13.48}$$

$$\frac{d(\sin\varphi\, S_4)}{d\varphi} = \cos\varphi\left[\ln x \sum_0^\infty (2n+1)\, B_n x^n + 2S_2 + \sum_{-1}^\infty (2n+1)\, D_n x^n\right]. \tag{13.49}$$

Für $\varphi = \varphi_r$ erhalten wir die Koeffizienten A_n^r, B_n^r, C_n^r, D_n^r, welche nun mit $(2n+1)$ multipliziert werden müssen.

Die Berechnung der Werte der Ableitungen für $\varphi \neq \varphi_r$ erfolgt wie früher angegeben.

b) Partikulärlösungen. Nachdem wir die Lösungen (13.24) und (13.25) für das System der homogenen Gln. (11.22) und (11.23) erhalten haben, wollen wir die Partikulärlösungen für das Gleichungssystem (11.20) und (11.21) herleiten, worin $Q(\varphi) \neq 0$. Mit Gl. (11.14) können wir im Fall der Kugelschalen schreiben:

$$U'' + U' \operatorname{ctg}\varphi - U \operatorname{ctg}^2\varphi + \nu U = E h R (V - V^0), \tag{13.50}$$

$$V'' + V' \operatorname{ctg}\varphi - V \operatorname{ctg}^2\varphi - \nu V = -\frac{R}{D} U, \tag{13.51}$$

worin V^0 den Drehwinkel der Meridiantangente unter der Wirkung der an der Schale angreifenden äußeren Kräfte bedeutet, wenn wir das Vorhandensein des Membranzustands annehmen.

Kennt man den Ausdruck für V^0 für die gegebene Belastung, so kann man die partikulären Lösungen V_0 und U_0 erhalten, welche die Gl. (13.50) und (13.51) erfüllen.

Wir wollen im folgenden die Partikulärlösungen für einige Belastungsfälle untersuchen:

I. Geschlossene Schale unter der Belastung:

$$p_\vartheta = 0; \quad p_\varphi = g \sin\varphi; \quad p_z = g \cos\varphi,$$

was, wie wir schon gesehen haben, der Wirkung des Eigengewichts entspricht. Der Ausdruck für V^0 ist gegeben durch Gl. (8.23), welche wir in Gl. (13.50) einsetzen müssen. Wir erhalten somit ein Gleichungssystem, in dem die bekannte Funktion lautet:

$$g R^2 (2 + \nu) \sin\varphi,$$

d. h., eine Konstante multipliziert mit $\sin\varphi$. Aus der Theorie der Differentialgleichungen wissen wir, daß die Partikulärlösungen in diesem Fall von der folgenden Art sein werden:

$$V_0 = A \sin\varphi, \quad U_0 = B \sin\varphi.$$

Setzen wir diese Ausdrücke in die Gln. (13.50) und (13.51) ein, so ergibt sich:

$$V_0 = -\frac{g R}{E h} (2 + \nu)\, \varrho \sin\varphi = \varrho V^0, \tag{13.52}$$

$$U_0 = -\frac{g h^2}{12} \frac{2 + \nu}{1 - \nu} \varrho \sin\varphi, \tag{13.53}$$

worin:

$$\varrho = 1 : \left(1 + \frac{1}{12} \frac{h^2}{R^2}\right). \tag{13.54}$$

Wir erhalten also mit Gl. (11.2), (5.108), (5.109), (11.7) und (11.8):

$$Q_{\varphi_0} = -\frac{g h^2}{12 R} \frac{2 + \nu}{1 - \nu} \varrho \sin\varphi, \tag{13.55}$$

$$M_{\varphi_0} = M_{\vartheta_0} = \frac{g h^2}{12} \frac{2 + \nu}{1 - \nu} \varrho \cos\varphi, \tag{13.56}$$

$$N_{\varphi_0} = N_{\vartheta_0} = \frac{g h^2}{12 R} \frac{2 + \nu}{1 - \nu} \varrho \cos\varphi. \tag{13.57}$$

Dies sind die Schnittkräfte, die den Partikulärlösungen U_0 und V_0 entsprechen.

II. Geschlossene Schale unter der Belastung:

$$p_\vartheta = 0; \quad p_\varphi = 0; \quad p_z = \gamma R \left(\frac{H_0 + R}{R} - \cos\varphi\right),$$

welche, wie wir schon gesehen haben, dem Druck einer Flüssigkeit vom spezifischen Gewicht γ mit einer Höhe H_0 über dem Scheitel der Kugelschale entspricht, deren Mittelpunkt sich auf der der Flüssigkeit entgegengesetzten Seite befindet.

Der Ausdruck für V^0, den wir in Gl. (13.50) einsetzen müssen, ist gegeben durch die Gl. (8.33). Es ergibt sich somit eine bekannte Funktion

$$-\gamma\, R^3 \sin\varphi\,,$$

d. h. eine Funktion der gleichen Art, wie wir sie im vorhergehenden Fall angetroffen haben. Wir gehen folglich auf gleiche Weise vor und erhalten:

$$V_0 = \frac{\gamma R^2}{E h}\,\varrho \sin\varphi = \varrho\, V^0, \tag{13.58}$$

$$U_0 = \frac{\gamma R h^2}{12}\,\frac{\varrho}{1-\nu}\sin\varphi \tag{13.59}$$

und daraus:

$$Q_{\varphi_0} = \frac{\gamma h^2}{12}\,\frac{\varrho}{1-\nu}\sin\varphi\,, \tag{13.60}$$

$$M_{\varphi_0} = M_{\vartheta_0} = -\frac{\gamma h^2 R}{12(1-\nu)}\,\varrho\cos\varphi\,, \tag{13.61}$$

$$N_{\varphi_0} = N_{\vartheta_0} = -\frac{\gamma h^2}{12(1-\nu)}\,\varrho\cos\varphi\,. \tag{13.62}$$

e) Kräfte, Verschiebungen und Drehungen in den Schalen mit gegenüber dem Radius der Kugelfläche kleiner Stärke. Nachdem die allgemeinen Lösungen U und V des homogenen Gleichungssystems (11.22) und (11.23) sowie die Partikulärlösungen U_0 und V_0 des Gleichungssystems (11.20) und (11.21) bekannt sind, ergeben sich die allgemeinen Lösungen U^t und V^t dieses letzteren Systems demnach aus der Summe der genannten Lösungen:

$$U^t = U + U_0\,, \tag{13.63}$$

$$V^t = V + V_0\,. \tag{13.64}$$

Setzen wir die Lösungen U und V in die Formeln (11.2), (11.7), (11.8), (5.108) und (5.109) ein, so erhalten wir:

$$\left.\begin{aligned}
Q_\varphi &= \frac{U}{R}\,,\\
N_\varphi &= -\frac{\operatorname{ctg}\varphi}{R}\,U\,,\\
N_\vartheta &= -\frac{1}{R}\,\frac{dU}{d\varphi}\,,\\
M_\vartheta &= -D\left(\frac{\operatorname{ctg}\varphi}{R}\,V + \frac{\nu}{R}\,\frac{dV}{d\varphi}\right),\\
M_\varphi &= -D\left(\frac{1}{R}\,\frac{dV}{d\varphi} + \nu\,\frac{\operatorname{ctg}\varphi}{R}\,V\right).
\end{aligned}\right\} \tag{13.65}$$

Mit den Partikulärlösungen U_0 und V_0 erhalten wir ebenso:

$$\left.\begin{aligned} Q_{\varphi_0} &= \frac{U_0}{R}, \\ N_{\varphi_0} &= -\frac{\operatorname{ctg}\varphi}{R} U_0, \\ N_{\vartheta_0} &= -\frac{1}{R}\frac{dU_0}{d\varphi}, \\ M_{\vartheta_0} &= -D\left(\frac{\operatorname{ctg}\varphi}{R} V_0 + \frac{\nu}{R}\frac{dV_0}{d\varphi}\right), \\ M_{\varphi_0} &= -D\left(\frac{1}{R}\frac{dV_0}{d\varphi} + \nu\frac{\operatorname{ctg}\varphi}{R} V_0\right). \end{aligned}\right\} \tag{13.66}$$

woraus sich mit denselben Gln. (11.2), (11.7), (11.8), (5.108) und (5.109) endgültig ergibt:

$$\left.\begin{aligned} Q_\varphi^t &= Q_\varphi + Q_{\varphi_0}, \\ N_\varphi^t &= N_\varphi + N_{\varphi_0} + N_\varphi^0, \\ N_\vartheta^t &= N_\vartheta + N_{\vartheta_0} + N_\vartheta^0, \\ M_\vartheta^t &= M_\vartheta + M_{\vartheta_0}, \\ M_\varphi^t &= M_\varphi + M_{\varphi_0}, \end{aligned}\right\} \tag{13.67}$$

Die totalen Schnittkräfte, welche wir mit dem Exponenten t bezeichnen, ergeben sich somit aus der Summe der von den Lösungen des homogenen Gleichungssystems herrührenden Anteile und der von den Partikulärlösungen herrührenden Anteile, welche im Fall der Normalkräfte die vom Membranzustand herrührenden Anteile noch vergrößern.

Verkleinern wir die Dicke der Schale, so geht die Biegesteifigkeit D gegen Null. Es ergibt sich damit aus der Gl. (13.51), daß $U_0 = R\,Q\,\varphi_0$ gegen Null geht. Aus Gl. (13.50) entnehmen wir sodann, daß $V_0 \cong V^0$. Für sehr dünne Schalen können wir folglich als Partikulärlösungen

$$U_0 = 0; \qquad V_0 = V^0 \tag{13.68}$$

annehmen.

Unter diesen Bedingungen erhalten wir:

$$Q_{\varphi_0} = N_{\varphi_0} = N_{\vartheta_0} = 0 \tag{13.69}$$

d. h. es treten nur die Schnittkräfte N_φ^0, N_ϑ^0, M_{ϑ_0} und M_{φ_0} unter äußerer Belastung auf.

Es kann leicht gezeigt werden, daß der Einfluß der Momente M_{ϑ_0} und M_{φ_0} gegenüber dem Einfluß der Normalkräfte N_φ^0 und N_ϑ^0 aus dem Membranzustand vernachlässigbar ist. Untersuchen wir beispielsweise den Fall des Eigengewichts. Wir erhalten aus Gl. (8.23):

$$V^0 = -\frac{g\,R}{E\,h}(2+\nu)\sin\varphi$$

und daraus mit den Gln. (13.56) und wegen $\varrho \cong 1$:

$$M_{\vartheta_0} = M_{\varphi_0} = \frac{g h^2}{12} \frac{2+\nu}{1-\nu} \cos\varphi . \tag{13.70}$$

Wir erhalten daher mit Leichtigkeit die größte Normalspannung infolge Biegung, deren zahlenmäßiger Wert durch die Formel

$$\sigma_{B0} = \frac{g}{2} \frac{2+\nu}{1-\nu} \cos\varphi \tag{13.71}$$

gegeben wird.

Die Gl. (8.19) erlaubt uns, die Normalspannung infolge der Normalkraft N_φ^0 zu berechnen, deren zahlenmäßiger Wert

$$\sigma^0 = \frac{g R}{h(1+\cos\varphi)} . \tag{13.72}$$

beträgt.

Es ergibt sich somit der folgende Wert für das Verhältnis zwischen den erwähnten Spannungen:

$$\frac{\sigma_{B0}}{\sigma^0} = \frac{2+\nu}{2(1-\nu)} \frac{h}{R} (1+\cos\varphi)\cos\varphi . \tag{13.73}$$

Setzen wir $\nu = 1/6$, so erhalten wir den größten Wert für $\varphi = 0$:

$$2{,}60 \frac{h}{R} .$$

Falls beispielsweise $h/R = 2/1000$, erhalten wir:

$$\frac{\sigma_{B0}}{\sigma_0} = 0{,}52 \cdot 10^{-2}.$$

Der Einfluß der Biegesteifigkeit, welche die Momente M_{ϑ_0} und M_{φ_0} bewirkt, ist somit gegenüber dem Einfluß der vom Membranzustand herrührenden Normalkräfte vernachlässigbar. Die Spannungen bleiben folglich über die ganze Dicke der Schale praktisch konstant.

Man kann somit den Schluß ziehen, daß im Falle der Schalen mit geringer Dicke die Schnittkräfte nicht mit den Gl. (13.67) berechnet werden müssen, sondern mit für die Anwendungen genügender Genauigkeit mit Hilfe der folgenden Ausdrücke ermittelt werden können:

$$\left.\begin{aligned} Q_\varphi^t &= Q_\varphi , \\ N_\varphi^t &= N_\varphi + N_\varphi^0 , \\ N_\vartheta^t &= N_\vartheta + N_\vartheta^0 , \\ M_\vartheta^t &= M_\vartheta , \\ M_\varphi^t &= M_\varphi , \end{aligned}\right\} \tag{13.74}$$

d. h. indem wir zu den Schnittkräften, die sich aus den Lösungen des homogenen Gleichungssystems ergeben und, wie wir wissen, den Randbedingungen Rechnung tragen, die Schnittkräfte des Membranzustands summieren, welche den auf die Schale aufgebrachten äußeren Lasten Rechnung tragen.

Unter diesen Bedingungen ergibt sich auch:

$$\xi^t = \xi + \xi^0, \tag{13.75}$$

$$V^t = V + V^0. \tag{13.76}$$

Wenn wir uns vergegenwärtigen, daß der Membranzustand in einem statisch bestimmten System nur auftreten kann, wenn nicht nur eine gleichförmige Verteilung der Spannungen über die Dicke der Schale gewährleistet ist, sondern auch die Randbedingungen mit diesem Zustand verträglich sind, so können wir den Schluß ziehen, daß die Schnittkräfte, die Verschiebungen und die Drehungen in einer Schale, für die das Verhältnis h/R sehr klein ist, sich ergeben, indem wir zu den Schnittkräften, Verschiebungen und Drehungen das als statisch bestimmt und den erwähnten Randbedingungen genügend angenommenen Systems diejenigen summieren, welche durch die in den Rändern wirkenden, mit dem Membranzustand nicht verträglichen Reaktionen, insbesondere durch die Reaktionen infolge der statischen Unbestimmtheit, d. h. die überzähligen Größen, verursacht werden.

Unter diesen Bedingungen wird die Berechnung der überzähligen Größen so durchgeführt werden, daß wir die Schnittkräfte ermitteln, die in den Rändern aufgebracht werden müssen, damit die totalen Verschiebungen und Drehungen, die sich aus den Verschiebungen und Drehungen des Membranzustands und den durch die unbekannten Reaktionen verursachten Verschiebungen und Drehungen zusammensetzen, mit den Randbedingungen verträglich sind.

d) Verschiebungsgrößen. Die Untersuchung der linearen statisch unbestimmten Systeme führt auf die sogenannten allgemeinen Elastizitätsgleichungen, deren Anzahl gleich ist dem Grad der statischen Unbestimmtheit des untersuchten Systems.

In der Gleichung für X_i kommt als bekannter Ausdruck die Verschiebung oder die Drehung δ_{0i} vor, welche im Schnitt, in dem die überzählige Größe $X_i = 1$ und in der Richtung oder im Drehsinn dieser letzteren wirkt, durch die auf das statisch bestimmte Grundsystem wirkenden äußeren Kräfte verursacht wird. In den Ausdrücken, welche von den überzähligen Größen abhängen, kommen die Koeffizienten δ_{ij} vor, welche gleich sind der Verschiebung oder der Drehung des Schnitts, in dem die Überzählige $X_i = 1$ angreift und in der Richtung oder im Drehsinn derselben wirken, welche durch die Reaktion $X_j = 1$ verursacht wird, die am statisch bestimmten Grundsystem angreift. Wegen des Reziprozitätsgesetzes gilt: $\delta_{ij} = \delta_{ji}$. Diese Koeffizienten nennen wir daher Verschiebungsgrößen.

Die Elastizitätsgleichungen werden, wie wir im Kapitel 16 sehen werden, auch bei der Untersuchung der Rotationsschalen unter drehsymmetrischer Belastung verwendet.

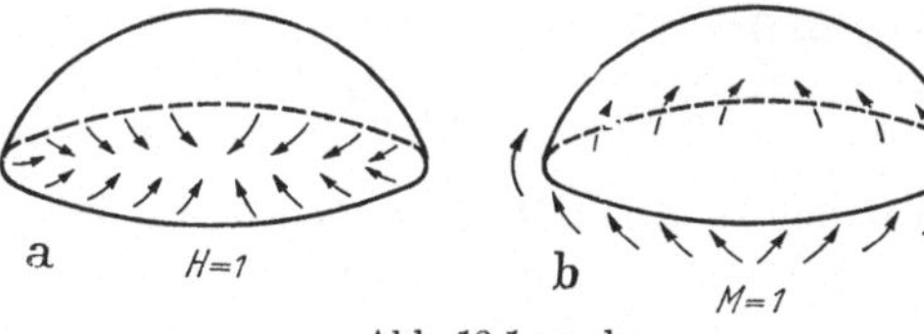

Abb. 13.1 a u. b

Wegen der im vorhergehenden Abschnitt gemachten Bemerkungen können wir als statisch bestimmtes Grundsystem die Schale im Membranzustand wählen, und zwar mit Randbedingungen, die mit diesem Zustand verträglich sind, sofern die Dicke h gegenüber dem Radius R der Kugelfläche genügend klein ist. Für dieses System ist es möglich, mit den bei der Untersuchung der Membrantheorie gegebenen Formeln für die betrachtete Belastung die Verschiebungen und die Drehungen in den Randschnitten zu berechnen, in denen die überzähligen Größen angreifen. So erhalten wir die bekannten Ausdrücke der Elastizitätsgleichungen.

Wir wollen nun sehen, wie wir die Ausdrücke für die Verschiebungsgrößen herleiten können.

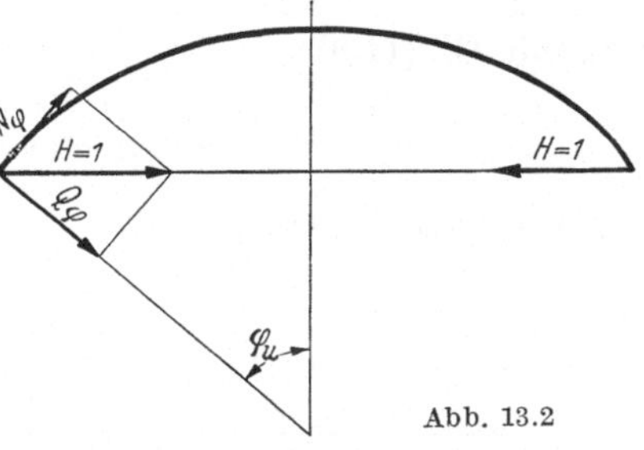

Abb. 13.2

Infolge der Drehsymmetrie der auf die Schale wirkenden Belastungen werden auch die Auflagerreaktionen drehsymmetrisch sein.

Wir wollen (Abb. 13.1) eine geschlossene Kugelschale betrachten, in der nur die horizontalen Einheitskräfte $H = 1$ bzw. nur die Einheitsmomente $M_\varphi = M = 1$, wirken sollen, welche entlang des Rands der Schale angreifen, in dem die Auflagerkräfte wirken, und wo somit die überzähligen Größen H^* und M^* bei einer Belastung der Schale durch äußere Kräfte erzeugt werden.

Wir wollen mit δ_{11} und δ_{21} die Verschiebung bzw. die Drehung des Randschnitts infolge $X_1 = H = 1$ bzw. mit $\delta_{12} = \delta_{21}$ und δ_{22} die Verschiebung bzw. die Drehung des gleichen Schnitts infolge $X_2 = M_\varphi = M = 1$ bezeichnen.

Sowohl die Schnittkräfte $H = 1$ als auch die Schnittkräfte $M_\varphi = M = 1$ stellen Systeme dar, die untereinander im Gleichgewicht sind.

Wir wollen zunächst den Fall untersuchen (Abb. 13.2), in dem entlang des Rands einer geschlossenen Schale, für den $\varphi = \varphi_u$, die Einheitskräfte $H = 1$ wirken, wobei $M\varphi = M = 0$. Wir erhalten somit:

$$\left.\begin{aligned} N_\varphi &= -1 \cos\varphi_u, \\ Q_\varphi &= 1 \sin\varphi_u, \end{aligned}\right\} \tag{13.77}$$

woraus sich mit Gl. (13.24) ergibt, weil die Schale geschlossen ist, d. h. $a_3 = a_4 = 0$:

$$1 \sin\varphi_u = R[a_1(S_1 \sin\varphi)\,\varphi_u + a_2(S_2 \sin\varphi)\,\varphi_u]. \tag{13.78}$$

Aus der Bedingung $M_\varphi = 0$ ergibt sich mit Gln. (5.109) und (13.25):

$$\begin{aligned} 0 &= (\nu\, a_1 - \mu^2\, a_2)\,(S_1 \sin\varphi)'\,\varphi_u + (\nu\, a_2 + \mu^2\, a_1)\,(S_2 \sin\varphi)'\,\varphi_u + \\ &+ \nu \operatorname{ctg}\varphi_u[(\nu\, a_1 - \mu^2\, a_2)\,(S_1 \sin\varphi)\,\varphi_u + (\nu\, a_2 + \mu^2\, a_1)\,(S_2 \sin\varphi)\,\varphi_u]. \end{aligned} \tag{13.79}$$

Aus diesen beiden Gleichungen können wir die Werte von a_1 und a_2 herleiten:

$$a_1 = a_{1H}; \qquad a_2 = a_{2H},$$

woraus mit Gl. (11.7) folgt:

$$N_{\varphi H=1} = -R \operatorname{ctg}\varphi[a_{1H}\,(S_1 \sin\varphi) + a_{2H}\,(S_2 \sin\varphi)] \tag{13.80}$$

und mit Gl. (11.8):

$$N_{\vartheta H=1} = -R[a_{1H}\,(S_1 \sin\varphi)' + a_{2H}\,(S_2 \sin\varphi)']. \tag{13.81}$$

Weil nach Gl. (11.18) gilt:

$$\xi = \frac{R \sin\varphi}{E\,h}\,(N_\vartheta - \nu\, N_\varphi) \tag{13.82}$$

ist es möglich, die horizontalen Verschiebungen infolge $H = 1$, $M = 0$ zu berechnen. Im Rand, für $\varphi = \varphi_u$, ergibt sich:

$$\xi_{u\,H=1} = \frac{R \sin\varphi_u}{E\,h}\,\{-R[a_{1H}(S_1 \sin\varphi)'\,\varphi_u + a_{2H}(S_2 \sin\varphi)'\,\varphi_u] + \nu \cos\varphi_u\}. \tag{13.83}$$

Mit Gl. (13.25) berechnen wir die Drehung der Meridiantangente in einem allgemeinen Schnitt:

$$V_{H=1} = \frac{R}{E\,h}\,[(\nu\, a_{1H} - \mu^2 a_{2H})\,(S_1 \sin\varphi) + (\nu\, a_{2H} + \mu^2 a_{1H})\,(S_2 \sin\varphi)]. \tag{13.84}$$

Insbesondere erhalten wir für $\varphi = \varphi_u$ den Wert der Drehung $V_{u\,H=1}$ im Randschnitt. Kennen wir $V_{H=1}$, so können wir aus den Gln. (5.108) und (5.109) die Momente $M_{\vartheta H=1}$ und $M_{\varphi H=1}$ erhalten.

Vergegenwärtigen wir uns die Definition der Verschiebungsgröße, so ergibt sich:

$$\xi_{u H=1} = \delta_{11}; \qquad V_{u H=1} = \delta_{21}. \tag{13.85}$$

Wir wollen im folgenden den Fall untersuchen (Abb. 13.3), in dem entlang des Rands die Einheitsschnittkräfte $M_\varphi = M = 1$ angreifen, wobei $H = 0$.

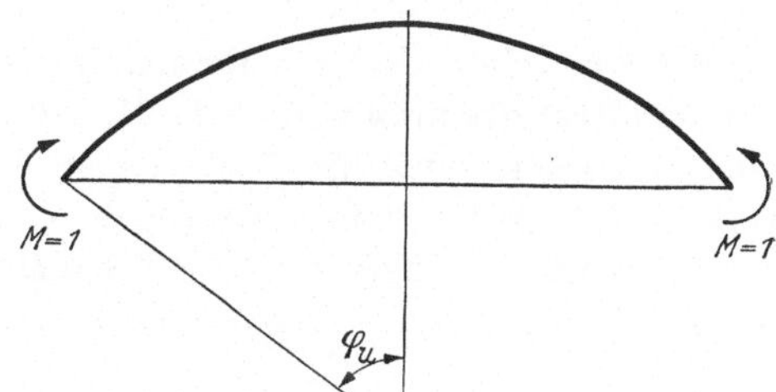

Abb. 13.3

Schreiben wir die Voraussetzungen wie folgt:

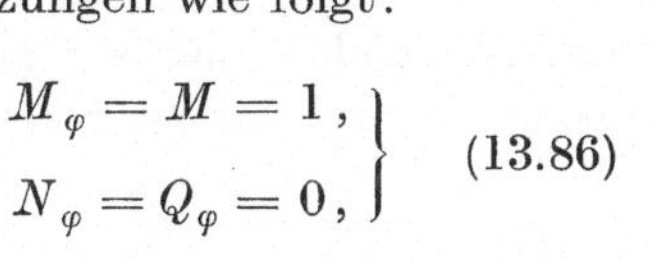

$$\left.\begin{aligned} M_\varphi &= M = 1\,, \\ N_\varphi &= Q_\varphi = 0\,, \end{aligned}\right\} \tag{13.86}$$

so erhalten wir mit Gl. (5.109), (13.25), (13.24):

$$\begin{aligned} 1 = -\frac{D}{R}\Big\{\frac{R}{E h}&[(\nu a_1 - \mu^2 a_2)(S_1 \sin\varphi)'\varphi_u + \\ &+ (\nu a_2 + \mu^2 a_1)(S_2 \sin\varphi)'\varphi_u] + \\ &+ \nu \operatorname{ctg}\varphi_u \frac{R}{E h}[(\nu a_1 - \mu^2 a_2)(S_1 \sin\varphi)\varphi_u + \\ &+ (\nu a_2 + \mu^2 a_1)(S_2 \sin\varphi)\varphi_u]\Big\}, \end{aligned} \tag{13.87}$$

$$0 = [a_1 (S_1 \sin\varphi)\varphi_u + a_2 (S_2 \sin\varphi)\varphi_u]. \tag{13.88}$$

Aus diesen beiden Gleichungen leiten wir die Werte von a_1 und a_2 her:

$$a_1 = a_{1M}; \qquad a_2 = a_{2M}.$$

Die Ausdrücke für $N_{\varphi M=1}$ und $N_{\vartheta M=1}$ sind analog den Ausdrücken (13.80) und (13.81).

Die Verschiebung $\xi_{u M=1}$ im Rand ergibt sich aus Gl. (13.82) für $\varphi = \varphi_u$:

$$\xi_{u M=1} = -\frac{R^2 \sin\varphi_u}{E h}[a_{1M}(S_1 \sin\varphi)'\varphi_u + a_{2M}(S_2 \sin\varphi)'\varphi_u]. \tag{13.89}$$

Die Drehung $V_{M=1}$ ergibt sich aus einer zu Gl. (13.84) analogen Formel:

$$V_{M=1} = \frac{R}{E h}[(\nu a_{1M} - \mu^2 a_{2M})(S_1 \sin\varphi) + (\nu a_{2M} + \mu^2 a_{1M})(S_2 \sin\varphi)]. \tag{13.90}$$

Setzen wir darin $\varphi = \varphi_u$, so erhalten wir insbesondere den Wert der Drehung $V_{u M=1}$ im Randschnitt. Kennen wir $V_{M=1}$, so können wir mit Gl. (5.108) und (5.109) die Momente $M_{\vartheta M=1}$ und $M_{\varphi M=1}$ erhalten.

Vergegenwärtigen wir uns die Definition der Verschiebungsgröße, so ergibt sich:

$$\xi_{u\,M=1} = \delta_{12}; \qquad V_{u\,M=1} = \delta_{22}, \tag{13.91}$$

wobei sein muß:

$$\delta_{12} = \delta_{21}.$$

Wir bemerken, daß der Berechnung der Verschiebungsgrößen sowie der Schnittkräfte infolge $H = 1$, $M = 0$ und $H = 0$, $M = 1$ die Berechnung der Funktionen $(S_1 \sin\varphi)$, $(S_2 \sin\varphi)$, $(S_1 \sin\varphi)'$ und $(S_2 \sin\varphi)'$ für verschiedene Werte von φ vorangehen muß.

Die Werte der überzähligen Größen H^* und M^* infolge einer bestimmten Belastungs- und Auflagerungsart ergeben sich, wie wir im Kapitel

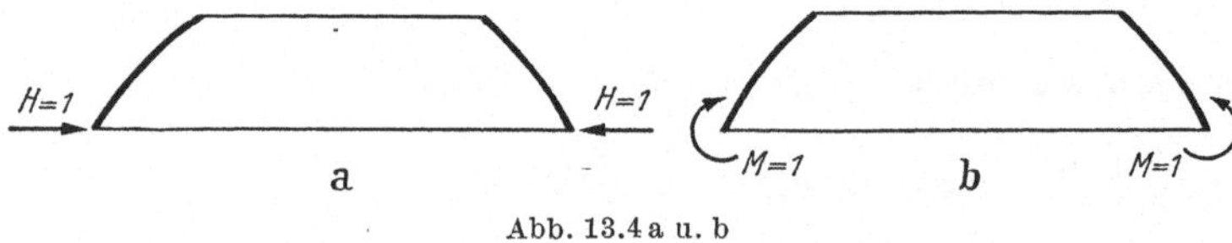

Abb. 13.4 a u. b

16 sehen werden, mit Hilfe der Elastizitätsgleichungen. Die Schnittkräfte in der Schale werden gegeben durch die Summe der Schnittkräfte des Membranzustands und der mit den Werten der Reaktionen $H = H^* + H^0$ bzw. $M = M^*$ multiplizierten Schnittkräfte infolge $H = 1$, $M = 0$ und $H = 0$, $M = 1$, wobei, wie wir schon im Kapitel 7 gesehen haben, H^0 die Horizontalkomponente der vertikalen, statisch bestimmten Reaktion A^0 bedeutet.

Wenn die Schale offen ist, geht man auf gleiche Weise vor, wobei man die vollständige Lösung mit den vier Konstanten verwendet, die sich auf Grund der Beanspruchungen in den beiden Rändern bestimmen lassen. So haben wir im Fall der Abb. 13.4a im unteren Rand die gleichen Bedingungen wie in Abb. 13.2, während im oberen Rand $N_\varphi = M_\varphi = 0$ sein muß.

Das gleiche gilt für den Fall der Abb. 13.4b. Wir erhalten somit immer vier Gleichungen, welche die vier Konstanten bestimmen.

Für die Verschiebungsgrößen des oberen Rands geht man auf die gleiche Weise vor.

Wir bemerken, daß das Aufbringen der Kräfte $H = 1$, $M = 0$ oder $H = 0$, $M = 1$ in einem Rand einer offenen Schale, abgesehen von Verschiebungen und Drehungen in diesem Rand, genaugenommen auch Verschiebungen und Drehungen im gegenüberliegenden Rand erzeugt. In Wirklichkeit sind diese letzteren Wirkungen praktisch verschwindend, besonders wenn die Dicke der Schale klein ist und die Ränder genügend weit auseinander liegen.

Es ergibt sich somit, daß die auf einen Rand wirkenden, unter sich im Gleichgewicht stehenden Beanspruchungen auf den anderen Rand keinen nennenswerten Einfluß haben, so daß es möglich ist, die Untersuchung nur auf die Wirkungen infolge der im untersuchten Rand angreifenden Kräfte zu beschränken.

Wir werden im folgenden ein ausführlicheres Beispiel dieses charakteristischen Verhaltens der Schalen geben.

e) Numerische Anwendung. Wir wollen im folgenden mit der exakten Theorie die Verschiebungsgrößen einer geschlossenen Kugelschale aus Stahlbeton berechnen, welche als Boden eines Reservoirs verwendet wird (Abb. 13.5).

Abb. 13.5

Die Hauptabmessungen der Schale sind:

$$R = 6{,}50\ \mathrm{m},$$

$$h = 0{,}10\ \mathrm{m},$$

$$\varphi_u = 30^\circ.$$

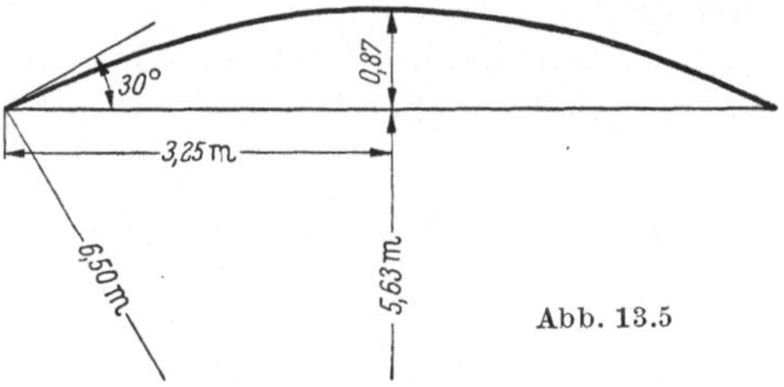

Die weiteren Abmessungen sind in Abb. 13.5 gegeben.

Wir wählen für den Beton:

$$\nu = 1/6.$$

Aus Gl. (11.28) erhalten wir:

$$\mu^4 = 12(1 - \nu^2)\frac{R^2}{h^2} - \nu^2,$$

d. h.:

$$\mu = 14{,}90,$$

und daraus:

$$\mu^2 = 222{,}01.$$

Wir müßten im folgenden die Glieder A_i und B_i der den Gln. (13.28) und (13.29) entsprechenden Reihen berechnen, welche die Werte von S_1 und S_2 liefern, die den verschiedenen Werten von φ entsprechen. Wie wir indessen bemerken, ist es bequem, zuerst mit Gl. (13.40) und mit einer anderen analogen Formel die Werte von S_1^r und S_2^r in dem Rand zu bestimmen, wo $\varphi = 30^\circ$ ist. Wir müssen somit an erster Stelle die Werte von A_1^r und B_2^r berechnen, deren Rekursionsformeln durch die Gl. (13.41) gegeben werden.

Sind S_1^r und S_2^r im Rand bekannt, so ergeben sich die Werte für S_1^φ und S_2^φ, die anderen Werten von φ entsprechen, durch die Verwendung der Gl. (13.44) und einer anderen analogen Formel, in der B_i^r vorkommt, wobei:

$$z_\varphi = \frac{\sin^2\varphi}{\sin^2 30^\circ}.$$

Die Werte der Konstanten $A_n^{30°}$ und $B_n^{30°}$ sind in der Tab. 13.1 gegeben, wobei gesetzt wurde:

$$a_n = 4(n+1)^2 - 2(n+1) - 1; \qquad d_n = 4(n+1)(n+2).$$

Um die Werte der Ableitungen von $(S_1 \sin\varphi)$ und $(S_2 \sin\varphi)$ für $\varphi = 30°$ gemäß den Gln. (13.46) und (13.47) zu erhalten, müssen wir auch die Werte von

$$(2n+1)\, A_n^{30°} \quad \text{und} \quad (2n+1)\, B_n^{30°}$$

berechnen.

Es war notwendig, die ersten 16 Glieder der Reihen zu berücksichtigen, um genügend genäherte Werte von $S_1^{30°}$ und $S_2^{30°}$ zu erhalten:

$$S_1^{30°} = \sum_0^{15} A_n^{30°} = -8{,}827869,$$

$$S_2^{30°} = \sum_0^{15} B_n^{30°} = -2{,}999346.$$

Es ergibt sich auch:

$$s_1^{30°} = \sum_0^{15} (2n+1)\, A_n^{30°} = -67{,}633475,$$

$$s_2^{30°} = \sum_0^{15} (2n+1)\, B_n^{30°} = +36{,}606318.$$

Um die Werte von S_1, S_2 und s_1, s_2 für andere Werte von φ zu bestimmen, benützen wir das Berechnungsschema nach Gl. (13.45) und ersetzen in diesem die a_i durch die Werte von

$$A_n^{30°} \quad \text{und} \quad B_n^{30°} \quad \text{für} \quad \varphi = 30°.$$

Wir erhalten sodann:

$$z_{25°} = 0{,}714430,$$

$$z_{20°} = 0{,}467910,$$

$$z_{15°} = 0{,}267951,$$

$$z_{10°} = 0{,}120617,$$

$$z_{5°} = 0{,}030387,$$

$$z_{0°} = 0.$$

Die Ergebnisse der Berechnung sind in Tab. 13.2 zusammengestellt.

Tabelle 13.1

n	a_n	d_n	$\frac{a_n}{d_n}$	$\frac{\mu^2}{d_n}$	$\sin^2 30^\circ \frac{a_n}{d_n}$	$\sin^2 30^\circ \frac{\mu^2}{d_n}$	$A_n^{30^\circ}$ / $(2n+1) A_n^{30^\circ}$	$B_n^{30^\circ}$ / $(2n+1) B_n^{30^\circ}$
0	1	8	0,120000	27,751250	0,031250	6,937812	0	+ 1,0
							0	+ 1,0
1	11	24	0,458333	9,250416	0,114583	2,312604	+ 6,937812	+ 0,031250
							+ 20,813436	+ 0,093750
2	29	48	0,604166	4,625208	0,151041	1,156302	+ 0,867224	− 16,040826
							+ 4,336120	− 80,204130
3	55	80	0,687500	2,775125	0,171875	0,693781	− 18,417021	− 3,425595
							−128,919147	− 23,979165
4	89	120	0,741660	1,850083	0,185416	0,462520	− 5,542038	+ 12,188603
							− 49,878342	+109,697427
5	131	168	0,779761	1,321488	0,194940	0,330372	+ 4,609890	+ 4,823265
							+ 50,708790	+ 53,055915
6	181	224	0,808035	0,991116	0,202008	0,247779	+ 2,492123	− 0,582731
							+ 32,397599	− 7,575503
7	239	288	0,829861	0,770868	0,207465	0,192717	+ 0,359040	− 0,735212
							+ 5,385600	− 11,028180
8	305	360	0,847222	0,616694	0,211805	0,154173	− 0,067199	− 0,221723
							− 1,142383	− 3,769291
9	379	440	0,861363	0,504568	0,215340	0,126142	− 0,048416	− 0,036601
							− 0,919904	− 0,695419
10	461	528	0,873106	0,420473	0,218276	0,105118	− 0,015042	− 0,001774
							− 0,315882	− 0,037254
11	551	624	0,883012	0,355785	0,220753	0,088946	− 0,003469	+ 0,001193
							− 0,079787	+ 0,027439
12	649	728	0,891483	0,304958	0,222870	0,076239	− 0,000659	+ 0,000571
							− 0,016475	+ 0,014275
13	755	840	0,898809	0,264297	0,224702	0,066074	− 0,000103	+ 0,000177
							− 0,002781	+ 0,004779
14	869	960	0,905208	0,231260	0,226302	0,057815	− 0,000011	+ 0,000046
							− 0,000319	+ 0,001334
15	991	1088	0,910845	0,204053	0,227711	0,051013	0,000000	+ 0,000011
							0,000000	+ 0,000341

Tabelle 13.2

φ	S_1^φ	S_2^φ	s_1^φ	s_2^φ
30°	−8,827869	−2,999346	−67,633475	+36,606318
25°	−1,544429	−4,505325	−28,799733	−12,505795
20°	+1,414869	−2,166122	− 3,409730	−12,667325
15°	+1,545698	−0,140017	+ 3,233540	− 4,559870
10°	+0,816088	+0,767070	+ 2,338198	− 0,173123
5°	+0,211050	+0,986043	+ 0,632658	+ 0,928243
0°	0,0	+1,0	0,0	+ 1,0

In Tab. 13.3 sind die Werte von $S_1 \sin\varphi$, $S_2 \sin\varphi$ sowie die Werte der Ableitungen $(S_1 \sin\varphi)'$, $(S_2 \sin\varphi)'$ zusammengestellt, die nach den Gln. (13.46) und (13.47) berechnet wurden.

Tabelle 13.3

φ	$S_1 \sin\varphi$	$S_2 \sin\varphi$	$(S_1 \sin\varphi)'$	$(S_2 \sin\varphi)'$
30°	−4,413934	−1,499673	−58,572618	+31,702169
25°	−0,652706	−1,904040	−26,101486	−11,334127
20°	+0,483913	−0,740857	− 3,204089	−11,903358
15°	+0,400057	−0,036239	+ 3,123373	− 4,404515
10°	+0,141713	+0,133201	+ 2,302680	− 0,170493
5°	+0,018395	+0,085943	+ 0,630247	+ 0,924706
0°	0,0	0,0	0,0	+ 1,0

Sind die Werte von S_1, S_2, sowie die Werte von $(S_1 \sin\varphi)'$, $(S_2 \sin\varphi)'$ für verschiedene Werte von φ ermittelt, so können wir die Schnittkräfte, Verschiebungen und Drehungen in den entsprechenden Schnitten der Schale berechnen, sobald die Konstanten a_1 und a_2, die in den Ausdrücken für U und V, Gl. (13.24) und (13.25), vorkommen, bekannt sind, wobei für geschlossene Schalen $a_3 = a_4 = 0$ wird. Wie wir wissen, hängen die Werte der Konstanten von den Randbedingungen ab.

Im vorhergehenden Abschnitt haben wir gesehen, daß die Bestimmung der Verschiebungsgrößen abhängig ist von der Kenntnis der Konstanten a_{1H} und a_{2H} für den Belastungsfall nach Abb. 13.2, und der Konstanten a_{1M} und a_{2M} für den Belastungsfall nach Abb. 13.3.

Mit den Gln. (13.78) und (13.79) erhalten wir für $\varphi_u = 30°$ die beiden Gleichungen:

$$57{,}381142\, a_{1H} + 19{,}495749\, a_{2H} = -1\,,$$
$$6932{,}114689\, a_{1H} + 13291{,}780987\, a_{2H} = 0\,,$$

woraus folgt:

$$a_{1H} = -0{,}021180; \qquad a_{2H} = 0{,}011046\,.$$

Mit den Gln. (13.87) und (13.88) erhalten wir für $\varphi = 30°$:

$$5{,}940822\, a_{1M} + 11{,}391056\, a_{2M} = -1\,,$$

$$4{,}413934\, a_{1M} + 1{,}499673\, a_{2M} = 0\,,$$

woraus folgt:

$$a_{1M} = 0{,}036255; \qquad a_{2M} = -0{,}106708\,.$$

Setzen wir die Werte der Konstanten in die Ausdrücke (13.83), (13.89), (13.84), (13.90) ein, und setzen wir in diesen letzteren $\varphi = \varphi_u$, so erhalten wir mit Gl. (13.85) und (13.91):

$$\delta_{11} = -5{,}097804 \frac{R}{E\,h}\,,$$

$$\delta_{21} = 17{,}889164 \frac{R}{E\,h}\,,$$

$$\delta_{12} = 17{,}894166 \frac{R}{E\,h}\,,$$

$$\delta_{22} = -116{,}638282 \frac{R}{E\,h}\,.$$

Wir erhalten als Beweis für die Genauigkeit der Resultate bis auf eine vernachlässigbar kleine Differenz infolge der numerischen Berechnung:

$$\delta_{12} = \delta_{21}\,.$$

Mit den Werten von a_{1H}, a_{2H} und a_{1M}, a_{2M} können wir die Schnittkräfte für die in Abb. 13.2 und 13.3 gegebenen Belastungsfälle berechnen. Es genügt, hierfür die Gln. (11.7), (11.8), (5.108), (5.109) zu verwenden, wobei wir uns die Ausdrücke für U und V gemäß Gl. (13.24) und (13.25) vergegenwärtigen.

Die Ergebnisse der Berechnungen sind in den Tab. 13.4 und 13.5 zusammengestellt.

Tabelle 13.4. *Kräfte infolge* $H = 1$, $M = 0$

φ	$Q_{\varphi H=1}$	$N_{\varphi H=1}$	$N_{\vartheta H=1}$	$M_{\varphi H=1}$	$M_{\vartheta H=1}$
30°	+0,500000	−0,866014	−10,339875	0,000000	−25,835389
25°	−0,046847	+0,100464	− 2,779614	−103,901029	−36,186022
20°	−0,119806	+0,329166	+ 0,413543	− 55,634126	−14,527274
15°	−0,057673	+0,215241	+ 0,746232	− 10,743564	+ 0,736644
10°	−0,009945	+0,056400	+ 0,329244	+ 4,952396	+ 5,431764
5°	+0,003637	−0,041574	+ 0,020371	+ 5,788835	+ 5,245197
0°	0,000000	−0,071799	− 0,071799	+ 4,703062	+ 4,703062
	$\times 1$	$\times 1$	$\times 1$	$\times 10^{-3}$	$\times 10^{-3}$

Tabelle 13.5. *Kräfte infolge* $H = 0$, $M = 1$

φ	$Q_{\varphi\,M=1}$	$N_{\varphi\,M=1}$	$N_{\vartheta\,M=1}$	$M_{\varphi\,M=1}$	$M_{\vartheta\,M=1}$
30°	0,000000	0,000000	+35,791762	+1000,000000	+335,261849
25°	+1,166834	−2,502272	− 1,710364	+ 617,950769	+157,991353
20°	+0,627894	−1,725126	− 7,501123	+ 144,937468	+ 11,517446
15°	+0,119409	−0,445640	− 3,791014	− 38,039779	− 34,934055
10°	−0,058993	+0,334561	− 0,660887	− 49,211899	− 29,140254
5°	−0,055273	+0,631767	+ 0,492856	− 21,017100	− 14,235372
0°	0,000000	+0,693602	+ 0,693602	− 8,035809	− 8,035809
	$\times 1$	$\times 1$	$\times 1$	$\times 10^{-3}$	$\times 10^{-3}$

Im Kapitel 16 werden wir mit Hilfe der Elastizitätsgleichungen die Werte der Reaktionen $H = H^* + H^0$ und $M = M^*$, die im Rande der Schale wirken und sich auf die angenommenen Belastungs- und Auflagerungsfälle beziehen, bestimmen. H^* und M^* sind die überzähligen Größen, und H^0 ist, wie wir schon im Kapitel 7 gesehen haben, die Horizontalkomponente der statisch bestimmten vertikalen Reaktion A^0.

Wir werden somit die durch diese Reaktionen verursachten Schnittkräfte für verschiedene Werte von φ erhalten, indem wir die in den Tab. 13.4 und 13.5 zusammengestellten Werte mit der zugehörigen Schnittkraft im Rand multiplizieren und die Resultate zusammenzählen.

Wir werden darauf die der nicht homogenen Lösung U_0 und V_0 und dem Membranzustand entsprechenden Schnittkräfte hinzufügen müssen, in Übereinstimmung mit den Formeln (11.7), (11.8), (5.108) und (5.109).

14. Kegelschalen

A. Integration der Grundgleichungen

a) Gleichung von Bessel. Im Kapitel 5 haben wir bereits die Ausdrücke für die Normalkräfte im Fall der Kegelschale hergeleitet. Mit den Gln. (5.113) und (5.114) ergibt sich somit unter Berücksichtigung der Gln. (9.1) und (9.2):

$$N_y = -Q_y \operatorname{ctg} \varphi + N_y^0, \tag{14.1}$$

$$N_\vartheta = -(Q_y\, y \operatorname{ctg} \varphi)^{\cdot} + N_\vartheta^0, \tag{14.2}$$

wobei der Punkt die Ableitung nach y bezeichnet (Abb. 14.1).

Wie im Fall der Schalen mit gekrümmtem Meridian wählen wir bei der Untersuchung der Kegelschalen als Unbekannte die Variablen V und U, wobei bedeutet:

$$U = R_2\, Q_y = Q_y\, y \operatorname{ctg} \varphi. \tag{14.3}$$

Es ergeben sich nun aus den Gl. (14.1) und (14.2) die folgenden Ausdrücke für die Normalkräfte:

$$N_y = -\frac{U}{y} + N_y^0, \tag{14.4}$$

$$N_\vartheta = -U^{\cdot} + N_\vartheta^0. \tag{14.5}$$

Wie bei der Herleitung der Gl. (11.10) wollen wir zuerst die Dehnungen ε_{y_0} und $\varepsilon_{\vartheta_0}$ in Funktion der Normalkräfte N_y und N_ϑ ausdrücken. Wir erhalten mit Gl. (4.42) und (4.43):

$$\varepsilon_{y\,0} = \frac{1}{E\,h}\,[N_y - \nu\,N_\vartheta], \tag{14.6}$$

$$\varepsilon_{\vartheta\,0} = \frac{1}{E\,h}\,[N_\vartheta - \nu\,N_y]. \tag{14.7}$$

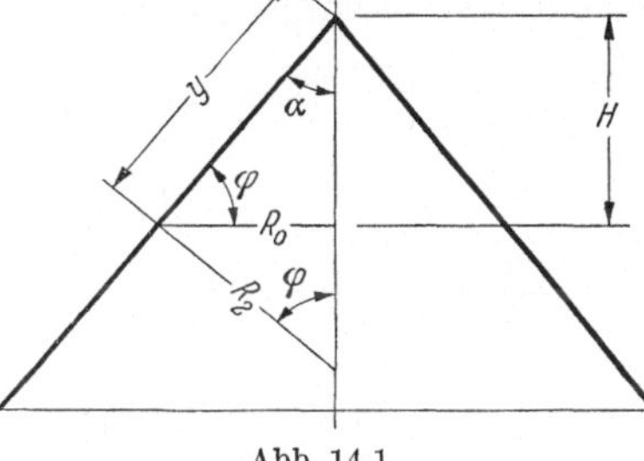

Abb. 14.1

Wir setzen diese Ausdrücke in die Gl. (5.122) ein. Wenn wir nun die Normalkräfte mit Hilfe der Gln. (14.4) und (14.5) in Funktion von U ausdrücken und die Ableitung nach y durchführen, so ergibt sich:

$$U^{\cdot\cdot}\,y + U^{\cdot} - \frac{U}{y} + \frac{h^{\cdot}}{h}[-y\,U^{\cdot} + \nu\,U] + \frac{h^{\cdot}}{h}\,y\,[N_\vartheta^0 - \nu\,N_y^0] +$$
$$+ (1+\nu)\,[N_y^0 - N_\vartheta^0] + y\,[\nu\,N_y^{0\cdot} - N_\vartheta^{0\cdot}] = E\,h\,V\,\mathrm{tg}\,\varphi. \tag{14.8}$$

Aus Gl. (9.7) erhalten wir:

$$Q(y) = \frac{h^{\cdot}}{h}\,y\,[N_\vartheta^0 - \nu\,N_y^0] + (1+\nu)\,[N_y^0 - N_\vartheta^0] +$$
$$+ y\,[\nu\,N_y^{0\cdot} - N_\vartheta^{0\cdot}] = E\,h\,V^0\,\mathrm{tg}\,\varphi. \tag{14.9}$$

Ebenso können wir die in der dritten der Gln. (5.111) gegebene Ableitung durchführen und in diese Gleichung die Ausdrücke (5.123) und (5.124) für die Biegemomente einsetzen. Daraus ergibt sich unter Berücksichtigung des Ausdrucks (14.3) für U:

$$V^{\cdot\cdot}\,y + V^{\cdot} - \frac{V}{y} + \frac{3\,h^{\cdot}}{h}[V^{\cdot}\,y + \nu\,V] = -\frac{\mathrm{tg}\,\varphi\,U}{D}. \tag{14.10}$$

Führen wir den linearen Operator:

$$L_1(\;) = (\;)^{\cdot\cdot}\,y + (\;)^{\cdot} - \frac{(\;)}{y}, \tag{14.11}$$

ein, so können wir die Gl. (14.8) und (14.10) unter Berücksichtigung von Gl. (14.9) wie folgt schreiben:

$$L_1(U) + \frac{h^{\cdot}}{h}[-y\,U^{\cdot} + \nu\,U] = E\,h\,\mathrm{tg}\,\varphi\,(V - V^0), \tag{14.12}$$

$$L_1(V) + \frac{3\,h^{\cdot}}{h}[V^{\cdot}\,y + \nu\,V] = -\frac{\mathrm{tg}\,\varphi\,U}{D}, \tag{14.13}$$

worin V^0 die Rotation der Meridiantangente bedeutet unter der Voraussetzung, daß sich die Schale im Membranzustand befindet.

Wir haben so die Grunddifferentialgleichungen der biegesteifen Kegelschalen erhalten, die im Fall drehsymmetrischer Lasten verwendet werden können.

Wir wollen im folgenden nur die Schalen konstanter Stärke betrachten, somit $h^{\cdot} = 0$. Der bekannte Ausdruck, der von den angreifenden Lasten abhängt, ist: $E h \operatorname{tg} \varphi V^0$, so daß wir das folgende homogene Gleichungssystem erhalten:

$$L_1(U) = E h \operatorname{tg} \varphi \cdot V, \tag{14.14}$$

$$L_1(V) = -\frac{\operatorname{tg} \varphi \, U}{D}, \tag{14.15}$$

woraus folgt:

$$L_1 L_1(U) + \mu_1^4 U = 0, \tag{14.16}$$

$$L_1 L_1(V) + \mu_1^4 V = 0, \tag{14.17}$$

worin bedeutet:

$$\mu_1^4 = \frac{E h \operatorname{tg}^2 \varphi}{D} = \frac{12(1-\nu^2) \operatorname{tg}^2 \varphi}{h^2}. \tag{14.18}$$

So wie wir bei der Betrachtung der Gleichungen von MEISSNER gesehen haben, entsprechen jeder der Gleichungen vierter Ordnung (14.16) und (14.17) zwei Gleichungen zweiter Ordnung. Im Fall der Gl. (14.16) erhalten wir somit:

$$L_1(U) + i \mu_1^2 U = 0, \tag{14.19}$$

$$L_1(U) - i \mu_1^2 U = 0 \tag{14.20}$$

d. h.:

$$U^{\cdot\cdot} y + U^{\cdot} - \frac{U}{y} + i \mu_1^2 U = 0, \tag{14.21}$$

$$U^{\cdot\cdot} y + U^{\cdot} - \frac{U}{y} - i \mu_1^2 U = 0. \tag{14.22}$$

Diese Gleichungen haben übereinstimmend mit den Gln. (11.31) und (11.33) komplexe Lösungen, wobei I_1, I_2, I_3 und I_4 Lösungen der Gl. (14.16) sind:

$$U = c_1 I_1 + c_2 I_2 + c_3 I_3 + c_4 I_4. \tag{14.23}$$

Weil die Lösungen:

$$\left.\begin{aligned} U_1 &= I_1 + i I_2; \qquad U_2 = I_3 + i I_4, \\ U_3 &= I_1 - i I_2; \qquad U_4 = I_3 - i I_4 \end{aligned}\right\} \tag{14.24}$$

den Gln. (14.19) und (14.20) genügen müssen, ergibt sich:

$$\left.\begin{aligned} L_1(I_1) &= \mu_1^2 I_2; \quad & L_1(I_2) &= -\mu_1^2 I_1, \\ L_1(I_3) &= \mu_1^2 I_4; \quad & L_1(I_4) &= -\mu_1^2 I_3, \end{aligned}\right\} \tag{14.25}$$

woraus wir mit Gl. (14.14) und (14.23) erhalten:

$$V = \frac{\mu_1^2}{E\,h \operatorname{tg}\varphi}\,[c_1 I_2 - c_2 I_1 + c_3 I_4 - c_4 I_3]. \tag{14.26}$$

Wir wollen nun die Lösungen der Gl. (14.21) herleiten, welche auch erlauben, die Lösungen der Gl. (14.22) zu erhalten, wie sich aus der Gl. (14.24) entnehmen läßt.

Wir haben zu beachten, daß die Kegelschale durch den Wert der Konstanten μ_1^4 charakterisiert wird. Um allgemeine, von einem besonderen Wert der Konstanten μ_1^4 und somit von den Werten von E, h und φ unabhängige Lösungen zu erhalten, setzen wir:

$$z = t\sqrt{i} = 2\mu_1\sqrt{i\,y}. \tag{14.27}$$

Es ergibt sich somit:

$$\left.\begin{aligned} y &= \frac{z^2}{4i\mu_1^2}, \\ z^{\cdot} &= \frac{2i\mu_1^2}{z}, \\ U^{\cdot} &= \frac{dU}{dz}\,\frac{2i\mu_1^2}{z}, \\ U^{\cdot\cdot} &= \left[\frac{d^2U}{dz^2}\,\frac{2i\mu_1^2}{z} - \frac{dU}{dz}\,\frac{2i\mu_1^2}{z^2}\right]\frac{2i\mu_1^2}{z}. \end{aligned}\right\} \tag{14.28}$$

Setzen wir diese Ausdrücke in die Gl. (14.21) ein und vereinfachen wir, so erhalten wir:

$$z^2\frac{d^2U}{dz^2} + z\frac{dU}{dz} + (z^2 - 2^2)\,U = 0. \tag{14.29}$$

In dieser Gleichung kommt kein Koeffizient explizit vor, der mit den Charakteristiken der Schale verknüpft ist, so daß die Lösungen allgemeinen Charakter haben und in Funktion von z tabellarisiert werden können.

Die Gl. (14.29), welche sich aus Gl. (12.20) herleiten läßt, wenn man setzt:

$$m = 2; \quad R_2 = S_2 = 0; \quad R_0 = S_0 = T_2 = 1; \quad T_0 = -2^2 \tag{14.30}$$

wird Gleichung von Bessel genannt. Die Lösungen dieser Gleichung im allgemeinen Fall, in dem $T_0 = -p^2$, werden Bessel-Funktionen p-ter Ordnung genannt.

Die Gleichung von BESSEL besitzt zwei singuläre Punkte: $z = 0$ und $z = \infty$, wobei indessen die Bedingungen von FUCHS nur im ersten erfüllt sind, der somit ein regulärer Punkt ist. Wir wollen im folgenden die Lösungen der Gleichung in der Umgebung von $z = 0$ herleiten.

Nach Gl. (14.30) und (12.21) hat die Bestimmungsgleichung (12.28) die folgende Form:

$$s^2 - 2^2 = 0, \tag{14.31}$$

woraus folgt:

$$s_1 = +2; \qquad s_2 = -2. \tag{14.32}$$

Weil sich die beiden Wurzeln um eine ganze Zahl unterscheiden, wird die eine — der größeren Wurzel entsprechende — Lösung vom Typ (12.10) sein, die andere vom Typ (12.19).

Um die erste Lösung zu erhalten, haben wir zu beachten, daß gemäß Gl. (14.30) die Gln. (12.21) und (12.22) in die folgende Form übergehen:

$$f_0(s) = s^2 - 2^2; \qquad f_2(s) = 1, \tag{14.33}$$

woraus sich mit Gl. (12.29) der folgende Ausdruck für den Koeffizient mit dem Index $n \cdot 2 = 2 \cdot n$ ergibt:

$$c_{2n} = \frac{(-1)^n}{[(s+2)^2 - 2^2] \ldots [(s+2n)^2 - 2^2]}\, c_0 .$$

Vergegenwärtigen wir uns die Gl. (14.31), so erhalten wir:

$$c_{2n} = \frac{(-1)^n}{n!\, 2^{2n} (s+1)(s+2) \ldots (s+n)}\, c_0 . \tag{14.34}$$

Führen wir die EULERsche Funktion $\Gamma(n)$ ein:

$$\Gamma(n+s+1) = (n+s)(n+s-1) \ldots (s+1)\, \Gamma(s+1), \tag{14.35}$$

so erhalten wir:

$$c_{2n} = \frac{(-1)^n \Gamma(s+1)}{n!\, 2^{2n} \Gamma(n+s+1)}\, c_0 . \tag{14.36}$$

Wir beachten, daß gilt:

$$\Gamma(n+s+1) = (n+s)! \tag{14.37}$$

woraus sich mit Gl. (12.27) der folgende Ausdruck für die gesuchte erste Lösung ergibt, wenn wir berücksichtigen, daß die größere Wurzel der Bestimmungsgleichung (14.31) $s = +2$ ist:

$$2^2 \Gamma(3)\, c_0 \sum_{n=0}^{\infty} \frac{(-1)^n}{n!\,(n+2)!} \left(\frac{z}{2}\right)^{2n+2} . \tag{14.38}$$

d. h., wir erhalten eine Konstante, multipliziert mit der Funktion:

$$J_2(z) = \sum_{n=0}^{\infty} \frac{(-1)^n}{n!\,(n+2)!} \left(\frac{z}{2}\right)^{2n+2}. \tag{14.39}$$

Diese Funktion stellt somit eine Lösung der Gl. (14.29) dar. Sie wird BESSEL-Funktion erster Gattung und zweiter Ordnung genannt. Im allgemeinen Fall steht in der Gl. (14.29) p^2 an Stelle von 2^2. Die Lösung, die der Wurzel $s = +p$ entspricht:

$$J_p(z) = \sum_{n=0}^{\infty} \frac{(-1)^n}{n!\,(n+p)!} \left(\frac{z}{2}\right)^{2n+p}, \tag{14.40}$$

wird BESSEL-Funktion erster Gattung und p-ter Ordnung genannt.

Die Lösung, die der Wurzel $s = -2$ entspricht, ist nicht unabhängig von der Lösung $J_2(z)$. Die Lösung $J_{-2}(z)$ ergibt sich nämlich aus Gl. (14.39), wenn wir -2 an Stelle von $+2$ einsetzen. In diesem Fall erhalten wir mit:

$$\frac{1}{(n-2)!} = 0: \qquad n < 2,$$

$$J_{-2}(z) = \sum_{n=2}^{\infty} \frac{(-1)^n}{n!\,(n-2)!} \left(\frac{z}{2}\right)^{2n-2},$$

und daraus, wenn wir n durch $n+2$ ersetzen:

$$J_{-2}(z) = \sum_{n=0}^{\infty} \frac{(-1)^{n+2}}{n!\,(n+2)!} \left(\frac{z}{2}\right)^{2n+2} = (-1)^2 J_2(z). \tag{14.41}$$

Allgemein, wenn p eine ganze positive Zahl ist:

$$J_{-p}(z) = (-1)^p J_p(z). \tag{14.42}$$

Wir wollen nun sehen, wie wir die zweite unabhängige Lösung im allgemeinen Fall erhalten können. Hierzu könnten wir die Methode der unbestimmten Koeffizienten verwenden, wie wir es bei der Untersuchung der hypergeometrischen Gleichung der Kugelschalen getan haben, wobei wir vom Ausdruck (12.19) ausgehen würden.

Es ist indessen bequemer, auf andere Weise vorzugehen. Wir wollen die Funktionen:

$$J_{p+\varepsilon}(z) = \sum_{n=0}^{\infty} \frac{(-1)^n}{n!\,\Gamma(n+p+\varepsilon+1)} \left(\frac{z}{2}\right)^{2n+p+\varepsilon},$$

$$J_{-p-\varepsilon}(z) = \sum_{n=0}^{\infty} \frac{(-1)^p}{n!\,\Gamma(n-p-\varepsilon+1)} \left(\frac{z}{2}\right)^{2n-p-\varepsilon}$$

betrachten, wobei p eine ganze positive Zahl und ε eine reale Zahl kleiner als Eins bedeuten.

Die beiden Funktionen genügen der Gleichung von Bessel:

$$z^2 y'' + z y' + [z^2 - (p + \varepsilon)^2]\, y = 0\,,$$

was sich auch mit der Funktion:

$$\eta = \frac{J_{p+\varepsilon}(z) - (-1)^p J_{-p-\varepsilon}(z)}{\varepsilon}$$

zeigen läßt.

Setzen wir:

$$L\, y = z^2 y'' + z y' + (z^2 - p^2)\, y\,,$$

so ergibt sich:

$$L\, \eta = \{(p + \varepsilon)^2 - p^2\}\, \eta = \varepsilon (2 p + \varepsilon)\, \eta\,.$$

Wenn η einen Grenzwert annimmt für $\varepsilon \to 0$, dann ist $y = \lim \eta$ eine Lösung der Gleichung $L\, y = 0$. y ist somit eine Bessel-Funktion p-ter Ordnung.

Um diesen Grenzwert zu berechnen, können wir mit Gl. (14.42) schreiben:

$$\lim_{\varepsilon \to 0} \frac{J_{p+\varepsilon}(z) - (-1)^p J_{-p-\varepsilon}(z)}{\varepsilon} = \lim_{\varepsilon \to 0} \left\{ \frac{J_{p+\varepsilon}(z) - J_p(z)}{\varepsilon} + (-1)^p \frac{J_{-p}(z) - J_{-p-\varepsilon}(z)}{\varepsilon} \right\} = \left[\frac{\partial J_\nu(z)}{\partial \nu} - (-1)^p \frac{\partial J_{-\nu}(z)}{\partial \nu} \right]_{\nu = p}. \tag{14.43}$$

Das Problem der Bestimmung der zweiten Lösung besteht somit in der Berechnung der Ableitungen, welche im erhaltenen Ausdruck vorkommen.

Die zweite Lösung kann auf verschiedene Arten geschrieben werden, z. B. in der von Neumann vorgeschlagenen Form oder in der von Weber vorgeschlagenen. Diese letztere, die bei den Anwendungen häufiger verwendet wird, erhält man, indem man den Ausdruck (14.43) durch π dividiert:

$$N_p(z) = \frac{1}{\pi} \left[\frac{\partial J_\nu(z)}{\partial \nu} - (-1)^p \frac{\partial J_{-\nu}(z)}{\partial \nu} \right]_{\nu = p}. \tag{14.44}$$

Wir wollen nun die erste der Ableitungen berechnen. Wir haben:

$$J_\nu(z) = \sum_{n=0}^{\infty} \frac{(-1)^n}{n!\, \Gamma(n + \nu + 1)} \left(\frac{z}{2} \right)^{2n + \nu}. \tag{14.45}$$

Wir bemerken, daß der Zusammenhang zwischen den Gaussschen Funktionen $\Psi(z)$ und den Funktionen $\Gamma(z)$ durch die Beziehung:

$$\Psi(z) = \frac{\Gamma'(z + 1)}{\Gamma(z + 1)} \tag{14.46}$$

gegeben ist, wobei:

$$\Psi(n) = 1 + \frac{1}{2} + \frac{1}{3} + \cdots + \frac{1}{n} - C, \tag{14.47}$$

wo:

$$-C = \Psi(0) = -0{,}577215665 \tag{14.48}$$

die Konstante von Euler-Mascheroni bedeutet.

Leiten wir die Gl. (14.45) nach ν ab, so haben wir:

$$\frac{\partial J_\nu(z)}{\partial \nu} = \sum_{n=0}^{\infty} \frac{(-1)^n}{n!\,\Gamma(n+\nu+1)} \left(\frac{z}{2}\right)^{2n+\nu} \left[\ln\left(\frac{1}{2}z\right) - \Psi(n+\nu)\right],$$

und daraus mit Gl. (14.37) und (14.47):

$$\begin{aligned}
\left[\frac{\partial J_\nu(z)}{\partial \nu}\right]_{\nu=p} &= \sum_{n=0}^{\infty} \frac{(-1)^n}{n!\,(n+p)!} \left(\frac{z}{2}\right)^{2n+p} \times \\
&\quad \times \left\{\ln\left(\frac{1}{2}z\right) + C - 1 - \frac{1}{2} - \frac{1}{3} - \cdots - \frac{1}{n+p}\right\} \\
&= J_p(z)\left\{\ln\left(\frac{1}{2}z\right) + C\right\} - \sum_{n=0}^{\infty} \frac{(-1)^n}{n!\,(n+p)!} \times \\
&\quad \times \left(1 + \frac{1}{2} + \cdots + \frac{1}{n+p}\right)\left(\frac{z}{2}\right)^{2n+p}.
\end{aligned} \tag{14.49}$$

Für die Berechnung der zweiten der Ableitungen in Gl. (14.44) haben wir zu beachten, daß für $\nu = p$ die ersten p-Glieder von $J_{-\nu}(z)$ verschwinden. Wir schreiben somit:

$$J_{-\nu}(z) = \sum_{n=0}^{p-1} \frac{(-1)^n}{n!\,\Gamma(n-\nu+1)} \left(\frac{z}{2}\right)^{2n-\nu} + \sum_{n=p}^{\infty} \frac{(-1)^n}{n!\,\Gamma(n-\nu+1)} \left(\frac{z}{2}\right)^{2n-\nu}.$$

Berücksichtigen wir, daß:

$$\Gamma(n-\nu+1)\,\Gamma(\nu-n) = \pi/\sin(n-\nu+1)\,\pi,$$

so können wir diesen Ausdruck in die erste Summe einsetzen. Setzen wir darauf $n+p$ an Stelle von n in der zweiten Summe, so haben wir:

$$\begin{aligned}
J_{-\nu}(z) &= \sum_{n=0}^{p-1} \frac{(-1)^n \sin(n-\nu+1)\,\pi\,\Gamma(\nu-n)}{\pi\, n!} \left(\frac{z}{2}\right)^{2n-\nu} + \\
&\quad + \sum_{n=0}^{\infty} \frac{(-1)^{n+p}}{(n+p)!\,\Gamma(n+p-\nu+1)} \left(\frac{z}{2}\right)^{2n+2p-\nu}.
\end{aligned}$$

Leiten wir nach ν ab und berücksichtigen wir die Gl. (14.46), so ergibt sich:

$$\frac{\partial J_{-\nu}(z)}{\partial \nu} = \sum_{n=0}^{p-1} \frac{(-1)^n}{\pi\, n!} \left(\frac{z}{2}\right)^{2n-\nu} \sin(n-\nu+1)\pi\, \Gamma(\nu-n) \times$$
$$\times \left\{-\frac{\pi \cos(n-\nu+1)\pi}{\sin(n-\nu+1)\pi} + \Psi(\nu-n-1) - \ln\left(\frac{z}{2}\right)\right\} +$$
$$+ \sum_{n=0}^{\infty} \frac{(-1)^{n+p}}{(n+p)!\,\Gamma(n+p-\nu+1)} \left(\frac{z}{2}\right)^{2n+2p-\nu} \times$$
$$\times \left\{\Psi(n+p-\nu) - \ln\left(\frac{z}{2}\right)\right\}.$$

Führen wir die angegebenen Rechenoperationen aus und beachten dabei, daß für $\nu = p$, d. h. eine ganze positive Zahl, $\sin(n-p+1)\pi = 0$, so haben wir:

$$\left[\frac{\partial J_{-\nu}(z)}{\partial \nu}\right]_{\nu=p} = \sum_{n=0}^{p-1} \frac{(-1)^n}{n!} \left(\frac{z}{2}\right)^{2n-p} \Gamma(p-n) \cos(n-p)\pi +$$
$$+ \sum_{n=0}^{\infty} \frac{(-1)^{n+p}}{(n+p)!\,n!} \left(\frac{z}{2}\right)^{2n+p} \left\{\Psi(n) - \ln\left(\frac{z}{2}\right)\right\}.$$

Beachten wir die Änderungen des Vorzeichens von $(-1)^n \cos(n-p)\pi$ in Funktion von p, und rufen wir uns die Gln. (14.37), (14.40) und (14.47) in Erinnerung, so ergibt sich aus diesem Ausdruck leicht:

$$\left[\frac{\partial J_{-\nu}(z)}{\partial \nu}\right]_{\nu=p} = (-1)^p \sum_{n=0}^{p-1} \frac{(p-n-1)!}{n!} \left(\frac{z}{2}\right)^{2n-p} -$$
$$- (-1)^p J_p(z) \left[\ln\left(\frac{1}{2} z\right) + C\right] +$$
$$+ (-1)^p \sum_{n=0}^{\infty} \frac{(-1)^n}{n!\,(n+p)!} \left(1 + \frac{1}{2} + \cdots + \frac{1}{n}\right) \left(\frac{z}{2}\right)^{2n+p}. \tag{14.50}$$

Wir erhalten schließlich mit Gl. (14.44), (14.49) und (14.50):

$$N_p(z) = \frac{2}{\pi} J_p(z) \left[\ln\left(\frac{1}{2} z\right) + C\right] - \frac{1}{\pi} \sum_{n=0}^{p-1} \frac{(p-n-1)!}{n!} \left(\frac{z}{2}\right)^{2n-p} -$$
$$- \frac{1}{\pi} \sum_{n=0}^{\infty} \frac{(-1)^n}{n!\,(n+p)!} \left(1 + \frac{1}{2} + \cdots + \frac{1}{n} + 1 + \frac{1}{2} + \cdots + \frac{1}{n+p}\right) \left(\frac{z}{2}\right)^{2n+p}. \tag{14.51}$$

Dies ist der Ausdruck für die zweite unabhängige Lösung, wenn p eine ganze positive Zahl ist.

$N_p(z)$ wird Bessel-Funktion zweiter Gattung und p-ter Ordnung genannt. Sie heißt auch Funktion von Neumann oder von Weber.

Die allgemeine Lösung der Gleichung von Bessel lautet somit:

$$y = A\, J_p(z) + B\, N_p(z). \tag{14.52}$$

Bei vielen Anwendungen verwendet man als Lösungen die Bessel-Funktionen dritter Gattung, auch Funktionen von Hankel genannt, welche lineare Kombinationen von $J_p(z)$ und $N_p(z)$ darstellen:

$$\left.\begin{aligned} H_p^{(1)}(z) &= J_p(z) + i\, N_p(z)\,, \\ H_p^{(2)}(z) &= J_p(z) - i\, N_p(z)\,. \end{aligned}\right\} \tag{14.53}$$

Zwischen den Bessel-Funktionen verschiedener Ordnung existieren die folgenden Beziehungen:

$$\frac{d}{dx}\, y_p(\alpha x) = \alpha\, y_{p-1}(\alpha x) - \frac{p}{x}\, y_p(\alpha x)\,, \tag{14.54}$$

$$\frac{d}{dx}\, y_p(\alpha x) = -\alpha\, y_{p+1}(\alpha x) + \frac{p}{x}\, y_p(\alpha x)\,, \tag{14.55}$$

$$2\frac{d}{dx}\, y_p(\alpha x) = \alpha\,[y_{p-1}(\alpha x) - y_{p+1}(\alpha x)]\,, \tag{14.56}$$

$$y_{p-1}(\alpha x) + y_{p+1}(\alpha x) = \frac{2p}{\alpha x}\, y_p(\alpha x)\,, \tag{14.57}$$

worin:

$$y = J,\, N,\, H^{(1)},\, H^{(2)}.$$

Aus den bei der Integration der Gleichung von Bessel angegebenen Begriffen ergibt sich, daß die Gl. (14.29) der Kegelschale die folgenden unabhängigen Lösungen hat:

$$U_1 = I_1 + i\, I_2 = J_2(z)\,, \tag{14.58}$$

$$U_2 = I_3 + i\, I_4 = N_2(z)\,, \tag{14.59}$$

wobei $z = t\sqrt{i}$ eine komplexe Zahl bedeutet.

b) Funktionen von Schleicher. Für die Berechnung der Funktionen von Bessel, die in den Gln. (14.58) und (14.59) vorkommen, ist es bequem, einige Transformationen auszuführen, welche sich beim Betrachten der für diese Funktionen erhaltenen Ausdrücke ergeben, wenn wir an Stelle von z den Wert $z = t\sqrt{i}$ einsetzen.

Um die Erklärung zu vereinfachen, wollen wir die Bessel-Funktionen Null-ter Ordnung betrachten, $J_0(z)$ und $N_0(z)$, Lösungen der Gleichung:

$$z^2 \frac{d^2 y}{dz^2} + z\frac{dy}{dz} + z^2 y = 0\,. \tag{14.60}$$

Haben wir die Ausdrücke für $J_0(z)$ und $N_0(z)$ erhalten, so ist es möglich, durch Anwendung der Beziehungen (14.54) bis (14.57) die Ausdrücke für $J_2(z)$ und $N_2(z)$ herzuleiten.

9*

Mit Gl. (14.40) und wegen $z = t\sqrt{i}$ erhalten wir:

$$J_0(t\sqrt{i}) = 1 - i\frac{t^2}{2^2} - \frac{t^4}{(2\cdot 4)^2} + i\frac{t^6}{(2\cdot 4\cdot 6)^2} + \cdots \tag{14.61}$$

Setzen wir übereinstimmend mit der Bezeichnung von Lord KELVIN:

$$\operatorname{ber} t = 1 - \frac{t^4}{(2\cdot 4)^2} + \frac{t^8}{(2\cdot 4\cdot 6\cdot 8)^2} - \cdots \tag{14.62}$$

$$\operatorname{bei} t = \frac{t^2}{2^2} - \frac{t^6}{(2\cdot 4\cdot 6)^2} + \cdots \tag{14.63}$$

so ergibt sich:

$$J_0(t\sqrt{i}) = \operatorname{ber} t - i\operatorname{bei} t = Z_1(t) + i Z_2(t) \tag{14.64}$$

und somit:

$$Z_1(t) = \operatorname{ber} t, \tag{14.65}$$

$$Z_2(t) = -\operatorname{bei} t. \tag{14.66}$$

Setzen wir $z = t\sqrt{i}$, so erhalten wir mit Gl. (14.51):

$$N_0(t\sqrt{i}) = \frac{2}{\pi}\left\{\ln\frac{C t\sqrt{i}}{2}(\operatorname{ber} t - i\operatorname{bei} t) + i\left(\frac{t}{2}\right)^2 + \frac{\frac{1}{1}+\frac{1}{2}}{(2\,!)^2}\left(\frac{t}{2}\right)^4 - \right.$$
$$\left. - i\frac{\frac{1}{1}+\frac{1}{2}+\frac{1}{3}}{(3\,!)^2}\left(\frac{t}{2}\right)^6 - \frac{\frac{1}{1}+\frac{1}{2}+\frac{1}{3}+\frac{1}{4}}{(4\,!)^2}\left(\frac{t}{2}\right)^8 - \cdots\right\}. \tag{14.67}$$

Mit:

$$\sqrt{i} = e^{\frac{\pi i}{4}}$$

und

$$\ln\sqrt{i} = \frac{\pi i}{4}$$

ergibt sich:

$$N_0(t\sqrt{i}) = \frac{2}{\pi}\left\{\ln\frac{C t}{2}\operatorname{ber} t + \frac{\pi}{4}\operatorname{bei} t + \frac{\frac{1}{1}+\frac{1}{2}}{(2\,!)^2}\left(\frac{t}{2}\right)^4 - \right.$$
$$\left. - \frac{\frac{1}{1}+\frac{1}{2}+\frac{1}{3}+\frac{1}{4}}{(4\,!)^2}\left(\frac{t}{2}\right)^8 + \cdots\right\} + i\frac{2}{\pi}\left\{-\ln\frac{C t}{2}\operatorname{bei} t + \right.$$
$$\left. + \frac{\pi}{4}\operatorname{ber} t + \left(\frac{t}{2}\right)^2 - \frac{\frac{1}{1}+\frac{1}{2}+\frac{1}{3}}{(3\,!)^2}\left(\frac{t}{2}\right)^6 + \cdots\right\}. \tag{14.68}$$

Summieren wir und subtrahieren wir $\frac{\operatorname{bei} t}{2}$ und $i \frac{\operatorname{ber} t}{2}$, so erhalten wir:

$$N_0(t\sqrt{i}) = \left\{\operatorname{bei} t + \frac{2}{\pi}\left[\ln\frac{Ct}{2}\operatorname{ber} t - \frac{\pi}{4}\operatorname{bei} t + \frac{\frac{1}{1}+\frac{1}{2}}{(2\,!)^2}\left(\frac{t}{2}\right)^4 - \right.\right.$$
$$\left.\left. - \frac{\frac{1}{1}+\frac{1}{2}+\frac{1}{3}+\frac{1}{4}}{(4\,!)^2}\left(\frac{t}{2}\right)^8 + \cdots\right]\right\} + i\left\{\operatorname{ber} t + \frac{2}{\pi}\left[-\ln\frac{Ct}{2}\operatorname{bei} t - \right.\right.$$
$$\left.\left. - \frac{\pi}{4}\operatorname{ber} t + \left(\frac{t}{2}\right)^2 - \frac{\frac{1}{1}+\frac{1}{2}+\frac{1}{3}}{(3\,!)^2}\left(\frac{t}{2}\right)^6 + \cdots\right]\right\}. \tag{14.69}$$

Setzen wir übereinstimmend mit der Bezeichnung von RUSSELL:

$$\operatorname{ker} t = -\ln\frac{Ct}{2}\operatorname{ber} t + \frac{\pi}{4}\operatorname{bei} t - \frac{\frac{1}{1}+\frac{1}{2}}{(2\,!)^2}\left(\frac{t}{2}\right)^4 + \cdots \tag{14.70}$$

$$\operatorname{kei} t = -\ln\frac{Ct}{2}\operatorname{bei} t - \frac{\pi}{4}\operatorname{ber} t + \left(\frac{t}{2}\right)^2 - \cdots \tag{14.71}$$

so erhalten wir:

$$N_0(t\sqrt{i}) = \left\{\operatorname{bei} t - \frac{2}{\pi}\operatorname{ker} t\right\} + i\left\{\operatorname{ber} t + \frac{2}{\pi}\operatorname{kei} t\right\}. \tag{14.72}$$

Nun multiplizieren wir das erste und das zweite Glied dieser Gleichung mit i. Wir erhalten mit Gl. (14.64):

$$i\,N_0(t\sqrt{i}) = -J_0(t\sqrt{i}) - \frac{2}{\pi}[\operatorname{kei} t + i \operatorname{ker} t]. \tag{14.73}$$

Die allgemeine Lösung von Gl. (14.60) lautet somit:

$$y = A\,J_0(t\sqrt{i}) + B\,i\,N_0(t\sqrt{i})$$
$$= C_1 J_0(t\sqrt{i}) + C_2\left[\frac{2}{\pi}(-\operatorname{kei} t - i \operatorname{ker} t)\right]. \tag{14.74}$$

Vergleichen wir die Gl. (14.73) mit der Gl. (14.53), so ergibt sich:

$$H_0^{(1)}(t\sqrt{i}) = -\frac{2}{\pi}[\operatorname{kei} t + i\operatorname{ker} t] = Z_3(t) + i\,Z_4(t), \tag{14.75}$$

wobei:

$$Z_3(t) = -\frac{2}{\pi}\operatorname{kei} t, \tag{14.76}$$

$$Z_4(t) = -\frac{2}{\pi}\operatorname{ker} t. \tag{14.77}$$

Wir erhalten somit die allgemeine Lösung:

$$y = C_1 J_0(t\sqrt{i}) + C_2 H_0^{(1)}(t\sqrt{i}), \tag{14.78}$$

in der die Funktion von HANKEL auftritt.

Die Funktionen $Z_1(t)$, $Z_2(t)$, $Z_3(t)$ und $Z_4(t)$ sind, wie wir sehen werden, sehr nützlich für die Anwendungen. Sie werden auch Funktionen von SCHLEICHER genannt.

Im Fall der Gleichung:

$$z^2 \frac{d^2 y}{dz^2} + z \frac{dy}{dz} + (z^2 - 1^2)\, y = 0 \tag{14.79}$$

erhalten wir die allgemeine Lösung:

$$y = A\, J_1(z) + B\, N_1(z). \tag{14.80}$$

Nach Gl. (14.55) gilt:

$$J_1(z) = -\frac{dJ_0(z)}{dz}; \quad N_1(z) = -\frac{dN_0(z)}{dz}; \quad H_1^{(1)}(z) = -\frac{dH_0^{(1)}}{dz}, \tag{14.81}$$

woraus mit der ersten der Gl. (14.53) folgt:

$$i\, N_1(z) = -\frac{d}{dz}[-J_0(z) + H_0^{(1)}(z)] = -J_1(z) + H_1^{(1)}(z).$$

Wir erhalten somit:

$$y = C_1\, J_1(t\sqrt{i}) + C_2\, H_1^{(1)}(t\sqrt{i}). \tag{14.82}$$

Somit erhalten wir im Fall der Gl. (14.29) der Kegelschale durch die gleiche Überlegung:

$$U = C_1\, J_2(t\sqrt{i}) + C_2\, H_2^{(1)}(t\sqrt{i}). \tag{14.83}$$

Wir kennen mit den Gln. (14.64) und (14.72) unter Vergegenwärtigung der Gln. (14.76) und (14.77) die Funktionen $J_0(t\sqrt{i})$ und $N_0(t\sqrt{i})$ in Funktion von $Z_1(t)$, $Z_2(t)$, $Z_3(t)$ und $Z_4(t)$. Wir wollen nun versuchen, auch die Funktionen erster und zweiter Ordnung in Funktion der $Z_i(t)$ und ihrer Ableitungen $Z_i'(t)$ nach t zu erhalten.

Für $J_1(t\sqrt{i})$ erhalten wir aus der ersten der Gl. (14.81):

$$J_1(t\sqrt{i}) = -\frac{dJ_0(t\sqrt{i})}{d(t\sqrt{i})} = -[Z_1'(t) + i\, Z_2'(t)]\frac{1}{\sqrt{i}}. \tag{14.84}$$

Ebenso:

$$H_1^{(1)}(t\sqrt{i}) = -[Z_3'(t) + i\, Z_4'(t)]\frac{1}{\sqrt{i}}. \tag{14.85}$$

Für $J_2(t\sqrt{i})$ bemerken wir, daß wir aus Gl. (14.57) erhalten:

$$J_2(t\sqrt{i}) = -J_0(t\sqrt{i}) + \frac{2}{t\sqrt{i}} J_1(t\sqrt{i}), \tag{14.86}$$

und daraus mit Gl. (14.64) und (14.84):

$$J_2(t\sqrt{i}) = -\left[Z_1(t) + \frac{2}{t} Z_2'(t)\right] - i\left[Z_2(t) - \frac{2}{t} Z_1'(t)\right]. \tag{14.87}$$

Ebenso:

$$H_2^{(1)}(t\sqrt{i}) = -\left[Z_3(t) + \frac{2}{t}Z_4'(t)\right] - i\left[Z_4(t) - \frac{2}{t}Z_3'(t)\right]. \qquad (14.88)$$

Wir haben so die beiden Lösungen der Gl. (14.29) erhalten. Auf Grund dessen, was wir mit Bezug auf die Gl. (11.35) und ihre allgemeine Lösung (11.36) bemerkt haben, lautet die allgemeine Lösung der Gl. (14.16) übereinstimmend mit Gl. (14.23):

$$U = C_1\left[Z_1(t) + \frac{2}{t}Z_2'(t)\right] + C_2\left[Z_2(t) - \frac{2}{t}Z_1'(t)\right] + \\ + C_3\left[Z_3(t) + \frac{2}{t}Z_4'(t)\right] + C_4\left[Z_4(t) - \frac{2}{t}Z_3'(t)\right]; \qquad (14.89)$$

wobei nach Gl. (14.87), (14.88), (14.58) und (14.59) gilt:

$$\left.\begin{aligned} I_1 &= -\left[Z_1(t) + \frac{2}{t}Z_2'(t)\right]; \quad & I_2 &= -\left[Z_2(t) - \frac{2}{t}Z_1'(t)\right], \\ I_3 &= -\left[Z_3(t) + \frac{2}{t}Z_4'(t)\right]; \quad & I_4 &= -\left[Z_4(t) - \frac{2}{t}Z_3'(t)\right]. \end{aligned}\right\} \qquad (14.90)$$

Aus Gl. (14.55) erhalten wir:

$$\frac{d}{dz}\left[\frac{J_1(z)}{z}\right] = -\frac{J_2(z)}{z},$$

und daraus ergibt sich mit $z = t\sqrt{i}$ aus Gl. (14.84):

$$J_2(t\sqrt{i}) = \left[Z_2''(t) - \frac{Z_2'(t)}{t}\right] + i\left[-Z_1''(t) + \frac{Z_1'(t)}{t}\right].$$

Vergleichen wir diesen Ausdruck mit der Gl. (14.87), so erhalten wir:

$$Z_1''(t) = Z_2(t) - \frac{1}{t}Z_1'(t), \qquad (14.91)$$

$$Z_2''(t) = -Z_1(t) - \frac{1}{t}Z_2'(t). \qquad (14.92)$$

Ebenso:

$$Z_3''(t) = Z_4(t) - \frac{1}{t}Z_3'(t), \qquad (14.93)$$

$$Z_4''(t) = -Z_3(t) - \frac{1}{t}Z_4'(t). \qquad (14.94)$$

Leiten wir diese Ausdrücke nach t ab, und drücken wir die zweite Ableitung in Funktion derselben Funktion und der ersten Ableitung aus, so ergibt sich:

$$Z_1'''(t) = Z_2'(t) + \frac{2}{t^2}Z_1'(t) - \frac{1}{t}Z_2(t), \qquad (14.95)$$

$$Z_2'''(t) = -Z_1'(t) + \frac{2}{t^2}Z_2'(t) + \frac{1}{t}Z_1(t), \qquad (14.96)$$

$$Z_3'''(t) = Z_4'(t) + \frac{2}{t^2}Z_3'(t) - \frac{1}{t}Z_4(t), \qquad (14.97)$$

$$Z_4'''(t) = -Z_3'(t) + \frac{2}{t^2}Z_4'(t) + \frac{1}{t}Z_3(t). \qquad (14.98)$$

Ebenso:

$$Z_1''''(t) = -Z_1(t) - \frac{6}{t^3} Z_1'(t) + \frac{3}{t^2} Z_2(t) - \frac{2}{t} Z_2'(t), \qquad (14.99)$$

$$Z_2''''(t) = -Z_2(t) - \frac{6}{t^3} Z_2'(t) - \frac{3}{t^2} Z_1(t) + \frac{2}{t} Z_1'(t), \qquad (14.100)$$

$$Z_3''''(t) = -Z_3(t) - \frac{6}{t^3} Z_3'(t) + \frac{3}{t^2} Z_4(t) - \frac{2}{t} Z_4'(t), \qquad (14.101)$$

$$Z_4''''(t) = -Z_4(t) - \frac{6}{t^3} Z_4'(t) - \frac{3}{t^2} Z_3(t) + \frac{2}{t} Z_3'(t). \qquad (14.102)$$

In Abb. 14.2 sind die Diagramme der Ableitungen $Z_i'(t)$ dargestellt. Man entnimmt dieser Abbildung, daß die Funktionen $Z_1'(t)$ und $Z_2'(t)$

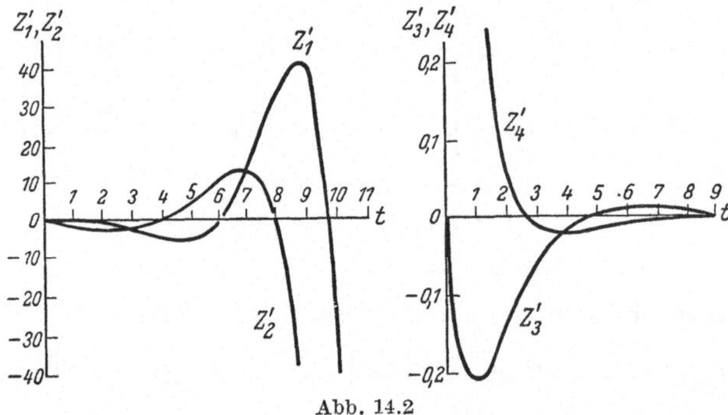

Abb. 14.2

Schwingungen darstellen, die dadurch charakterisiert sind, daß sie für abnehmende Werte von t rasch abklingen, d. h. für einen abnehmenden Abstand y des Parallelkreises von der Spitze der Schale (Abb. 14.1). Das Gegenteil ergibt sich für die Funktionen $Z_3'(t)$ und $Z_4'(t)$ und ihre Ableitungen.

Die gleichen Charakteristiken weisen die Funktionen $Z_1(t)$, $Z_2(t)$, und $Z_3(t)$, $Z_4(t)$ auf.

Angesichts des Verhaltens, das die Funktionen $Z_i(t)$ und ihre Ableitungen $Z_i'(t)$ aufweisen, können wir schließen, daß die beiden ersten in Klammern gesetzten Ausdrücke der allgemeinen Lösung (14.89) den Wirkungen der im unteren Rand der Kegelschale auftretenden Schnittkräfte Rechnung tragen, während die beiden letzten Klammerausdrücke sich auf die von den im oberen Rand auftretenden Schnittkräften verursachten Wirkungen beziehen. Wenn also die Kegelschale geschlossen ist, so werden die Konstanten C_3 und C_4 Null, und es müssen nur C_1 und C_2 bestimmt werden, deren Werte von den Auflagerbedingungen des unteren Rands abhängen.

Für die offene Schale ist es erforderlich, den vollständigen Ausdruck (14.89) mit den vier Konstanten zu verwenden. In dem bei den Anwendungen sehr häufigen Fall der Schalen mit kleiner Stärke und daher mit sehr großem Wert von μ_1 jedoch sind schon in einem kleinen Abstand von den Rändern die Kräfte, die durch im Gleichgewicht befindliche, in den Rändern angreifende Schnittkräfte verursacht werden, vernachlässigbar.

Es ergibt sich somit eine Unabhängigkeit unter den Randstörungen, die den in diesen Rändern wirkenden Kräften entsprechen, es sei denn, wie man der Gl. (14.18) entnimmt, daß der Winkel φ einen Wert in der Nähe von $\pi/2$ annimmt, d. h. daß sich das Verhalten des Kegelstumpfs dem einer Platte mit kreisförmigem Loch nähert, für welche diese Unabhängigkeit nicht mehr existiert [DUBOIS, 17.1]. Schließen wir diesen Fall aus, so ist es möglich, die Koeffizienten nur in Funktion derjenigen Bedingungen zu bestimmen, welche im entsprechenden Rand gelten, d. h. indem wir die Lösung (14.89) verwenden, in der nur C_1 und C_2 vorkommen, falls wir die Auflagerbedingungen des unteren Rands betrachten, und die gleiche Lösung, in der nur C_3 und C_4 vorkommen, falls wir die Auflagerbedingungen des oberen Rands betrachten.

c) Kräfte, Verschiebungen und Drehungen infolge der Randstörungen. Ist die allgemeine Lösung (14.89) der homogenen Gl. (14.16) bekannt, so können die Schnittkräfte, Verschiebungen und Drehungen infolge der in den Rändern angreifenden Beanspruchungen leicht bestimmt werden. Weil wir in der Gl. (14.12) $V^0 = 0$ und somit, nach Gl. (14.9), $Q(y) = 0$ gesetzt haben, hängt die allgemeine Lösung der homogenen Gleichung nicht von den angreifenden äußeren Kräften und somit nicht von den Randbedingungen ab.

Mit Gln. (14.3), (14.4) und (14.5) ergibt sich, wenn wir uns die Gln. (14.91) bis (14.94), (Abb. 14.1) vergegenwärtigen:

$$Q_y = \frac{U}{R_2}, \tag{14.103}$$

$$N_y = -Q_y \operatorname{ctg}\varphi, \tag{14.104}$$

$$\begin{aligned} N_\vartheta = -\frac{2\mu_1^2}{t^2}\Big\{ & C_1\Big[t Z_1'(t) - 2Z_1(t) - \frac{4}{t} Z_2'(t)\Big] + \\ & + C_2\Big[t Z_2'(t) - 2Z_2(t) + \frac{4}{t} Z_1'(t)\Big] + C_3\Big[t Z_3'(t) - 2Z_3(t) - \\ & - \frac{4}{t} Z_4'(t)\Big] + C_4\Big[t Z_4'(t) - 2Z_4(t) + \frac{4}{t} Z_3'(t)\Big]\Big\}. \end{aligned} \tag{14.105}$$

Aus Gl. (14.26) ergibt sich mit Gl. (14.90), wenn wir uns daran erinnern, daß wir in Gl. (14.89) $C_i = -c_i$ gewählt haben:

$$\begin{aligned} V = -\frac{\mu_1^2}{E\,h \operatorname{tg}\varphi}\Big\{ & -C_1\Big[Z_2(t) - \frac{2}{t} Z_1'(t)\Big] + C_2\Big[Z_1(t) + \frac{2}{t} Z_2'(t)\Big] - \\ & - C_3\Big[Z_4(t) - \frac{2}{t} Z_3'(t)\Big] + C_4\Big[Z_3(t) + \frac{2}{t} Z_4'(t)\Big]\Big\}, \end{aligned} \tag{14.106}$$

woraus nach Gl. (5.123) und (5.124) folgt:

$$\begin{aligned}M_\vartheta = \frac{2\operatorname{tg}\varphi}{t^2}\Big\{&C_1\Big[-\nu t Z_2'(t) - 2(1-\nu) Z_2(t) + \frac{4(1-\nu)}{t} Z_1'(t)\Big] + \\ &+ C_2\Big[\ \ \nu t Z_1'(t) + 2(1-\nu) Z_1(t) + \frac{4(1-\nu)}{t} Z_2'(t)\Big] + \\ &+ C_3\Big[-\nu t Z_4'(t) - 2(1-\nu) Z_4(t) + \frac{4(1-\nu)}{t} Z_3'(t)\Big] + \\ &+ C_4\Big[\ \ \nu t Z_3'(t) + 2(1-\nu) Z_3(t) + \frac{4(1-\nu)}{t} Z_4'(t)\Big]\Big\}. \end{aligned} \tag{14.107}$$

$$\begin{aligned}M_y = \frac{2\operatorname{tg}\varphi}{t^2}\Big\{&C_1\Big[-t Z_2'(t) + 2(1-\nu) Z_2(t) - \frac{4(1-\nu)}{t} Z_1'(t)\Big] + \\ &+ C_2\Big[\ \ t Z_1'(t) - 2(1-\nu) Z_1(t) - \frac{4(1-\nu)}{t} Z_2'(t)\Big] + \\ &+ C_3\Big[-t Z_4'(t) + 2(1-\nu) Z_4(t) - \frac{4(1-\nu)}{t} Z_3'(t)\Big] + \\ &+ C_4\Big[\ \ t Z_3'(t) - 2(1-\nu) Z_3(t) - \frac{4(1-\nu)}{t} Z_4'(t)\Big]\Big\}. \end{aligned} \tag{14.108}$$

Die Verschiebung ξ berechnet sich nach der Formel (11.18) zu:

$$\xi = \frac{y \sin\alpha}{E h}\left[N_\vartheta - \nu N_y\right]. \tag{14.109}$$

Die Tabellen am Schluß des Buchs liefern die Werte von $Z_i(t)$ und den Ableitungen $Z_i'(t)$ für Werte von $t \leqq 20$. Wenn wir die Werte dieser Funktionen für größere Werte von t kennen müssen, können wir die folgenden asymptotischen Ausdrücke verwenden:

$$\left.\begin{aligned} Z_1(t) &\cong \frac{1}{\sqrt{2\pi t}}\, e^{\frac{t}{\sqrt{2}}} \cos\left(\frac{t}{\sqrt{2}} - \frac{\pi}{8}\right), \\ Z_2(t) &\cong -\frac{1}{\sqrt{2\pi t}}\, e^{\frac{t}{\sqrt{2}}} \sin\left(\frac{t}{\sqrt{2}} - \frac{\pi}{8}\right), \\ Z_1'(t) &\cong \frac{1}{\sqrt{2\pi t}}\, e^{\frac{t}{\sqrt{2}}} \cos\left(\frac{t}{\sqrt{2}} + \frac{\pi}{8}\right), \\ Z_2'(t) &\cong -\frac{1}{\sqrt{2\pi t}}\, e^{\frac{t}{\sqrt{2}}} \sin\left(\frac{t}{\sqrt{2}} + \frac{\pi}{8}\right), \\ Z_3(t) &\cong \sqrt{\frac{2}{\pi t}}\, e^{-\frac{t}{\sqrt{2}}} \sin\left(\frac{t}{\sqrt{2}} + \frac{\pi}{8}\right), \\ Z_4(t) &\cong -\sqrt{\frac{2}{\pi t}}\, e^{-\frac{t}{\sqrt{2}}} \cos\left(\frac{t}{\sqrt{2}} + \frac{\pi}{8}\right), \end{aligned}\right\} \tag{14.110}$$

$$\left.\begin{aligned} Z_3'(t) &\cong -\sqrt{\frac{2}{\pi t}}\,e^{-\frac{t}{\sqrt{2}}}\sin\left(\frac{t}{\sqrt{2}}-\frac{\pi}{8}\right),\\ Z_4'(t) &\cong \sqrt{\frac{2}{\pi t}}\,e^{-\frac{t}{\sqrt{2}}}\cos\left(\frac{t}{\sqrt{2}}-\frac{\pi}{8}\right),\end{aligned}\right|$$

Um die Untersuchung der Kegelschalen zu vervollständigen, müßten wir die Partikulärlösungen bestimmen, die dem Gleichungssystem (14.12) und (14.13) zugehören, für welches $E\,h\,V^0\,\mathrm{tg}\,\varphi = Q(y) \neq 0$, wobei jedoch $h^{\cdot} = 0$, da wir Schalen mit konstanter Stärke betrachten. Es gelten auch für die Kegelschalen die bereits gemachten Bemerkungen bezüglich der Schnittkräfte, Verschiebungen und Drehungen für den Fall von Tragwerken mit sehr kleiner Stärke. Folglich können die Beziehungen (13.74), (13.75) und (13.76) auch bei der Berechnung von dünnen Kegelschalen angewendet werden. Somit summieren sich die Kräfte, die einerseits durch die am Tragwerk im Membranzustand angreifenden Kräfte, andererseits durch die Reaktionen, für welche die Biegesteifigkeit der Schale in die Berechnung eingeführt wird, verursacht werden.

Eine analoge Überlegung, wie wir sie bei der Untersuchung der Kugelschalen angestellt haben, erlaubt uns, die Verschiebungsgrößen für die Kegelschalen herzuleiten, wie wir im folgenden bei einer numerischen Anwendung sehen werden.

d) Numerische Anwendungen.

1. Beispiel. Wir wollen die Konstanten C_1 und C_2 für die in Abb. 14.3 dargestellte geschlossene Kegelschale aus Stahlbeton berechnen, deren Rand vollständig eingespannt sein soll, und die unter der Wirkung des Eigengewichts steht.

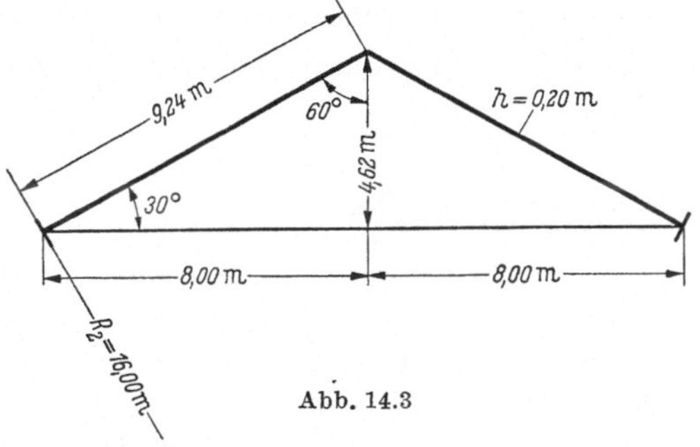

Abb. 14.3

Die Charakteristiken des Tragwerks sind die folgenden:

$$h = 0{,}20\text{ m},$$
$$\alpha = 60°,$$
$$\varphi = 30°,$$
$$\nu = 1/6,$$

woraus mit Gl. (14.18) folgt:

$$\mu_1 = 3{,}14.$$

Für den Randschnitt haben wir:

$$y = 9{,}24\text{ m}$$

und damit ergibt sich mit $t = 2\mu_1 \sqrt{y}$:

$$t = 19{,}08.$$

Für diesen Wert des Parameters t liefern uns die Formeln (10.110) oder direkt die am Schluß des Buchs gegebenen Tabellen die Werte der Funktionen $Z_1(t)$ und $Z_2(t)$ sowie ihrer Ableitungen. Wir erhalten durch Interpolation:

$$Z_1 = 5{,}734 \cdot 10^4,$$
$$Z_2 = -3{,}342 \cdot 10^4,$$
$$Z_1' = 1{,}539 \cdot 10^4,$$
$$Z_2' = -6{,}331 \cdot 10^4.$$

Es ergibt sich auch:

$$t Z_1' = 29{,}364 \cdot 10^4,$$
$$t Z_2' = -120{,}795 \cdot 10^4,$$
$$\frac{Z_1'}{t} = 0{,}08066 \cdot 10^4,$$
$$\frac{Z_2'}{t} = -0{,}33181 \cdot 10^4.$$

Wir können somit den Wert von N_y im Rand in Funktion der Konstanten berechnen. Wir erhalten mit Gl. (14.104), (14.103) und (14.89):

$$N_y = -0{,}548744 \cdot 10^4 C_1 + 0{,}379145 \cdot 10^4 C_2, \tag{a}$$

d. h.:

$$\nu N_y = -0{,}0914573 \cdot 10^4 C_1 = 0{,}0631908 \cdot 10^4 C_2.$$

Ebenso ergibt sich im Rand mit Gl. (14.105):

$$N_\vartheta = -1{,}041246 \cdot 10^4 C_1 + 6{,}163460 \cdot 10^4 C_2.$$

Mit:

$$y \sin\alpha = 8{,}00$$

erhalten wir aus Gl. (14.109):

$$\xi_u = \frac{10^4}{E h}(-7{,}600306\, C_1 + 48{,}814970\, C_2). \tag{b}$$

Verwenden wir die Gl. (14.106) für die Berechnung der Drehung im Rand, so ergibt sich:

$$V_u = \frac{10^4}{E h}(-59{,}827372\, C_1 - 86{,}588582\, C_2). \tag{c}$$

Im Membranzustand erleidet der Randschnitt der untersuchten Kegelschale infolge der Wirkung des Eigengewichts eine Verschiebung und eine Drehung, die durch die Formeln (9.15) und (9.17) bestimmt sind. Mit:

$$g = 0{,}20 \cdot 2400 = 480 \text{ kg/m}^2$$

erhalten wir:

$$\xi_u^0 = -\frac{47319{,}68}{E h},$$

$$V_u^0 = \frac{14723{,}76}{E h}.$$

Wegen der Annahme einer vollständigen Einspannung des Rands muß nach Gl. (13.75) und (13.76) gelten:

$$\xi_u^t = \xi_u + \xi_u^0 = 0,$$

$$V_u^t = V_u + V_u^0 = 0,$$

d. h.:

$$-7{,}600306 \cdot 10^4 \cdot C_1 + 48{,}814970 \cdot 10^4 \cdot C_2 - 47319{,}68 = 0,$$

$$-59{,}827372 \cdot 10^4 \cdot C_1 - 86{,}588582 \cdot 10^4 \cdot C_2 + 14723{,}76 = 0,$$

woraus folgt:

$$C_1 = -0{,}09441; \qquad C_2 = 0{,}08223.$$

Nachdem die Werte der Konstanten bekannt sind, können wir für jeden beliebigen Punkt der Schale die Schnittkräfte, Verschiebungen und Drehungen infolge der im Rand angreifenden Beanspruchungen berechnen, wobei wir hierfür die Formeln (14.89), (14.103) bis (14.109) verwenden. Die endgültigen Werte erhalten wir, indem wir die so berechneten Werte und die dem Membranzustand entsprechenden summieren.

Im Rand erhalten wir unter Verwendung der Gl. (14.108):

$$M_y = 3646{,}23 \cdot C_1 + 663{,}34 \cdot C_2, \tag{d}$$

woraus sich nach Einsetzen der oben erhaltenen Werte der Konstanten ergibt:

$$M_y = -289{,}694 \text{ kg m/m}.$$

2. Beispiel. Wir wollen die Verschiebungsgrößen für die im vorhergehenden Beispiel betrachtete Kegelschale berechnen.

Wir lassen zuerst im Rand, Abb. 13.2, die Schnittkräfte:

$$N_y = -1 \cdot \cos\varphi,$$

$$M_y = M = 0$$

angreifen, woraus sich mit $\cos\varphi = 0{,}86603$ und den Formeln (a) und (d) des vorhergehenden Beispiels ergibt:

$$0{,}633631 \cdot 10^4 \cdot C_{1H} - 0{,}437796 \cdot 10^4 \cdot C_{2H} = 1,$$

$$3646{,}23 \cdot C_{1H} + 663{,}34 \cdot C_{2H} = 0.$$

Wir erhalten somit:

$C_{1H} = 0{,}0000328$[illegible]; $\qquad C_{2H} = -0{,}00018082,$

woraus mit den Formeln (b) und (c) des vorhergehenden Beispiels folgt, wenn wir uns die Gl. (13.85) in Erinnerung rufen:

$$\xi_{uH=1} = \delta_{11} = -\frac{90{,}766}{Eh},$$

$$V_{uH=1} = \delta_{21} = \frac{136{,}892}{Eh}.$$

Lassen wir nun im Rand (Abb. 13.3) die Schnittkräfte:

$$N_y = 0,$$

$$M_y = M = 1$$

angreifen, so ergibt sich mit den Formeln (a) und (d) des vorhergehenden Beispiels:

$$0{,}548744 \cdot C_{1M} - 0{,}379145 \cdot C_{2M} = 0,$$
$$3646{,}23 \cdot C_{1M} + 663{,}34 \cdot C_{2M} = 1.$$

Wir erhalten somit:

$$C_{1M} = 0{,}00021709; \quad C_{2M} = 0{,}00031420,$$

woraus mit den Formeln (b) und (c) des vorhergehenden Beispiels folgt, wenn wir uns die Gl. (13.91) in Erinnerung rufen:

$$\xi_{u\,M=1} = \delta_{12} = \frac{136{,}877}{E\,h} = \delta_{21},$$
$$V_{u\,M=1} = \delta_{22} = -\frac{401{,}940}{E\,h}.$$

15. Kreiszylindrische Schalen

A. Integration der Grundgleichungen

a) Allgemeine Integrale des homogenen Gleichungssystems. Die Untersuchung der kreiszylindrischen Schalen unter drehsymmetrischen Belastungen kann durchgeführt werden, indem man direkt von den Gln. (5.86) und (5.87) ausgeht, die wir im Kapitel 5 erhalten haben, in denen als Unbekannte die Verschiebungen v und w auftreten.

Wir glauben indessen, daß es wegen der Einheitlichkeit unserer Arbeit interessanter ist, bei der Untersuchung dieser Tragwerke die allgemeinen Gleichungen von Meissner zu verwenden und dabei die besonderen Eigenschaften, welche diese Schalen aufweisen, in die Berechnung einzuführen.

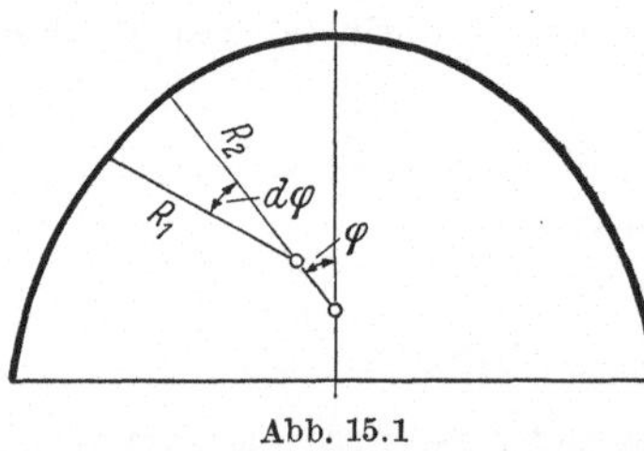

Abb. 15.1

Die kreiszylindrische Fläche ist nämlich eine Rotationsfläche, für welche gilt: $R_1 = \infty$, $R_2 = R$, $\varphi = \pi/2$.

Setzen wir für eine Rotationsschale (Abb. 15.1):

$$R_1\, d\varphi = d y, \tag{15.1}$$

so können wir den Ausdruck (11.11) für den linearen Operator von Meissner in der folgenden Form schreiben:

$$\frac{L(\;)}{R_1} = R_2 \frac{d^2(\;)}{d y^2} + \left[\frac{R_2}{R_1^2} \operatorname{ctg}\varphi + \frac{d}{d y}\left(\frac{R_2}{R_1}\right)\right] \frac{d(\;)}{d\varphi} - \frac{1}{R_2} \operatorname{ctg}^2\varphi\,(\;), \tag{15.2}$$

woraus durch Limesbildung für $R_1 \to \infty$, und wenn wir $R_2 = R$ setzen, folgt:

$$\lim_{R_1 \to \infty} \frac{L(\;)}{R_1} = R \frac{d^2(\;)}{d y^2}. \tag{15.3}$$

Nehmen wir die Stärke h der Schale konstant an, so können wir aus den Gln. (11.20) und (11.21) für $R_1 \to \infty$ herleiten:

$$R \frac{d^2 U}{d y^2} = E h V + Q(y), \tag{15.4}$$

$$R \frac{d^2 V}{d y^2} = -\frac{U}{D}, \tag{15.5}$$

wobei nach Gl. (11.2):

$$U = Q_y R \tag{15.6}$$

und nach Gl. (11.14) und (10.3):

$$Q(y) = \lim_{R_1 \to \infty} \frac{Q(\varphi)}{R_1} = -E h V^0 = -R \frac{d}{d y} [\nu N_y^0 - N_\vartheta^0]. \tag{15.7}$$

Setzen wir $Q(y) = 0$, so bilden die Gln. (15.4) und (15.5) ein homogenes Gleichungssystem, in welchem das von den äußeren Kräften abhängige Glied nicht auftritt.

Aus diesen beiden Gleichungen zweiter Ordnung für die Unbekannten U und V leiten wir leicht die folgende her:

$$\frac{d^4 U}{d y^4} + 4 \beta^4 U = 0, \tag{15.8}$$

welche von vierter Ordnung ist, und in der nur die Unbekannte U vorkommt, wobei:

$$\beta^4 = \frac{E h}{4 R^2 D} = \frac{3(1-\nu^2)}{R^2 h^2}, \tag{15.9}$$

eine charakteristische Konstante der Zylinderschale bedeutet, welche Dämpfungskoeffizient genannt wird.

Ebenso können wir herleiten:

$$\frac{d^4 V}{d y^4} + 4 \beta^4 V = 0. \tag{15.10}$$

Das allgemeine Integral des inhomogenen Systems, welches durch die Gln. (15.4) und (15.5) gebildet wird, erhalten wir, wie wir schon bemerkt haben, indem wir zum allgemeinen Integral des homogenen Systems, d. h. zum allgemeinen Integral der Differentialgleichung vierter Ordnung für die betrachtete Unbekannte eine Partikulärlösung des gleichen Systems — in der inhomogenen Form — addieren.

Wie wir das schon in früheren Fällen getan haben, wollen wir zuerst den Ausdruck für das dem homogenen System zugehörige allgemeine Integral für die betrachtete Unbekannte herleiten.

Setzen wir in der Gl. (15.4) das Glied $Q(y)$ gleich Null, das von den äußeren Kräften abhängt, so ergeben sich mit Gl. (5.125), (5.126),

(5.133), (5.134) die folgenden Ausdrücke für die Schnittkräfte infolge der Beanspruchungen in den Rändern:

$$N_y = 0, \tag{15.11}$$

$$N_\vartheta = -(Q_y R)^{\cdot} = -U^{\cdot}, \tag{15.12}$$

$$M_\vartheta = -D \nu V^{\cdot}, \tag{15.13}$$

$$M_y = -D V^{\cdot}. \tag{15 14}$$

Betrachten wir die Unbekannte U und integrieren wir die Gl. (15.8). Für die linearen Operatoren können wir schreiben:

$$(\mathfrak{D}^4 + 4\beta^4)\, U = (\mathfrak{D}^2 + 2\beta^2 - 2\beta\,\mathfrak{D})\,(\mathfrak{D}^2 + 2\beta^2 + 2\beta\,\mathfrak{D})\, U = 0.$$

Die Wurzeln der charakteristischen Gleichungen, die den beiden Differentialgleichungen entsprechen, in welche sich die gegebene Gleichung aufteilen läßt, lauten:

$$r_1 = \beta(1+i); \quad r_2 = \beta(1-i); \quad r_3 = -\beta(1+i); \quad r_4 = -\beta(1-i),$$

woraus folgt:

$$U = A\, e^{\beta(1+i)y} + B\, e^{\beta(1-i)y} + C\, e^{-\beta(1+i)y} + D\, e^{-\beta(1-i)y}.$$

Wenden wir die Formel von Euler an:

$$e^{ik\omega} = \cos k\omega + i \sin k\omega,$$

so erhalten wir:

$$U = C_1 e^{\beta y} \cos[\beta y + \gamma_1] + C_2 e^{-\beta y} \cos[\beta y + \gamma_2], \tag{15.15}$$

wobei C_1, C_2, γ_1, γ_2 Integrationskonstanten sind.

Ebenso ergibt sich im Fall der Gl. (15.10):

$$V = C_3 e^{\beta y} \cos[\beta y + \gamma_3] + C_4 e^{-\beta y} \cos[\beta y + \gamma_4]. \tag{15.16}$$

In den Gln. (15.15) und (15.16) treten trigonometrische Funktionen auf, woraus wir auf die Existenz von zwei Wellen schließen, die sich einander überlagern. Weil die trigonometrischen Funktionen mit einer Exponentialfunktion multipliziert werden, zeigt sich ein rasches Abklingen für die dem Ausdruck $e^{\beta y}$ entsprechende Welle in Richtung negativer y, und für die andere, dem Ausdruck $e^{-\beta y}$ entsprechende Welle in Richtung positiver y.

b) Untersuchung des Einflusses der durch die in den Rändern angreifenden Beanspruchungen verursachten Kräfte. Wir wollen die Bedeutung der Kräfte infolge der durch die in den Rändern der Zylinderschale angreifenden Beanspruchungen verursachten Fortpflanzungswellen untersuchen.

Leiten wir die Gl. (15.16) zweimal ab, und setzen wir den erhaltenen Ausdruck sowie die Gl. (15.15) in Gl. (15.5) ein, so erhalten wir die folgenden Beziehungen zwischen den Konstanten:

$$\left.\begin{aligned} C_1 \sin\gamma_1 &= -2D\,R\,\beta^2 \cdot C_3 \cos\gamma_3\,, \\ C_1 \cos\gamma_1 &= \quad 2D\,R\,\beta^2 \cdot C_3 \sin\gamma_3\,, \\ C_2 \sin\gamma_2 &= \quad 2D\,R\,\beta^2 \cdot C_4 \cos\gamma_4\,, \\ C_2 \cos\gamma_2 &= -2D\,R\,\beta^2 \cdot C_4 \sin\gamma_4\,. \end{aligned}\right\} \tag{15.17}$$

Wir können somit die Gl. (15.15) in der folgenden Form schreiben:

$$U = 2D\,R\,\beta^2 \cdot [C_3\, e^{\beta y} \sin(\beta\, y + \gamma_3) - C_4\, e^{-\beta y} \sin(\beta\, y + \gamma_4)]\,. \tag{15.18}$$

Wir wollen annehmen, daß der Rand, $y = l$, frei von jeglicher Schnittkraft sei. Wir haben folglich:

$$Q_y = M_y = 0\,, \qquad \text{für } y = l,$$

d. h.

$$U = V^{\cdot} = 0\,, \qquad \text{für } y = l, \tag{15.19}$$

woraus sich mit Gl. (15.18) und (15.16) ergibt:

$$C_3 \cos\gamma_3 = C_4[\cos\gamma_4 \cdot a_1 - \sin\gamma_4 \cdot a_2]\,,$$
$$C_3 \sin\gamma_3 = C_4[-\cos\gamma_4 \cdot b_1 + \sin\gamma_4 \cdot b_2]\,,$$

worin bedeuten:

$$a_1 = e^{-2\beta l}(1 + \sin 2\beta\, l); \qquad a_2 = -e^{-2\beta l}(1 + \cos 2\beta\, l)\,,$$
$$b_1 = e^{-2\beta l}(1 - \sin 2\beta\, l); \qquad b_2 = \quad e^{-2\beta l}(1 - \cos 2\beta\, l)\,.$$

Der Wert von $\beta\, l$ nimmt zu, übereinstimmend mit Gl. (15.9), wenn die Stärke h der Schale und ihr Radius R abnehmen, und wenn der Abstand $y = l$ des betrachteten Rands zunimmt. Bei einer Zunahme von $\beta\, l$ nehmen indessen die Werte von a_1, a_2, b_1, b_2 rasch ab, wie sich aus Tab. 15.1 ersehen läßt.

Tabelle 15.1

$\beta\, l$	a_1	a_2	b_1	b_2
1	0,258	−0,079	0,012	0,192
2	0,004	−0,006	0,032	0,030
4	0,0007	−0,0003	0,000004	0,0004
7	0,000002	−0,0000009	0,000000008	0,0000007

Es läßt sich somit schließen, daß es für genügend große Werte von $\beta\, l$, d. h. für Schalen mit kleiner Stärke, kleinem Radius R und großer Ausdehnung ($\beta\, l > 7$) möglich ist, $a_1 = a_2 = b_1 = b_2 = 0$ zu setzen, woraus folgt:

$$C_3 \cos\gamma_3 = C_3 \sin\gamma_3 = 0$$

und daraus mit den beiden ersten der Gl. (15.17):

$$C_1 \sin\gamma_1 = C_1 \cos\gamma_1 = 0.$$

Es ergibt sich also mit Gl. (15.15):

$$U = C_2 e^{\beta y} \cos[\beta y + \gamma_2]. \tag{15.20}$$

Vergegenwärtigen wir uns die beiden letzten der Beziehungen (15.17), so können wir mit Gl. (15.16) schreiben:

$$V = \frac{C_2}{2\beta^2 D R} e^{-\beta y} \sin[\beta y + \gamma_2] = \frac{2 R \beta^2}{E h} C_2 e^{-\beta y} \sin[\beta y + \gamma_2]. \tag{15.21}$$

Wir haben somit für den untersuchten Fall die Ausdrücke für U und V erhalten, für welche wir feststellen können, daß sich die Kräfte entlang einer in Richtung positiver y abklingenden Welle fortpflanzen.

Wir bemerken nun, daß die Beziehungen (15.19) im Rand $y = l$ erfüllt sein müssen, woraus sich schließen läßt, daß die im Rand $y = 0$ verursachte Welle, welche sich in Richtung positiver y fortpflanzt, rasch abklingt und den Rand $y = l$ nicht erreichen kann, wenn dieser genügend weit vom ersteren entfernt ist.

Es läßt sich feststellen, daß die durch die in den Rändern angreifenden Beanspruchungen verursachten Kräfte einander nicht beeinflussen, so daß die Konstanten unabhängig bestimmt werden können.

Für die Untersuchung der Wirkungen infolge der Beanspruchungen im Rand $y = 0$ verwenden wir deshalb die Gleichungen:

$$U = C_0 e^{-\beta y} \cos[\beta y + \gamma_0], \tag{15.22}$$

$$V = \frac{2 R \beta^2}{E h} C_0 e^{-\beta y} \sin[\beta y + \gamma_0]. \tag{15.23}$$

Für die Untersuchung der Wirkungen infolge der Beanspruchungen im Rand $y = l$ verwenden wir die Gleichungen:

$$U = C_l e^{\beta y} \cos[\beta y + \gamma_l], \tag{15.24}$$

$$V = -\frac{2 R \beta^2}{E h} C_l e^{\beta y} \sin[\beta y + \gamma_l]. \tag{15.25}$$

C_0, γ_0, und C_l, γ_l sind Konstanten, die sich aus den für die Ränder $y = 0$, bzw. $y = l$ geltenden Randbedingungen ermitteln lassen. Die Werte von γ hängen von den Auflagerbedingungen der Ränder ab, während die Werte von C Funktionen der in diesen wirkenden Schnittkräfte sind.

c) Kräfte, Verschiebungen und Drehungen infolge der Randstörungen. Falls wir die Schnittkräfte im Rand $y = 0$ angreifen lassen, ergibt sich mit Gl. (15.11) bis (15.14) unter Berücksichtigung von Gl. (15.22) und (15.23):

$$N_y = 0, \tag{15.26}$$

$$N_\vartheta = \sqrt{2}\,\beta\, C_0 e^{-\beta y} \sin\left[\beta y + \gamma_0 + \frac{\pi}{4}\right], \tag{15.27}$$

$$M_y = -D\,\frac{2\sqrt{2}\,R\,\beta^3}{E\,h}\, C_0 e^{-\beta y} \cos\left[\beta y + \gamma_0 + \frac{\pi}{4}\right], \tag{15.28}$$

$$M_\vartheta = \nu\, M_y . \tag{15.29}$$

Mit Gl. (11.18) erhalten wir noch:

$$\xi = \frac{R\,N_\vartheta}{E\,h}, \tag{15.30}$$

Wir wollen den Fall untersuchen, daß Einheitskräfte $H = 1$ über den Rand $y = 0$ (Abb. 15.2a), verteilt seien. Übereinstimmend mit der Regel über das Vorzeichen der Querkraft Q_y, die wir im Kapitel 2 (Abb. 2.3a) aufgestellt haben, haben wir:

$$H = Q_y = 1 .$$

Es ergeben sich somit für $y = 0$ die folgenden Bedingungen:

$$\left.\begin{aligned} U &= 1 \cdot R, \\ M_y &= M = 0, \end{aligned}\right\} \tag{15.31}$$

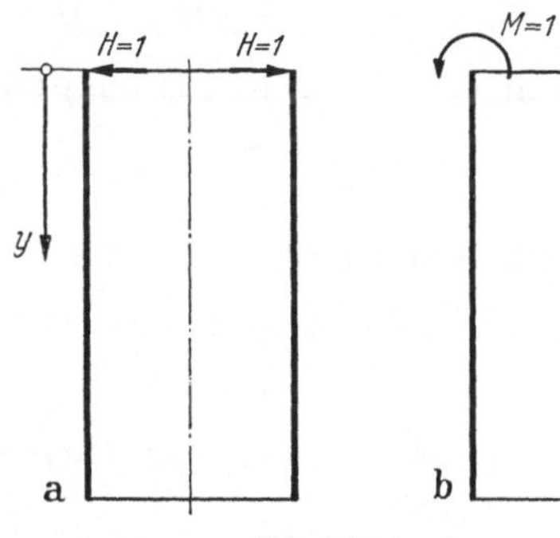

Abb. 15.2a u. b

woraus mit Gl. (15.22) und (15.28) folgt:

$$\left.\begin{aligned} C_0 \cos\gamma_0 &= 1 R, \\ C_0 \cos\left[\gamma_0 + \frac{\pi}{4}\right] &= 0, \end{aligned}\right\} \tag{15.32}$$

und folglich:

$$\gamma_0 = \frac{\pi}{4}, \qquad C_0 = \sqrt{2}\, R . \tag{15.33}$$

Setzen wir diese Werte der Konstanten in die Gln. (15.22), (15.23), (15.26) bis (15.29) ein:

$$Q_{y\,H=1} = \sqrt{2}\, e^{-\beta y} \cos\left[\beta y + \frac{\pi}{4}\right], \tag{15.34}$$

$$N_{y\,H=1} = 0 . \tag{15.35}$$

$$N_{\vartheta\,H=1} = 2 R\,\beta\, e^{-\beta y} \cos\beta y, \tag{15.36}$$

$$M_{y\,H=1} = \frac{e^{-\beta y}}{\beta} \sin\beta y, \tag{15.37}$$

$$M_{\vartheta\,H=1} = \nu\, M_{y\,H=1}, \tag{15.38}$$

$$V_{H=1} = \frac{2\sqrt{2}\,R^2\beta^2}{E\,h}\, e^{-\beta y} \sin\left[\beta y + \frac{\pi}{4}\right], \tag{15.39}$$

$$\xi_{H=1} = \frac{2 R^2 \beta}{E\,h}\, e^{-\beta y} \cos\beta y . \tag{15.40}$$

Für $y = 0$ erhalten wir die Verschiebungsgrößen:

$$\xi_{0H=1} = \frac{2R^2\beta}{Eh} = \delta_{11}; \quad V_{0H=1} = \frac{2R^2\beta^2}{Eh} = \delta_{21}. \tag{15.41}$$

Wir wollen nun den Fall betrachten, daß Einheitsmomente $M = 1$ über den Rand $y = 0$ (Abb. 15.2b) verteilt seien. In Übereinstimmung mit der bereits erwähnten Vorzeichenregel (Abb. 2.3a) erhalten wir:

$$Q_y = 0,$$
$$M_y = M = 1.$$

Es ergeben sich somit für $y = 0$ die folgenden Bedingungen:

$$\left.\begin{aligned} U = Q_y R = 0, \\ M_y = M = 1, \end{aligned}\right\} \tag{15.42}$$

woraus mit Gl. (15.22) und (15.28) folgt:

$$\gamma_0 = \frac{\pi}{2}; \quad C_0 = \frac{Eh}{2DR\beta^3} = 2R\beta. \tag{15.43}$$

Wir erhalten somit:

$$Q_{yM=1} = -2\beta e^{-\beta y}\sin\beta y, \tag{15.44}$$

$$N_{yM=1} = 0, \tag{15.45}$$

$$N_{\vartheta M=1} = 2\sqrt{2}R\beta^2 e^{-\beta y}\cos\left[\beta y + \frac{\pi}{4}\right], \tag{15.46}$$

$$M_{yM=1} = \sqrt{2}e^{-\beta y}\sin\left[\beta y + \frac{\pi}{4}\right], \tag{15.47}$$

$$M_{\vartheta M=1} = \nu M_{yM=1}, \tag{15.48}$$

$$V_{M=1} = \frac{4R^2\beta^3}{Eh}e^{-\beta y}\cos\beta y. \tag{15.49}$$

$$\xi_{M=1} = \frac{2\sqrt{2}R^2\beta^2}{Eh}e^{-\beta y}\cos\left[\beta y + \frac{\pi}{4}\right]. \tag{15.50}$$

Für $y = 0$ erhalten wir die Verschiebungsgrößen:

$$\xi_{0M=1} = \frac{2R^2\beta^2}{Eh} = \delta_{12}; \quad V_{0M=1} = \frac{4R^2\beta^3}{Eh} = \delta_{22}. \tag{15.51}$$

Wir wollen im folgenden den Fall betrachten, daß die Schnittkräfte im Rand $y = l$ angreifen (Abb. 15.3).

Wir erhalten mit Gl. (15.11) bis (15.14) unter Berücksichtigung der Gl. (15.24) und (15.25):

$$N_y = 0, \tag{15.52}$$

$$N_\vartheta = -\sqrt{2}\beta C_l e^{\beta y}\cos\left[\beta y + \gamma_l + \frac{\pi}{4}\right], \tag{15.53}$$

$$M_y = D\frac{2\sqrt{2}R\beta^3}{Eh}C_l e^{\beta y}\sin\left[\beta y + \gamma_l + \frac{\pi}{4}\right], \tag{15.54}$$

$$M_\vartheta = \nu M_y. \tag{15.55}$$

Wir wollen zuerst den Fall untersuchen, daß Einheitskräfte $H = 1$ über den Rand $y = l$ verteilt seien (Abb. 15.3a).

Die im Rand $y = l$ angreifende Schnittkraft entspricht in Übereinstimmung mit dem in der erwähnten Abbildung gezeichneten Richtungssinn wegen der bereits erwähnten Regeln einer Querkraft:

$$Q_y = H = 1.$$

Es ergeben sich somit für $y = l$ die folgenden Bedingungen:

$$\left.\begin{aligned} U &= 1 \cdot R, \\ M_y &= M = 0, \end{aligned}\right\} \qquad (15.56)$$

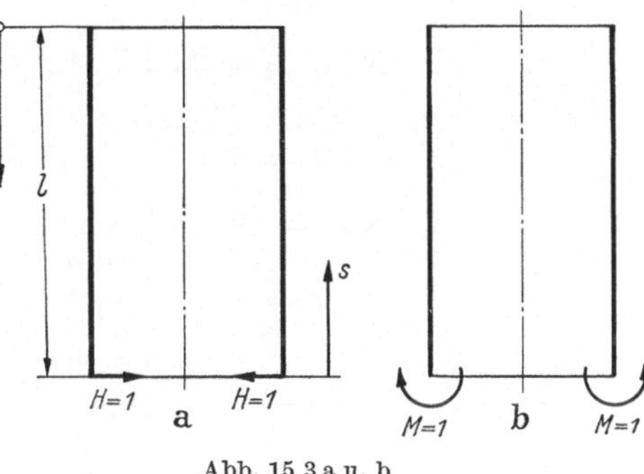

Abb. 15.3 a u. b

woraus mit Gl. (15.24) und (15.54) folgt:

$$\gamma_l = -\frac{\pi}{4} - \beta l; \qquad C_l = \sqrt{2}\, R\, e^{-\beta l}. \qquad (15.57)$$

Setzen wir diese Werte der Konstanten in die Gln. (15.24), (15.25), (15.52) bis (15.55) ein und setzen wir:

$$s = l - y, \qquad (15.58)$$

so ergibt sich:

$$Q_{y H=1} = \sqrt{2} e^{-\beta s} \cos\left[\beta s + \frac{\pi}{4}\right], \qquad (15.59)$$

$$N_{y H=1} = 0, \qquad (15.60)$$

$$N_{\vartheta H=1} = -2 R \beta e^{-\beta s} \cos\beta s, \qquad (15.61)$$

$$M_{y H=1} = -\frac{e^{-\beta s}}{\beta} \sin\beta s, \qquad (15.62)$$

$$V_{H=1} = \frac{2\sqrt{2} R^2 \beta^2}{E h} e^{-\beta s} \sin\left[\beta s + \frac{\pi}{4}\right], \qquad (15.63)$$

$$\xi_{H=1} = -\frac{2 R^2 \beta}{E h} e^{-\beta s} \cos\beta s. \qquad (15.64)$$

Für $y = l$ und somit $s = 0$ erhalten wir die Verschiebungsgrößen:

$$\xi_{l H=1} = -\frac{2 R^2 \beta}{E h} = \delta_{11}; \qquad V_{l H=1} = \frac{2 R^2 \beta^2}{E h} = \delta_{21}. \qquad (15.65)$$

Ebenso erhalten wir im Fall der über den Rand $y = l$ verteilten Einheitsmomente $M_y = M = 1$ (Abb. 15.3b):

$$Q_{y\,M=1} = 2\beta\, e^{-\beta s} \sin\beta s\,, \tag{15.66}$$

$$N_{y\,M=1} = 0\,, \tag{15.67}$$

$$N_{\vartheta\,M=1} = 2\sqrt{2}\,R\,\beta^2\, e^{-\beta s} \cos\left[\beta s + \frac{\pi}{4}\right], \tag{15.68}$$

$$M_{y\,M=1} = \sqrt{2}\, e^{-\beta s} \sin\left[\beta s + \frac{\pi}{4}\right], \tag{15.69}$$

$$M_{\vartheta\,M=1} = \nu\, M_{y\,M=1}\,, \tag{15.70}$$

$$V_{M=1} = -\frac{4\,R^2\,\beta^3}{E\,h}\, e^{-\beta s} \cos\beta s\,, \tag{15.71}$$

$$\xi_{M=1} = \frac{2\sqrt{2}\,R^2\,\beta^2}{E\,h}\, e^{-\beta s} \cos\left[\beta s + \frac{\pi}{4}\right], \tag{15.72}$$

und für $y = l$ und somit $s = 0$ ergeben sich die Verschiebungsgrößen:

$$\xi_{l\,M=1} = \frac{2\,R^2\,\beta^2}{E\,h} = \delta_{12}\,; \qquad V_{l\,M=1} = -\frac{4\,R^2\,\beta^3}{E\,h} = \delta_{22}\,. \tag{15.73}$$

Die Tab. I am Schluß dieses Buchs (S. 260ff.) liefert die Werte der Funktionen, die in den oben abgeleiteten Formeln für die Berechnung der Schnittgrößen infolge $H = 1$ bzw. $M = 1$ benötigt werden:

$$\left.\begin{aligned} \Phi(x) &= \sqrt{2}\, e^{-x} \sin\left[x + \frac{\pi}{4}\right] = e^{-x}(\cos x + \sin x)\,,\\ \Psi(x) &= \sqrt{2}\, e^{-x} \cos\left[x + \frac{\pi}{4}\right] = e^{-x}(\cos x - \sin x)\,,\\ \Theta(x) &= e^{-x} \cos x\,,\\ \Omega(x) &= e^{-x} \sin x\,. \end{aligned}\right\} \tag{15.74}$$

wobei x der Parameter ist.

In den Formeln, die wir für die Schnittkräfte, die Verschiebungen und die Drehungen hergeleitet haben, treten trigonometrische Funktionen auf. Wie wir schon gesehen haben, stellen diese Funktionen die wellenförmige Fortpflanzung der Kräfte dar. Diese trigonometrischen Funktionen werden mit Exponentialfunktionen, $e^{-\beta y}$ und $e^{-\beta s}$, multipliziert, woraus sich entnehmen läßt, daß die Wellen in Richtung positiver y bzw. positiver s abklingen. Da die Dämpfung vom Wert der Konstanten β abhängt, nennt man dieselbe, wie wir schon angedeutet haben, den Dämpfungskoeffizienten.

Wir stellen fest, daß β einen Einfluß hat auf die Länge der gedämpften Welle, entlang welcher sich die Kraft fortpflanzt, jedoch das Verhältnis zwischen zwei aufeinanderfolgenden Amplituden derselben nicht ändert.

Tatsächlich haben wir für $y = 0$: $e^{-\beta y} = 1$. Wenn λ die Wellenlänge bedeutet, so ist für $y = \lambda/2$: $\beta y = \beta \lambda/2 = \pi$, woraus folgt: $e^{-\beta y} = e^{-\pi}$. Somit ist das Verhältnis zwischen zwei aufeinanderfolgenden Amplituden:

$$\frac{1}{e^{\pi}} = \frac{1}{23,14} = 0,043214 \tag{15.75}$$

und weiter:

$$\lambda = \frac{2\pi}{\beta}. \tag{15.76}$$

Es läßt sich somit feststellen, daß die Amplituden der Welle rasch kleiner werden, und daß für wachsende Werte von β, mit anderen Worten für Schalen mit abnehmenden Stärken die Störungszone entlang des beanspruchten Rands sich immer mehr verkleinert.

Um die Untersuchung der kreiszylindrischen Schalen zu vervollständigen, müßten wir eine Partikulärlösung des Systems herleiten, das durch die Gln. (15.4) und (15.5) gebildet wird, in dem der Ausdruck $Q(y)$ — Funktion der angreifenden Belastungen — auftritt. Aus Gründen, die wir schon bei den früher untersuchten Fällen dargelegt haben, können wir im allgemeinen von dieser Untersuchung absehen und die totalen Schnittkräfte erhalten, indem wir die Schnittkräfte infolge der am Tragwerk im Membranzustand angreifenden Belastungen und die Schnittkräfte infolge der Auflagerbedingungen, die wir erhalten, wenn wir die Biegesteifigkeit der Schale einführen, summieren.

16. Auflagerreaktionen

A. Kräftemethode

a) Einfache Tragwerke. *1. Allgemeines.* Die Schalen können frei aufliegen, gelenkig gelagert oder im unteren Rand eingespannt sein.

Der obere Rand der einfachen, offenen Schalen ist im allgemeinen frei. In der Praxis jedoch wird in diesem letzteren Fall sowie im Fall des frei aufliegenden unteren Rands ein verstärkter Randring angeordnet, der eine teilweise Einspannung des Rands bewirkt.

Wie wir wissen, läßt sich die bei einer gelenkigen Lagerung auftretende Reaktion durch zwei Parameter charakterisieren, nämlich die Vertikalkomponente A^* und die Horizontalkomponente H^*. Die bei einer Einspannung auftretende Reaktion läßt sich durch drei Parameter charakterisieren, nämlich die bereits erwähnten Komponenten A^* und H^* sowie das Moment M^* dieser Reaktion bezüglich dem Schwerpunkt des eingespannten Schnitts.

Der Parameter $A^* = A^0$ in Rotationsschalen unter drehsymmetrischer Belastung kann mit Hilfe der Gleichgewichtsbedingungen der Baustatik bestimmt werden. Der Parameter H^* im Fall des gelenkig gelagerten Rands, und die Parameter H^* und M^* im Fall des eingespannten Rands stellen statisch unbestimmte Kräfte oder überzählige Größen dar.

Sind die Verschiebungsgrößen für beide Ränder der Schale bekannt, so können wir die überzähligen Größen mit Hilfe der Elastizitätsgleichungen berechnen.

Wir haben schon gesehen, daß die in einem Rand angreifenden Schnittkräfte keinen Einfluß auf den gegenüberliegenden Rand haben, sofern dieser letztere genügend weit vom ersteren entfernt ist. In den Elastizitätsgleichungen eines Rands treten daher nur die in diesem wirkenden Schnittkräfte auf, welche somit unabhängig von den im gegenüberliegenden Rand wirkenden Schnittkräften bestimmt werden können.

Wir wollen im folgenden einfache Tragwerke betrachten, d. h. solche, die nicht elastisch mit anderen Tragsystemen verbunden sind. Wir werden Fälle untersuchen, die sich auf Kugelschalen beziehen, wobei jedoch die Ergebnisse auch auf andere Schalentypen anwendbar sind.

2. *Elastizitätsgleichungen.* Wir haben schon im Kapitel 7 bemerkt, daß eine Störung des Membranzustands allein schon durch die Wirkungsweise der Auflager eintreten kann, ohne daß dabei notwendigerweise statisch unbestimmte Kräfte auftreten.

Tatsächlich ist eine Auflagerreaktion nur dann mit dem Membranzustand verträglich, wenn dieselbe tangential an die Mittelfläche der Schale wirkt.

So haben wir im Fall der Abb. 16.1 eine geschlossene Kugelschale mit horizontal verschieblichen Auflagern.

Die vertikale Auflagerreaktion pro Längeneinheit ist:

$$A^0 = \frac{P}{2\pi R_0}, \tag{16.1}$$

wobei P die gesamte auf das Tragwerk wirkende Belastung und R_0 den Radius des untersten Parallelkreises bedeuten. Wir wollen A^0 in Komponenten in Richtung der Tangente und der Horizontalen aufteilen. Es ergibt sich:

$$N_\varphi^0 = -\frac{A^0}{\sin\varphi_u}; \qquad H^0 = -\frac{A^0}{\operatorname{tg}\varphi_u} = N_\varphi^0 \cos\varphi_u. \tag{16.2}$$

Von diesen beiden Schnittkräften steht N_φ^0 im Gleichgewicht mit der Schale im Membranzustand, während H^0 eine Störung bewirkt, welch letztere nicht mehr mit demselben Zustand verträglich ist.

Für die Berechnung dieser Störung genügt es, die Konstanten zu bestimmen, die in den für die Biegetheorie hergeleiteten Ausdrücken für die Schnittkräfte, Verschiebungen und Drehungen auftreten, wobei wir uns den durch H^0 verursachten Belastungszustand im Rand, d. h. für $\varphi = \varphi_u$, vergegenwärtigen wollen:

$$N_\varphi = -H^0 \cos\varphi_u; \qquad M_\varphi = 0. \tag{16.3}$$

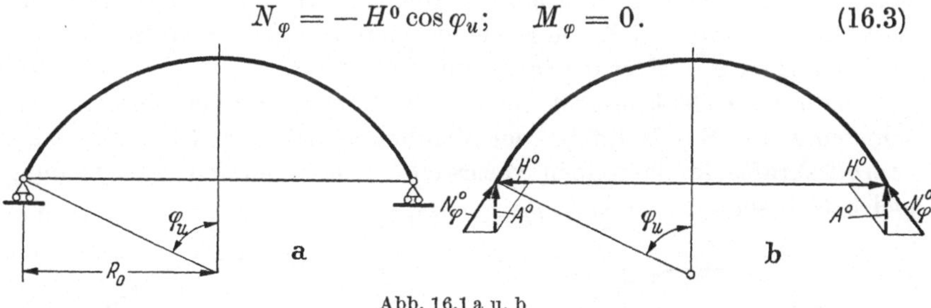

Abb. 16.1 a u. b

Addieren wir die Schnittkräfte infolge H^0 zu denen des Membranzustands, so erhalten wir die endgültigen Schnittkräfte infolge der an einer Schale mit einfachen, horizontal verschieblichen Auflagern angreifenden Belastung.

Im Falle einer offenen Schale mit gleichförmig verteilter Belastung G im oberen Rand (Abb. 16.2) können wir die gleiche Überlegung wiederholen und G in eine Tangentialkomponente, die mit dem Membranzustand verträglich ist, und eine Horizontalkomponente H^0, die eine Störung desselben bewirkt, zerlegen.

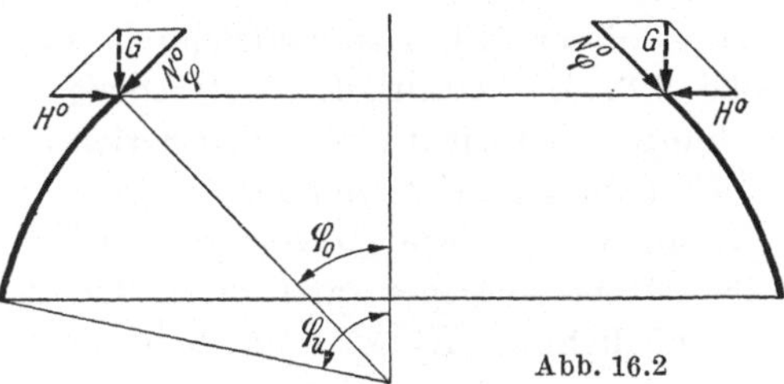

Abb. 16.2

Wir wollen nun die Schalen mit gelenkig gelagertem unterem Rand betrachten (Abb. 16.3).

Wir können die gelenkige Lagerung durch die Reaktionen A^0 und H^* ersetzen (Abb. 16.3b), wobei die erstere statisch bestimmt ist und

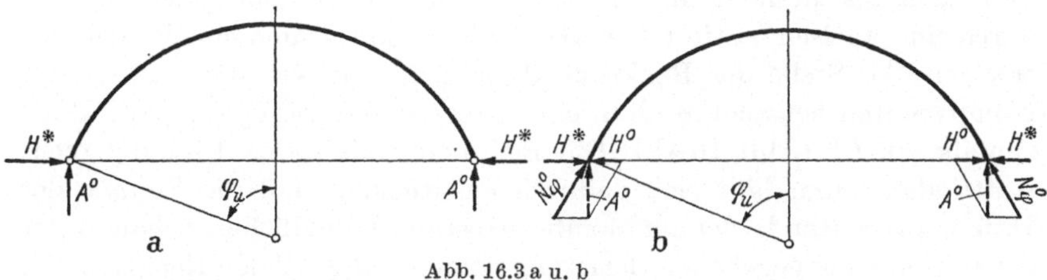

Abb. 16.3 a u. b

nach Gl. (16.1) berechnet werden kann. Wie im vorhergehenden Fall zerlegen wir nun A^0 in die Tangentialkomponente N_φ^0 und die Horizontalkomponente H^0, wobei diese letztere mit dem Membranzustand nicht verträglich ist. Unter diesen Bedingungen wirken im Rand die

Schnittkraft N_φ^0, welche mit dem Membranzustand verträglich und im Gleichgewicht mit der gegebenen Belastung ist, die Horizontalkomponente H^0 der statisch bestimmten Reaktion A^0 und die statisch unbestimmte Reaktion H^*. Diese beiden letzteren Schnittkräfte, H^0 und H^*, bewirken eine Störung im Membranzustand.

Wenn das Gelenk fest ist, so muß die Summe der horizontalen Verschiebung des Rands infolge des Membranzustands und der durch die Störungskräfte in demselben verursachten horizontalen Verschiebung gleich Null sein:

$$\xi^0 + (H^* + H^0)\,\delta_{11} = 0. \tag{16.4}$$

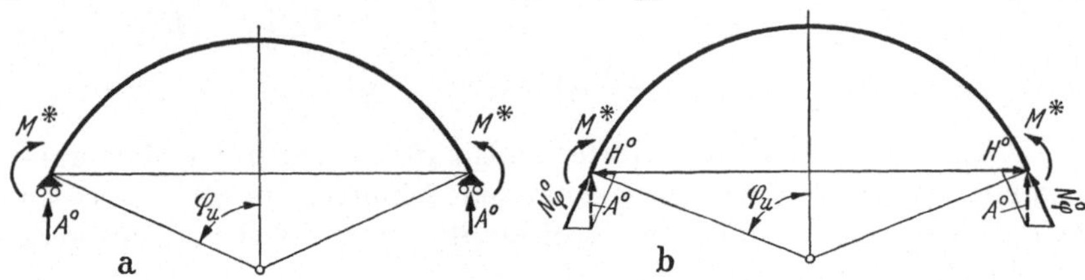

Abb. 16.4 a u. b

Aus dieser Elastizitätsgleichung erhalten wir die überzählige Größe H^*. Im Ausdruck (16.4) sowie in den weiteren Elastizitätsgleichungen, die wir im folgenden herleiten werden, muß das Vorzeichen von H^0 berücksichtigt werden.

Wenn wir uns wie im vorhergehenden Fall den Belastungszustand in dem Rand vergegenwärtigen, in dem wir haben: $H = H^* + H^0$, so ist es möglich, die Konstanten zu bestimmen, welche uns erlauben, die durch diese Horizontalkräfte verursachten Schnittgrößen zu berechnen.

Wir wollen im folgenden den Fall der Schalen auf Auflagern betrachten, welche Verschiebungen des Rands entlang einer Horizontalebene zulassen, jegliche Drehung desselben indessen verhindern (Abb. 16.4).

Weil eine Drehung des Rands nicht möglich ist, wird sich ein statisch unbestimmtes Moment M^* einstellen. Wir können somit das Auflager durch eine statisch bestimmte vertikale Reaktion A^0 und ein Moment M^* ersetzen. An Stelle der Reaktion A^0 können wir, wie wir wissen, ihre Komponenten betrachten, d. h. eine Tangentialkraft N_φ^0 und eine Horizontalkraft H^0 (Abb. 16.4b). Die Bedingung, daß eine Drehung nicht stattfinden kann, läßt sich dadurch ausdrücken, daß die Summe der Drehung des Rands der im Membranzustand befindlichen Schale unter der Wirkung der gegebenen Belastung und der tangentialen Reaktion N_φ^0, und der Drehungen desselben infolge der Horizontalkraft H^0 und des unbekannten Moments M^* gleich Null gesetzt wird:

$$V^0 + H^0\,\delta_{21} + M^*\,\delta_{22} = 0. \tag{16.5}$$

Aus dieser Elastizitätsgleichung erhalten wir den Wert von M^*.

Die Schnittgrößen infolge der im Rand angreifenden Schnittkräfte H^0 und M^* können berechnet werden, indem die Werte der Konstanten ermittelt werden, die in den für die Biegetheorie hergeleiteten Ausdrücken für die Schnittkräfte, Verschiebungen und Drehungen auftreten, wobei die Bedingung zu berücksichtigen ist, daß für $\varphi = \varphi_u$ gilt:

$$N_\varphi = -H^0 \cos\varphi_u; \quad M_\varphi = M^*. \tag{16.6}$$

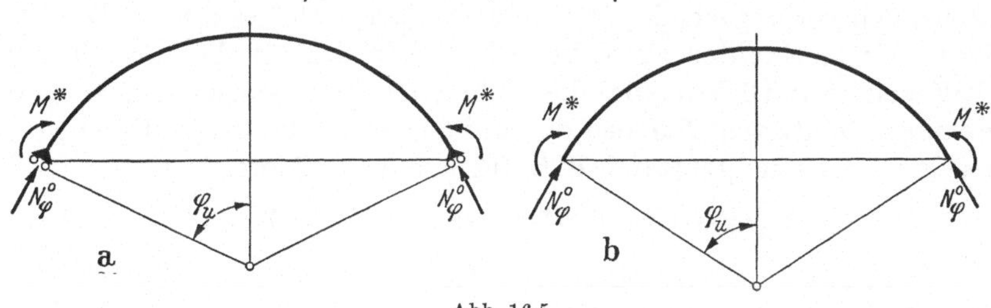

Abb. 16.5

Wenn die Auflager der betrachteten Schale nur Verschiebungen in der Richtung senkrecht zur Tangentialebene an die Mittelfläche zulassen, so genügt es offenbar, in der Elastizitätsgleichung $H^0 = 0$ zu setzen (Abb. 16.5).

Wir wollen nun den Fall der eingespannten Schalen untersuchen (Abb. 16.6).

Wir wollen zunächst den Einspannungsgrad außer acht lassen und das Gleichgewicht herstellen, indem wir am Rand die Reaktionen H^*, A^0

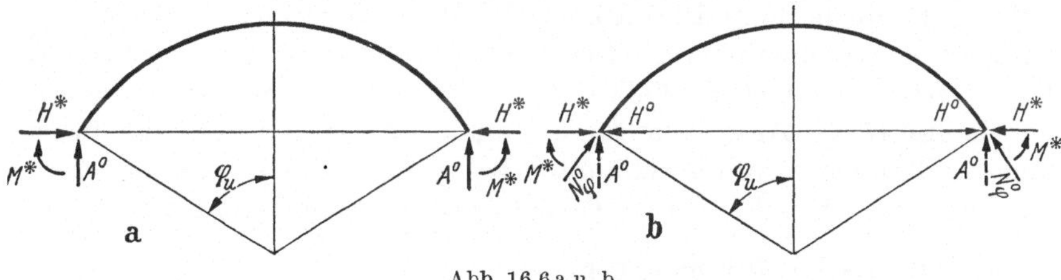

Abb. 16.6 a u. b

und M^* angreifen lassen. Die Kraft A^0 ist statisch bestimmt. Wir zerlegen dieselbe in eine Tangentialkomponente N_φ^0, welche mit dem Membranzustand im Gleichgewicht ist, und in eine Horizontalkomponente H^0.

Wir haben schlußendlich in der Schale unter der Wirkung der angreifenden Belastungen einen Membranzustand, der mit N_φ^0 im Gleichgewicht ist und durch H^*, H^0 und M^* gestört wird.

H^* und M^* sind statisch unbestimmte Größen, zu bestimmen aus zwei Elastizitätsgleichungen, welche im Fall der vollständigen Einspannung die Bedingungen ausdrücken, daß der Rand infolge der Kräfte des Membranzustands und der Störkräfte keine Verschiebung und keine

Drehung erleiden darf:

$$\xi^0 + (H^* + H^0)\,\delta_{11} + M^*\,\delta_{12} = 0, \tag{16.7}$$

$$V^0 + (H^* + H^0)\,\delta_{21} + M^*\,\delta_{22} = 0. \tag{16.8}$$

Die inneren Kräfte infolge der im Rand angreifenden Schnittkräfte $H = H^* + H^0$ und $M = M^*$ werden auf die gleiche Weise berechnet wie bei den vorhergehenden Fällen angegeben, wobei es erforderlich ist, hierfür die Konstanten zu bestimmen, die in den für die Biegetheorie erhaltenen Ausdrücken für die Schnittkräfte, Verschiebungen und Drehungen auftreten. Für den durch diese Schnittkräfte im Rand verursachten Belastungszustand, d. h. für $\varphi = \varphi_u$, erhalten wir:

$$N_\varphi = -(H^* + H^0)\cos\varphi_u; \qquad M_\varphi = M^*. \tag{16.9}$$

Wir haben schon im Kapitel 13 festgestellt, daß die Berechnung dieser Kräfte auch durchgeführt werden kann, indem zu den Kräften infolge $H = H^* + H^0$ und $M = M^* = 0$ die Kräfte infolge $M = M^*$ und $H = 0$ addiert werden.

Es ist somit bequem, die Kräfte infolge $H = 1$, $M = 0$ und $H = 0$, $M = 1$, zu berechnen, um dann durch Superposition die den Schnittkräften $H = H^* + H^0$ und $M = M^*$ entsprechenden Kräfte zu erhalten.

In den Kapiteln 13 und 14 haben wir schon gezeigt, wie wir die Konstanten a_{1H} und a_{2H} oder C_{1H} und C_{2H} für die im Rand einer geschlossenen Kegel- oder Kugelschale angreifenden Kräfte $H = 1$, $M = 0$ wie auch a_{1M} und a_{2M} oder C_{1M} und C_{2M} für $H = 0$, $M = 1$ hergeleitet werden können. In einem numerischen Beispiel haben wir die erwähnten Kräfte infolge von gleichmäßig verteilten Schnittkräften für eine geschlossene Kugelschale berechnet. Im Falle der kreiszylindrischen Schalen haben wir im Kapitel 15 die Ausdrücke für die Schnittkräfte, die Verschiebungen und die Drehungen für die erwähnten Belastungszustände sowohl bezüglich des oberen Rands als auch bezüglich des unteren Rands hergeleitet.

b) Numerische Anwendungen.

1. Beispiel. Wir wollen die Kugelschale aus Stahlbeton betrachten, deren Verschiebungsgrößen schon im Beispiel des Kapitels 13 bestimmt wurden. Wir nehmen an, das Tragwerk sei am Rand total eingespannt und stehe unter der Einwirkung des Wasserdrucks, wobei das Wasser eine Höhe $H_0 = 5$ m über dem Scheitel habe. Wir wollen die Schnittkräfte für diesen Belastungsfall berechnen.

Die Verschiebungsgrößen des Tragwerks, die wir schon früher erhalten haben, lauten wie folgt:

$$\delta_{11} = -5{,}0978\,\frac{R}{E\,h},$$

$$\delta_{12} = \delta_{21} = 17{,}890\,\frac{R}{E\,h},$$

$$\delta_{22} = -116{,}6383\,\frac{R}{E\,h}.$$

Wir wollen nun die Verschiebung ξ_u^0 und die Drehung V_u^0 des Rands der Schale im Membranzustand berechnen.

Nach Gl. (8.31) erhalten wir für $H_0 = 5$ m, $R = 6{,}50$ m, $h = 0{,}10$ m, $\gamma = 1000$ kg/m³ und $\varphi_u = 30°$:

$$\xi_u^0 = -7788{,}122 \frac{R}{E\,h}.$$

Nach Gl. (8.33) ergibt sich:

$$V_u^0 = 500 \frac{R}{E\,h}.$$

Wenn wir nun die in den Gln. (13.52), (13.53) angegebenen Partikulärlösungen und damit auch die in den Gln. (13.60), (13.61) und (13.62) angegebenen Schnittkräfte in die Berechnung einführen würden, so stellen wir fest, daß wir unter Berücksichtigung der Gln. (13.82), (11.7) und (11.8) erhalten würden:

$$\xi_0 = -\frac{R}{E\,h}\left[\frac{\gamma\,h^2}{12}\,\varrho\,\frac{\sin 2\varphi}{2}\right] + \xi^0,$$

$$V_0 = \varrho\, V^0.$$

Es ergibt sich für die untersuchte Schale:

$$\varrho \cong 1,$$

$$\xi_{u0} = -0{,}360 \frac{R}{E\,h} + \xi_u^0,$$

$$V_{u0} = V_u^0.$$

Es bestätigt sich somit, daß es möglich ist, unsere Betrachtung auf die Verschiebung und die Drehung des Rands der Schale im Membranzustand zu beschränken.

Wir wollen mit der zweiten der Gl. (16.2) die Komponente H^0 der statisch bestimmten vertikalen Reaktion A^0 berechnen. Wir erhalten mit Gl. (8.29):

$$N_\varphi^0 = -17\,628 \text{ kg/m},$$

woraus folgt:

$$H^0 = N_\varphi^0 \cdot \cos 30^0 = -15\,266 \text{ kg/m}.$$

Wir können somit die Elastizitätsgleichungen (16.7), (16.8) für unser Beispiel wie folgt schreiben:

$$-7788{,}122 - (H^* - 15\,266) \cdot 5{,}0978 + M^* \cdot 17{,}8900 = 0,$$

$$500{,}0 + (H^* - 15\,266) \cdot 17{,}8900 - M^* \cdot 116{,}6383 = 0.$$

Als Lösungen erhalten wir:

$$H^* = 11\,988 \text{ kg/m},$$

$$M^* = -498 \text{ kgm/m}.$$

Es ergibt sich somit ein Horizontalschub:

$$H = -15\,266 + 11\,988 = -3278 \text{ kg/m}.$$

Die Störung des Membranzustands wird, wie wir gesehen haben, durch H und $M = M^*$ verursacht.

Die Schnittkräfte infolge $H = 1$, $M = 0$ und $H = 0$, $M = 1$ wurden schon im Beispiel des Kapitels 13 berechnet. Die Ergebnisse sind in den Tab. 13.4

und 13.5 zusammengestellt. Multiplizieren wir diese Werte mit $H = -3278$ bzw. $M = -498$, so erhalten wir die Schnittkräfte infolge der Störung.

Die Ergebnisse sind in den Tab. 16.1 und 16.2 zusammengestellt.

Tabelle 16.1. *Kräfte infolge* $H = -3278$ kg/m, $M = 0$

φ	$Q_{\varphi H}$	$N_{\varphi H}$	$N_{\vartheta H}$	$M_{\varphi H}$	$M_{\vartheta H}$
30°	−1639,000	+2838,793	+33894,110	0,000	+ 84,688
25°	+ 153,564	− 329,320	+ 9111,574	+340,587	+118,617
20°	+ 392,724	−1079,006	− 1355,593	+182,368	+ 47,620
15°	+ 189,052	− 705,559	− 2446,148	+ 35,217	− 2,414
10°	+ 32,599	− 184,879	− 1079,261	− 16,233	− 17,805
5°	− 11,922	+ 136,279	− 66,776	− 18,975	− 17,193
0°	0,000	+ 235,353	+ 235,353	− 15,416	− 15,416
	kg/m	kg/m	kg/m	kg m/m	kg m/m

Tabelle 16.2 *Kräfte infolge* $H = 0$, $M = -498$ kg m/m

φ	$Q_{\varphi M}$	$N_{\varphi M}$	$N_{\vartheta M}$	$M_{\varphi M}$	$M_{\vartheta M}$
30°	0,000	0,000	−17824,297	−498,000	−166,960
25°	−581,083	+1246,131	+ 851,761	−307,739	− 78,679
20°	−312,691	+ 859,112	+ 3735,559	− 72,178	− 5,735
15°	− 59,465	+ 221,928	+ 1887,924	+ 18,943	+ 17,397
10°	+ 29,378	− 166,611	+ 329,121	+ 24,507	+ 14,511
5°	+ 27,525	− 314,619	− 245,442	+ 10,466	+ 7,089
0°	0,000	− 345,413	− 345,413	+ 4,001	+ 4,001
	kg/m	kg/m	kg/m	kg m/m	kg m/m

Die Schnittkräfte infolge der angenommenen Belastung für die Schale im Membranzustand ergeben sich nach Gl. (8.29) und (8.30). Die Ergebnisse sind in der Tab. 16.3 zusammengestellt.

Tabelle 16.3. *Kräfte im Membranzustand*

φ	N_{φ}^{0}	N_{ϑ}^{0}
30°	−17627,965	−20528,466
25°	−17223,844	−19234,519
20°	−16879,351	−18168,708
15°	−16610,022	−17329,398
10°	−16412,518	−16729,223
5°	−16261,108	−16399,828
0°	−16249,982	−16249,982
	kg/m	kg/m

Die totalen Schnittkräfte ergeben sich als Summe der Schnittkräfte des Membranzustands und der Schnittkräfte infolge der Randstörungen. Die Ergebnisse sind in der Tab. 16.4 zusammengestellt.

Tabelle 16.4. *Kräfte in der Schale*

φ	Q^t_φ	N^t_φ	N^t_ϑ	M^t_φ	M^t_ϑ
30°	−1639,000	−14789,172	− 4458,653	−498,000	−82,272
25°	− 427,519	−16307,033	− 9271,184	+ 32,848	+39,938
20°	+ 80,033	−17099,245	−15788,742	+110,190	+41,885
15°	+ 129,587	−17093,653	−17887,622	+ 54,160	+14,983
10°	+ 61,977	−16764,008	−17479,363	+ 8,274	− 3,294
5°	+ 15,603	−16439,448	−16712,046	− 8,509	−10,104
0°	0,000	−16360,042	−16360,042	− 11,415	−11,415
	kg/m	kg/m	kg/m	kg m/m	kg m/m

2. Beispiel. Für die geschlossene Kegelschale aus Stahlbeton, die wir bei den Beispielen für numerische Anwendungen des Kapitels 14 untersucht haben, wollen wir mit Hilfe der Verschiebungsgrößen die Reaktionen infolge des Eigengewichts des Tragwerks berechnen, das am Rand total eingespannt sein soll.

Früher erhielten wir:

$$\delta_{11} = -\frac{90{,}766}{E\,h},$$

$$\delta_{12} = \delta_{21} = \frac{136{,}877}{E\,h},$$

$$\delta_{22} = -\frac{401{,}940}{E\,h}.$$

Für das Eigengewicht — im Membranzustand — haben wir im ersten der erwähnten Beispiele die folgenden Werte für die Verschiebung und die Drehung des Rands hergeleitet:

$$\xi_u^0 = -\frac{47319{,}68}{E\,h},$$

$$V_u^0 = \frac{14723{,}76}{E\,h}.$$

Es ergibt sich somit nach Gl. (16.7), (16.8):

$$-47\,319{,}68 + (H^* + H^0)\cdot(-90{,}766) + M^*\cdot 136{,}88 = 0,$$

$$14\,723{,}76 + (H^* + H^0)\cdot 136{,}88 + M^*\cdot(-401{,}94) = 0,$$

woraus wir mit:

$$H = H^* + H^0$$

ermitteln:

$$H = -958{,}184 \text{ kg/m},$$

$$M = M^* = -289{,}676 \text{ kg m/m}.$$

Weil nach Gl. (9.13) im Rand im Membranzustand gilt:

$$N_y^0 = -4435{,}200 \text{ kg/m},$$

ergibt sich mit der zweiten der Gl. (16.2):

$$H^0 = -3841{,}016 \text{ kg/m}$$

und daraus:

$$H^* = \quad 2882{,}832 \text{ kg/m}.$$

c) Zusammengesetzte Tragwerke. *1. Allgemeines.* Im vorhergehenden Abschnitt haben wir das Problem der Bestimmung der Auflagerreaktionen für Fälle einfacher Tragwerke untersucht.

Wir wollen im folgenden Fälle zusammengesetzter Tragwerke betrachten, die durch miteinander und mit anderen Tragelementen elastisch verbundene Schalen gebildet werden.

Die Kenntnis der Verschiebungsgrößen der Teiltragwerke ermöglicht es, leicht die Elastizitätsgleichungen für zusammengesetzte Tragwerke anzuschreiben, wobei analytisch die Bedingungen über die Gleichheit der Verschiebung und der Drehung in den den verbundenen Tragelementen gemeinsamen Schnitten ausgedrückt werden.

2. Verschiebungsgrößen für den Verstärkungsring und die Kreisplatte. Da die Verstärkung der Schalenränder mit Hilfe von Ringen erreicht

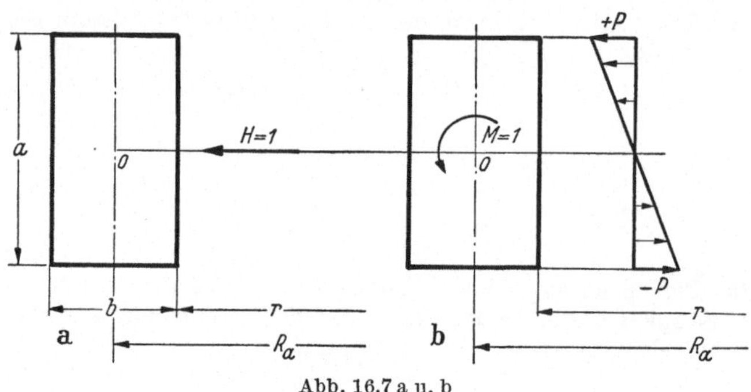

Abb. 16.7 a u. b

wird, welche eine elastische Einspannung bewirken, wollen wir im folgenden die Verschiebungsgrößen für diese Tragelemente herleiten.

Wir wollen zuerst den Fall eines Rings betrachten, der unter der Wirkung von Einheitskräften $H = 1$ steht, die radial nach außen entlang der Achse wirken (Abb. 16.7a).

Für diesen Fall ergibt sich in den Schnitten des Rings eine Normalzugkraft N, die wie folgt lautet:

$$N = 1\left(r + \frac{b}{2}\right) = 1 R_a \cong 1 r .$$

Es ergibt sich somit eine Dehnung:

$$\varepsilon = \frac{N}{E b d} = \frac{1 R_a}{E b d},$$

woraus die Verschiebung eines allgemeinen Schnitts in Richtung des Radius folgt:

$$\xi_{H=1} = R_a \varepsilon = \frac{1 R_a^2}{E b d}, \tag{16.10}$$

wobei $V_{H=1} = 0$. Vergegenwärtigen wir uns die Bedeutung der Verschiebungsgrößen, so können wir schreiben:

$$\delta_{11} = \frac{R_a^2}{E\,b\,d}; \qquad \delta_{21} = 0. \tag{16.11}$$

Wir wollen nun den Fall betrachten, daß Einheitsmomente $M = 1$ entlang der Achse des Rings mit dem in Abb. 16.7b gezeichneten Drehsinn angreifen. Wir ersetzen das Moment $M = 1$ durch eine gleichförmig verteilte Kraft, deren Größe entlang der Höhe d linear variiert und die in den Rändern des Balkens den Wert:

$$p = \pm \frac{6 \cdot 1}{d^2}.$$

erreicht.

Es ergibt sich somit in diesen Rändern die Spannung:

$$\sigma = \pm \frac{6 \cdot 1\,R_a}{b\,d^2},$$

woraus die Dehnung $\varepsilon = \sigma/E$ und die Radialverschiebung:

$$\xi_b = \pm \frac{6 \cdot 1\,R_a^2}{E\,b\,d^2} \tag{16.12}$$

folgen.

Infolge des linearen Verlaufs der Dehnung ε entlang der Höhe d des Balkens ergibt sich eine Drehung des allgemeinen Schnitts:

$$V_{M=1} = \frac{\xi_b}{\frac{1}{2}d} = \frac{12 \cdot 1\,R_a^2}{E\,b\,d^3}, \tag{16.13}$$

wobei die Radialverschiebung des Schwerpunkts des Schnitts: $\xi_{M=1} = 0$ ist.

Gemäß der Definition der Verschiebungsgrößen können wir schreiben:

$$\delta_{22} = \frac{12\,R_a^2}{E\,b\,d^3}; \qquad \delta_{12} = 0. \tag{16.14}$$

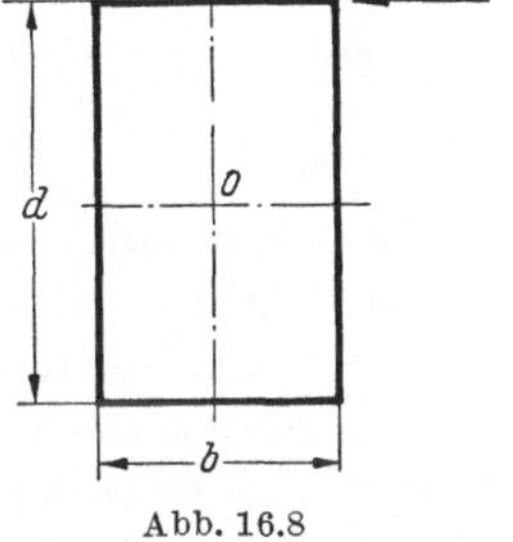

Abb. 16.8

Die Ausdrücke (16.11) und (16.14) liefern die Werte der Verschiebungsgrößen in den Fällen, in denen angenommen werden kann, daß die erzeugten Schnittkräfte wegen der kleinen Abmessungen des Ringquerschnitts entlang der Achse dieses Rings angreifen.

Wir wollen im folgenden den Fall von radialen Einheitskräften $H = 1$ betrachten, welche entlang der oberen inneren Kante a des Rings wirken sollen (Abb. 16.8).

Es ist möglich, die im Schwerpunkt des Schnitts angreifende Kraft $H = 1$ zu betrachten und ein Verschiebungsmoment $M = 1\,\frac{d}{2}$ in die Berechnung einzuführen. Dieses Moment bewirkt eine Drehung:

$$V_{H=1} = 1\,\frac{d}{2}\,\delta_{22} \tag{16.15}$$

und somit eine Verschiebung in a:

$$\xi_{aH=1} = 1\,\frac{d}{2}\,\frac{d}{2}\,\delta_{22}, \tag{16.16}$$

welche zu der Verschiebung infolge der im Schwerpunkt angreifenden Kraft $H = 1$ zu addieren ist.

Die Fälle der Verschiebung der Kante a und der Drehung des Schnitts infolge eines auch in a angreifenden Moments $M = 1$ sind klar.

Wir erhalten somit für die am inneren Rand a des Rings angreifenden Einheitsschnittkräfte:

$$\delta_{11}^{(a)} = \delta_{11} + \xi_{aH=1} = \frac{4\,R_a^2}{E\,b\,d}, \tag{16.17}$$

$$\delta_{12}^{(a)} = \delta_{21}^{(a)} = \frac{6\,R_a^2}{E\,b\,d^2}, \tag{16.18}$$

$$\delta_{22}^{(a)} = \frac{12\,R_a^2}{E\,b\,d^3}. \tag{16.19}$$

Diese Ausdrücke für die Verschiebungsgrößen müssen im Fall der entlang der oberen inneren Kante des Verstärkungsrings im unteren Rand angreifenden Reaktionen verwendet werden.

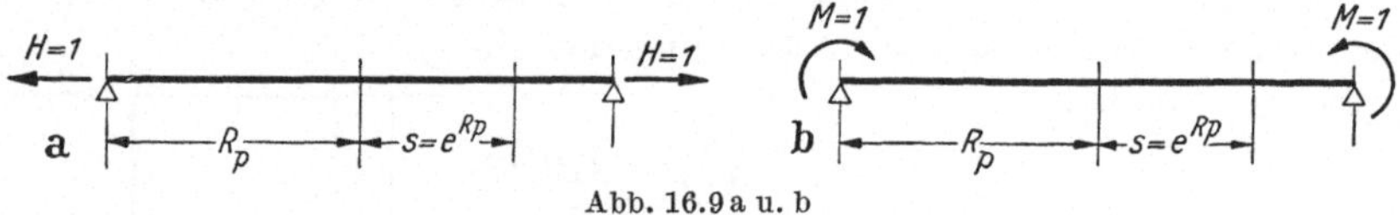

Abb. 16.9 a u. b

Der Fall eines Verstärkungsrings im oberen Rand kann in der gleichen Weise untersucht werden.

Wenn die Schale im Randschnitt mit einer Kreisplatte verbunden ist, ist es notwendig, die Verschiebungsgrößen für diese letztere zu kennen. Diese Größen erhält man auf die bereits geschilderte Weise, d. h. indem man entlang des als aufgelagert angenommenen Rands der Platte die folgenden Belastungszustände (Abb. 16.9) betrachtet:

$$H = 1; \quad M = 0,$$
$$H = 0; \quad M = 1.$$

Wir erhalten so die Werte von $\xi_{H=1}$, $V_{H=1}$ bzw. $\xi_{M=1}$, $V_{M=1}$, d. h. mit den Gln. (13.85) und (13.91) die Verschiebungsgrößen [Beyer, 48.1, S. 652]:

$$\delta_{11} = \frac{(1-\nu)\,R_p}{E\,h_p}; \qquad \delta_{21} = 0, \tag{16.20}$$

$$\delta_{12} = 0; \qquad \delta_{22} = -\frac{12(1-\nu)\,R_p}{E\,h_p^3}, \tag{16.21}$$

worin R_p und h_p den Radius bzw. die Stärke der Platte bedeuten.

Bezeichnen wir mit M_r und M_ϑ die auf einen Schnitt normal zum Radius bzw. einen Diametralschnitt der Platte wirkenden Einheitsmomente, so ergibt sich im Fall der Abb. 16.9a:

$$M_r = M_\vartheta = 0$$

und im Fall der Abb. 16.9b:

$$M_r = M_\vartheta = 1 .$$

Wir geben im folgenden die Ausdrücke für die Drehung des Randschnitts und die Biegemomente in frei aufliegenden Kreisplatten für einige in der Praxis vorkommende Belastungsfälle an.

α) Gleichförmig verteilte Belastung g:

$$V_b = -\frac{g R_p^3}{8 D_p (1+\nu)}, \tag{16.22}$$

$$M_r = \frac{g R_p^2}{16} (3+\nu)(1-\varrho^2), \tag{16.23}$$

$$M_\vartheta = \frac{g R_p^2}{16} [3+\nu-(1+3\nu)\varrho^2], \tag{16.24}$$

wobei wir gesetzt haben:

$$\varrho = \frac{s}{R_p}, \tag{16.25}$$

$$D_p = \frac{E h_p^3}{12(1-\nu^2)}, \tag{16.26}$$

worin s den Abstand des allgemeinen Schnitts vom Mittelpunkt der Platte bedeutet.

β) Einzellast P im Mittelpunkt der Platte.

$$V_b = -\frac{P R_p}{4 D_p \pi (1+\nu)}, \tag{16.27}$$

$$M_r = -\frac{P}{4\pi}(1+\nu)\ln\varrho, \tag{16.28}$$

$$M_\vartheta = \frac{P}{4\pi}[1-\nu-(1+\nu)\ln\varrho]. \tag{16.29}$$

Der Punkt, in dem die Einzellast angreift, ist ein singulärer Punkt. In ihm ergeben sich für die Biegemomente unendlich große Werte.

3. *Elastizitätsgleichungen.* Die statisch unbestimmten Reaktionen im Fall der Schalen, die im Randschnitt mit elastisch verformbaren Tragelementen verbunden sind, sind durch die Lösungen der Elastizitätsgleichungen gegeben, welche, wie wir schon bemerkt haben, die Zusammenhangsbedingungen des zusammengesetzten Tragwerks ausdrücken.

Wir wollen unsere Überlegungen im folgenden für die Kugelschalen anstellen, wobei indessen die Ergebnisse auch für die Fälle der Kegel- und Zylinderschalen angewendet werden können.

Betrachten wir zunächst die gelenkig mit einem Verstärkungsring verbundene Schale (Abb. 16.10). Wir trennen die letztere von ersterem und stellen das Gleichgewicht her, indem wir die statisch bestimmte

Reaktion A^0 und den statisch unbestimmten Horizontalschub H^* auf die Schale und den Ring wirken lassen.

Die Reaktion A^0 in der Schale kann, wie wir schon gesehen haben, zerlegt werden in N_φ^0 und H^0.

Wir müssen nun die Bedingung, daß die Schale und der Ring unter der angreifenden Belastung die gleiche radiale Verschiebung erleiden,

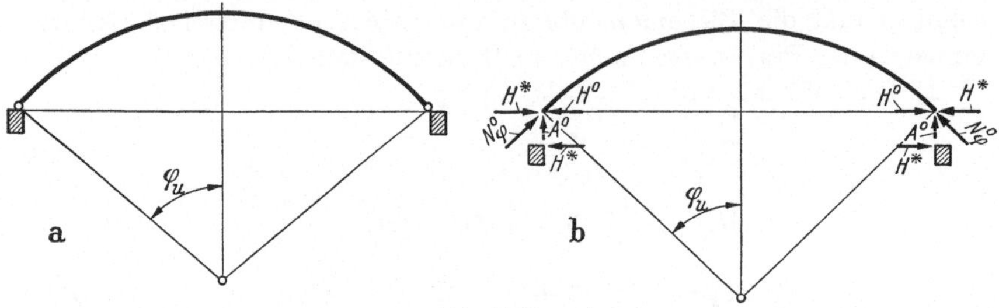

Abb. 16.10 a u. b

analytisch ausdrücken. Bezeichnen wir mit den Exponenten s bzw. r die Verschiebungsgrößen der Schale und des Rings, so erhalten wir:

$$\xi^0 + (H^* + H^0)\,\delta_{11}^{(s)} = H^*\,\delta_{11}^{(r)}. \tag{16.30}$$

Durch Auflösung dieser Elastizitätsgleichung erhalten wir den Horizontalschub H^*, der zusammen mit H^0 die Störung des Membranzustands verursacht. In der Gl. (16.30) sowie in den weiteren Elastizitätsgleichungen, die wir im folgenden herleiten werden, muß das Vorzeichen von H^0 berücksichtigt werden.

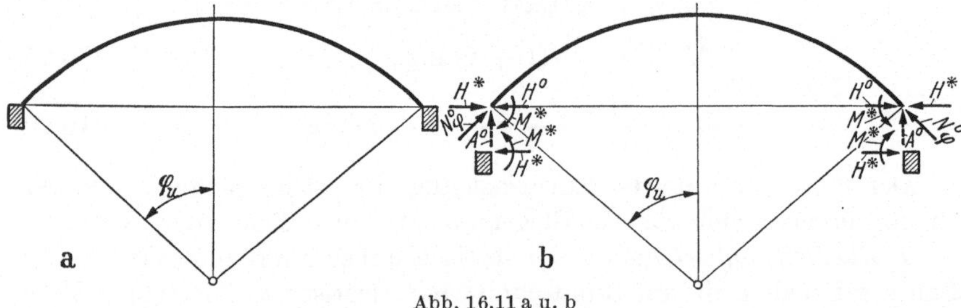

Abb. 16.11 a u. b

Falls die Schale mit dem Verstärkungsring fest verbunden ist (Abb. 16.11), erreichen wir das Gleichgewicht nach Trennung der ersteren vom letzteren, indem wir auf beide Teile außer der statisch bestimmten vertikalen Reaktion A^0 und somit der Komponenten N_φ^0 und H^0 in der Schale die überzähligen Größen H^* und M^* angreifen lassen. Die Elastizitätsgleichungen müssen die Gleichheit der Verschiebung und der Drehung der beiden Elementen gemeinsamen Schnitte unter der Wirkung der angreifenden Belastung ausdrücken. Wir erhalten

somit:

$$\xi^0 + (H^* + H^0)\,\delta_{11}^{(s)} + M^*\,\delta_{12}^{(s)} = H^*\,\delta_{11}^{(r)} + M^*\,\delta_{12}^{(r)}, \tag{16.31}$$

$$V^0 + (H^* + H^0)\,\delta_{21}^{(s)} + M^*\,\delta_{22}^{(s)} = M^*\,\delta_{22}^{(r)} + H^*\,\delta_{21}^{(r)}. \tag{16.32}$$

Wir wollen im folgenden den komplizierteren Fall einer Kugelschale untersuchen, die fest mit einer Zylinderschale verbunden ist und entlang des gemeinsamen Rands einen Verstärkungsring aufweist (Abb. 16.12).

Wenn der Querschnitt des Verstärkungsrings kleine Abmessungen aufweist, können wir die Verschiebungsgrößen aus den Formeln (16.11) und (16.14) verwenden, wobei wir annehmen, daß die Reaktionen entlang der Achse dieses Rings angreifen.

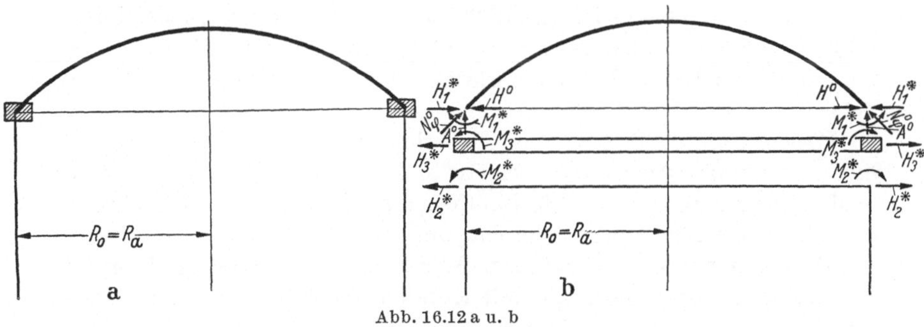

Abb. 16.12 a u. b

Wir bezeichnen mit den Exponenten (1), (2) und (3) die Verschiebungsgrößen der Kugelschale, der Zylinderschale und des Rings, sowie mit den Indices 1, 2 und 3 die entsprechenden Reaktionen.

Wir nehmen für die Schnittkräfte H^* und M^* an jedem Element des zusammengesetzten Tragwerks die positiven Richtungen so an, wie wir sie bei der Herleitung der entsprechenden Verschiebungsgrößen eingeführt haben (Abb. 13.2, Abb. 13.3, Abb. 15.2 und Abb. 16.7). Die Elastizitätsgleichungen ergeben sich in Übereinstimmung mit dem bereits dargelegten Kriterium, indem wir die Bedingungen aufstellen, daß der gemeinsame Schnitt, der der Reihe nach Bestandteil der Kugelschale, des Rings und der Zylinderschale sein soll, unter der Wirkung der angreifenden Kräfte die gleiche Verschiebung und die gleiche Drehung erfahren soll.

Es ergibt sich somit:

$$\xi_1^0 + (H_1^* + H^0)\,\delta_{11}^{(1)} + M_1^*\,\delta_{12}^{(1)} = H_3^*\,\delta_{11}^{(3)}, \tag{16.33}$$

$$V_1^0 + (H_1^* + H^0)\,\delta_{21}^{(1)} + M_1^*\,\delta_{22}^{(1)} = M_3^*\,\delta_{22}^{(3)}, \tag{16.34}$$

$$H_3^*\,\delta_{11}^{(3)} = H_2^*\,\delta_{11}^{(2)} + M_2^*\,\delta_{12}^{(2)}, \tag{16.35}$$

$$M_3^*\,\delta_{22}^{(3)} = H_2^*\,\delta_{21}^{(2)} + M_2^*\,\delta_{22}^{(2)}. \tag{16.36}$$

Für Gleichgewicht muß gelten (Abb. 16.12b):

$$H_1^* - H_2^* - H_3^* = 0\,, \tag{16.37}$$

$$M_1^* - M_2^* - M_3^* = 0\,. \tag{16.38}$$

Wir können somit die Unbekannten H_3^* und M_3^* aus dem System eliminieren. Kennen wir die Werte von H_1^*, M_1^*, H_2^*, M_2^* sowie von H^0, so können wir die Schnittkräfte entlang der Kugelschale und der Zylinderschale infolge der Randstörung berechnen.

Wenn die Schale mit einer Platte fest verbunden ist, so erfolgt die Berechnung in der nämlichen Form. Es werden die Elastizitätsgleichungen aufgestellt, welche die Gleichheit der Verschiebung und der Drehung des der Schale und der Platte gemeinsamen Schnitts ausdrücken, wobei für die letztere die Ausdrücke (16.20) und (16.21) für die Verschiebungsgrößen sowie die Gleichungen verwendet werden, welche die Drehungen des Rands der frei aufliegenden Platte unter der betrachteten Belastung liefern.

Haben wir das Moment der Reaktion erhalten, so verschiebt sich dieses unverändert ins Innere der Platte. Zu diesem Moment müssen wir dasjenige addieren, das der frei aufliegenden Platte unter der Wirkung der gegebenen Belastung entspricht, um das totale Moment zu erhalten.

d) Vorspannung der Schalen. Wir wollen die Vorspannkräfte in Betonschalen untersuchen, die mit Hilfe von Zugkabeln erzeugt werden, um die Störungskräfte im Membranzustand zu verringern.

Wir betrachten den Fall einer Kugelschale, die fest mit einem Verstärkungsring verbunden ist (Abb. 16.13). Wir möchten die Bedingungen ermitteln, unter denen es möglich ist, eine Reduktion der Störungskräfte des Membranzustands der Schale zu erreichen. Wir wollen am Ring eine Kraft H_v mit einer Exzentrizität e_v angreifen lassen und die entsprechenden Reaktionen $H_v^{(s)}$, $M_v^{(s)}$ und $H_v^{(r)}$, $M_v^{(r)}$ bestimmen, die an der Schale bzw. am Ring angreifen (Abb. 16.13). Wegen der Gleichheit der Verschiebung und der Drehung des gemeinsamen Schnitts erhalten wir:

$$H_v^{(s)}\,\delta_{11}^{(s)} + M_v^{(s)}\,\delta_{12}^{(s)} = H_v^{(r)}\,\delta_{11}^{(r)} + M_v^{(r)}\,\delta_{12}^{(r)} + H_v\,\xi_{H_v=1}^{(r)} + M_v\,\xi_{M_v=1}^{(r)}\,, \tag{16.39}$$

$$H_v^{(s)}\,\delta_{21}^{(s)} + M_v^{(s)}\,\delta_{22}^{(s)} = H_v^{(r)}\,\delta_{21}^{(r)} + M_v^{(r)}\,\delta_{22}^{(r)} + H_v\,V_{H_v=1}^{(r)} + M_v\,V_{M_v=1}^{(r)}\,, \tag{16.40}$$

worin:

$$\xi_{H_v=1}^{(r)} = -\frac{r^2}{E\,b\,d}\,; \qquad \xi_{M_v=1}^{(r)} = -\frac{6\,r^2}{E\,b\,d^2}\,, \tag{16.41}$$

$$V_{H_v=1}^{(r)} = 0\,; \qquad V_{M_v=1}^{(r)} = -\frac{12\,r^2}{E\,b\,d^3}\,, \tag{16.42}$$

die Verschiebungen und die Drehungen des gemeinsamen Rands des Rings und der Schale bedeuten für die Schnittkräfte $H_v = 1$ und $M_v = 1$, welche entlang der Achse dieses Rings mit dem in Abb. 16.13 definierten Richtungssinn angreifen. $r = R_0$ ist der Radius des untersten Parallelkreises der Schale (Abb. 16.7).

Die Ausdrücke mit den Exponenten (s) und (r) der Formeln (16.39) und (16.40) beziehen sich auf die Schale bzw. den Ring.

Für Gleichgewicht müssen wir erhalten (Abb. 16.13):

$$H_v^{(s)} = H_v^{(r)}, \tag{16.43}$$

$$M_v^{(s)} = M_v^{(r)}. \tag{16.44}$$

Lösen wir das System der Gln. (16.39) und (16.40) nach $H_v^{(s)}$ und $M_v^{(s)}$ auf, so erhalten wir:

$$H_v^{(s)} = H_v \frac{\Delta_{22}\xi^{(r)}_{H_v=1} - \Delta_{12} V^{(r)}_{H_v=1}}{B} + M_v \frac{\Delta_{22}\xi^{(r)}_{M_v=1} - \Delta_{12} V^{(r)}_{M_v=1}}{B}, \tag{16.45}$$

$$M_v^{(s)} = H_v \frac{\Delta_{11} V^{(r)}_{H_v=1} - \Delta_{21}\xi^{(r)}_{H_v=1}}{B} + M_v \frac{\Delta_{11} V^{(r)}_{M_v=1} - \Delta_{21}\xi^{(r)}_{M_v=1}}{B}, \tag{16.46}$$

worin bedeuten:

$$\Delta_{ij} = \delta_{ij}^{(s)} - \delta_{ij}^{(r)} \tag{16.47}$$

und

$$B = \begin{vmatrix} \Delta_{11} & \Delta_{12} \\ \Delta_{21} & \Delta_{22} \end{vmatrix}. \tag{16.48}$$

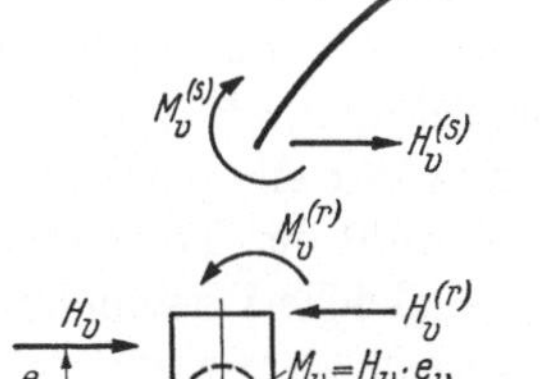

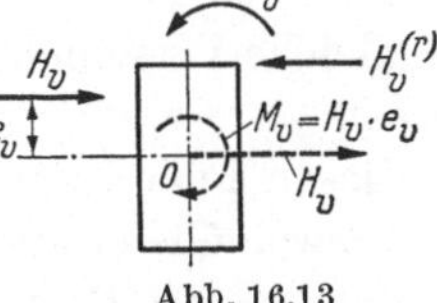

Abb. 16.13

Mit Hilfe der Gln. (16.45) und (16.46) können wir die äußeren Kräfte H_v und M_v und somit die Exzentrizität (Abb. 16.13):

$$e_v = \frac{M_v}{H_v} \tag{16.49}$$

berechnen, die notwendig sind, um bestimmte Vorspannkräfte $H_v^{(s)}$ und $M_v^{(s)}$ in der Schale zu erhalten.

Wir wollen erreichen, daß die Kräfte, die sich aus der Vorspannung ergeben, im Rand der Kugelschale eine Verschiebung ξ_v und eine Drehung V_v bewirken. Es muß sein:

$$H_v^{(s)}\delta_{11}^{(s)} + M_v^{(s)}\delta_{12}^{(s)} = \xi_v, \tag{16.50}$$

$$H_v^{(s)}\delta_{21}^{(s)} + M_v^{(s)}\delta_{22}^{(s)} = V_v, \tag{16.51}$$

woraus folgt:

$$H_v^{(s)} = \frac{\delta_{22}^{(s)}}{C^{(s)}}\xi_v - \frac{\delta_{12}^{(s)}}{C^{(s)}} V_v, \tag{16.52}$$

$$M_v^{(s)} = \frac{\delta_{11}^{(s)}}{C^{(s)}} V_v - \frac{\delta_{21}^{(s)}}{C^{(s)}}\xi_v, \tag{16.53}$$

wobei bedeutet:

$$C^{(s)} = \delta_{11}^{(s)}\delta_{22}^{(s)} - \delta_{12}^{(s)2}. \tag{16.54}$$

Wir erhalten somit die Werte von $H_v^{(s)}$ und $M_v^{(s)}$. Danach berechnen wir mit den Gln. (16.45) und (16.46) die Werte der äußeren Vorspannkräfte H_v und M_v und mit den Gln. (16.43) und (16.44) die Werte der am Ring angreifenden Kräfte $H_v^{(r)}$ und $M_v^{(r)}$.

Die Kräfte aus Vorspannung summieren sich zu den durch die am Tragwerk angreifende Belastung verursachten.

Unsere Betrachtungen müßten logischerweise vervollständigt werden durch die Untersuchung der Einflüsse des Schwindens und Kriechens des Betons sowie der Reibungskräfte, die beim Spannen der Vorspannkabel auftreten.

Wir werden im Kapitel 19 ein Beispiel für die Berechnung der Vorspannung einer Kugelschale geben.

B. Deformationsmethode

1. Allgemeines. Die Berechnung der mehrfachen Systeme, die aus miteinander verbundenen Tragelementen bestehen, kann vorteilhaft mit Hilfe der Deformationsmethode durchgeführt werden, bei der als Unbekannte Verschiebungen und Drehungen eingeführt werden an Stelle von Schnittkräften bei Verwendung der Kräftemethode.

Die Vorteile der Deformationsmethode sind um so größer, je größer die Anzahl der Tragelemente ist, welche — untereinander fest verbunden — gleiche Verschiebungen und Drehungen der gemeinsamen Schnitte aufweisen.

In diesen Fällen haben wir für jeden Knoten — oder jede Knotenlinie — zwei Gleichgewichtsbedingungen, welche die Berechnung der Unbekannten des Problems — Verschiebung und Drehung — ermöglichen.

Wir können die Gleichgewichtsbedingungen der Deformationsmethode mit Hilfe der Verschiebungsgrößen herleiten. Wir haben zu beachten, daß die Vorzeichen dieser letzteren genau von dem Richtungssinn abhängen, den wir für die auf jedes Teilsystem wirkenden Kräfte $H = 1$ und $M = 1$ wählen.

2. Grundgleichungen. Wir wollen eine Kugelschale — Teil eines mehrfachen Tragwerks — betrachten, die unter der Einwirkung eines bestimmten Belastungszustands steht (Abb. 16.14). Wir trennen die Schale vom übrigen Tragwerk und lassen am Rand die Reaktionen A^0, H^* und M^* angreifen. Wenn die Belastung symmetrisch ist, so ist die Reaktion A^0, wie wir wissen, statisch bestimmt. Wir zerlegen dieselbe in die Normalkraft N_φ^0, welche im Membranzustand im Gleichgewicht mit den angreifenden Belastungen ist, und den Horizontalschub H^0, der, wie wir wissen, eine Störung dieses Zustands in der Nähe des Rands verursacht.

Es ist leicht möglich, mit Hilfe der Verschiebungsgrößen die Verschiebung und die Drehung des Rands unter der Wirkung der angreifenden Lasten und der Reaktionen zu berechnen.

Im Falle der offenen Schale sind die Verschiebungsgrößen der Ränder voneinander unabhängig, wie wir wissen, sofern diese genügend weit voneinander entfernt sind.

Berücksichtigen wir, daß die Verschiebungen positiv sind, wenn sie nach außen gerichtet sind, und die Drehungen, wenn sie danach streben,

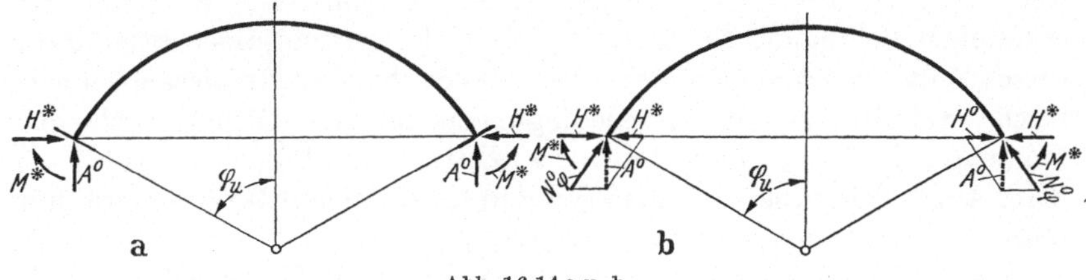

Abb. 16.14 a u. b

die Achse y — Tangente an den Meridian — in die Achse z — normal auf denselben — überzuführen (Abb. 5.1), so ergibt sich:

$$\xi = (H^* + H^0)\,\delta_{11} + M^*\,\delta_{12} + \xi^0, \tag{16.55}$$

$$V = (H^* + H^0)\,\delta_{21} + M^*\,\delta_{22} + V^0. \tag{16.56}$$

Wir haben zwei Gleichungen, aus denen wir $H^* + H^0$ und M^* in Funktion von ξ, ξ^0, V, V^0 berechnen können:

$$H^* + H^0 = \xi\,\frac{\delta_{22}}{C} - \xi^0\,\frac{\delta_{22}}{C} - V\,\frac{\delta_{12}}{C} + V^0\,\frac{\delta_{12}}{C},$$

$$M^* = -\xi\,\frac{\delta_{21}}{C} + \xi^0\,\frac{\delta_{21}}{C} + V\,\frac{\delta_{11}}{C} - V^0\,\frac{\delta_{11}}{C},$$

wobei bedeutet:

$$C = \delta_{11}\,\delta_{22} - \delta_{12}^2. \tag{16.57}$$

Setzen wir:

$$a = \frac{\delta_{22}}{C}; \qquad b = \frac{\delta_{11}}{C}; \qquad c = -\frac{\delta_{12}}{C} = -\frac{\delta_{21}}{C}, \tag{16.58}$$

so ergibt sich:

$$H^* = a\,\xi + c\,V + \overline{H}^*, \tag{16.59}$$

$$M^* = c\,\xi + b\,V + \overline{M}^*, \tag{16.60}$$

wobei:

$$\overline{H}^* = -a\,\xi^0 - c\,V^0 - H^0, \tag{16.61}$$

$$\overline{M}^* = -c\,\xi^0 - b\,V^0 \tag{16.62}$$

die überzähligen Größen bedeuten, nämlich den Horizontalschub und das Moment, welche im Rand der als total eingespannt vorausgesetzten Schale unter der Wirkung der betrachteten Belastung auftreten.

Für jedes Teiltragwerk ist es möglich, Ausdrücke für H^* und M^* herzuleiten, die den Gln. (16.59) und (16.60) analog sind. Wir haben einmal mehr zu beachten, daß dieselben bezüglich ihrer Vorzeichen von dem Richtungssinn abhängen, den wir für H^* und M^* und somit für $H = 1$ und $M = 1$ als positiv gewählt haben. Im Falle von zusammengesetzten Tragwerken wirken die für ein Teiltragwerk in Funktion von ξ, V, $\overline{H}^*$ und $\overline{M}^*$ erhaltenen Schnittkräfte in einem Rand, der gemeinsamer Bestandteil dieses Teiltragwerks und anderer Teile des Systems ist. In diesem gemeinsamen Schnitt müssen die Bedingungen für das Gleichgewicht der Momente, $\Sigma M^* = 0$, und der Kräfte, $\Sigma H^* = 0$, erfüllt sein, wobei wir beim Aufstellen dieser Bedingungen den für die Schnittkräfte gewählten positiven Richtungssinn beachten müssen.

Wir wollen z. B. den schon früher mit Hilfe der Kräftemethode behandelten Fall betrachten (Abb. 16.12). Wir können für die Kugelschale schreiben:

$$H_1^* = a_1\,\xi + c_1\,V + \overline{H}_1^*, \tag{16.63}$$

$$M_1^* = c_1\,\xi + b_1\,V + \overline{M}_1^*, \tag{16.64}$$

für die Zylinderschale:

$$H_2^* = a_2\,\xi + c_2\,V, \tag{16.65}$$

$$M_2^* = c_2\,\xi + b_2\,V, \tag{16.66}$$

und für den Ring:

$$H_3^* = a_3\,\xi, \tag{16.67}$$

$$M_3^* = b_3\,V. \tag{16.68}$$

Weil für Gleichgewicht die Gln. (16.37) und (16.38) erfüllt sein müssen, haben wir:

$$\xi(a_1 - a_2 - a_3) + V(c_1 - c_2) + \overline{H}_1^* = 0, \tag{16.69}$$

$$\xi(c_1 - c_2) + V(b_1 - b_2 - b_3) + \overline{M}_1^* = 0. \tag{16.70}$$

Lösen wir dieses System von zwei Gleichungen auf, so erhalten wir ξ und V und darauf mit Gl. (16.63) bis (16.68) die Schnittkräfte H_n^* und M_n^*, welche auf die Teiltragwerke wirken, wobei $n = 1, 2, 3$ ist.

Für die Verwendung der Deformationsmethode müssen wir somit zuerst die Werte der Konstanten a_n, b_n und c_n sowie die Horizontalschübe $\overline{H}_n^*$ und die Momente $\overline{M}_n^*$ der Teiltragwerke kennen, die unter der Wirkung der gegebenen Belastungen stehen und total eingespannt sein sollen. Darauf werden für jede Knotenlinie die Gleichgewichtsbedingungen:

$$\xi \sum_n a_n + V \sum_n c_n + \sum_n \overline{H}_n^* = 0, \tag{16.71}$$

$$\xi \sum_n c_n + V \sum_n b_n + \sum_n \overline{M}_n^* = 0 \tag{16.72}$$

aufgestellt, wobei sich die erste Gleichung auf die Verschiebungen und die zweite auf die Drehung beziehen. Da die Verschiebungsgrößen δ_{ij} und damit nach Gl. (16.58) die Konstanten a_n, b_n, c_n von dem für $H = 1$ und $M = 1$ positiv gewählten Richtungssinn abhängen, werden bei der Untersuchung der Teiltragwerke die Summenausdrücke, die in der Gl. (16.71) für die Verschiebungen auftreten, alle nur dann positiv sein, wenn der positive Richtungssinn von $H = 1$ in den Teiltragwerken derselbe ist.

Eine identische Bemerkung können wir für die Gl. (16.72) für die Drehungen mit Bezug auf $M = 1$ machen.

Wenn die positiven Richtungen von $H = 1$ oder von $M = 1$ in den Teiltragwerken verschieden sind, so haben die Konstanten, die einem Richtungssinn von H^* in der Gleichung für die Verschiebungen oder von M^* in der Gleichung für die Drehungen entsprechen, ein Vorzeichen, und die dem entgegengesetzten Richtungssinn entsprechenden ein den ersteren entgegengesetztes Vorzeichen.

Sind die Unbekannten ξ und V für eine Knotenlinie berechnet, so erhalten wir die in den Rändern der verschiedenen Teiltragwerke wirkenden, oder im Falle des Rings, entlang der Achse verteilten Kräfte, indem wir die folgenden grundlegenden Beziehungen verwenden:

$$H_n^* = a_n \xi + c_n V + \overline{H}_n^*, \tag{16.73}$$

$$M_n^* = c_n \xi + b_n V + \overline{M}_n^*. \tag{16.74}$$

Wir haben zu beachten, daß im Fall eines gelenkig verbundenen Rands $M_n^* = 0$ sein muß, woraus sich ergibt, wenn wir aus der zweiten der oben angeführten Gleichungen den Wert von V bestimmen und in die erste einsetzen:

$$H_{Gn}^* = \left(a_n - \frac{c_n^2}{b_n}\right) \xi + \overline{H}_{Gn}^*, \tag{16.75}$$

worin:

$$\overline{H}_{Gn}^* = \left(\overline{H}_n^* - \frac{c_n}{b_n} \overline{M}_n^*\right) \tag{16.76}$$

den Horizontalschub für den Fall einer Schale mit festem Gelenk bedeutet.

Im Kapitel 19 werden wir ein Beispiel für die Anwendung der Deformationsmethode geben.

Näherungstheorie

17. Methode von Blumenthal für Kugelschalen

A. Asymptotische Integration der Grundgleichungen

a) Allgemeines. Die Anwendung der genauen Theorie der Kugelschalen unter drehsymmetrischen Lasten erweist sich als arbeitsreich, besonders in den Fällen von Tragwerken mit großen Werten der Konstante μ:

$$\mu = \sqrt[4]{12(1-\nu^2)\left(\frac{R}{h}\right)^2 - \nu^2} \cong \sqrt[4]{3}\sqrt{2\left(\frac{R}{h}\right)},$$

für welche die Reihen, die in den Formeln (13.15) und (13.18) auftreten, nur sehr langsam, praktisch gar nicht konvergieren.

Für Werte von $\mu \leqq 15$ ist es immerhin möglich, die genaue Theorie anzuwenden, wie wir im Beispiel des Kapitels 13 gesehen haben, wobei die Berechnung reichlich lang wird. Werte von μ in der angegebenen Größenordnung treten insbesondere bei der Untersuchung von metallischen Behältern auf, die unter Druck stehen, wie es bei Kesselböden der Fall ist, bei denen das Verhältnis R/h Werte bis zu 100 nicht übersteigt. Bei den im Hochbau verwendeten Schalen indessen sind mit Ausnahme einiger Fälle von Behälterböden aus Stahlbeton die Werte des Verhältnisses R/h bedeutend größer und können in extrem schlanken Tragwerken die Größenordnung von 600 erreichen, woraus sich ergibt: $\mu = 45{,}59$.

Unter diesen Bedingungen ist die genaue Theorie nicht mehr anwendbar, und es muß für die Schalen eine Näherungstheorie entwickelt werden, welche insbesondere in den Fällen verwendet werden kann, in denen μ einen großen Wert annimmt. Die durch die Näherungstheorie gegebene Lösung nähert sich somit asymptotisch der mit der genauen Theorie gefundenen, wenn $\mu \to \infty$, weswegen die Näherungslösung asymptotische Lösung genannt wird.

b) Koeffizienten der asymptotischen Reihe. Im Kapitel 11 haben wir das System der Grundgleichungen (11.20) und (11.21) für die Schalen mit konstanter Stärke hergeleitet. Im Fall des homogenen Gleichungssystems haben wir für jede Unbekannte eine Differentialgleichung vierter Ordnung, (11.26) und (11.27), erhalten. Sobald für die eine davon die allgemeine Lösung bekannt ist, erhält man leicht, wie wir gesehen haben, die Lösung für die andere Unbekannte.

Wir wollen im folgenden nur den Fall der homogenen Gleichungen untersuchen, wobei wir, wie schon etliche Male bemerkt, von der Partikulärlösung für das inhomogene Gleichungssystem absehen können.

Wir können somit unsere Untersuchung auf die erste der beiden Gleichungen, in die sich die Gl. (11.26) zerlegen läßt, nämlich die Differentialgleichung zweiter Ordnung (11.29) beschränken, nachdem ja die zweite Gl. (11.30), wie wir gesehen haben, Wurzeln hat, die zu denen der ersten konjugiert komplex sind.

Da wir insbesondere das Problem der Kugelschalen behandeln wollen, betrachten wir die Gl. (13.1):

$$\frac{d^2 U}{d\varphi^2} + \operatorname{ctg}\varphi \frac{dU}{d\varphi} - (\operatorname{ctg}^2\varphi - i\,\mu^2)\, U = 0\,. \tag{17.1}$$

Setzen wir:

$$U = \frac{T}{\sqrt{\sin\varphi}}, \tag{17.2}$$

so erhalten wir:

$$\frac{dU}{d\varphi} = \frac{1}{\sqrt{\sin\varphi}}\left[\frac{dT}{d\varphi} - \frac{1}{2}\, T \operatorname{ctg}\varphi\right],$$

$$\frac{d^2 U}{d\varphi^2} = \frac{1}{\sqrt{\sin\varphi}}\left[\frac{d^2 T}{d\varphi^2} - \frac{dT}{d\varphi}\operatorname{ctg}\varphi + T\left(\frac{1}{4}\operatorname{ctg}^2\varphi + \frac{1}{2\sin^2\varphi}\right)\right],$$

woraus sich durch Einsetzen in Gl. (17.1) ergibt:

$$T'' + \left[\frac{1}{2\sin^2\varphi} - \frac{5}{4}\operatorname{ctg}^2\varphi\right] T + i\,\mu^2\, T = 0\,, \tag{17.3}$$

worin T'' die zweite Ableitung von T nach φ bedeutet. In dieser letzten Gleichung kommt die erste Ableitung von T nicht vor.

Aus der Betrachtung der Gl. (17.3) geht hervor, daß für große Werte von μ^2, welche ja Gegenstand unserer Untersuchung bilden, wenn wir den Fall sehr kleiner Winkel φ ausschließen, die Funktion T im Vergleich zu ihrer zweiten Ableitung kleine Werte annehmen muß. Da die betrachtete Gleichung eine Gleichung zweiter Ordnung mit variablen Koeffizienten ist, können wir annehmen, daß ihre Lösung die folgende Form aufweise:

$$T = x\, e^{\alpha\varphi}, \tag{17.4}$$

worin x eine unbekannte Funktion ist, die einem endlichen, von Null verschiedenen Grenzwert zustrebt, wenn $\alpha \to \infty$.

Wir erhalten somit, wenn wir die Funktion T und ihre zweite Ableiung in die Gl. (17.3) einsetzen:

$$\alpha^2 + \left[\frac{1}{2\sin^2\varphi} - \frac{5}{4}\operatorname{ctg}^2\varphi\right] = -i\,\mu^2\,.$$

Für $\mu^2 \to \infty$ ergibt sich, wenn φ nicht ein sehr kleiner Winkel ist:

$$\alpha^2 = -i\,\mu^2. \tag{17.5}$$

Weil der Ausdruck (17.4) die gegebene Gleichung für große Werte von μ^2 erfüllen muß, können wir übereinstimmend mit der asymptotischen Darstellung der Funktionen setzen:

$$x = \sum_{n=0}^{\infty} T_n \alpha^{-n}. \tag{17.6}$$

Wir erhalten somit:

$$\left.\begin{aligned} T &= e^{\alpha\varphi}\left[T_0 + \frac{T_1}{\alpha} + \frac{T_2}{\alpha^2} + \cdots + \frac{T_n}{\alpha^n} + \cdots\right], \\ T' &= e^{\alpha\varphi}\left[T_0\alpha + (T_0' + T_1) + \cdots + (T_n' + T_{n+1})\frac{1}{\alpha^n} + \cdots\right], \\ T'' &= e^{\alpha\varphi}\Big[T_0\alpha^2 + (2T_0' + T_1)\alpha + (T_0'' + 2T_1' + T_2) + \\ &\quad + (T_1'' + 2T_2' + T_3)\frac{1}{\alpha} + \cdots + \\ &\quad + (T_n'' + 2T_{n+1}' + T_{n+2})\frac{1}{\alpha^n} + \cdots\Big]. \end{aligned}\right\} \tag{17.7}$$

Setzen wir diese Ausdrücke in die Gl. (17.3) ein und setzen die Koeffizienten von α^{-i} gleich Null, so ergibt sich:

$$\left.\begin{aligned} T_0 - T_0 &= 0, \\ T_1 + 2T_0' - T_1 &= 0, \\ T_2 + 2T_1' + T_0'' + f(\varphi)\,T_0 - T_2 &= 0, \\ \cdots\cdots\cdots\cdots\cdots\cdots\cdots\cdots \\ T_{n+2} + 2T_{n+1}' + T_n'' + f(\varphi)\,T_n - T_{n+2} &= 0, \end{aligned}\right\} \tag{17.8}$$

d. h.:

$$2T_{i+1}' + T_i'' + f(\varphi)\,T_i = 0, \tag{17.9}$$

wobei:

$$f(\varphi) = \frac{1}{2\sin^2\varphi} - \frac{5}{4}\operatorname{ctg}^2\varphi = \frac{2 - 3\operatorname{ctg}^2\varphi}{4}. \tag{17.10}$$

Aus der zweiten der Gl. (17.8) entnimmt man, daß $T_0 = \text{const}$.
Die Gl. (17.9) erlaubt, den allgemeinen Ausdruck für T_{i+1} herzuleiten:

$$T_{i+1} = -\frac{1}{2}\left[T_i' + \int f(\varphi)\,T_i\,d\varphi\right] + C. \tag{17.11}$$

Setzen wir $T_0 = 1$, so erhalten wir:

$$T_1 = -\frac{1}{2}\int \frac{2 - 3\operatorname{ctg}^2\varphi}{4}\,d\varphi + C.$$

Wählen wir $C = 0$, so ergibt sich:

$$T_1 = -\frac{5\varphi + 3\operatorname{ctg}\varphi}{8} = -\gamma, \tag{17.12}$$

somit:

$$\gamma = \frac{1}{2}\int f(\varphi)\, d\varphi,$$

d. h.

$$\gamma' = \frac{1}{2} f(\varphi) = -T_1'. \qquad (17.13)$$

Wir erhalten danach:

$$T_2 = \frac{1}{2}\gamma' + \frac{1}{2}\int f(\varphi)\,\gamma\, d\varphi + C = \frac{\gamma^2}{2} - \frac{3}{16}\operatorname{ctg}^2\varphi, \qquad (17.14)$$

worin wir die Integrationskonstante zu: $-\frac{1}{8}$ gewählt haben.

Ebenso:

$$T_3 = -\frac{1}{2}\left(\frac{\gamma^2}{2} - \frac{3}{16}\operatorname{ctg}^2\varphi\right)' - \frac{1}{2}\int\left(\frac{\gamma^2}{2} - \frac{3}{16}\operatorname{ctg}^2\varphi\right) f(\varphi)\, d\varphi + C, \qquad (17.15)$$

d. h., wenn wir die angegebenen Rechenoperationen durchführen und $C = 0$ setzen, ergibt sich:

$$T_3 = -\frac{1}{6}\gamma^3 - \frac{1}{16}\gamma(2 - 3\operatorname{ctg}^2\varphi) - \frac{3}{128}\operatorname{ctg}\varphi(13 + 7\operatorname{ctg}^2\varphi) - \frac{15}{128}\varphi. \qquad (17.16)$$

Wir können so der Reihe nach die weiteren Koeffizienten berechnen. In der Praxis ist die erreichte Näherung bei Berücksichtigung von höchstens den vier ersten Gliedern der asymptotischen Reihe genügend, da nun einmal nach der Theorie von Poincaré die Summe dieser Glieder den Wert mit einem Fehler in der Größenordnung des letzten berücksichtigten Glieds liefert.

Wir haben in der Tab. 17.1 die Werte von T_i in Funktion von φ für $i = 0, 1, 2, 3$ zusammengestellt. Diese Koeffizienten sind unabhängig von den Dimensionen der Schale.

Tabelle 17.1

φ	T_0	T_1	T_2	T_3
90°	1	−0,98175	0,48191	− 0,46450
80°	1	−0,93879	0,43483	− 0,46802
70°	1	−0,90007	0,38022	− 0,47366
60°	1	−0,87100	0,31682	− 0,49477
50°	1	−0,86008	0,23785	− 0,55486
40°	1	−0,88324	0,12375	− 0,71265
30°	1	−0,97677	−0,08546	− 1,16957
20°	1	−1,24847	−0,63603	− 2,99397
10°	1	−2,23581	−3,53121	−20,33355

c) Kräfte, Verschiebungen und Drehungen infolge der Randstörungen. Kennen wir die Koeffizienten der asymptotischen Reihe, so erhalten wir aus Gl. (17.2) und der ersten der Gl. (17.7):

$$U = \frac{e^{\alpha\varphi}}{\sqrt{\sin\varphi}}\left(T_0 + \frac{T_1}{\alpha} + \frac{T_2}{\alpha^2} + \cdots\right) = \frac{e^{\alpha\varphi}}{\sqrt{\sin\varphi}}\left(U_0 + \frac{U_1}{\alpha} + \frac{U_2}{\alpha^2} + \cdots\right), \tag{17.17}$$

woraus nach Gl. (11.37) folgt:

$$V = \frac{1}{E\,h\,R}\left[L(U) + \nu\, U\right] = \frac{\nu + \alpha^2}{E\,h\,R}\,U. \tag{17.18}$$

Vernachlässigen wir ν gegenüber dem Wert von $\alpha^2 = -i\,\mu^2$, so erhalten wir:

$$V = \frac{\alpha^2}{E\,h\,R}\,U = \frac{\alpha^2}{E\,h}\,Q_\varphi, \tag{17.19}$$

woraus folgt:

$$V = \frac{1}{E\,h\,R}\,\frac{e^{\alpha\varphi}}{\sqrt{\sin\varphi}}\left(T_0\,\alpha^2 + T_1\,\alpha + T_2 + \frac{T_3}{\alpha} + \cdots\right), \tag{17.20}$$

d. h.

$$V = \frac{e^{\alpha\varphi}}{E\,h\,R\sqrt{\sin\varphi}}\left[V^{(2)}\alpha^2 + V^{(1)}\alpha + V_{(0)} + \frac{V_{(1)}}{\alpha} + \cdots\right], \tag{17.21}$$

wobei:

$$\left.\begin{aligned} V^{(2)} &= T_0\,,\\ V^{(1)} &= T_1\,,\\ V_{(0)} &= T_2\,,\\ V_{(1)} &= T_3\,. \end{aligned}\right\} \tag{17.22}$$

Wir beachten, daß wir setzen können:

$$\varrho^2 = \sqrt{3\,(1-\nu^2)\,\frac{R^2}{h^2} - \frac{\nu^2}{4}}\,, \tag{17.23}$$

worauf folgt:

$$\mu^2 = 2\,\varrho^2. \tag{17.24}$$

Vernachlässigen wir den Wert von $\nu^2/4$ gegenüber dem Wert des Verhältnisses R^2/h^2, so können wir schreiben:

$$\mu^2 = 2\,\lambda^2, \tag{17.25}$$

wobei:

$$\lambda^2 = \sqrt{3\,(1-\nu^2)\,\frac{R^2}{h^2}}\,, \tag{17.26}$$

woraus folgt:

$$\alpha^2 = -2\,i\,\lambda^2. \tag{17.27}$$

Sind die Ausdrücke für U und V bekannt, so können die Ausdrücke für die weiteren Schnittkräfte und die Verschiebungen leicht hergeleitet werden.

Aus Gl. (11.7) ergibt sich:

$$N_\varphi = -\operatorname{ctg}\varphi \frac{U}{R}, \tag{17.28}$$

und aus Gl. (11.8):

$$N_\vartheta = -\frac{1}{R} U' = -\frac{e^{\alpha\varphi}}{R\sqrt{\sin\varphi}} \left[T_0 \alpha + \left(T_1 - T_0 \frac{\operatorname{ctg}\varphi}{2} + T_0' \right) + \right.$$
$$\left. + \left(T_2 - T_1 \frac{\operatorname{ctg}\varphi}{2} + T_1' \right) \frac{1}{\alpha} + \cdots \right], \tag{17.29}$$

d. h.

$$N_\vartheta = -\frac{e^{\alpha\varphi}}{R\sqrt{\sin\varphi}} \left[N_\vartheta^{(1)} \alpha + N_{\vartheta(0)} + N_{\vartheta(1)} \frac{1}{\alpha} + \cdots \right], \tag{17.30}$$

wobei:

$$\left.\begin{aligned} N_\vartheta^{(1)} &= 1, \\ N_{\vartheta(0)} &= -\gamma - \frac{\operatorname{ctg}\varphi}{2}, \\ N_{\vartheta(1)} &= T_2 + \frac{\gamma}{2} \operatorname{ctg}\varphi - \frac{2 - 3\operatorname{ctg}^2\varphi}{8}. \end{aligned}\right\} \tag{17.31}$$

Mit Gl. (5.108) können wir unter Berücksichtigung der Gln. (17.19), (17.24), (17.22), (17.21) schreiben:

$$M_\vartheta = \frac{D\mu^4}{E\,h\,R^2} \left[\operatorname{ctg}\varphi \frac{U}{\alpha^2} + \nu \frac{U'}{\alpha^2} \right], \tag{17.32}$$

d. h.:

$$M_\vartheta = \frac{e^{\alpha\varphi}}{\sqrt{\sin\varphi}} \left[M_{\vartheta(0)} + \frac{M_{\vartheta(1)}}{\alpha} + \frac{M_{\vartheta(2)}}{\alpha^2} + \cdots \right], \tag{17.33}$$

wobei:

$$\left.\begin{aligned} M_{\vartheta(0)} &= 0, \\ M_{\vartheta(1)} &= \nu, \\ M_{\vartheta(2)} &= \operatorname{ctg}\varphi - \nu \left(\gamma + \frac{\operatorname{ctg}\varphi}{2} \right), \\ M_{\vartheta(3)} &= -\gamma \operatorname{ctg}\varphi + \nu \left(T_2 + \frac{\operatorname{ctg}\varphi}{2} \gamma - \gamma' \right), \\ M_{\vartheta(4)} &= \operatorname{ctg}\varphi\, T_2 + \nu \left(T_3 - \frac{\operatorname{ctg}\varphi}{2} T_2 + \frac{1}{2} \gamma'' + \gamma\gamma' \right), \end{aligned}\right\} \tag{17.34}$$

worin bedeutet:

$$\gamma'' = \frac{3}{4} \operatorname{ctg}\varphi \, (1 + \operatorname{ctg}^2\varphi). \tag{17.35}$$

Wir erhalten ebenso mit Gl. (5.109):

$$M_\varphi = \frac{e^{\alpha\varphi}}{\sqrt{\sin\varphi}} \left[M_{\varphi(0)} + \frac{M_{\varphi(1)}}{\alpha} + \frac{M_{\varphi(2)}}{\alpha^2} + \cdots \right], \tag{17.36}$$

wobei:

$$\left.\begin{aligned}
M_{\varphi(0)} &= 0,\\
M_{\varphi(1)} &= 1,\\
M_{\varphi(2)} &= -\gamma - \frac{\operatorname{ctg}\varphi}{2} + \nu \operatorname{ctg}\varphi,\\
M_{\varphi(3)} &= T_2 + \gamma \frac{\operatorname{ctg}\varphi}{2} - \gamma' - \nu \operatorname{ctg}\varphi\, \gamma,\\
M_{\varphi(4)} &= T_3 - \frac{\operatorname{ctg}\varphi}{2} T_2 + \frac{1}{2}\gamma'' + \gamma\gamma' + \nu \operatorname{ctg}\varphi\, T_2.
\end{aligned}\right\} \quad (17.37)$$

Bei den Anwendungen dürfen die Glieder der Koeffizienten, in denen ν vorkommt, vernachlässigt werden.

In Funktion der Normalkräfte können wir mit Gl. (13.82) die horizontale Verschiebung ξ berechnen.

Nachdem wir die Formeln für die Berechnung der Schnittkräfte, Verschiebungen und Drehungen sowie die Ausdrücke für die verschiedenen Koeffizienten erhalten haben, bemerken wir, daß sich für jede Wurzel α der Gl. (17.5) verschiedene Werte der betrachteten Funktionen ergeben. Weil nach Gl. (17.27) gilt:

$$\alpha = \sqrt[4]{-1}\,\sqrt{2}\,\lambda, \quad (17.38)$$

und wenn wir berücksichtigen, daß die vier Wurzeln der negativen Einheit lauten:

$$\frac{1+i}{\sqrt{2}}; \qquad \frac{1-i}{\sqrt{2}}; \qquad -\frac{1+i}{\sqrt{2}}; \qquad -\frac{1-i}{\sqrt{2}},$$

so erhalten wir:

$$\left.\begin{aligned}
\alpha_1 &= (1+i)\,\lambda; & \alpha_2 &= (1-i)\,\lambda,\\
\alpha_3 &= -(1+i)\,\lambda; & a_4 &= -(1-i)\,\lambda.
\end{aligned}\right\} \quad (17.39)$$

Bezeichnen wir allgemein mit X eine Schnittkraft, eine Verschiebung oder eine Drehung, so erhalten wir den allgemeinen Ausdruck:

$$X = \frac{1}{\beta} \sum_{n=1}^{4} C_n' \frac{e^{\alpha_n \varphi}}{\sqrt{\sin\varphi}} \left(X^{(2)} \alpha_n^2 + X^{(1)} \alpha_n + X_0 + \frac{X_1}{\alpha_n} + \cdots \right), \quad (17.40)$$

wobei C_n' die Integrationskonstanten und β eine charakteristische Konstante von X bedeuten. So ist für $X = V$ nach Gl. (17.20): $\beta = E\,h\,R$.

Um von der komplexen Form auf die reale überzugehen, setzen wir:

$$\begin{aligned}
C_1' &= C_1 + i\,C_2; & C_2' &= C_1 - i\,C_2,\\
C_3' &= C_3 + i\,C_4; & C_4' &= C_3 - i\,C_4.
\end{aligned}$$

Wenden wir andererseits die Formel von EULER an, so ergibt sich mit Gl. (17.39):

$$\begin{aligned} e^{\alpha_1 \varphi} &= e^{\lambda \varphi}(\cos\lambda\,\varphi + i\sin\lambda\,\varphi)\,, \\ e^{\alpha_2 \varphi} &= e^{\lambda \varphi}(\cos\lambda\,\varphi - i\sin\lambda\,\varphi)\,, \\ e^{\alpha_3 \varphi} &= e^{-\lambda \varphi}(\cos\lambda\,\varphi - i\sin\lambda\,\varphi)\,, \\ e^{\alpha_4 \varphi} &= e^{-\lambda \varphi}(\cos\lambda\,\varphi + i\sin\lambda\,\varphi)\,. \end{aligned}$$

Setzen wir nun in der Gl. (17.40) an Stelle von α die Wurzeln (17.39) ein, so weist der Ausdruck in Klammern für die beiden ersten Wurzeln, wenn wir den Realteil vom Imaginärteil trennen, die folgende Form auf:

$$X_1^{(\mathrm{I})} \pm i\,X_1^{(\mathrm{II})} \tag{17.41}$$

und für die beiden weiteren Wurzeln die Form:

$$X_1^{(\mathrm{III})} \pm i\,X_1^{(\mathrm{IV})}. \tag{17.42}$$

Wir erhalten für $\alpha_1 = (1 + i)\,\lambda$:

$$\begin{aligned} X_1^{(\mathrm{I})} + i\,X_1^{(\mathrm{II})} &= \left[\lambda X^{(1)} + X_0 + \frac{X_1}{2\lambda} - \frac{X_3}{4\lambda^3} + \cdots\right] + \\ &\quad + i\left[2\lambda^2 X^{(2)} + \lambda X^{(1)} - \frac{X_1}{2\lambda} - \frac{X_2}{2\lambda^2} - \frac{X_3}{4\lambda^3} + \cdots\right], \end{aligned} \tag{17.43}$$

Ebenso für $\alpha_3 = -(1 + i)\,\lambda$:

$$\begin{aligned} X_1^{(\mathrm{III})} + i\,X_1^{(\mathrm{IV})} &= \left[-\lambda X^{(1)} + X_0 - \frac{X_1}{2\lambda} + \frac{X_3}{4\lambda^3} + \cdots\right] + \\ &\quad + i\left[2\lambda^2 X^{(2)} - \lambda X^{(1)} + \frac{X_1}{2\lambda} - \frac{X_2}{2\lambda^2} + \frac{X_3}{4\lambda^3} + \cdots\right]. \end{aligned} \tag{17.44}$$

Wir können somit die Gl. (17.40) in der folgenden Form schreiben:

$$\begin{aligned} X = \frac{1}{\beta\sqrt{\sin\varphi}} &[(C_1 + i\,C_2)\,e^{\lambda\varphi}(\cos\lambda\,\varphi + i\sin\lambda\,\varphi)\,(X_1^{(\mathrm{I})} + i\,X_1^{(\mathrm{II})}) + \\ &+ (C_1 - i\,C_2)\,e^{\lambda\varphi}\,(\cos\lambda\,\varphi - i\sin\lambda\,\varphi)\,(X_1^{(\mathrm{I})} - i\,X_1^{(\mathrm{II})}) + \\ &+ (C_3 + i\,C_4)\,e^{-\lambda\varphi}(\cos\lambda\,\varphi - i\sin\lambda\,\varphi)\,(X_1^{(\mathrm{III})} + i\,X_1^{(\mathrm{IV})}) + \\ &+ (C_3 - i\,C_4)\,e^{-\lambda\varphi}(\cos\lambda\,\varphi + i\sin\lambda\,\varphi)\,(X_1^{(\mathrm{III})} - i\,X_1^{(\mathrm{IV})})]\,. \end{aligned} \tag{17.45}$$

In dieser Gleichung lauten die in Klammern gesetzten Ausdrücke, die als gemeinsamen Faktor C_1 haben:

$$e^{\lambda\varphi}(X^{(\mathrm{II})}\cos\lambda\,\varphi + X^{(\mathrm{I})}\sin\lambda\,\varphi)\,,$$

wobei:

$$X^{(\mathrm{II})} = 2\,X_1^{(\mathrm{I})} = 2\lambda\,X^{(1)} + 2\,X_0 + \frac{X_1}{\lambda} - \frac{X_3}{2\lambda^3} + \cdots \tag{17.46}$$

$$X^{(\mathrm{I})} = -2\,X_1^{(\mathrm{II})} = -4\lambda^2 X^{(2)} - 2\lambda\,X^{(1)} + \frac{X_1}{\lambda} + \frac{X_2}{\lambda^2} + \frac{X_3}{2\lambda^3} + \cdots \tag{17.47}$$

Im Fall der Konstanten C_2 erhalten wir:

$$e^{\lambda\varphi}(X^{(\mathrm{I})}\cos\lambda\,\varphi - X^{(\mathrm{II})}\sin\lambda\,\varphi).$$

Die entsprechenden Ausdrücke für C_3 und C_4 erhält man aus den für C_1 und C_2 hergeleiteten, indem man $e^{-\lambda\varphi}$ an Stelle von $e^{\lambda\varphi}$, $-\sin\lambda\,\varphi$ an Stelle von $\sin\lambda\,\varphi$ setzt und $X^{(\mathrm{I})}$, $X^{(\mathrm{II})}$ durch $X^{(\mathrm{III})}$, $X^{(\mathrm{IV})}$ ersetzt, wobei bedeuten:

$$X^{(\mathrm{III})} = -2X_1^{(\mathrm{IV})} = -4\lambda^2 X^{(2)} + 2\lambda X^{(1)} - \frac{X_1}{\lambda} + \frac{X_2}{\lambda^2} - \frac{X_3}{2\lambda^3} + \cdots \tag{17.48}$$

$$X^{(\mathrm{IV})} = 2X_1^{(\mathrm{III})} = -2\lambda X^{(1)} + 2X_0 - \frac{X_1}{\lambda} + \frac{X_3}{2\lambda^3} + \cdots \tag{17.49}$$

Wir erhalten schlußendlich den allgemeinen Ausdruck:

$$\begin{aligned}X = \frac{C_1 e^{\lambda\varphi}}{\beta\sqrt{\sin\varphi}}&(X^{(\mathrm{II})}\cos\lambda\,\varphi + X^{(\mathrm{I})}\sin\lambda\,\varphi) + \\ &+ \frac{C_2 e^{\lambda\varphi}}{\beta\sqrt{\sin\varphi}}(X^{(\mathrm{I})}\cos\lambda\,\varphi - X^{(\mathrm{II})}\sin\lambda\,\varphi) + \\ &+ \frac{C_3 e^{-\lambda\varphi}}{\beta\sqrt{\sin\varphi}}(X^{(\mathrm{IV})}\cos\lambda\,\varphi - X^{(\mathrm{III})}\sin\lambda\,\varphi) + \\ &+ \frac{C_4 e^{-\lambda\varphi}}{\beta\sqrt{\sin\varphi}}(X^{(\mathrm{III})}\cos\lambda\,\varphi + X^{(\mathrm{IV})}\sin\lambda\,\varphi).\end{aligned} \tag{17.50}$$

Die Konstanten C_i sind, wie wir wissen, durch die Randbedingungen bestimmt. Im Fall der geschlossenen Kugelschale folgt:

$$C_3 = C_4 = 0.$$

Die Berechnung der Verschiebungsgrößen bietet keine Schwierigkeiten. Wir wollen z. B. den Fall einer geschlossenen Schale betrachten und im Rand, für $\varphi = \varphi_u$, eine Kraft $H = 1$ angreifen lassen (Abb. 13.2).

Die Randbedingungen lauten somit:

$$\left.\begin{aligned} N_\varphi &= -1\cos\varphi_u, \\ M_\varphi &= M = 0. \end{aligned}\right\} \tag{17.51}$$

Wir müssen zunächst die U zugehörigen Werte von $X^{(\mathrm{I})}$ und $X^{(\mathrm{II})}$ für $\varphi = \varphi_u$ berechnen. Aus Gl. (17.50) erhalten wir den Ausdruck für U in Funktion der Konstanten C_1 und C_2, wobei nach Gl. (17.17) $\beta = 1$ ist. Darauf verwenden wir die Beziehung (17.28), wobei wir für N_φ den Wert aus der ersten der Gl. (17.51) einsetzen.

Die zweite Beziehung zwischen den Konstanten ergibt sich, wenn wir für $\varphi = \varphi_u$ den in Gl. (17.50) gegebenen Ausdruck für das Moment M_φ Null setzen, wobei wir unter Vergegenwärtigung der Gl. (17.36) $\beta = 1$ setzen. Die Koeffizienten, die in den Ausdrücken für $X^{(\mathrm{I})}$ und $X^{(\mathrm{II})}$

vorkommen, berechnen sich aus den Gln. (17.37). Die Konstanten können so bestimmt werden.

Anschließend bestimmen wir die Werte von V und N_ϑ und zum Schluß mit Gl. (13.82) die Verschiebung ξ. Wir erhalten auf diese Weise unter Berücksichtigung der Gl. (13.85) die Verschiebungsgrößen:

$$V_{u\,H=1} = \delta_{21}; \qquad \xi_{u\,H=1} = \delta_{11}.$$

Kennen wir die Konstanten, so können wir die Schnittkräfte infolge $H = 1$, $M = 0$ bestimmen.

Ebenso können wir im Rand nur ein Moment $M_\varphi = M = 1$ angreifen lassen und für diesen Belastungszustand und $N_\vartheta = 0$ (Abb. 13.3) die entsprechenden Konstanten sowie die Verschiebungsgrößen:

$$V_{u\,M=1} = \delta_{22}; \qquad \xi_{u\,M=1} = \delta_{12}$$

und die Schnittkräfte für $H = 0$, $M = 1$ bestimmen.

Wir stellen fest, daß wir mit Gl. (17.50) die Kräfte, Verschiebungen und Drehungen für einen beliebigen Wert von φ erhalten können, sobald wir die Integrationskonstanten in Funktion der Randbedingungen bestimmt haben. Wir müssen uns dabei in Erinnerung rufen, daß die Werte von $X^{(i)}$ im erwähnten Ausdruck ebenfalls Funktion des gewählten Werts von φ sind.

Bevor wir schließen, möchten wir hervorheben, daß die gezeigte Methode bei der Berechnung von Schalen verwendet werden kann, in denen bei einer Änderung von φ der Wert des Verhältnisses R_1/R_2 konstant bleibt oder kleine Änderungen erfährt. Unter diesen Bedingungen kommen wir, ausgehend von der Beziehung (11.29), auf die Gleichung:

$$\frac{d^2 U}{d\varphi^2} + \operatorname{ctg}\varphi \frac{dU}{d\varphi} - (\operatorname{ctg}^2\varphi - i\,\mu_0^2)\, U = 0, \tag{17.52}$$

wobei:

$$\mu_0^4 = \frac{12(1-\nu^2)\, R_1^4}{R_2^2 h^2} - \nu^2 \frac{R_1^2}{R_2^2}. \tag{17.53}$$

d) Numerische Anwendung. Wir wollen mit Hilfe der Methode der asymptotischen Integration die Schnittkräfte in der geschlossenen Kugelschale aus Stahlbeton bestimmen, die wir schon im Beispiel 1 des Kapitels 16 untersucht haben.

Die Schale ist am Rand total eingespannt, wobei:

$$R = 6{,}50 \text{ m}$$

der Krümmungsradius der Mittelfläche und:

$$h = 0{,}10 \text{ m}$$

die Stärke sind.

Wir wollen die Schnittkräfte im Rand berechnen, wo:

$$\varphi_u = 30^\circ = 0{,}52359\,,$$
$$\sin\varphi_u = 0{,}5\,,$$
$$\cos\varphi_u = 0{,}86603\,,$$
$$\operatorname{ctg}\varphi_u = 1{,}73205\,.$$

Wie wir schon im erwähnten Beispiel gesehen haben, ergibt sich bei einer Wasserhöhe von 5 m über dem Scheitel im Membranzustand für den Randschnitt eine Verschiebung:

$$\xi_u^0 = -7788{,}122\,\frac{R}{E\,h}$$

und eine Drehung:

$$V_u^0 = 500{,}000\,\frac{R}{E\,h}\,.$$

Nach Gl. (17.26) erhalten wir:

$$\lambda = 10{,}5359\,,$$

woraus für den Randschnitt folgt:

$$\lambda\,\varphi_u = 5{,}51649\,,$$
$$\cos\lambda\,\varphi_u = 0{,}72031\,,$$
$$\sin\lambda\,\varphi_u = -0{,}69365\,,$$
$$\frac{e^{\lambda\varphi_u}}{\sqrt{\sin\varphi_u}} = \frac{248{,}80}{0{,}707} = 351{,}90947\,,$$
$$\gamma = 0{,}97676\,.$$

Wir wollen den Wert von U berechnen. Die Werte der Glieder der in Gl. (17.17) vorkommenden Reihe lauten:

$$U_0 = T_0 = 1\,,$$
$$U_1 = T_1 = -0{,}97676\,,$$
$$U_2 = T_2 = -0{,}085469\,,$$
$$U_3 = T_3 = -1{,}169567\,.$$

Aus Gl. (17.47) und (17.46) ergibt sich:

$$U^{(\mathrm{I})} = -0{,}093976\,,$$
$$U^{(\mathrm{II})} = 1{,}907793\,.$$

Setzen wir diese Werte in die Gl. (17.50) ein, wo nach Gl. (17.17) $\beta = 1$ und, weil die Schale geschlossen ist, $C_3 = C_4 = 0$, so erhalten wir:

$$U = 506{,}531452 \cdot C_1 + 441{,}871606 \cdot C_2\,,$$

woraus folgt, wenn wir uns Gl. (17.28) vergegenwärtigen:

$$N_\varphi = -1{,}73205\,\frac{U}{6{,}50} = -134{,}970370 \cdot C_1 - 117{,}741106 \cdot C_2\,. \tag{a}$$

C_1 und C_2 sind Konstanten, die mit den Randbedingungen bestimmt werden können.

Wir wollen nun mit den Gln. (17.31) die Werte der Glieder für die Schnittkraft N_ϑ im Rand berechnen:

$$N_\vartheta^{(1)} = 1\,,$$
$$N_{\vartheta(0)} = -1{,}842785\,,$$
$$N_{\vartheta(1)} = 1{,}635427\,.$$

Wir erhalten daraufhin mit Gl. (17.47) und (17.46):

$$N_\vartheta^{(\mathrm{I})} = -20{,}916576\,,$$
$$N_\vartheta^{(\mathrm{II})} = 17{,}541454\,.$$

Somit ergibt sich aus Gl. (17.50), wenn wir berücksichtigen, daß nach Gl. (17.30) $\beta = R$ ist:

$$N_\vartheta = -1469{,}573445 \cdot C_1 + 156{,}935328 \cdot C_2\,.$$

Die Glieder der Reihe für das Moment M_φ im Rand ergeben sich nach Gl. (17.37) zu:

$$M_{\varphi(0)} = 0\,,$$
$$M_{\varphi(1)} = 1\,,$$
$$M_{\varphi(2)} = -1{,}554110\,,$$
$$M_{\varphi(3)} = 1{,}353461\,,$$

woraus folgt:

$$M_\varphi^{(\mathrm{I})} = 0{,}081491\,,$$
$$M_\varphi^{(\mathrm{II})} = 0{,}094335\,.$$

Es ergibt sich somit aus Gl. (17.50) mit $\beta = 1$:

$$M_\varphi = 4{,}020213 \cdot C_1 + 43{,}683578 \cdot C_2\,.$$

Die Formel (13.82) für die Verschiebung:

$$\xi = \frac{R \sin\varphi}{E\,h}\,(N_\vartheta - \nu\,N_\varphi)\,,$$

angewendet bei der Ermittlung der Verschiebung des Rands, liefert uns mit Hilfe der oben erhaltenen Gleichungen für N_ϑ und N_φ den folgenden Ausdruck:

$$\xi_u = -\frac{R}{E\,h}\,(723{,}539640\,C_1 - 88{,}279025\,C_2)\,.$$

Für die Drehung V des Randschnitts erhalten wir mit Gl. (17.22):

$$V^{(2)} = 1\,,$$

$$V^{(1)} = -0{,}976760\,,$$

$$V_{(0)} = -0{,}085469\,,$$

$$V_{(1)} = -1{,}169567\,,$$

woraus mit Gl. (17.47) und (17.46) folgt:

$$V^{(\mathrm{I})} = -423{,}549668\,,$$

$$V^{(\mathrm{II})} = -\ 20{,}864036\,.$$

Aus Gl. (17.50) ermitteln wir nun, wenn wir berücksichtigen, daß nach Gl. (17.21) $\beta = E\,h\,R$ ist:

$$V_u = \frac{1}{E\,h}\,(15092{,}399095\,C_1 - 17300{,}625273\,C_2)\,,$$

woraus folgt, wenn wir mit $R = 6{,}50$ m multiplizieren bzw. dividieren:

$$V_u = \frac{R}{E\,h}\,(2321{,}907538\,C_1 - 2661{,}634646\,C_2)\,.$$

Die Werte der Konstanten C_1 und C_2 sind von den Randbedingungen abhängig. Wegen der Voraussetzung der totalen Einspannung des Rands erfährt dieser keinerlei Verschiebung oder Drehung unter der Wirkung der angreifenden Belastung. Weil sich, wie wir gesehen haben, die totalen Schnittgrößen als Summe der Schnittgrößen infolge der an der Schale im Membranzustand angreifenden Belastung und der Schnittgrößen infolge der in den Rändern wirkenden Reaktionen ergeben, folgt übereinstimmend mit den Gln. (13.75) und (13.76):

$$\xi_u^0 + \xi_u = 0\,,$$

$$V_u^0 + V_u = 0\,,$$

d. h.:

$$-7788{,}122 - 723{,}539640 \cdot C_1 + 88{,}279025 \cdot C_2 = 0\,,$$

$$500{,}000 + 2321{,}907538 \cdot C_1 - 2661{,}634646 \cdot C_2 = 0\,.$$

Wir haben zwei Bestimmungsgleichungen für die Unbekannten C_1 und C_2 erhalten, aus denen folgt:

$$C_1 = -12{,}02042\,,$$

$$C_2 = -10{,}29830\,.$$

Setzen wir diese Werte der Konstanten in den oben erhaltenen Ausdruck für M_φ ein, so ergibt sich:

$$M_\varphi = -498{,}191 \text{ kg m/m},$$

was genau mit dem Wert übereinstimmt, den wir mit der genauen Theorie erhalten haben.

Auf die gleiche Weise können wir die weiteren Schnittkräfte im Rand berechnen, wobei wir die entsprechenden Ausdrücke verwenden, die wir oben erhalten haben. Es ist zu bemerken, daß wir zu den so bestimmten Schnittkräften N_φ und N_ϑ die für den Membranzustand berechneten addieren müssen, um die totalen Werte der Schnittkräfte zu erhalten.

Wir erhalten beispielsweise für die Schnittkraft N_φ^t bei Verwendung der Formel (a) den Anteil infolge der Reaktionen im Rand zu:

$$2834{,}930$$

und anschließend bei Verwendung der Gl. (8.29) den Anteil infolge der an der Schale im Membranzustand angreifenden Belastung zu:

$$-17\,627{,}965,$$

woraus die totale Schnittkraft folgt:

$$N_\varphi^t = -14\,793{,}035 \text{ kg/m}.$$

Kennen wir die Konstanten, so können wir die Schnittkräfte für einen beliebigen Wert von φ berechnen. Falls beispielsweise $\varphi = 20° = 0{,}34906$, erhalten wir:

$$\begin{aligned}
\sin\varphi &= 0{,}34202,\\
\cos\varphi &= 0{,}93969,\\
\operatorname{ctg}\varphi &= 2{,}74748,\\
\gamma &= 1{,}24847,\\
\lambda\,\varphi &= 3{,}67766,\\
\cos\lambda\,\varphi &= -0{,}86074,\\
\sin\lambda\,\varphi &= -0{,}50904,\\
\frac{e^{\lambda\varphi}}{\sqrt{\sin\varphi}} &= 67{,}478632.
\end{aligned}$$

Für M_φ erhalten wir unter diesen Bedingungen die folgenden Werte für die Glieder der entsprechenden Reihe:

$$\begin{aligned}
M_{\varphi(1)} &= 1,\\
M_{\varphi(2)} &= -2{,}164297,\\
M_{\varphi(3)} &= 3{,}088095,
\end{aligned}$$

woraus folgt:

$$M^{(\mathrm{I})} = \quad 0{,}076736,$$

$$M^{(\mathrm{II})} = \quad 0{,}093593.$$

Es ergibt sich somit aus Gl. (17.50):

$$M_\varphi = -8{,}071793 \cdot C_1 - 1{,}650932 \cdot C_2.$$

Setzen wir die oben erhaltenen Werte der Konstanten ein, so erhalten wir schließlich für $\varphi = 20°$:

$$M_\varphi = 114{,}028 \text{ kg m/m}.$$

18. Abgeleitete asymptotische Methode

a) Ausdrücke für die Grundunbekannten. Im vorhergehenden Kapitel haben wir durch Anwendung der asymptotischen Integration die allgemeinen Lösungen des homogenen Systems der Grundgleichungen für Kugelschalen, die durch große Werte der Konstanten μ charakterisiert sind, hergeleitet.

Wir haben festgestellt, daß wir einen sehr guten Näherungswert der durch die asymptotische Reihe gebildeten Funktion erhalten können, wenn wir nur wenige Glieder dieser Reihe berücksichtigen, und zwar weil der Fehler in der Summe einer stark beschränkten Anzahl Glieder rasch gegen Null strebt, wenn μ gegen Unendlich strebt.

Somit nimmt die Anzahl der Glieder, die genügen, um eine gute Näherung zu erhalten, ab, wenn der Wert von μ zunimmt, d. h. nach Gln. (17.25) und (17.26), wenn der Wert des Verhältnisses R/h zunimmt.

Die großen Schalen, die in der modernen Hochbautechnik vorkommen, genügen dieser Bedingung, da bei denselben Werte von R/h in der Größenordnung von 600 auftreten.

Unter diesen Bedingungen können wir so weit gehen, daß wir nur das erste Glied der Reihen berücksichtigen.

Wir wollen im folgenden die Ausdrücke für U und V — Grundunbekannte unserer Untersuchung — betrachten.

Die ersten Glieder der Reihen in den Formeln (17.17) und (17.21) lauten: $U_0 = T_0 = 1$ und $V^{(2)} = 1$. Wir erhalten somit aus den Gln. (17.47), (17.46), (17.48) und (17.49).

$$\left.\begin{aligned} U^{(\mathrm{I})} &= 0; & U^{(\mathrm{II})} &= 2, \\ U^{(\mathrm{III})} &= 0; & U^{(\mathrm{IV})} &= 2 \end{aligned}\right\} \tag{18.1}$$

und darauf:

$$\left.\begin{aligned} V^{(\mathrm{I})} &= -4\lambda^2; & V^{(\mathrm{II})} &= 0, \\ V^{(\mathrm{III})} &= -4\lambda^2; & V^{(\mathrm{IV})} &= 0, \end{aligned}\right\} \tag{18.2}$$

woraus sich mit Gl. (17.50) ergibt, wenn wir $C_i' = 2C_i$ setzen, und weil für U und V gilt: $\beta = 1$, bzw. $\beta = E\,h\,R$:

$$U = \frac{C_1' e^{\lambda\varphi}}{\sqrt{\sin\varphi}} \cos\lambda\varphi - \frac{C_2' e^{\lambda\varphi}}{\sqrt{\sin\varphi}} \sin\lambda\varphi + \\ + \frac{C_3' e^{-\lambda\varphi}}{\sqrt{\sin\varphi}} \cos\lambda\varphi + \frac{C_4' e^{-\lambda\varphi}}{\sqrt{\sin\varphi}} \sin\lambda\varphi, \tag{18.3}$$

$$V = -\frac{2C_1' e^{\lambda\varphi}}{E\,h\,R\sqrt{\sin\varphi}} \lambda^2 \sin\lambda\varphi - \frac{2C_2' e^{\lambda\varphi}}{E\,h\,R\sqrt{\sin\varphi}} \lambda^2 \cos\lambda\varphi + \\ + \frac{2C_3' e^{-\lambda\varphi}}{E\,h\,R\sqrt{\sin\varphi}} \lambda^2 \sin\lambda\varphi - \frac{2C_4' e^{-\lambda\varphi}}{E\,h\,R\sqrt{\sin\varphi}} \lambda^2 \cos\lambda\varphi. \tag{18.4}$$

Die Konstanten C_1' und C_2' werden aus den Randbedingungen im unteren Rand und C_3', C_4' unabhängig von den ersteren, wie wir wissen, aus den Randbedingungen im oberen Rand bestimmt, sofern der erste genügend weit vom zweiten entfernt ist. Wenn die Schale geschlossen ist, folgt: $C_3' = C_4' = 0$.

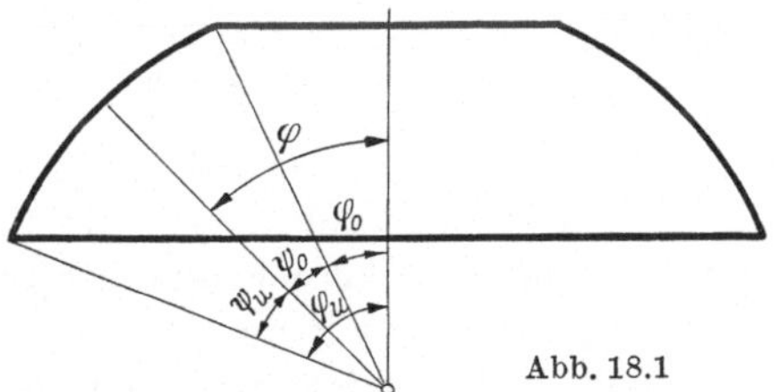

Abb. 18.1

Es ist zu bemerken, daß wir bei unserer Untersuchung die Winkel φ von der Schalenachse aus gemessen haben. Es ist indessen für die Anwendungen bequem, die Winkel, welche die Lage der Parallelkreise bestimmen, von der Geraden aus zu messen, die mit dem Radius R zusammenfällt, der dem Parallelkreis des Rands entspricht, in welchem die Störungskräfte wirken, für die wir die Schnittgrößen berechnen wollen.

Wir setzen somit in den Gln. (18.3) und (18.4) an Stelle von φ die Werte (Abb. 18.1):

$$\varphi = \varphi_0 + \psi_0; \qquad \varphi = \varphi_u - \psi_u \tag{18.5}$$

in den Gliedern, in denen die von den Randbedingungen des oberen bzw. unteren Rands abhängigen Konstanten auftreten.

Wir erhalten:

$$U = \frac{e^{-\lambda\psi_u}}{\sqrt{\sin(\varphi_u - \psi_u)}} [C_1'' \cos\lambda\psi_u - C_2'' \sin\lambda\psi_u] + \\ + \frac{e^{-\lambda\psi_0}}{\sqrt{\sin(\varphi_0 + \psi_0)}} [C_3'' \cos\lambda\psi_0 - C_4'' \sin\lambda\psi_0], \tag{18.6}$$

$$V = \frac{2\lambda^2 e^{-\lambda\psi_u}}{E\,h\,R\sqrt{\sin(\varphi_u - \psi_u)}} [C_2'' \cos\lambda\psi_u + C_1'' \sin\lambda\psi_u] + \\ + \frac{2\lambda^2 e^{-\lambda\psi_0}}{E\,h\,R\sqrt{\sin(\varphi_0 + \psi_0)}} [C_4'' \cos\lambda\psi_0 + C_3'' \sin\lambda\psi_0]. \tag{18.7}$$

Setzen wir weiter:

$$C_1'' = C_u \cos \gamma_u; \qquad C_2'' = C_u \sin \gamma_u, \tag{18.8}$$

$$C_3'' = C_0 \cos \gamma_0; \qquad C_4'' = C_0 \sin \gamma_0,$$

wobei γ_u und γ_0 Konstanten sind, so ergibt sich:

$$U = \frac{e^{-\lambda \psi_u}}{\sqrt{\sin(\varphi_u - \psi_u)}} C_u \cos(\lambda \psi_u + \gamma_u) + $$

$$+ \frac{e^{-\lambda \psi_0}}{\sqrt{\sin(\varphi_0 - \psi_0)}} C_0 \cos(\lambda \psi_0 + \gamma_0), \tag{18.9}$$

$$V = \frac{2 \lambda^2 e^{-\lambda \psi_u}}{E h R \sqrt{\sin(\varphi_u - \psi_u)}} C_u \sin(\lambda \psi_u + \gamma_u) + $$

$$+ \frac{2 \lambda^2 e^{-\lambda \psi_0}}{E h R \sqrt{\sin(\varphi_0 + \psi_0)}} C_0 \sin(\lambda \varphi_0 + \gamma_0). \tag{18.10}$$

Diese allgemeinen Ausdrücke für U und V können bei den Schalen mit großen Werten von λ verwendet werden, mit der Einschränkung, wie wir schon im vorhergehenden Kapitel bemerkt haben, daß die Winkel φ_0 und φ_u nicht sehr kleine Werte annehmen dürfen.

b) Kräfte, Verschiebungen und Drehungen infolge der Störungen im oberen Rand. Wie wir schon festgestellt haben, können die Konstanten für einen Rand unabhängig von den Randbedingungen im anderen Rand bestimmt werden, so daß wir die Schnittgrößen infolge der Störungskräfte im oberen und im unteren Rand einzeln behandeln können.

Bei der Untersuchung der offenen Schalen werden die im oberen Rand geltenden Randbedingungen bei der Bestimmung der Konstanten C_0, γ_0 berücksichtigt.

Daraus folgt:

$$U = \frac{e^{-\lambda \psi_0}}{\sqrt{\sin(\varphi_0 + \psi_0)}} C_0 \cos(\lambda \psi_0 + \gamma_0), \tag{18.11}$$

$$V = \frac{2 \lambda^2 e^{-\lambda \psi_0}}{E h R \sqrt{\sin(\varphi_0 + \psi_0)}} C_0 \sin(\lambda \psi_0 + \gamma_0). \tag{18.12}$$

Leiten wir diese Ausdrücke nach φ ab und vergegenwärtigen wir uns die erste der Gln. (18.5), so ergibt sich:

$$U' = -\frac{\lambda e^{-\lambda \psi_0} C_0}{2 \sqrt{\sin(\varphi_0 + \psi_0)}} [2 \sin(\lambda \psi_0 + \gamma_0) + (c + d) \cos(\lambda \psi_0 + \gamma_0)], \tag{18.13}$$

$$V' = -\frac{\lambda^3 e^{-\lambda \psi_0} C_0}{E h R \sqrt{\sin(\varphi_0 + \psi_0)}} [-2 \cos(\lambda \psi_0 + \gamma_0) + $$

$$+ (c + d) \sin(\lambda \psi_0 + \gamma_0)], \tag{18.14}$$

worin bedeutet:

$$c = 1 + \frac{1-2\nu}{2\lambda}\,\mathrm{ctg}(\varphi_0 + \psi_0); \qquad d = 1 + \frac{1+2\nu}{2\lambda}\,\mathrm{ctg}(\varphi_0 + \psi_0). \tag{18.15}$$

Aus Gl. (11.2), (11.7), (11.8), (5.108), (5.109) erhalten wir:

$$Q_\varphi = \frac{U}{R}, \tag{18.16}$$

$$N_\varphi = -\mathrm{ctg}(\varphi_0 + \psi_0)\,\frac{e^{-\lambda\psi_0}}{\sqrt{\sin(\varphi_0+\psi_0)}}\,\frac{C_s}{R}\cos(\lambda\psi_0 + \gamma_0), \tag{18.17}$$

$$N_\vartheta = \frac{\lambda\, e^{-\lambda\psi_0}}{2R\sqrt{\sin(\varphi_0+\psi_0)}}\,C_0[2\sin(\lambda\psi_0+\gamma_0) + (c+d)\cos(\lambda\psi_0+\gamma_0)]. \tag{18.18}$$

$$M_\vartheta = -\frac{e^{-\lambda\psi_0}}{4\nu\lambda\sqrt{\sin(\varphi_0+\psi_0)}}\,C_0\{2\nu^2\cos(\lambda\psi_0+\gamma_0) - \\ -[(1+\nu^2)(c+d) - 2d]\sin(\lambda\psi_0+\gamma_0)\}, \tag{18.19}$$

$$M_\varphi = -\frac{e^{-\lambda\varphi_0}}{2\lambda\sqrt{\sin(\varphi_0+\psi_0)}}\,C_0[\cos(\lambda\psi_0+\gamma_0) - c\sin(\lambda\psi_0+\gamma_0)], \tag{18.20}$$

woraus mit Gl. (13.82) folgt:

$$\xi = \frac{\sin(\varphi_0+\psi_0)}{E h}\,\frac{\lambda\, e^{-\lambda\psi_0}}{\sqrt{\sin(\varphi_0+\psi_0)}}\,C_0[\sin(\lambda\psi_0+\gamma_0) + \\ + d\cos(\lambda\psi_0+\gamma_0)]. \tag{18.21}$$

Lassen wir Einheitskräfte $H = 1$ entlang des oberen Rands mit dem in Abb. 18.2a angegebenen Richtungssinn angreifen, so erhalten wir für $\psi_0 = 0$:

$$\left.\begin{aligned} N_\varphi &= -1\cos\varphi_0, \\ M_\varphi &= M = 0, \end{aligned}\right\} \tag{18.22}$$

woraus folgt:

$$\left.\begin{aligned} \cos\gamma_0 &= c\sin\gamma_0, \\ C_0 &= \frac{R\sin\varphi_0\sqrt{\sin\varphi_0}}{\cos\gamma_0}, \end{aligned}\right\} \tag{18.23}$$

und somit:

$$\xi_{0H=1} = \delta_{11} = \frac{R\lambda\sin^2\varphi_0}{E h}\left(\frac{1}{c} + d\right), \tag{18.24}$$

$$V_{0H=1} = \delta_{21} = \frac{2\lambda^2\sin\varphi_0}{E h c}. \tag{18.25}$$

Dies sind die Ausdrücke für die Verschiebungsgrößen für $H = 1$.

Lassen wir Einheitsmomente, $M = 1$, entlang des oberen Rands mit dem in Abb. 18.2b angegebenen Richtungssinn angreifen, so erhalten wir:

$$\left.\begin{aligned} N_\varphi &= 0, \\ M_\varphi &= M = 1, \end{aligned}\right\} \tag{18.26}$$

woraus folgt:

$$\left.\begin{aligned}\gamma_0 &= \frac{\pi}{2},\\ C_0 &= \frac{2\lambda\sqrt{\sin\varphi_0}}{c},\end{aligned}\right\} \tag{18.27}$$

und somit:

$$\xi_{0\,M=1} = \delta_{12} = \frac{2\lambda^2 \sin\varphi_0}{E\,h\,c}, \tag{18.28}$$

$$V_{0\,M=1} = \delta_{22} = \frac{4\lambda^3}{E\,h\,R\,c}. \tag{18.29}$$

Dies sind die Ausdrücke für die Verschiebungsgrößen für $M = 1$.

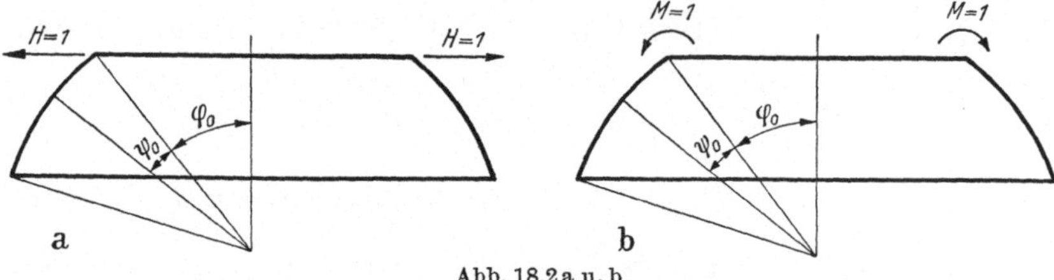

Abb. 18.2a u. b

Setzen wir die Werte der Konstanten aus den Gln. (18.23) und (18.27) in die Gln. (18.16) bis (18.20) ein, so erhalten wir die Schnittkräfte für $H = 1$, $M = 0$ und $H = 0$, $M = 1$.

c) Kräfte, Verschiebungen und Drehungen infolge der Störungen im unteren Rand. Für die Untersuchung der Schnittgrößen infolge der Randbedingungen im unteren Rand erhalten wir auf gleiche Weise:

$$U = \frac{e^{-\lambda\psi_u}}{\sqrt{\sin(\varphi_u - \psi_u)}}\, C_u \cos(\lambda\psi_u + \gamma_u), \tag{18.30}$$

$$V = \frac{2\lambda^2 e^{-\lambda\psi_u}}{E\,h\,R\sqrt{\sin(\varphi_u - \psi_u)}}\, C_u \sin(\lambda\psi_u + \gamma_u), \tag{18.31}$$

$$Q_\varphi = \frac{U}{R}, \tag{18.32}$$

$$N_\varphi = -\operatorname{ctg}(\varphi_u - \psi_u)\,\frac{e^{-\lambda\psi_u}}{\sqrt{\sin(\varphi_u - \psi_u)}}\,\frac{C_u}{R}\cos(\lambda\psi_u + \gamma_u), \tag{18.33}$$

$$N_\vartheta = \frac{\lambda\, e^{-\lambda\psi_u}}{2R\sqrt{\sin(\varphi_u - \psi_u)}}\, C_u[2\sin(\lambda\psi_u + \gamma_u)\,(a+b)\cos(\lambda\psi_u + \gamma_u)], \tag{18.34}$$

$$\begin{aligned}M_\vartheta = \frac{e^{-\lambda\psi_u}}{4\nu\lambda\sqrt{\sin(\varphi_u - \psi_u)}}\, C_u\{2\nu^2\cos(\lambda\psi_u + \gamma_u) &-\\ -[(1+\nu^2)(a+b) - 2b]\sin(\lambda\psi_u + \gamma_u)\}&,\end{aligned} \tag{18.35}$$

$$M_\varphi = \frac{e^{-\lambda\psi_u}}{2\lambda\sqrt{\sin(\varphi_u - \psi_u)}}\, C_u[\cos(\lambda\psi_u + \gamma_u) - a\sin(\lambda\psi_u + \gamma_u)], \tag{18.36}$$

$$\begin{aligned}\xi = -\frac{\sin(\varphi_u - \psi_u)}{E\,h}\,\frac{\lambda\, e^{-\lambda\psi_u}}{\sqrt{\sin(\varphi_u - \psi_u)}}\, C_u[\sin(\lambda\psi_u + \gamma_u) &+\\ + b\cos(\lambda\psi_u + \gamma_u)]&,\end{aligned} \tag{18.37}$$

worin bedeuten:

$$a = 1 - \frac{1-2\nu}{2\lambda} \operatorname{ctg}(\varphi_u - \psi_u); \quad b = 1 - \frac{1+2\nu}{2\lambda} \operatorname{ctg}(\varphi_u - \psi_u). \tag{18.38}$$

Lassen wir Einheitskräfte $H = 1$ entlang des unteren Rands mit dem in Abb. 18.3a angegebenen Richtungssinn angreifen, so erhalten wir:

$$\left.\begin{aligned} \cos\gamma_u &= a \sin\gamma_u, \\ C_u &= \frac{R \sin\varphi_u \sqrt{\sin\varphi_u}}{\cos\gamma_u}, \end{aligned}\right\} \tag{18.39}$$

woraus folgt:

$$\xi_{u\,H=1} = \delta_{11} = -\frac{R\,\lambda \sin^2\varphi_u}{E\,h}\left(\frac{1}{a} + b\right), \tag{18.40}$$

$$V_{u\,H=1} = \delta_{21} = \frac{2\,\lambda^2 \sin\varphi_u}{E\,h\,a}. \tag{18.41}$$

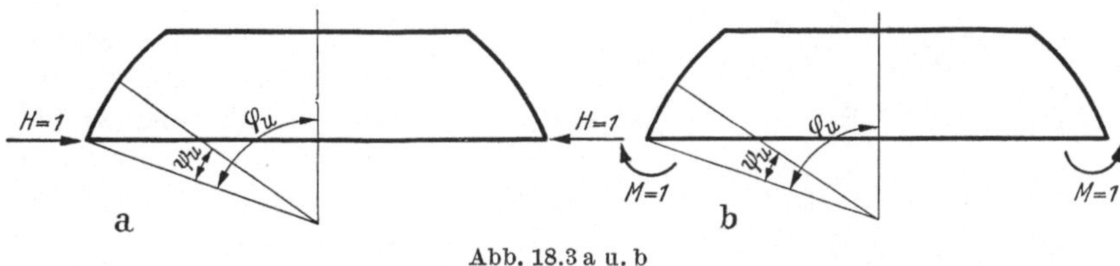

Abb. 18.3 a u. b

Lassen wir Einheitsmomente $M = 1$ entlang des unteren Rands angreifen (Abb. 18.3b), so erhalten wir:

$$\left.\begin{aligned} \gamma_u &= \frac{\pi}{2}, \\ C_u &= -\frac{2\lambda \sqrt{\sin\varphi_u}}{a}, \end{aligned}\right\} \tag{18.42}$$

woraus folgt:

$$\xi_{u\,M=1} = \delta_{12} = \frac{2\,\lambda^2 \sin\varphi_u}{E\,h\,a}, \tag{18.43}$$

$$V_{u\,M=1} = \delta_{22} = -\frac{4\,\lambda^3}{E\,h\,R\,a}. \tag{18.44}$$

Wir haben so die Verschiebungsgrößen für $H = 1$ und $M = 1$ erhalten.

Setzen wir die Werte der Konstanten aus den Gln. (18.39) und (18.42) in die Gln. (18.32) bis (18.36) ein, so erhalten wir die Schnittkräfte für $H = 1$, $M = 0$ und $H = 0$, $M = 1$.

Die gezeigte Berechnungsmethode, welche direkt von der asymptotischen Methode von Blumenthal abgeleitet ist, und die wir deshalb abgeleitete asymptotische Methode nennen, erlaubt uns, Ergebnisse zu ermitteln, die sehr nahe bei den Ergebnissen aus der genauen Theorie liegen, und zwar für Schalen, in denen sowohl die Winkel φ_0 und φ_u der Randparallelkreise als auch die Konstante λ keine sehr kleinen Werte annehmen.

Wir hielten es für interessant, mit der abgeleiteten Methode auch die bei der Untersuchung der Randbedingungen im oberen Rand vorkommenden Formeln herzuleiten, da diese Methode mit Vorteil im Fall der offenen Schalen verwendet werden kann.

d) Numerische Anwendung. Wir wollen mit der abgeleiteten asymptotischen Methode die Schnittkräfte in der Umgebung des oberen Rands einer offenen Kugelschale aus Stahlbeton infolge des Eigengewichts des Tragwerks und des Oberlichts berechnen (Abb. 18.4).

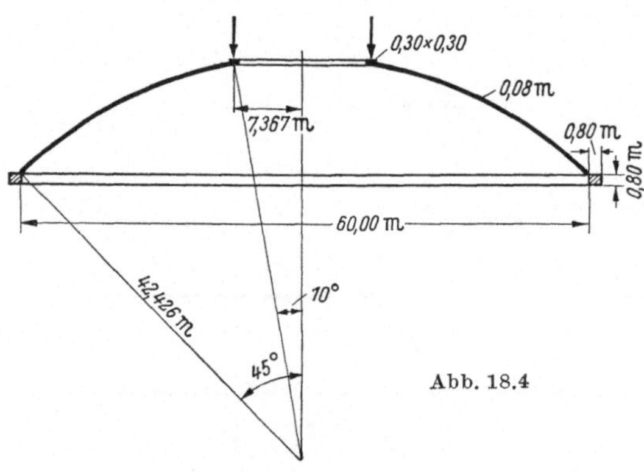

Abb. 18.4

Die Parallelkreise des oberen und unteren Rands haben Radien von 7,367 m und 30,00 m, während die Werte der entsprechenden Winkel φ 10° und 45° betragen.

Das Tragwerk besitze Verstärkungsringe entlang des oberen und unteren Rands mit Querschnitten von 0,30 × 0,30 m bzw. 0,80 × 0,80 m. Die Schalenstärke beträgt 0,08 m.

Wir haben somit:

$$R = 42{,}426\ \mathrm{m},$$

$$h = 0{,}08\ \mathrm{m},$$

$$\frac{R}{h} = 530{,}325,$$

$$\lambda = 30{,}079,$$

$$\varphi_0 = 10^\circ,$$

$$\nu = \frac{1}{6}.$$

Wir haben in den Tab. 18.1 und 18.2 die Werte der Konstanten der Schale für verschiedene Werte des Winkels ψ_0 zusammengestellt.

Tabelle 18.1

φ	ψ_0	$\lambda\psi_0$	$e^{-\lambda\psi_0}$	$\sin(\varphi_0+\psi_0)$	$\sqrt{\sin(\varphi_0+\psi_0)}$	$\frac{e^{-\lambda\psi_0}}{\sqrt{\sin(\varphi_0+\psi_0)}}$	$\operatorname{ctg}(\varphi_0+\psi_0)$
10°	0°	0,00000	1,000000	0,17365	0,41672	2,39969	5,67128
15°	5°	2,62469	0,072512	0,25882	0,50874	0,14253	3,73205
20°	10°	5,24968	0,005247	0,34202	0,58482	0,00897	2,74748
30°	20°	10,49937	0,000028	0,50000	0,70711	0,00004	1,73205

Tabelle 18.2

φ	ψ_0	c	d	$c+d$	$2d$	$(1+\nu^2)(c+d)-2d$
10°	0°	1,062848	1,125697	2,188545	2,251394	−0,002058
15°	5°	1,041358	1,082716	2,124074	2,165432	0,017642
20°	10°	1,030447	1,060894	2,091341	2,121788	0,027644
30°	20°	1,019194	1,038388	2,057582	2,076776	0,037959

Wir wollen im folgenden die Werte der Konstanten C_0 und γ_0 für die im oberen Rand wirkenden Kräfte $H = 1$ und $M = 1$ berechnen, wo $\psi_0 = 0$. Aus den Gln. (18.23) erhalten wir für $H = 1$:

$$\gamma_0 = 0{,}755\,,$$
$$C_0 = 4{,}215591$$

und aus den Gln. (18.27), für $M = 1$:

$$\gamma_0 = \frac{\pi}{2}\,,$$
$$C_0 = 23{,}586666\,.$$

Wir können somit die Werte von $\sin(\lambda\,\psi_0 + \gamma_0)$ und $\cos(\lambda\,\psi_0 + \gamma_0)$ für die beiden Fälle $H = 1$ und $M = 1$ berechnen.

Die Ergebnisse sind in der Tab. 18.3 zusammengestellt.

Tabelle 18.3

φ	ψ_0	$H=1,\quad \gamma_0=0{,}755$		$M=1,\quad \gamma_0=\pi/2$	
		$\sin(\lambda\psi_0+\gamma_0)$	$\cos(\lambda\psi_0+\gamma_0)$	$\sin(\lambda\psi_0+\gamma_0)$	$\cos(\lambda\psi_0+\gamma_0)$
10°	0°	0,68529	0,72827	1,00000	0,00000
15°	5°	−0,23616	−0,97172	−0,86891	−0,49497
20°	10°	−0,27942	0,96017	0,51156	0,85925
30°	20°	−0,96685	0,25534	−0,47643	0,87921

Aus den Gln. (18.16) bis (18.20) ermitteln wir unter Berücksichtigung der Werte der entsprechenden Konstanten C_0 und γ_0 die Schnittkräfte für $H = 1$, $M = 0$. Die Ergebnisse sind in der Tab. 18.4 zusammengestellt.

Tabelle 18.4. *Kräfte infolge* $H = 1$, $M = 0$

φ	ψ_0	$Q_{\varphi H=1}$	$N_{\varphi H=1}$	$N_{\vartheta H=1}$	$M_{\varphi H=1}$	$M_{\vartheta H=1}$
10°	0°	+0,173649	−0,984815	+10,630566	0,000000	−5,581721
15°	5°	−0,013762	+0,051360	− 0,540227	+7,249149	+0,394440
20°	10°	+0,000856	−0,002351	+ 0,019429	−0,784633	−0,030388
30°	20°	0,000000	−0,000001	− 0,000082	−0,003405	−0,000111
		×1	×1	×1	$\times 10^{-3}$	$\times 10^{-3}$

Aus den Gln. (18.16) bis (18.20) ermitteln wir unter Berücksichtigung der Werte der entsprechenden Konstanten C_0 und γ_0 die Schnittkräfte für $H = 0$, $M = 1$. Die Ergebnisse sind in der Tabelle 18.5 zusammengestellt.

Tabelle 18.5. *Kräfte infolge* $H = 0$, $M = 1$

φ	ψ_0	$Q_{\varphi M=1}$	$N_{\varphi M=1}$	$N_{\vartheta M=1}$	$M_{\varphi M=1}$	$M_{\vartheta M=1}$
10°	0°	0,000000	0,000000	+40,128475	+1000,000000	−5,808831
15°	5°	−0,039221	+0,146374	− 3,323953	− 22,905196	+2,039589
20°	10°	+0,004285	−0,011772	+ 0,211554	− 1,168000	−0,354046
30°	20°	+0,000019	−0,000033	+ 0,000275	− 0,000020	−0,002352
		×1	×1	×1	$\times 10^{-3}$	$\times 10^{-3}$

Die Verschiebungsgrößen der Schale für den oberen Rand ergeben sich aus den Gln. (18.24), (18.25) und (18.28), (18.29):

$$\delta_{11} = 1{,}87437 \frac{R}{E\,h},$$

$$\delta_{12} = \delta_{21} = 6{,}96832 \frac{R}{E\,h},$$

$$\delta_{22} = 56{,}90076 \frac{R}{E\,h}.$$

Die Verschiebungsgrößen des Rings ergeben sich aus den Gln. (16.11) und (16.14):

$$\delta_{11} = 4{,}26426 \frac{R}{E\,d},$$

$$\delta_{12} = \delta_{21} = 0,$$

$$\delta_{22} = 568{,}56860 \frac{R}{E\,d},$$

wobei $d = 0{,}30$ m die Höhe des Rings bedeutet.

Wir wollen im folgenden die Verschiebung und die Drehung des oberen Rands im Membranzustand infolge des Eigengewichts des Tragwerks und des Oberlichts berechnen. Für das Eigengewicht erhalten wir bei Verwendung der Gln. (8.36) und (8.38):

$$\xi_g^0 = -1393{,}01441 \frac{R}{E\,h},$$

$$V_g^0 = - \quad 72{,}23840 \frac{R}{E\,h}.$$

Für das Gewicht des Oberlichts erhalten wir mit $L = 30\,000$ kg aus den Gln. (8.41) und (8.43):

$$\xi_L^0 = 756{,}4871 \frac{R}{E\,h},$$

$$V_L^0 = 0.$$

Wir erhalten somit eine totale Verschiebung und eine totale Drehung:

$$\xi^0 = -636{,}5273 \frac{R}{E\,h},$$

$$V^0 = - \quad 72{,}2384 \frac{R}{E\,h}.$$

Um die Reaktionen im oberen Rand der Schale infolge der Verbindung mit dem Ring zu berechnen, wollen wir den letzteren von der

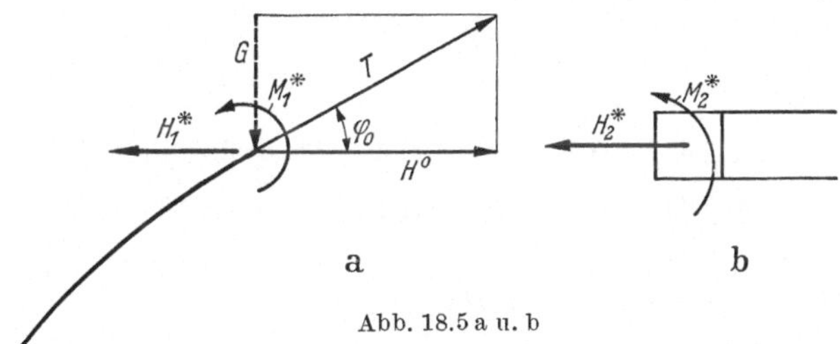

Abb. 18.5 a u. b

ersteren trennen und die Kräfte H_1^*, M_1^* und H_2^*, M_2^* im Rand der Schale bzw. im Schwerpunkt des Ringquerschnitts angreifen lassen und für dieselben die positiven Richtungen so einführen, wie bei der Herleitung der Ausdrücke für die entsprechenden Verschiebungsgrößen (Abb. 18.5).

Das verteilte Gewicht G des Oberlichts, das im Rand der Schale angreift (Abb. 7.4), kann in eine mit dem Membranzustand verträgliche Kraft $T = N_\varphi^0$ in Richtung der Meridiantangente und eine Horizontalkraft:

$$H^0 = N_\varphi^0 \cos \varphi_0$$

zerlegt werden, die eine Störung dieses Zustands verursacht. Weil nach Gln. (8.5) und (8.39) folgt:

$$N_\varphi^0 = -3734{,}584 \text{ kg/m},$$

ergibt sich:

$$H^0 = -3677{,}855 \text{ kg/m}.$$

Drücken wir nun die Gleichheit der Verschiebung und der Drehung des Schalenrands und des Ringquerschnitts aus, die entlang der Achse des Verstärkungselements fest miteinander verbunden sind, so ergeben sich die folgenden beiden Elastizitätsgleichungen:

$$-636{,}5273 \frac{R}{E h} + H_1^* \cdot 1{,}87437 \frac{R}{E h} - 3677{,}855 \cdot 1{,}87437 \frac{R}{E h} + \\ + M_1^* \cdot 6{,}96832 \frac{R}{E h} = H_2^* \cdot 4{,}26426 \frac{R}{E d};$$

$$-72{,}238 \frac{R}{E h} + H_1^* \cdot 6{,}96832 \frac{R}{E h} - 3677{,}855 \cdot 6{,}96832 \frac{R}{E h} + \\ + M_1^* \cdot 56{,}90076 \frac{R}{E h} = M_2^* \cdot 568{,}56860 \frac{R}{E d}.$$

Beachten wir, daß für Gleichgewicht sein muß:

$$H_1^* = -H_2^* = H^*,$$
$$M_1^* = -M_2^* = M^*$$

und daß:

$$\frac{d}{h} = 3{,}75,$$

so ergibt sich:

$$11{,}2931 \cdot H^* + 26{,}1312 \cdot M^* = 28238{,}2060,$$
$$26{,}1312 \cdot H^* + 781{,}9464 \cdot M^* = 96377{,}6568,$$

woraus folgt:

$$H^* = 2400{,}933 \text{ kg/m},$$
$$M^* = 42{,}980 \text{ kg m/m}.$$

Wir erhalten somit die folgenden Störungskräfte:

$$H = -3678 + 2401 = -1277 \text{ kg/m},$$
$$M = M^* = 43 \text{ kg m/m}.$$

Da wir die Schnittkräfte für $H = 1$, $M = 0$ und für $H = 0$, $M = 1$ kennen, können wir nun diejenigen für $H^* = -1277$ kg/m und $M = 43$ kgm/m berechnen. Summieren wir die erhaltenen Werte, so ergeben sich die Schnittkräfte in der Schale infolge der Randstörungen, welche wir in der Tab. 18.6 zusammengestellt haben.

Tabelle 18.6. *Kräfte infolge der Störungen im oberen Rand*

φ	ψ_0	Q_φ	N_φ	N_ϑ	M_φ	M_ϑ
10°	0°	−221,749	+1257,607	−11849,708	+43,000	+6,878
15°	5°	+ 15,886	− 59,292	+ 546,940	−10,241	−0,416
20°	10°	− 0,907	+ 2,496	− 15,714	+ 0,951	+0,023
30°	20°	− 0,001	+ 0,001	+ 0,115	+ 0,004	0,000
		kg/m	kg/m	kg/m	kg m/m	kg m/m

Die Schnittkräfte im Membranzustand werden für den Fall des Eigengewichts mit den Gln. (8.34) und (8.35) und für den Fall des Gewichts des Oberlichts mit Gl. (8.39) berechnet. Die erhaltenen Werte sowie die resultierenden Schnittkräfte sind in der Tab. 18.7 zusammengestellt.

Tabelle 18.7. *Kräfte im Membranzustand*

φ	ψ_0	Eigengewicht		Oberlicht		Resultierende Kräfte	
		N_φ^0	N_ϑ^0	N_φ^0	N_ϑ^0	N_φ^0	N_ϑ^0
10°	0°	0,000	−8022,057	−3734,576	+3734,576	−3734,576	−4287,481
15°	5°	−2296,095	−5572,169	−1681,062	+1681,062	−3977,157	−3891,107
20°	10°	−3142,149	−4512,369	− 962,621	+ 962,621	−4104,770	−3549,748
30°	20°	−3870,228	−3184,271	− 450,391	+ 450,391	−4320,619	−2733,880
		kg/m	kg/m	kg/m	kg/m	kg/m	kg/m

Addieren wir zu den Schnittkräften im Membranzustand die durch die Randstörungen verursachten, so erhalten wir die totalen Schnittkräfte, die wir in der Tab. 18.8 zusammengestellt haben.

Tabelle 18.8. *Kräfte in der Umgebung des oberen Rands*

φ	ψ_0	Q_φ^t	N_φ^t	N_ϑ^t	M_φ^t	M_ϑ^t
10°	0°	−221,749	−2476,969	−16137,189	+43,000	+6,878
15°	5°	+ 15,886	−4036,449	− 3344,167	−10,241	−0,416
20°	10°	− 0,907	−4102,274	− 3565,462	+ 0,951	+0,023
30°	20°	− 0,001	−4320,618	− 2733,765	+ 0,004	0,000
		kg/m	kg/m	kg/m	kg m/m	kg m/m

Aus der Tab. 18.8 geht hervor, daß die durch die Störungskräfte im Rand verursachten Schnittgrößen rasch abklingen und schon in einem Abstand von 3,70 m vom oberen Rand, was einem Winkel $\psi_0 = 5°$ entspricht, sehr klein sind, in einem Abstand von 7,40 m vom selben Rand, was einem Winkel $\psi_0 = 10°$ entspricht, sogar praktisch verschwinden.

19. Methode von Geckeler

a) Allgemeines. Bei der Herleitung der im vorhergehenden Kapitel dargestellten Methode haben wir nur das erste Glied von jeder der Reihen (17.17), (17.21) berücksichtigt, wobei wir beobachtet haben, daß sogar mit dieser Beschränkung bei Schalen, die durch große Werte von λ und damit des Verhältnisses R/h charakterisiert sind, mit den Ergebnissen, die wir unter Verwendung der Methode der asymptotischen Integration von Blumenthal erhalten, eine sehr gute Näherung erzielt wird. Andererseits ist eine Voraussetzung für die Verwendung dieser letzteren Methode die, daß der Winkel φ keine sehr kleinen Werte annimmt, da wir die Formel (17.5):

$$\alpha^2 = -i\,\mu^2 = -2i\,\lambda^2$$

unter diesem Vorbehalt hergeleitet haben.

Wir wollen im folgenden Kugelschalen betrachten, in denen die Werte von φ für die Parallelkreise, für die die Schnittgrößen infolge der Störungskräfte ermittelt werden, genügend nahe an $\frac{\pi}{2}$ liegen, so daß wir setzen können:

$$\sin\varphi \cong 1\,. \tag{19.1}$$

Die Formeln, die sich mit dieser Vereinfachung aus den im vorhergehenden Kapitel für U und V erhaltenen herleiten lassen, können vorteilhaft bei der Untersuchung der Kugelschalen verwendet werden.

Wir dürfen offenbar die Annahme $\sin\varphi \cong 1$ in vielen Fällen für den unteren Rand zulassen, schwieriger wird es, dieser Annahme im oberen Rand von offenen Schalen zu genügen, wo φ_0 Werte annimmt, die bedeutend kleiner als $\frac{\pi}{2}$ sind. Wir ziehen somit den Schluß, daß wir im allgemeinen unter diesen Bedingungen nur bei der Untersuchung der Schnittgrößen infolge der im unteren Rand geltenden Randbedingungen die Formeln verwenden dürfen, die sich aus der abgeleiteten asymptotischen Methode ergeben, wenn wir die erwähnte Annahme zulassen.

Aus diesem Grund beschränken wir im folgenden unsere Betrachtungen auf die Untersuchung der Schnittgrößen infolge der im unteren Rand wirkenden Störungskräfte.

Wir haben zu beachten, daß, wie wir im Kapitel 20 sehen werden, die getroffene Einschränkung, wonach $\sin\varphi \cong 1$ sein soll, einen immer kleineren Einfluß auf die Ergebnisse hat, je mehr der Wert der charakteristischen Größe λ der Schale zunimmt, so daß die Methode, die wir in diesem Kapitel darlegen wollen, für flache Schalen angewendet werden kann, sofern diese große Werte des Verhältnisses R/h aufweisen.

Setzen wir in den Gln. (18.30) und (18.31):

$$\sin(\varphi_u - \psi_u) = 1\,,$$

so erhalten wir:

$$U = C\, e^{-\lambda\psi} \cos(\lambda\,\psi + \gamma)\,, \tag{19.2}$$

$$V = C\,\frac{2\,\lambda^2}{E\,h\,R}\, e^{-\lambda\,\psi} \sin(\lambda\,\psi + \gamma)\,. \tag{19.3}$$

In diesen Formeln haben wir den Index u bei der Bezeichnung ψ weggelassen, da keine Zweifel darüber existieren können, um welchen Rand es sich handelt.

Die Ausdrücke (19.2) und (19.3) für die Unbekannten U und V stimmen mit den von GECKELER erhaltenen überein. Setzen wir diese letzteren und ihre ersten Ableitungen nach φ in die Gln. (11.2), (11.7), (11.8), (5.108), (5.109) ein, so erhalten wir die Ausdrücke für die verschiedenen Schnittkräfte und mit Gl. (13.82) für die Verschiebungen.

Aus den gemachten Bemerkungen können wir schließen, daß wir für große Werte von λ die asymptotischen Methoden verwenden können, nämlich die von BLUMENTHAL, die abgeleitete und die von GECKELER.

Für einen gleichen Wert der charakteristischen Größe λ und für eine gegebene Näherung können bei Verwendung der beiden ersten die Intervalle der Werte von φ größer gewählt werden als bei der Methode von GECKELER.

Für die Werte von φ in der Nähe von $\frac{\pi}{2}$ liefern die drei Methoden praktisch die gleichen Ergebnisse, während die Unterschiede in denselben für Werte von φ, die sich von $\frac{\pi}{2}$ entfernen, um so kleiner werden, je größer die charakteristische Größe λ der Schale ist.

Aus einer Gegenüberstellung der Formeln (19.2), (19.3) und der Gln. (15.20) und (15.21) können wir schließen, daß wir bei der Methode von GECKELER in der Nähe des Rands die Kugelschale durch eine tangentiale Kegelschale ersetzen und auf diese die Gleichungen für die Kreiszylinderschale anwenden.

b) Allgemeine Integrale des homogenen Gleichungssystems. Infolge der Wichtigkeit der Methode von GECKELER, die sich aus der einfachen Anwendung und der guten Näherung der Ergebnisse erklärt, besonders für nicht sehr kleine Werte von φ, hielten wir es für interessant, die Ausdrücke (19.2) und (19.3) für die Unbekannten U und V direkt aus den homogenen Grundgleichungen (11.22) und (11.23) der genauen Theorie der Rotationsschalen unter drehsymmetrischen Belastungen herzuleiten.

Vergegenwärtigen wir uns den Ausdruck (11.11) für den Operator $L(\ )$, so ergibt sich:

$$\frac{R_2}{R_1}\,U'' + \left[\frac{R_2}{R_1}\operatorname{ctg}\varphi + \left(\frac{R_2}{R_1}\right)'\right] U' - \frac{R_1}{R_2}\operatorname{ctg}^2\varphi\, U + \nu\, U = E\,h\,R_1\,V\,, \tag{19.4}$$

$$\frac{R_2}{R_1}\,V'' + \left[\frac{R_2}{R_1}\operatorname{ctg}\varphi + \left(\frac{R_2}{R_1}\right)'\right] V' - \frac{R_1}{R_2}\operatorname{ctg}^2\varphi\, V - \nu\, V = -\frac{R_1 U}{D}\,. \tag{19.5}$$

Bei der Untersuchung der kreiszylindrischen Schalen haben wir bereits auf das rasche Abklingen der durch die in den Rändern angreifenden Kräfte verursachten Schnittgrößen hingewiesen. Es bestätigt sich nun, daß die Zone, auf die sich die Störung erstreckt, auf einen Streifen in der Nähe des Rands beschränkt bleibt, dessen Breite um so kleiner ist, je kleiner die Stärke h und der Radius R, d. h. die Konstante β der Zylinderschale, sind.

Der Grund für dieses Verhalten liegt in der Tatsache, daß sich die Streifen in Richtung der Erzeugenden des Zylinders wie Balken auf elastischer Unterstützung verhalten, wobei diese elastische Unterstützung durch die Streifen in Richtung der Parallelkreise gebildet wird. Alle diese Streifen wirken in der gleichen Weise, proportional zu den Verschiebungen, welche die Längsstreifen erfahren. Übereinstimmend mit der Theorie der Balken auf elastischer Bettung klingen daher die Schnittgrößen infolge einer im äußersten Schnitt wirkenden Kraft rasch ab [Hetényi, 46.1, S. 13].

In den übrigen Rotationsschalen läßt sich diese bei den Kreiszylinderschalen festgestellte Dämpfung der Störungskräfte ebenfalls zeigen. Wir können tatsächlich weiterhin annehmen, daß die Streifen in Richtung der Meridiane elastisch auf den Streifen in Richtung der Parallelkreise aufgelagert seien. Diese letzteren indessen wirken im Gegensatz zu der bei den Zylinderschalen gemachten Feststellung nicht alle in der gleichen Weise, da die entsprechenden Radien R_0 (Abb. 5.1) verschieden sind.

Wir müssen noch hinzufügen, daß in den Zylinderschalen der Verschiebung w der Längsstreifen eine gleichbleibende Änderung ΔR des Radius der Parallelstreifen entspricht, während in den übrigen Rotationsschalen der Verschiebung w der ersten eine Änderung $\Delta R = w \sin\varphi$ der zweiten entspricht, d. h. eine Wirkung, die um so kleiner wird, je kleiner φ wird. Es ergibt sich, daß im Falle sehr flacher Schalen diese Wirkung klein ist und für $\varphi = 0$, d. h. im Fall der Kreisplatten, verschwindet. Unter diesen Bedingungen können wir sagen, daß die Dämpfung der durch die Störungskräfte in den Rändern erzeugten Schnittgrößen, die wir für die Kreiszylinderschalen bereits nachgewiesen haben, auch bei den übrigen Rotationsschalen existiert, wenn dieselbe auch mit dem Winkel φ, der die Lage der Parallelstreifen definiert, variiert. Folglich nimmt die Dämpfung in dem Maße ab, in dem φ kleiner wird, und verschwindet für $\varphi = 0$, d. h. im Fall der Kreisplatte, in dem die entlang der Ränder gleichmäßig verteilten Schnittkräfte bis in den Mittelpunkt unverändert erhalten bleiben.

Unter diesen Bedingungen können wir bei der Berechnung der Schalen, für die die den Rändern zugehörigen Werte von φ nicht sehr klein werden, die Dämpfung einer Schnittgröße infolge von im Rand angreifenden Kräften mit Hilfe der Gleichung:

$$y = e^{-k\varphi}$$

ausdrücken, wobei k eine Konstante bedeutet, die einen großen Wert annimmt, da, wie wir gezeigt haben, die Wirkungen der Störungen rasch abklingen.

Wir stellen fest, daß:

$$y' = -k\, e^{-k\varphi},$$

$$y'' = k^2\, e^{-k\varphi},$$

d. h., die numerischen Werte der ersten Ableitung sind größer als die der ursprünglichen Funktion, und die der zweiten Ableitung sind größer als die der ersten, usw.

Unter diesen Voraussetzungen können wir in den Gln. (19.4) und (19.5) die Ausgangsfunktion und ihre erste Ableitung gegenüber der zweiten Ableitung vernachlässigen, so daß mit $R_2/R_1 = \text{const}$ gilt:

$$\frac{\operatorname{ctg}\varphi\,(\;)'}{(\;)''} \cong 0; \qquad \frac{\left[-\frac{R_1}{R_2}\operatorname{ctg}^2\varphi \pm \nu\right](\;)}{\frac{R_2}{R_1}(\;)''} \cong 0. \tag{19.6}$$

Der Winkel φ darf somit nicht sehr klein sein, damit $\operatorname{ctg}\varphi$ nicht einen großen Wert annimmt. Wir werden indessen im Kapitel 20 sehen, daß die Beziehungen (19.6) ihre Gültigkeit für Schalen mit um so kleineren Werten von φ behalten, je größer der Wert der charakteristischen Größe λ der Schale ist.

Durch Vereinfachung erhalten wir die beiden Gleichungen:

$$\frac{R_2}{R_1} U'' = E\,h\,R_1\,V, \tag{19.7}$$

$$\frac{R_2}{R_1} V'' = -\frac{R_1\,U}{D}. \tag{19.8}$$

Leiten wir die Gl. (19.7) zweimal ab und berücksichtigen dabei nur die höchsten Ableitungen der verschiedenen Funktionen, so erhalten wir:

$$\frac{R_2}{R_1} U^{\mathrm{IV}} = E\,h\,R_1\,V''.$$

Setzen wir in diese Beziehung den Wert von V'' aus Gl. (19.8) ein, so erhalten wir schließlich:

$$U^{\mathrm{IV}} + E\,h\,\frac{R_1^4}{R_2^2}\,\frac{U}{D} = 0.$$

Ebenso:

$$V^{\text{IV}} + E\,h\,\frac{R_1^4}{R_2^2}\,\frac{V}{D} = 0\,.$$

Setzen wir:

$$\frac{12(1-\nu^2)\,R_1^4}{R_2^2\,h^2} = 4\lambda^4, \tag{19.9}$$

so ergibt sich:

$$U^{\text{IV}} + 4\lambda^4 \cdot U = 0, \tag{19.10}$$

$$V^{\text{IV}} + 4\lambda^4 \cdot V = 0. \tag{19.11}$$

Es ist für die Anwendungen bequem, wie wir schon früher festgestellt haben, die Winkel, die die Lage der Parallelkreise definieren, von dem Radius R_2 des Randparallelkreises aus zu messen, d. h.:

$$\varphi = \varphi_u - \psi \tag{19.12}$$

zu setzen, wobei φ_u den von der Schalenachse aus gemessenen, dem Rand entsprechenden Winkel bedeutet (Abb. 19.1).

Mit $d\varphi = -d\,\psi$ erhalten wir anstelle der Gln. (19.10), (19.11):

$$\frac{d^4 U}{d\,\psi^4} + 4\lambda^4\,U = 0, \tag{19.13}$$

$$\frac{d^4 V}{d\,\psi^4} + 4\lambda^4\,V = 0. \tag{19.14}$$

Es ergeben sich so zwei Gleichungen von der gleichen Art wie die für die Zylinderschalen erhaltenen Gln. (15.8), (15.10).

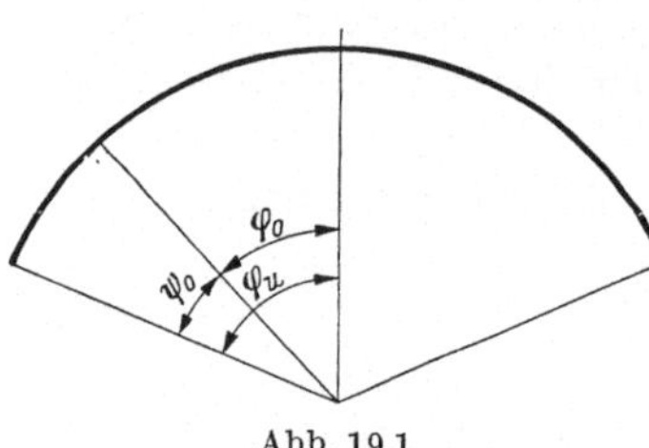

Abb. 19.1

Wir wollen im folgenden annehmen, λ sei konstant. Diese Annahme ist im Fall der Kugelfläche zulässig, kann indessen auch getroffen werden, wenn die Änderung von λ entlang der Meridiane klein ist.

Integrieren wir die Gln. (19.13) und (19.14) in der schon im Fall der Kreiszylinderschalen angegebenen Weise, und berücksichtigen wir, daß sich unsere Betrachtungen auf geschlossene Schalen beschränken, so ergibt sich:

$$U = C_1\,e^{-\lambda\psi}\cos(\lambda\,\psi + \gamma_1),$$

$$V = C_2\,e^{-\lambda\psi}\cos(\lambda\,\psi + \gamma_2).$$

Da zwischen U und V die Beziehung (19.7) gelten muß, erhalten wir:

$$U = C\,e^{-\lambda\psi}\cos(\lambda\,\psi + \gamma), \tag{19.15}$$

$$V = C \cdot 2\,\frac{R_2}{R_1^2}\,\frac{\lambda^2}{E\,h}\,e^{-\lambda\psi}\sin(\lambda\,\psi + \gamma)\,. \tag{19.16}$$

Setzen wir $R_1 = R_2 = R$, so stimmen diese Gleichungen mit den Gln. (19.2) und (19.3) überein.

Wir wollen die Gln. (19.15) und (19.16) nach φ ableiten:

$$U' = C\sqrt{2}\,\lambda\, e^{-\lambda\psi} \sin\left(\lambda\psi + \gamma + \frac{\pi}{4}\right), \tag{19.17}$$

$$V' = -C\,2\sqrt{2}\,\frac{R_2}{R_1^2}\,\frac{\lambda^3}{E\,h}\, e^{-\lambda\psi} \cos\left(\lambda\psi + \gamma + \frac{\pi}{4}\right). \tag{19.18}$$

Wir können nun aus den Gln. (11.2), (11.7), (11.8), (5.108), (5.109) die Ausdrücke für die Schnittkräfte ermitteln:

$$Q_\varphi = \frac{C}{R_2}\, e^{-\lambda\psi} \cos(\lambda\psi + \gamma), \tag{19.19}$$

$$N_\varphi = -C \operatorname{ctg}(\varphi_u - \psi)\, \frac{e^{-\lambda\psi}}{R_2} \cos(\lambda\psi + \gamma), \tag{19.20}$$

$$N_\vartheta = -C\,\frac{\lambda\sqrt{2}}{R_1}\, e^{-\lambda\psi} \sin\left(\lambda\psi + \gamma + \frac{\pi}{4}\right), \tag{19.21}$$

$$M_\vartheta = C\,\frac{R_1^2}{2 R_2 \lambda^2}\, e^{-\lambda\psi} \left[\nu\sqrt{2}\,\frac{\lambda}{R_1} \cos\left(\lambda\psi + \gamma + \frac{\pi}{4}\right) - \right.$$
$$\left. - \frac{\operatorname{ctg}(\varphi_u - \psi)}{R_2} \sin(\lambda\psi + \gamma)\right], \tag{19.22}$$

$$M_\varphi = \frac{C}{\sqrt{2}\,\lambda}\,\frac{R_1}{R_2}\, e^{-\lambda\psi} \cos\left(\lambda\psi + \gamma + \frac{\pi}{4}\right), \tag{19.23}$$

woraus mit Gl. (13.82) folgt:

$$\xi = -C\,\frac{R_2}{R_1}\,\frac{\sin(\varphi_u - \psi)}{E\,h}\sqrt{2}\,\lambda\, e^{-\lambda\psi} \sin\left(\lambda\psi + \gamma + \frac{\pi}{4}\right), \tag{19.24}$$

wobei wir in dieser letzten Gleichung νN_φ gegenüber N_ϑ vernachlässigt haben.

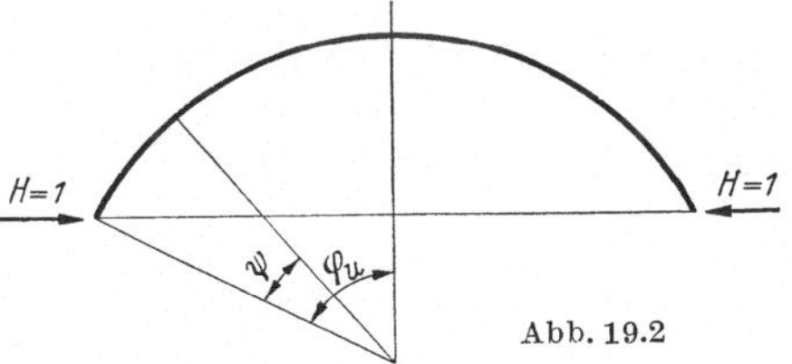

Abb. 19.2

c) Kräfte, Verschiebungen und Drehungen infolge der Randstörungen. Wir wollen zunächst den Fall betrachten, daß entlang des Rands einer Schale, wo $\varphi = \varphi_u$, Einheitskräfte $H = 1$ mit dem in Abb. 19.2 angegebenen Richtungssinn angreifen, wobei $M = M_\varphi = 0$ sein soll. Wir erhalten:

$$N_\varphi = -1 \cos\varphi_u, \tag{19.25}$$

$$M_\varphi = 0,$$

woraus folgt:

$$C = \sqrt{2}\,R_{2\,0} \sin\varphi_u; \qquad \gamma = \frac{\pi}{4}, \tag{19.26}$$

wobei bedeutet: $R_2 = R_{2\,0}$ für $\varphi = \varphi_u$, d. h. $\psi = 0$.

Wir haben zu beachten, daß die folgenden Beziehungen gelten:

$$\left.\begin{aligned}
\cos\left(\lambda\psi+\frac{\pi}{4}\right)&=\frac{1}{\sqrt{2}}(\cos\lambda\psi-\sin\lambda\psi),\\
\sin\left(\lambda\psi+\frac{\pi}{4}\right)&=\frac{1}{\sqrt{2}}(\cos\lambda\psi+\sin\lambda\psi),\\
\sin\left(\lambda\psi+\frac{\pi}{2}\right)&=\cos\lambda\psi,\\
\cos\left(\lambda\psi+\frac{\pi}{2}\right)&=-\sin\lambda\psi.
\end{aligned}\right\}\tag{19.27}$$

Setzen wir die Werte von C und γ aus Gl. (19.26) in die Gln. (19.15), (19.16), (19.19) bis (19.24) ein, so ergibt sich unter Berücksichtigung der Gl. (19.27):

$$U_{H=1}=R_{20}\sin\varphi_u e^{-\lambda\psi}(\cos\lambda\psi-\sin\lambda\psi),\tag{19.28}$$

$$V_{H=1}=2R_{20}\frac{R_2}{R_1^2}\sin\varphi_u\frac{\lambda^2}{Eh}e^{-\lambda\psi}(\cos\lambda\psi+\sin\lambda\psi),\tag{19.29}$$

$$Q_{\varphi H=1}=\frac{R_{20}}{R_2}\sin\varphi_u e^{-\lambda\psi}(\cos\lambda\psi-\sin\lambda\psi),\tag{19.30}$$

$$N_{\varphi H=1}=-\frac{R_{20}}{R_2}\sin\varphi_u\operatorname{ctg}(\varphi_u-\psi)\,e^{-\lambda\psi}(\cos\lambda\psi-\sin\lambda\psi),\tag{19.31}$$

$$N_{\vartheta H=1}=-2R_{20}\frac{\sin\varphi_u}{R_1}\lambda e^{-\lambda\psi}\cos\lambda\psi,\tag{19.32}$$

$$M_{\vartheta H=1}=-R_{20}\sin\varphi_u\frac{R_1}{R_2}e^{-\lambda\psi}\left[\frac{\nu}{\lambda}\sin\lambda\psi+\right.$$
$$\left.+\frac{R_1}{R_2}\frac{\operatorname{ctg}(\varphi_u-\psi)}{2\lambda^2}(\cos\lambda\psi+\sin\lambda\psi)\right],\tag{19.33}$$

$$M_{\varphi H=1}=-R_{20}\sin\varphi_u\frac{R_1}{R_2}\frac{e^{-\lambda\psi}}{\lambda}\sin\lambda\psi,\tag{19.34}$$

$$\xi_{H=1}=-2R_{20}\frac{R_2}{R_1}\sin\varphi_u\frac{\sin(\varphi_u-\psi)}{Eh}\lambda e^{-\lambda\psi}\cos\lambda\psi.\tag{19.35}$$

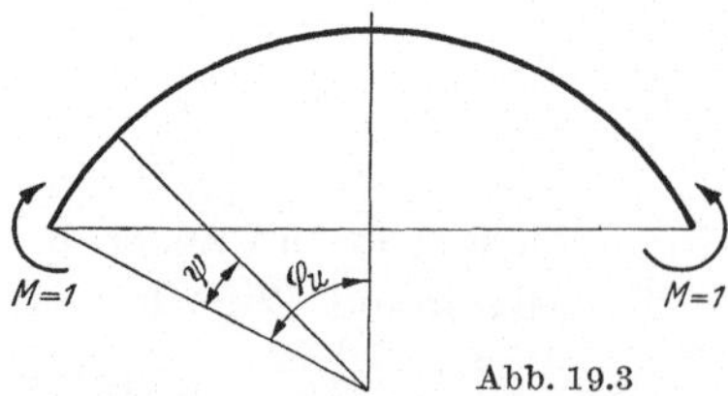

Abb. 19.3

Für $\psi=0$ erhalten wir:

$$\xi_{uH=1}=\delta_{11}=-2\frac{R_{20}^2}{R_{10}}\frac{\sin^2\varphi_u}{Eh_0}\lambda_0,\tag{19.36}$$

$$V_{uH=1}=\delta_{21}=2\frac{R_{20}^2}{R_{10}^2}\frac{\sin\varphi_u}{Eh_0}\lambda_0^2,\tag{19.37}$$

worin R_{10}, R_{20}, λ_0, h_0 die Werte von R_1, R_2, λ, h für $\varphi=\varphi_u$, d. h. $\psi=0$, bedeuten.

Wir wollen im folgenden den Fall betrachten, daß entlang des Rands die Einheitsmomente $M_\varphi=M=1$ mit dem in Abb. 19.3 angegebenen

Richtungssinn angreifen, wobei $H = 0$ sein soll. Wir erhalten für $\varphi = \varphi_u$:

$$\left.\begin{aligned} N_\varphi &= 0, \\ M_\varphi &= M = 1, \end{aligned}\right\} \tag{19.38}$$

woraus folgt:

$$C = -2\lambda_0 \frac{R_{20}}{R_{10}}; \qquad \gamma = \frac{\pi}{2}. \tag{19.39}$$

Wir haben die folgenden Beziehungen zu beachten:

$$\left.\begin{aligned} \sin\left(\lambda\psi + \frac{3}{4}\pi\right) &= \frac{1}{\sqrt{2}}(\cos\lambda\psi - \sin\lambda\psi), \\ \cos\left(\lambda\psi + \frac{3}{4}\pi\right) &= -\frac{1}{\sqrt{2}}(\cos\lambda\psi + \sin\lambda\psi). \end{aligned}\right\} \tag{19.40}$$

Setzen wir die Werte in die Gln. (19.15), (19.16), (19.19) bis (19.24) ein, so ergibt sich unter Berücksichtigung der Gl. (19.40):

$$U_{M=1} = 2\lambda_0 \frac{R_{20}}{R_{10}} e^{-\lambda\psi} \sin\lambda\psi, \tag{19.41}$$

$$V_{M=1} = -4\lambda_0 \frac{R_{20}}{R_{10}} \frac{R_2}{R_1^2} \frac{\lambda^2}{E h} e^{-\lambda\psi} \cos\lambda\psi, \tag{19.42}$$

$$Q_{\varphi M=1} = 2\lambda_0 \frac{R_{20}}{R_{10}} \frac{e^{-\lambda\psi}}{R_2} \sin\lambda\psi, \tag{19.43}$$

$$N_{\varphi M=1} = -2\lambda_0 \frac{R_{20}}{R_{10}} \frac{e^{-\lambda\psi}}{R_2} \operatorname{ctg}(\varphi_u - \psi) \sin\lambda\psi, \tag{19.44}$$

$$N_{\vartheta M=1} = 2\lambda_0 \frac{R_{20}}{R_{10}} \frac{\lambda}{R_1} e^{-\lambda\psi} (\cos\lambda\psi - \sin\lambda\psi), \tag{19.45}$$

$$M_{\vartheta M=1} = \lambda_0 \frac{R_{20}}{R_{10}} \frac{R_1}{R_2} e^{-\lambda\psi} \left[\frac{\nu}{\lambda}(\cos\lambda\psi + \sin\lambda\psi) + \right. \\ \left. + \frac{R_1}{R_2} \frac{\operatorname{ctg}(\varphi_u - \psi)}{\lambda^2} \cos\lambda\psi\right], \tag{19.46}$$

$$M_{\varphi M=1} = \lambda_0 \frac{R_{20}}{R_{10}} \frac{R_1}{R_2} \frac{e^{-\lambda\psi}}{\lambda} (\cos\lambda\psi + \sin\lambda\psi), \tag{19.47}$$

$$\xi_{M=1} = 2\lambda_0 \frac{R_{20}}{R_{10}} \frac{R_2}{R_1} \frac{\sin(\varphi_u - \psi)}{E h} \lambda e^{-\lambda\psi} (\cos\lambda\psi - \sin\lambda\psi). \tag{19.48}$$

Für $\psi = 0$ erhalten wir:

$$\xi_{u M=1} = \delta_{12} = 2 \frac{R_{20}^2}{R_{10}^2} \frac{\sin\varphi_u}{E h_0} \lambda_0^2, \tag{19.49}$$

$$V_{u M=1} = \delta_{22} = -4 \frac{R_{20}^2}{R_{10}^3} \frac{\lambda_0^3}{E h_0}. \tag{19.50}$$

Die Ausdrücke, die wir hergeleitet haben, erlauben uns, Näherungsberechnungen von Schalen mit variablen λ und h durchzuführen, indem wir das Tragwerk in einzelne Abschnitte aufteilen, für welche diese Größen als konstant angenommen werden dürfen.

Offensichtlich ergibt sich für den Fall der Kugelschale mit konstanter Stärke: $R_1 = R_2 = R_{10} = R_{20} = R; \quad \lambda = \lambda_0; \quad h = h_0$.

Setzen wir wie bei der Untersuchung der kreiszylindrischen Schalen:

$$\left.\begin{aligned} \Phi(\lambda\,\psi) &= e^{-\lambda\psi}(\cos\lambda\,\psi + \sin\lambda\,\psi),\\ \Psi(\lambda\,\psi) &= e^{-\lambda\psi}(\cos\lambda\,\psi - \sin\lambda\,\psi),\\ \Theta(\lambda\,\psi) &= e^{-\lambda\psi}\cos\lambda\,\psi,\\ \Omega(\lambda\,\psi) &= e^{-\lambda\psi}\sin\lambda\,\psi, \end{aligned}\right\} \tag{19.51}$$

so ergibt sich im Fall der Kugelschale für $H = 1$, $M = 0$ (Abb. 19.2):

$$U_{H=1} = R\sin\varphi_u\,\Psi(\lambda\,\psi), \tag{19.52}$$

$$V_{H=1} = \frac{2\lambda^2}{E\,h}\sin\varphi_u\,\Phi(\lambda\,\psi), \tag{19.53}$$

$$Q_{\varphi\,H=1} = \sin\varphi_u\,\Psi(\lambda\,\psi), \tag{19.54}$$

$$N_{\varphi\,H=1} = -\sin\varphi_u\operatorname{ctg}(\varphi_u - \psi)\,\Psi(\lambda\,\psi). \tag{19.55}$$

$$N_{\vartheta\,H=1} = -2\lambda\sin\varphi_u\,\Theta(\lambda\,\psi), \tag{19.56}$$

$$M_{\vartheta\,H=1} = -R\sin\varphi_u\left[\frac{\Omega(\lambda\,\psi)}{\lambda}\,\nu + \frac{\operatorname{ctg}(\varphi_u - \psi)\,\Phi(\lambda\,\psi)}{2\lambda^2}\right], \tag{19.57}$$

$$M_{\varphi\,H=1} = -\frac{R\sin\varphi_u}{\lambda}\,\Omega(\lambda\,\psi), \tag{19.58}$$

$$\xi_{H=1} = -2R\sin\varphi_u\frac{\sin(\varphi_u - \psi)}{E\,h}\,\lambda\,\Theta(\lambda\,\psi), \tag{19.59}$$

$$\delta_{11} = -2\frac{R\sin^2\varphi_u}{E\,h}\,\lambda, \tag{19.60}$$

$$\delta_{21} = 2\frac{\sin\varphi_u}{E\,h}\,\lambda^2. \tag{19.61}$$

Ebenso für $H = 0$, $M = 1$ (Abb. 19.3):

$$U_{M=1} = 2\lambda\,\Omega(\lambda\,\psi), \tag{19.62}$$

$$V_{M=1} = -\frac{4\lambda^3}{R\,E\,h}\,\Theta(\lambda\,\psi), \tag{19.63}$$

$$Q_{\varphi\,M=1} = \frac{2\lambda}{R}\,\Omega(\lambda\,\psi), \tag{19.64}$$

$$N_{\varphi\,M=1} = -\frac{2\lambda}{R}\operatorname{ctg}(\varphi_u - \psi)\,\Omega(\lambda\,\psi), \tag{19.65}$$

$$N_{\vartheta\,M=1} = \frac{2\lambda^2}{R}\,\Psi(\lambda\,\psi), \tag{19.66}$$

$$M_{\vartheta\,M=1} = \nu\,\Phi(\lambda\,\psi) + \frac{\operatorname{ctg}(\varphi_u - \psi)}{\lambda}\,\Theta(\lambda\,\psi), \tag{19.67}$$

$$M_{\varphi\,M=1} = \Phi(\lambda\,\psi), \tag{19.68}$$

$$\xi_{M=1} = 2\lambda^2\,\frac{\sin(\varphi_u - \psi)}{E\,h}\,\Psi(\lambda\,\psi), \tag{19.69}$$

$$\delta_{12} = 2\frac{\sin\varphi_u}{E\,h}\,\lambda^2, \tag{19.70}$$

$$\delta_{22} = -4\frac{\lambda^3}{R\,E\,h}. \tag{19.71}$$

Ist die Horizontalkomponente H^0 der statisch bestimmten Reaktion A^0 bekannt, und sind mit Hilfe der Elastizitätsgleichungen die überzähligen Größen H^* und M^* bestimmt, so erhalten wir die Störungskräfte im Rand: $H = H^0 + H^*$ und $M = M^*$. Wir können somit mit Hilfe der oben stehenden Ausdrücke die Schnittgrößen infolge jeder einzelnen dieser Kräfte in der Störungszone, welche, wie wir schon festgestellt haben, im allgemeinen sehr klein ist, bestimmen. Summieren wir die Teilgrößen, so erhalten wir die Schnittgrößen infolge der gemeinsamen Wirkung von H und M.

Die Tab. I am Schluß dieses Buchs (S. 260ff.) [HETÉNYI, 46.1] liefert die Werte der Funktionen $\Phi(x)$, $\Psi(x)$, $\Theta(x)$ und $\Omega(x)$ für $x = \lambda\,\psi = 0 - 7$.

Bei der Betrachtung dieser Tabelle stellt man die rasche Abnahme der numerischen Werte der Funktionen beim Anwachsen von $\lambda\,\psi$, d. h. für wachsende Entfernungen vom Rand, fest.

Für $\lambda\,\psi = 5$ sind die Werte der Funktionen praktisch gleich Null.

Mit:

$$\lambda \cong 1{,}316\sqrt{\frac{R}{h}},$$

erhalten wir:

$$\psi = \frac{5}{1{,}316\sqrt{\frac{R}{h}}}.$$

Für $\frac{R}{h} = 100$, eine Größenordnung der Werte, die bei Kugelschalen aus Stahlbeton auftreten, welche bei Behälterböden verwendet werden, erhalten wir:

$$\psi = 21^\circ\,45'.$$

Im Fall von Decken aus Stahlbeton erreichen die Werte des Verhältnisses $\frac{R}{h}$ die Größenordnung von 500. Unter diesen Bedingungen folgt:

$$\psi = 9^\circ\,45'.$$

Es bestätigt sich somit, daß die Schnittgrößen infolge von im Rand angreifenden Kräften um so rascher abnehmen, je größer der Wert der charakteristischen Größe λ der Schale ist.

d) Numerische Anwendungen.

1. Beispiel. Als erste Anwendung wollen wir mit der Methode von GECKELER die geschlossene Kugelschale aus Stahlbeton berechnen, die wir bereits in den Beispielen der Kapitel 13 und 16 untersucht haben, um die auf Grund der Näherungstheorie erhaltenen Ergebnisse mit den auf Grund der genauen Theorie erhaltenen zu vergleichen.

Die Charakteristiken des Tragwerks sind die folgenden:

$$R = 6{,}50\text{ m},$$
$$h = 0{,}10\text{ m},$$
$$\nu = \frac{1}{6},$$
$$\varphi_u = 30^\circ,$$

woraus nach Gl. (19.9) folgt:

$$\lambda = 10{,}5359\,.$$

Die Verschiebungsgrößen ergeben sich aus den Gln. (19.60), (19.61) und (19.70), (19.71):

$$\delta_{11} = -5{,}2679\,\frac{R}{E\,h}\,,$$

$$\delta_{12} = \delta_{21} = 17{,}0777\,\frac{R}{E\,h}\,,$$

$$\delta_{22} = -110{,}7256\,\frac{R}{E\,h}\,.$$

Wie wir schon gesehen haben, ergibt sich für eine Wasserhöhe von 5 m über dem Scheitel der Schale im Membranzustand:

$$\xi^0 = -7788{,}122\,\frac{R}{E\,h}\,,$$

$$V^0 = 500{,}000\,\frac{R}{E\,h}\,,$$

und weiter:

$$H^0 = -15266\ \mathrm{kg/m}\,.$$

Da die Schale total eingespannt ist, erhalten wir die folgenden Elastizitätsgleichungen:

$$-7788{,}122 - (H^* - 15266)\cdot 5{,}2679 + M^*\cdot 17{,}0777 = 0\,,$$

$$500{,}000 + (H^* - 15266)\cdot 17{,}0777 - M^*\cdot 110{,}7256 = 0\,,$$

woraus folgt:

$$H^* = \quad 12344\ \mathrm{kg/m}\,,$$

$$M^* = -\quad 442\ \mathrm{kgm/m}\,.$$

Die Störungskräfte lauten somit:

$$H = H^0 + H^* = -2922\ \mathrm{kg/m}\,,$$

$$M = M^* = -442\ \mathrm{kgm/m}\,.$$

Um die Werte der Kräfte infolge $H = 1$, $M = 0$ und $H = 0$, $M = 1$ berechnen zu können, müssen wir für verschiedene Werte von ψ die Werte der Funktionen $\Phi(\lambda\,\psi)$, $\Psi(\lambda\,\psi)$, $\Theta(\lambda\,\psi)$ und $\Omega(\lambda\,\psi)$ aus den Gln. (19.51) kennen.

Diese Werte können der Tab. I am Schluß dieses Buchs (S. 260ff.) entnommen werden. Die Ergebnisse sind in der Tab. 19.1 zusammengestellt.

Tabelle 19.1

φ	ψ	$\lambda\,\psi$	$\Phi(\lambda\,\psi)$	$\Psi(\lambda\,\psi)$	$\Theta(\lambda\,\psi)$	$\Omega(\lambda\,\psi)$
30°	0°	0,000	1,0000	1,0000	1,0000	0,0000
25°	5°	0,919	0,5584	−0,0757	0,2414	0,3171
20°	10°	1,838	0,1108	−0,1953	−0,0423	0,1531
15°	15°	2,758	−0,0352	−0,0823	−0,0588	0,0236
10°	20°	3,677	−0,0346	−0,0090	−0,0218	−0,0129
5°	25°	4,597	−0,0111	0,0089	−0,0012	−0,0100
0°	30°	5,516	0,0001	0,0057	0,0029	−0,0027

Die Schnittkräfte infolge $H = 1$, $M = 0$ werden nun mit Hilfe der Gln. (19.54) bis (19.58) berechnet. Die erhaltenen Ergebnisse sind in der Tab. 19.2 zusammengestellt.

Tabelle 19.2. *Kräfte infolge* $H = 1$, $M = 0$

φ	ψ	$Q_{\varphi H=1}$	$N_{\varphi H=1}$	$N_{\vartheta H=1}$	$M_{\varphi H=1}$	$M_{\vartheta H=1}$
30°	0°	+0,50000	−0,86602	−10,53590	0,00000	−25,35374
25°	5°	−0,03785	+0,08116	− 2,54336	−97,81551	−17,52885
20°	10°	−0,09765	+0,26829	+ 0,44566	−47,22660	− 4,45609
15°	15°	−0,04115	+0,15357	+ 0,61951	− 7,27986	+ 1,92284
10°	20°	−0,00450	+0,02552	+ 0,22968	+ 3,97925	+ 2,87226
5°	25°	+0,00445	−0,05086	+ 0,01264	+ 3,08469	+ 1,85712
0°	30°	+0,00285	∞	− 0,03055	+ 0,83286	∞
		$\times 1$	$\times 1$	$\times 1$	$\times 10^{-3}$	$\times 10^{-3}$

Die Schnittkräfte infolge $H = 0$, $M = 1$ werden mit Hilfe der Gln. (19.64) bis (19.68) berechnet. Die Ergebnisse sind in der Tab. 19.3 zusammengestellt.

Tabelle 19.3. *Kräfte infolge* $H = 0$, $M = 1$

φ	ψ	$Q_{\varphi M=1}$	$N_{\varphi M=1}$	$N_{\vartheta M=1}$	$M_{\varphi M=1}$	$M_{\vartheta M=1}$
30°	0°	0,00000	0,00000	+34,15540	+1000,00000	+331,061734
25°	5°	+1,02797	−2,20448	− 2,58556	+ 558,40000	+142,201528
20°	10°	+0,49631	−1,36359	− 6,67054	+ 110,80000	+ 7,436759
15°	15°	+0,07650	−0,28550	− 2,81098	− 35,20000	− 26,694502
10°	20°	−0,04181	+0,23713	− 0,30739	− 34,60000	− 17,500832
5°	25°	−0,03241	+0,37053	+ 0,30398	− 11,10000	− 3,151834
0°	30°	−0,00875	∞	+ 0,19468	+ 0,10000	∞
		$\times 1$	$\times 1$	$\times 1$	$\times 10^{-3}$	$\times 10^{-3}$

Die durch H und M erzeugten Schnittkräfte in der Schale erhält man, indem man die Werte aus den Tab. 19.2 und 19.3 mit der entsprechenden Störungskraft multipliziert. Die Ergebnisse sind in den Tab. 19.4 und 19.5 zusammengestellt.

Tabelle 19.4. *Kräfte infolge* $H = -2922$ kg/m, $M = 0$

φ	ψ	$Q_{\varphi H}$	$N_{\varphi H}$	$N_{\vartheta H}$	$M_{\varphi H}$	$M_{\vartheta H}$
30°	0°	−1461,000	+2530,510	+30785,899	0,000	+74,083
25°	5°	+ 110,597	− 237,175	+ 7431,715	+285,816	+98,855
20°	10°	+ 285,333	− 783,946	− 1302,241	+137,996	+36,020
15°	15°	+ 120,240	− 448,740	− 1810,208	+ 21,271	− 2,073
10°	20°	+ 13,149	− 74,569	− 671,130	− 11,627	−10,330
5°	25°	− 13,002	+ 148,621	− 36,942	− 9,013	− 6,928
0°	30°	− 8,327	∞	+ 89,278	− 2,433	∞
		kg/m	kg/m	kg/m	kg m/m	kg m/m

Tabelle 19.5. *Kräfte infolge* $H = 0$, $M = -442$ kg m/m

φ	ψ	$Q_{\varphi M}$	$N_{\varphi M}$	$N_{\vartheta M}$	$M_{\varphi M}$	$M_{\vartheta M}$
30°	0°	0,000	0,000	−15096,686	−442,000	−146,329
25°	5°	−454,364	+974,383	+ 1142,818	−246,812	− 62,853
20°	10°	−219,372	+602,710	+ 2948,382	− 48,973	− 3,287
15°	15°	− 33,815	+126,193	+ 1242,457	+ 15,558	+ 11,798
10°	20°	+ 18,483	−104,814	+ 135,869	+ 15,293	+ 7,735
5°	25°	+ 14,328	−163,777	− 134,360	+ 4,906	+ 1,393
0°	30°	+ 3,868	∞	− 86,050	+ 0,884	∞
		kg/m	kg/m	kg/m	kg m/m	kg m/m

Addieren wir zu den Schnittkräften in den Tab. 19.4 und 19.5 die Schnittkräfte des Membranzustands, die in der Tab. 16.3 zusammengestellt sind, so erhalten wir die totalen Schnittkräfte. In der Tab. 19.6 sind die Werte dieser Kräfte zusammengestellt.

Tabelle 19.6. *Kräfte in der Schale*

φ	ψ	Q_{φ}^{t}	N_{φ}^{t}	N_{ϑ}^{t}	M_{φ}^{t}	M_{ϑ}^{t}
30°	0°	−1461,000	−15097,455	− 4839,253	−442,000	−72,246
25°	5°	− 343,767	−16486,636	−10639,986	+ 39,004	+36,002
20°	10°	+ 65,961	−17060,587	−16522,567	+ 89,023	+32,733
15°	15°	+ 86,425	−16932,569	−17897,149	+ 36,829	+ 9,725
10°	20°	+ 31,632	−16591,901	−17264,484	+ 3,666	− 2,595
5°	25°	+ 1,326	−16276,264	−16571,130	− 4,107	− 5,535
0°	30°	− 4,459	∞	−16246,754	− 1,549	∞
		kg/m	kg/m	kg/m	kg m/m	kg m/m

Aus dem Vergleich zwischen den genäherten Werten und den in Tab. 16.4 zusammengestellten genauen Werten entnimmt man, daß sogar bei Ausschluß des Scheitels, wo für die genäherten Werte eine Singularität auftritt, die mit der Methode von GECKELER für den untersuchten Fall einer mit den Werten $R/h = 65$ und $\varphi_u = 30°$ genügend steifen und flachen Schale erhaltenen Ergebnisse von den mit der genauen Theorie erhaltenen merklich abweichen, besonders bei den Werten der Querkräfte und der Biegemomente.

Diese Abweichungen verkleinern sich in dem Maß, in dem der Wert des Verhältnisses R/h abnimmt oder der Wert von φ_u zunimmt, sofern sich die Untersuchung auf den Streifen nächst des Rands beschränkt, was ja auch genügt.

Es muß bemerkt werden, daß für die Berechnung der Ergebnisse mit der genauen Theorie bedeutend mehr Zeit erforderlich ist als für die Berechnung mit der Methode von GECKELER, abgesehen davon, daß damit für den Berechnenden ein sehr großer Arbeitsaufwand verbunden ist.

Im Fall des gezeigten Beispiels war das Verhältnis zwischen der Zeit, die benötigt wurde, um die Berechnung nach der genauen Theorie durchzuführen, und der bei Verwendung der Methode von GECKELER benötigten Zeit 15 : 1.

2. Beispiel. Wir wollen die Schnittkräfte in der Nähe des unteren Rands der offenen Schale aus Stahlbeton berechnen, für die wir schon im Kapitel 18 mit der abgeleiteten asymptotischen Methode die durch die Störungen im oberen Rand erzeugten Schnittgrößen bestimmt haben.

Das Tragwerk (Abb. 18.4), das eine Fläche mit kreisförmigem Grundriß von 60 m Durchmesser überspannt, steht unter dem Eigengewicht und dem Gewicht L eines Oberlichts. Die Kuppel ist am unteren Rand entlang der inneren oberen Kante eines Verstärkungsrings eingespannt.

Die Charakteristiken des Tragwerks sind die folgenden:

$$\mathring{R} = 42{,}426 \text{ m},$$
$$h = 0{,}08 \text{ m},$$
$$\lambda = 30{,}079,$$
$$\varphi_0 = 10°,$$
$$\varphi_u = 45°.$$

Der Verstärkungsring im unteren Rand besteht aus Stahlbeton und hat einen Querschnitt von 0,80 × 0,80 m. Wir erhalten für das Eigengewicht:

$$g = 192 \text{ kg/m}^2$$

und für das Gewicht des Oberlichts:

$$L = 30000 \text{ kg}.$$

Wir wollen zunächst die Verschiebungsgrößen für die Schale und den Ring berechnen. Aus Gl. (19.60), (19.61), (19.70), (19.71) ergibt sich:

$$\delta_{11}^{(s)} = -30{,}079 \frac{R}{E h},$$
$$\delta_{12}^{(s)} = \delta_{21}^{(s)} = 30{,}1586 \frac{R}{E h},$$
$$\delta_{22}^{(s)} = -60{,}4764 \frac{R}{E h}.$$

Aus den Gln. (16.17) bis (16.19) erhalten wir:

$$\delta_{11}^{(r)} = 106{,}0650 \frac{R}{E d},$$
$$\delta_{12}^{(r)} = \delta_{21}^{(r)} = 198{,}8718 \frac{R}{E d},$$
$$\delta_{22}^{(r)} = 497{,}1796 \frac{R}{E d},$$

wobei $d = 0{,}80$ m die Höhe des Rings bedeutet.

Im Membranzustand erhalten wir im Schnitt des unteren Rands, wo $\varphi = 45°$, mit Gl. (8.34) eine Kraft infolge Eigengewicht:

$$N_{\varphi g}^0 = -4524{,}172 \text{ kg/m}$$

und mit Gl. (8.39) eine Kraft infolge des Gewichts des Oberlichts:

$$N_{\varphi L}^0 = -225{,}195 \text{ kg/m},$$

woraus die resultierende Kraft folgt:

$$N_{\varphi}^0 = -4749{,}367 \text{ kg/m}.$$

Wir haben folglich eine Horizontalkomponente H^0 der statisch bestimmten Reaktion A^0:

$$H^0 = -4749{,}367 \cdot 0{,}70711 = -3358{,}324 \text{ kg/m}.$$

Infolge des Eigengewichts des Tragwerks und des Gewichts des Oberlichts erhalten wir mit den Gln. (8.36), (8.38), (8.41), (8.43) die folgenden Verschiebungen und Drehungen des Randschnitts:

$$\xi_g^0 = -340{,}6677 \frac{R}{E\,h},$$

$$V_g^0 = -294{,}1568 \frac{R}{E\,h},$$

$$\xi_L^0 = 185{,}7758 \frac{R}{E\,h},$$

$$V_L^0 = 0,$$

woraus durch Addition folgt:

$$\xi^0 = -154{,}8919 \frac{R}{E\,h},$$

$$V^0 = -294{,}1568 \frac{R}{E\,h}.$$

Verwenden wir die Elastizitätsgleichungen (16.31) und (16.32), die sich auf den Fall der im unteren Rand fest mit dem Verstärkungsring verbundenen Schale beziehen, so erhalten wir:

$$-154{,}8919 \frac{R}{E\,h} - H^* \, 30{,}079 \frac{R}{E\,h} + 3358{,}324 \cdot 30{,}079 \frac{R}{E\,h} +$$
$$+ M^* \, 30{,}1586 \frac{R}{E\,h} = H^* \, 106{,}0650 \frac{R}{E\,d} + M^* \, 198{,}8718 \frac{R}{E\,d};$$
$$-294{,}1568 \frac{R}{E\,h} + H^* \, 30{,}1586 \frac{R}{E\,h} - 3358{,}324 \cdot 30{,}1586 \frac{R}{E\,h} -$$
$$- M^* \, 60{,}4764 \frac{R}{E\,h} = M^* \, 497{,}1796 \frac{R}{E\,d} + H^* \, 198{,}8718 \frac{R}{E\,d}.$$

Beachten wir, daß:

$$\frac{d}{h} = \frac{0{,}80}{0{,}08} = 10,$$

und reduzieren wir, so erhalten wir

$$-H^* \cdot 406{,}855 + M^* \cdot 102{,}715 = -1008601{,}868,$$
$$H^* \cdot 102{,}715 - M^* \cdot 1101{,}943 = 1015745{,}221,$$

woraus folgt:

$$H^* = 2300{,}378 \text{ kg/m},$$
$$M^* = -707{,}346 \text{ kgm/m}.$$

Es ergeben sich somit die folgenden Störungskräfte:

$$H = H^0 + H^* = -3358{,}324 + 2300{,}378 = -1057{,}946 \text{ kg/m},$$
$$M = M^* = -707{,}346 \text{ kgm/m}.$$

Wir stellen fest, daß die Verschiebung und die Drehung des Verstärkungsrings merkliche Änderungen in den Schnittkräften hervorrufen, die dem Fall der totalen Einspannung entsprechen. Tatsächlich würden wir für diese letzteren Auflagerbedingungen erhalten:

$$H^* = 3338{,}360 \text{ kg/m},$$

$$H = H^0 + H^* = -19{,}964 \text{ kg/m}, \qquad \text{(a)}$$

$$M = M^* = -14{,}860 \text{ kgm/m}. \qquad \text{(b)}$$

Aus dieser Feststellung geht die große Empfindlichkeit der Schalen auf Auflagerverschiebungen hervor.

Wir wollen im folgenden die Schnittkräfte in der Nähe des unteren Rands berechnen, und zwar für $\psi_u = 0°, 5°, 10°, 15°$. In der Tab. 19.7 haben wir die entsprechenden Werte der Funktionen $\Phi(\lambda\psi), \Psi(\lambda\psi), \Theta(\lambda\psi), \Omega(\lambda\psi)$ zusammengestellt.

Tabelle 19.7

φ	ψ_u	$\lambda\psi$	$\Phi(\lambda\psi)$	$\Psi(\lambda\psi)$	$\Theta(\lambda\psi)$	$\Omega(\lambda\psi)$
45°	0°	0,0000	1,0000	1,0000	1,0000	0,0000
40°	5°	2,6246	−0,0269	−0,0994	−0,0632	0,0363
35°	10°	5,2496	−0,0019	0,0072	0,0027	−0,0046
30°	15°	7,8743	0,0004	−0,0004	0,0000	0,0004

Die Werte der Funktionen wurden der Tab. I am Schluß des Buchs (S. 260ff.) entnommen.

Verwenden wir die Gln. (19.54) bis (19.58), so erhalten wir die Schnittkräfte infolge $H = 1$, $M = 0$, deren Werte wir in der Tab. 19.8 zusammengestellt haben.

Tabelle 19.8. *Kräfte infolge* $H = 1$, $M = 0$

φ	ψ_u	$Q_{\varphi H=1}$	$N_{\varphi H=1}$	$N_{\vartheta H=1}$	$M_{\varphi H=1}$	$M_{\vartheta H=1}$
45°	0°	+0,707110	−0,707110	−42,538323	0,000	−16,578
40°	5°	−0,070286	+0,083764	+ 2,688421	−36,204	− 5,499
35°	10°	+0,005091	−0,007270	− 0,114853	+ 4,587	+ 0,792
30°	15°	−0,000282	+0,000489	0,000000	− 0,398	− 0,060
		×1	×1	×1	$\times 10^{-3}$	$\times 10^{-3}$

Verwenden wir weiter die Gln. (19.64) bis (19.68), so erhalten wir die Schnittkräfte infolge $H = 0$, $M = 1$, deren Werte wir in der Tab. 19.9 zusammengestellt haben.

Tabelle 19.9 *Kräfte infolge* $H = 0$, $M = 1$

φ	ψ_u	$Q_{\varphi M=1}$	$N_{\varphi M=1}$	$N_{\vartheta M=1}$	$M_{\varphi M=1}$	$M_{\vartheta M=1}$
45°	0°	0,000000	0,000000	+42,650555	+1000,000	+199,912
40°	5°	+0,051471	−0,061341	− 4,239465	− 26,900	− 6,987
35°	10°	−0,006522	+0,009315	+ 0,307083	− 1,900	− 0,188
30°	15°	+0,000567	−0,000982	− 0,017060	+ 0,400	+ 0,066
		×1	×1	×1	$\times 10^{-3}$	$\times 10^{-3}$

Mit den Werten der Störungskräfte im unteren Rand:

$$H = -1058 \text{ kg/m},$$
$$M = - \quad 707 \text{ kg m/m}$$

können wir die durch jede einzelne von ihnen erzeugten Schnittgrößen in der Nähe des Rands ermitteln und im folgenden durch Addition der erhaltenen Ergebnisse die durch die gemeinsame Wirkung von H und M hervorgerufenen Kräfte bestimmen. In der Tab. 19.10 haben wir die erhaltenen Werte zusammengestellt.

Tabelle 19.10. *Kräfte infolge der Störungen im unteren Rand*

φ	ψ_u	Q_φ	N_φ	N_ϑ	M_φ	M_ϑ
45°	0°	−748,122	+748,122	+14851,603	−707,000	−123,798
40°	5°	+ 37,972	− 45,254	+ 152,952	+ 57,322	+ 10,757
35°	10°	− 0,775	+ 1,105	− 95,593	− 3,509	− 0,705
30°	15°	− 0,102	+ 0,176	+ 12,061	+ 0,138	+ 0,016
		kg/m	kg/m	kg/m	kg m/m	kg m/m

Wenden wir nun die Gln. (8.34), (8.35) und (8.39) an, so erhalten wir die Schnittkräfte im Membranzustand für das Eigengewicht und für das Gewicht des Oberlichts. In der Tab. 19.11 haben wir die erhaltenen Ergebnisse zusammengestellt.

Tabelle 19.11. *Kräfte im Membranzustand*

φ	ψ_u	Eigengewicht		Oberlicht		Resultierende Kräfte	
		N_φ^0	N_ϑ^0	N_φ^0	N_ϑ^0	N_φ^0	N_ϑ^0
45°	0°	−4524,172	−1235,798	−225,195	+225,195	−4749,367	−1010,602
40°	5°	−4313,042	−1926,960	−272,516	+272,516	−4585,558	−1654,443
35°	10°	−4101,691	−2570,934	−342,248	+342,248	−4443,939	−2228,685
30°	15°	−3870,228	−3184,271	−450,391	+450,391	−4320,619	−2733,879
		kg/m	kg/m	kg/m	kg/m	kg/m	kg/m

Addieren wir die Schnittkräfte im Membranzustand zu den durch die Randstörungen verursachten, so erhalten wir die Schnittkräfte in der mit dem Verstärkungsring fest verbundenen Schale infolge des Eigengewichts des Tragwerks und des Gewichts des Oberlichts. Die Ergebnisse sind in der Tab. 19.12 zusammengestellt.

Tabelle 19.12. *Kräfte in der Umgebung des unteren Rands*

φ	ψ_u	Q_φ^t	N_φ^t	N_ϑ^t	M_φ^t	M_ϑ^t
45°	0°	−748,122	−4001,245	+13841,001	−707,000	−123,798
40°	5°	+ 37,972	−4630,812	− 1501,491	+ 57,322	+ 10,757
35°	10°	− 0,775	−4442,833	− 2324,278	− 3,509	− 0,705
30°	15°	− 0,102	−4320,442	− 2721,818	+ 0,138	+ 0,016
		kg/m	kg/m	kg/m	kg m/m	kg m/m

Aus der Betrachtung der Tab. 19.12 geht hervor, daß in der untersuchten Schale, die durch einen hohen Wert von λ charakterisiert wird, die Wirkungen der Störungen im unteren Rand sich infolge des raschen Abklingens derselben nur auf einen sehr schmalen Streifen erstrecken.

Die Schnittkräfte in der Schale erhalten wir, indem wir zu den Kräften im Membranzustand die durch die Störungen im oberen und unteren Rand verursachten addieren. Wegen der kleinen Breite der Störungszonen stimmen die Ergebnisse praktisch mit den Werten der Tab. 18.7 und 19.12 überein.

3. Beispiel. Nachdem wir im vorhergehenden Beispiel die im unteren Rand der Schale wirkenden Störungskräfte ermittelt haben, wollen wir nun die Änderung des durch diese erzeugten Spannungszustands infolge einer Vorspannung untersuchen.

Infolge der Störungskräfte $H = -1058$ kg/m und $M = -707$ kg m/m erhalten wir die folgenden Werte für die Verschiebung und die Drehung des unteren Schalenrands:

$$\xi_u = [-1058 \cdot (-30{,}079) - 707 \cdot 30{,}1586] \frac{R}{E h} = 10501{,}4518 \frac{R}{E h},$$

$$V_u = [-1058 \cdot 30{,}1586 - 707 \cdot (-60{,}4764)] \frac{R}{E h} = 10849{,}0160 \frac{R}{E h}.$$

Verwenden wir die Gl. (16.52) und (16.53), so ergibt sich:

$$H_V^{(s)} = -0{,}066492 \left(\frac{R}{E h}\right)^{-1} \xi_V - 0{,}33158 \left(\frac{R}{E h}\right)^{-1} V_V,$$

$$M_V^{(s)} = -0{,}033070 \left(\frac{R}{E h}\right)^{-1} V_V - 0{,}033158 \left(\frac{R}{E h}\right)^{-1} \xi_V.$$

Da wir die Wirkungen der Störungskräfte vollständig kompensieren möchten, müssen wir die folgende Verschiebung und die folgende Drehung des unteren Rands erzeugen:

$$\xi_V = -\xi_u = -10501{,}4518 \frac{R}{E h},$$

$$V_V = -V_u = -10849{,}0160 \frac{R}{E h}.$$

Setzen wir diese Werte in die obenstehenden Formeln ein, so erhalten wir:

$$H_V^{(s)} = 1058 \text{ kg/m},$$

$$\xi_V^{(s)} = 707 \text{ kg m/m},$$

d. h. mit den betrachteten Werten der Verschiebung und der Drehung können wir gleiche und entgegengesetzt gleiche Kräfte wie die Störungskräfte erzeugen.

Wir berechnen nun die Verschiebungen und die Drehungen für den gemeinsamen Rand des Rings und der Schale im Fall von Schnittkräften $H_V = 1$ und $M_V = 1$, die entlang der Achse dieses Rings verteilt seien. Mit Gl. (16.41) und (16.42) erhalten wir:

$$\xi_{H_V=1}^{(r)} = - 26{,}5162 \frac{R}{E d},$$

$$\xi_{M_V=1}^{(r)} = - 198{,}8718 \frac{R}{E d},$$

$$V_{H_V=1}^{(r)} = 0,$$

$$V_{M_V=1}^{(r)} = - 497{,}1796 \frac{R}{E d}.$$

Aus Gl. (16.47) ergibt sich:

$$\Delta_{11} = -40{,}6855 \frac{R}{E\,h},$$

$$\Delta_{12} = \Delta_{21} = 10{,}2715 \frac{R}{E\,h},$$

$$\Delta_{22} = -110{,}1943 \frac{R}{E\,h},$$

woraus nach Gl. (16.48) folgt:

$$B = 4377{,}8064 \left(\frac{R}{E\,h}\right)^2.$$

Wir erhalten somit unter Verwendung der Gln. (16.45) und (16.46):

$$H_V^{(s)} = 0{,}066744\, H_V + 0{,}617234\, M_V, \qquad \text{(a)}$$

$$M_V^{(s)} = 0{,}006221\, H_V + 0{,}508718\, M_V. \qquad \text{(b)}$$

Setzen wir:

$$H_V^{(s)} = 1058 \text{ kg/m},$$

$$M_V^{(s)} = 707 \text{ kgm/m},$$

so erhalten wir die Vorspannkräfte:

$$H_V = 3381{,}7 \text{ kg/m},$$

$$M_V = 1348{,}4 \text{ kgm/m},$$

woraus folgt:

$$e_V = 0{,}398 \text{ m}.$$

Die Kraft H_V müßte somit in der Höhe der oberen Begrenzungsfläche des Rings angreifen. Unter diesen Bedingungen bietet die Anordnung der Vorspannkabel entlang des Umfangs Schwierigkeiten.

Die Formeln (a) und (b) erlauben uns, die Vorspannkräfte zu berechnen, die notwendig sind, um die Störungskräfte in angemessener Weise zu kompensieren, wobei indessen in der Praxis die Möglichkeit einer Kompensation beschränkt ist, weil Schwierigkeiten konstruktiver Natur auftreten, wie diejenigen, die sich in unserem Beispiel gezeigt haben, wo wir die vollständige Aufhebung der Störungskräfte erreichen wollten.

Wollen wir im Rand Kräfte erzeugen, die denen gleich sind, welche sich im Falle einer totalen Einspannung der Schale ergeben würden, d. h. nach Gl. (a) und (b) des vorhergehenden Beispiels die gerundeten Werte:

$$H = -20 \text{ kg/m},$$

$$M = -15 \text{ kg m/m}$$

annehmen sollen, so müssen wir durch Vorspannung die folgenden Kräfte erzeugen:

$$H_V^{(s)} = 1058 - 20 = 1038 \text{ kg/m},$$

$$M_V^{(s)} = 707 - 15 = 692 \text{ kg m/m}.$$

Diesen Kräften entsprechen die Verschiebung:

$$\xi_V = -(10501{,}4518 - 154{,}8919) \frac{R}{E\,h} = -10346{,}5599 \frac{R}{E\,h},$$

und die Drehung:

$$V_V = -(10849{,}0160 - 294{,}1568) \frac{R}{E\,h} = -10554{,}8592 \frac{R}{E\,h}.$$

Verwenden wir die Ausdrücke (a) und (b), so erhalten wir:

$$H_V = 3347 \text{ kg/m},$$
$$M_V = 1319 \text{ kg m/m},$$
$$e_V = 0{,}394 \text{ m}.$$

Auch in diesem Fall läßt sich die Vorspannung aus den oben angegebenen Gründen schwer realisieren.

Wir können ebenso den Wert der Kraft H_V und ihrer Exzentrizität e_V festsetzen und davon ausgehend die Werte von $H_V^{(s)}$ und $M_V^{(s)}$ berechnen. Mit der Annahme:

$$H_V = 3000 \text{ kg/m},$$
$$e_V = 0{,}30 \text{ m}$$

erhalten wir:

$$M_V = 900 \text{ kg m/m}.$$

Setzen wir obige Werte in die Ausdrücke (a) und (b) ein, so ergibt sich:

$$H_V^{(s)} = 755 \text{ kg/m},$$
$$M_V^{(s)} = 476 \text{ kg m/m}.$$

Unter diesen Voraussetzungen erfahren die Störungskräfte $H = -1058$ kg/m und $M = -707$ kgm/m eine Reduktion, wobei sich die folgenden neuen Werte der erwähnten Schnittgrößen ergeben:

$$H = -1058 + 755 = -303 \text{ kg/m},$$
$$M = -\ \ 707 + 476 = -231 \text{ kg m/m}.$$

Würden wir die Vorspannkraft in Höhe der Achse des Rings angreifen lassen, so würde sich wegen $e_V = 0$ und damit $M_V = 0$ ergeben:

$$H_V^{(s)} = 200 \text{ kg/m},$$
$$M_V^{(s)} = \ \ 18 \text{ kg m/m},$$

woraus folgen würde:

$$H = -1058 + 200 = -858 \text{ kg/m},$$
$$M = -\ \ 707 + \ \ 18 = -689 \text{ kg m/m}.$$

Es ergibt sich somit, daß unter diesen Bedingungen die Vorspannung nur eine geringe Einwirkung auf die Verbesserung des Beanspruchungszustandes der Schale hat.

Infolge der Schwierigkeiten, die bei der Anordnung der Vorspannkabel entlang des Rings auftreten, wenn eine große Exzentrizität der resultierenden Kraft H_V erreicht werden muß, ist es von Vorteil, den Wert von e_V und nur einen der Werte der durch die Vorspannung erzeugten und auf die Schale wirkenden Kräfte $H_V^{(s)}$ und $M_V^{(s)}$ anzunehmen.

Mit:

$$M_V = H_V\, e_V$$

können wir die Ausdrücke (a) und (b) in der folgenden Form schreiben:

$$H_V^{(s)} = H_V(0{,}066\,744 + e_V\, 0{,}617\,234),$$
$$M_V^{(s)} = H_V(0{,}006\,221 + e_V\, 0{,}508\,718).$$

Dieses Gleichungssystem liefert zwei Beziehungen zwischen den vier Unbekannten des Problems, H_V, $H_V^{(s)}$, $M_V^{(s)}$ und e_V. Da wir die Werte von zwei Unbekannten festgesetzt haben, können wir die übrigen berechnen.

Wählen wir $e_V = 0{,}35$ m, so ergibt sich:

$$H_V^{(s)} = H_V\, 0{,}282775,$$

$$M_V^{(s)} = H_V\, 0{,}184272.$$

Weil wir das Störungsmoment $M = -707$ kg m/m vollständig kompensieren wollen, setzen wir:

$$M_V^{(s)} = 707 \text{ kg m/m},$$

woraus wir mit der zweiten der obenstehenden Gleichungen die aufzubringende Vorspannkraft ermitteln:

$$H_V = 3836{,}7 \text{ kg/m}$$

und darauf mit der ersten:

$$H_V^{(s)} = 1084{,}9 \text{ kg/m}$$

erhalten.

Unter diesen Voraussetzungen werden die Störungskräfte $H = -1058$ kg/m und $M = -707$ kg m/m auf die folgenden Werte reduziert:

$$H = -1058 + 1084{,}9 = 26{,}9 \text{ kg/m},$$

$$M = -\ 707 + \ 707 \quad = \ 0{,}0 \text{ kg m/m}.$$

Auf diese Weise ist es uns gelungen, durch die Vorspannung die Störungskräfte beinahe vollständig zu kompensieren.

4. Beispiel. Wir wollen im folgenden mit Hilfe der Deformationsmethode, die wir schon im Kapitel 16 dargestellt haben, die Schnittkräfte infolge Eigengewicht in dem in Abb. 19.4 gezeigten Tragwerk aus Stahlbeton bestimmen, das aus zwei geschlossenen Kugelschalen gebildet wird, welche entlang der Achse eines Verstärkungsrings fest miteinander verbunden sind.

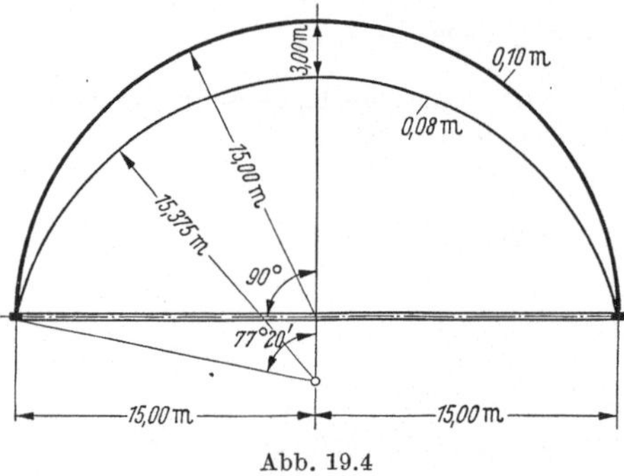

Abb. 19.4

A. Konstanten der Teiltragwerke.

Wir wollen zunächst die Konstanten der Teiltragwerke berechnen, wobei wir für die Berechnung der Verschiebungsgrößen die Ausdrücke verwenden, die uns die Methode von Geckeler liefert.

Wir wollen im folgenden die in der Deformationsmethode verwendeten Größen mit den Indices a, i und r bezeichnen, die sich auf die äußere Schale, die innere Schale und den Ring beziehen.

a) Äußere Schale. Die Charakteristiken des Tragwerks sind die folgenden:

$$R_a = 15{,}00 \text{ m},$$

$$h_a = 0{,}10 \text{ m},$$

$$\nu = \frac{1}{6},$$

$$\varphi_{u\,a} = 90°,$$

$$\sin \varphi_{u\,a} = 1,$$

$$\cos \varphi_{u\,a} = 0.$$

Es ergibt sich somit aus Gl. (19.9):

$$\lambda_a = 28{,}46 .$$

Aus den Gln. (19.60), (19.61), (19.70), (19.71) erhalten wir:

$$\delta_{11} = -\frac{8538}{E},$$

$$\delta_{12} = \delta_{21} = \frac{16199{,}432}{E},$$

$$\delta_{22} = -\frac{61471{,}444}{E}.$$

Wir können so die in der Deformationsmethode auftretenden Konstanten a, b und c berechnen. Aus Gl. (16.58) ergibt sich:

$$a_a = -0{,}00023423\,E ,$$

$$b_a = -0{,}00003253\,E ,$$

$$c_a = -0{,}00006172\,E .$$

b) Innere Schale. Die Charakteristiken des Tragwerks sind die folgenden:

$$R_i = 15{,}375 \text{ m},$$

$$h_i = 0{,}08 \text{ m},$$

$$\nu = \frac{1}{6},$$

$$\varphi_{ui} = 77^\circ 20' ,$$

$$\sin\varphi_{ui} = 0{,}97566 ,$$

$$\cos\varphi_{ui} = 0{,}21928 ,$$

$$\lambda_i = 32{,}22 .$$

Aus den Gln. (19.60), (19,61), (19.70), (19.71) erhalten wir:

$$\delta_{11} = -\frac{11787{,}775}{E},$$

$$\delta_{12} = \delta_{21} = \frac{25320{,}081}{E},$$

$$\delta_{22} = -\frac{108775{,}600}{E},$$

woraus sich mit Gl. (16.58) die Werte der Konstanten ergeben:

$$a_i = -0{,}00016960\,E ,$$

$$b_i = -0{,}00001838\,E ,$$

$$c_i = -0{,}00003949\,E .$$

c) Ring. Die Abmessungen des Rings sind die folgenden:

$$R_r = 15{,}00 \text{ m},$$

$$b = 0{,}40 \text{ m},$$

$$d = 0{,}40 \text{ m}.$$

Aus den Gln. (16.11) und (16.14) erhalten wir:

$$\delta_{11} = \frac{1406{,}250}{E},$$

$$\delta_{12} = \delta_{21} = 0,$$

$$\delta_{22} = \frac{105468{,}750}{E},$$

woraus mit Gl. (16.58) folgt:

$$a_r = 0{,}00071111\,E,$$

$$b_r = 0{,}00000948\,E,$$

$$c_r = 0.$$

B. Überzählige Größen der Teiltragwerke für totale Einspannung

Wir wollen die überzähligen Größen für die Teiltragwerke infolge der Wirkung des Eigengewichts berechnen.

a) Äußere Schale. Wir erhalten:

$$g_a = 2400 \cdot 0{,}10 = 240 \text{ kg/m}^2.$$

Aus Gl. (8.21) und (8.23) ergibt sich:

$$\xi_a^0 = \frac{630000}{E},$$

$$V_a^0 = -\frac{78000}{E},$$

woraus wir unter Verwendung der Gl. (16.61) und (16.62) und unter Berücksichtigung, daß wegen $\varphi_{ua} = 90°$ sein muß: $H^0 = 0$, die überzähligen Größen für den Fall der totalen Einspannung ermitteln können:

$$\overline{H}_a^* = 142{,}750 \text{ kg/m},$$

$$\overline{M}_a^* = 36{,}346 \text{ kg m/m}.$$

b) Innere Schale. Analog erhalten wir:

$$g_i = 192 \text{ kg/m}^2,$$

$$\xi_i^0 = \frac{408234{,}66}{E},$$

$$V_i^0 = -\frac{77999{,}22}{E}.$$

Die Kraft N_φ^0 im Rand ergibt sich aus Gl. (8.19) zu:

$$N_\varphi^0 = -2421{,}100 \text{ kg/m},$$

woraus folgt:

$$H^0 = -530{,}898 \text{ kg/m}.$$

Es ergeben sich somit nach Gl. (16.61) und (16.62) die folgenden Werte der überzähligen Größen:

$$\overline{H}_i^* = 597{,}054 \text{ kg/m},$$

$$\overline{M}_i^* = 14{,}688 \text{ kg m/m}.$$

c) *Ring*. Wir erhalten für dieses Element:

$$\overline{H}_r^* = 0,$$

$$\overline{M}_r^* = 0.$$

C. Berechnung der Schnittkräfte

In Abb. 19.5 haben wir die drei Teiltragwerke getrennt aufgezeichnet, um die Richtungen deutlich zu machen, die wir für die Horizontalschübe und die Biegemomente bei der Bestimmung der entsprechenden Verschiebungsgrößen als positiv gewählt haben. Die Gleichgewichtsbedingungen der für die Schalen und den Ring gemeinsamen Knotenlinie sind die folgenden:

$$H_a^* + H_i^* - H_r^* = 0,$$

$$M_a^* + M_i^* - M_r^* = 0.$$

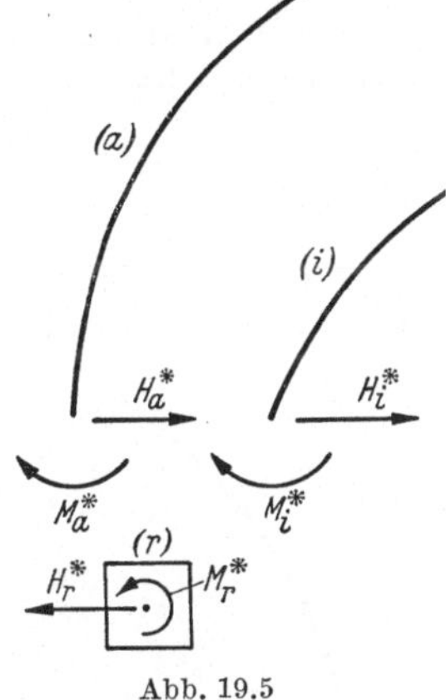

Abb. 19.5

Diese Beziehungen führen unter Berücksichtigung der Grundgleichungen (16.59) und (16.60) auf die Beziehung (16.71) für die Verschiebung und die Beziehung (16.72) für die Drehung.

Wir erinnern uns daran, daß in diesen letzten Gleichungen die Konstanten der Teilsysteme sowie die überzähligen Größen der totalen Einspannung mit positivem Vorzeichen versehen werden müssen, wenn der bei der Untersuchung der Teilsysteme im Fall der Gl. (16.71) positiv gewählte Richtungssinn von $H = 1$ und im Fall der Gl. (16.72) von $M = 1$ mit dem bei der Untersuchung des zusammengesetzten Systems für jede dieser Kräfte positiv gewählten Richtungssinn übereinstimmen, und mit negativem Vorzeichen, wenn diese Übereinstimmung nicht erfüllt ist.

So werden z. B. im Fall der Abb. 19.5, in der wir die nach rechts gerichteten Horizontalschübe und die im Uhrzeigersinn drehenden Momente positiv gewählt haben, die Konstanten a_r und b_r des Rings negatives Vorzeichen haben.

Wir erhalten somit:

$$\Sigma a_n = -0{,}001\,114\,94\, E,$$

$$\Sigma b_n = -0{,}000\,060\,39\, E,$$

$$\Sigma c_n = -0{,}000\,101\,21\, E,$$

$$\Sigma \overline{H}_n^* = 739{,}804 \text{ kg/m},$$

$$\Sigma \overline{M}_n^* = 51{,}034 \text{ kg m/m},$$

woraus folgt:

$$0{,}001\,114\,94\, \xi E + 0{,}000\,101\,21\, V E = 739{,}804,$$

$$0{,}000\,101\,21\, \xi E + 0{,}000\,060\,39\, V E = 51{,}034,$$

d. h.:

$$\xi = \frac{692\,121{,}2}{E},$$

$$V = -\frac{314\,878{,}9}{E}.$$

Setzen wir diese Werte in die Grundgleichungen (16.59) und (16.60) ein, so erhalten wir:

$$H_a^* = 0{,}068 \text{ kg/m},$$
$$M_a^* = 3{,}872 \text{ kg m/m},$$
$$H_i^* = 492{,}106 \text{ kg/m},$$
$$M_i^* = -6{,}857 \text{ kg m/m},$$
$$H_r^* = 492{,}174 \text{ kg/m},$$
$$M_r^* = -2{,}985 \text{ kg m/m}.$$

Diese Werte der Schnittkräfte müssen die oben angegebenen Gleichgewichtsbedingungen $\Sigma H_n = 0$ und $\Sigma M_n = 0$ erfüllen, d. h.:

$$0{,}068 + 492{,}106 - 492{,}174 = 0,$$
$$3{,}872 - 6{,}857 - (-2{,}985) = 0.$$

In Abb. 19.6 sind die getrennten Teiltragwerke und die Schnittkräfte im Rand mit den entsprechenden Angriffsrichtungen dargestellt.

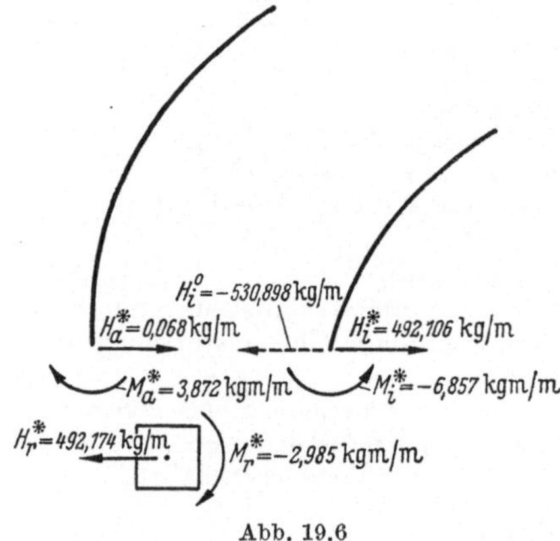

Abb. 19.6

Im Rand der äußeren Schale lauten die Störungskräfte:

$$H_a = 0{,}068 \text{ kg/m};$$
$$M_a = 3{,}872 \text{ kg m/m},$$

während wir im Rand der inneren Schale erhalten:

$$H_i = -530{,}898 + 492{,}106$$
$$= -38{,}792 \text{ kg/m};$$
$$M_i = -6{,}857 \text{ kg m/m}.$$

Kennen wir die Störungskräfte im Rand, so können wir auf die in den vorhergehenden Beispielen angegebene Weise zur Untersuchung der Fortpflanzung derselben gegen das Innere der Schale übergehen. Sind dann die Membrankräfte bestimmt, so können wir zum Schluß durch Superposition der Schnittgrößen die totalen Schnittkräfte ermitteln.

e) Schalen mit entlang der Meridiane veränderlichem λ. *1. Kräfte, Verschiebungen und Drehungen infolge der Randstörungen.* Die Berechnung der Schalen, in denen λ entlang der Meridiane eine kleine Änderung erfährt, kann durchgeführt werden, indem für λ ein konstanter Wert gewählt wird, der gleich ist dem mittleren Wert λ_m.

Im Fall der Schalen mit merklicher Änderung der charakteristischen Größe λ können wir mit Hilfe der Formeln (19.28) bis (19.34) und (19.41) bis (19.47) eine Näherungsberechnung durchführen, wenn wir Streifen betrachten, entlang welcher wir $\lambda = \lambda_i$ als konstant annehmen dürfen.

Wir wollen eine Schale mit veränderlichem λ betrachten (Abb. 19.7). Wir teilen dieselbe in genügend kleine Streifen $\widehat{0\,1}$, $\widehat{1\,2}$, $\widehat{2\,3}$ usw. auf, denen wir konstante Werte λ_1, λ_2, λ_3, usw. zuordnen.

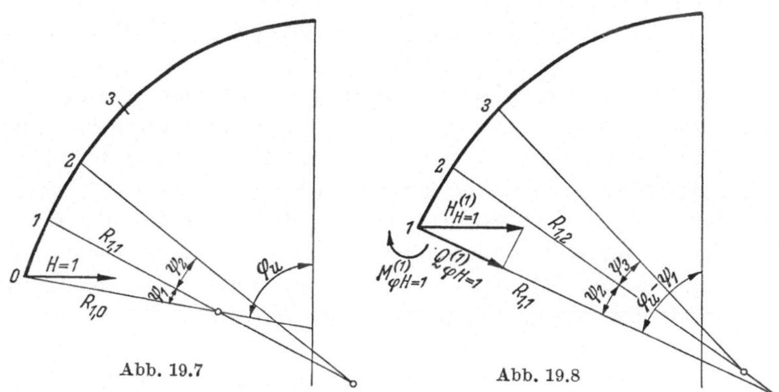

Abb. 19.7 Abb. 19.8

Es seien ψ_1, ψ_2, ψ_3, usw. die entsprechenden Öffnungswinkel der Streifen.

Wir lassen im Rand 0, für den $\varphi = \varphi_u$ ist, eine Einheitskraft $H = 1$ angreifen und berechnen den Wert von $Q_{\varphi H=1}$ und $M_{\varphi H=1}$ im Schnitt 1.

Wir erhalten aus Gl. (19.30) und (19.34):

$$Q^{(1)}_{\varphi H=1} = \frac{R_{2,0}}{R_{2,1}} \sin\varphi_u\, e^{-\lambda_1\psi_1} (\cos\lambda_1\,\psi_1 - \sin\lambda_1\,\psi_1)\,, \tag{19.72}$$

$$M^{(1)}_{\varphi H=1} = -R_{2,0} \frac{R_{1,1}}{R_{2,1}} \sin\varphi_u \frac{e^{-\lambda_1\psi_1}}{\lambda_1} \sin\lambda_1\,\psi_1\,, \tag{19.73}$$

woraus folgt:

$$N^{(1)}_{\varphi H=1} = -Q^{(1)}_{\varphi H=1} \operatorname{ctg}(\varphi_u - \psi_1)\,. \tag{19.74}$$

Im Schnitt 1 wirken somit eine Horizontalkraft:

$$H^{(1)}_{H=1} = \frac{Q^{(1)}_{\varphi H=1}}{\sin(\varphi_u - \psi_1)}$$

und ein Moment $M^{(1)}_{\varphi H=1}$ (Abb. 19.8).

Wenden wir nun die Gln. (19.30) und (19.43) an, welche in unserem Fall mit $H^{(1)}_{H=1}$ bzw. $M^{(1)}_{\varphi H=1}$ multipliziert werden müssen, und summieren wir die Schnittgrößen, so erhalten wir:

$$Q^{(2)}_{\varphi H=1} = \frac{R_{2,0}}{R_{2,2}} \sin\varphi_u\, e^{-(\lambda_1\psi_1 + \lambda_2\psi_2)} [\cos(\lambda_1\,\psi_1 + \lambda_2\,\psi_2) - \\ - \sin(\lambda_1\,\psi_1 + \lambda_2\,\psi_2)]\,. \tag{19.75}$$

Ebenso ergibt sich aus den Gln. (19.34) und (19.47):

$$M^{(2)}_{\varphi H=1} = -R_{2,0}\frac{R_{1,2}}{R_{2,2}}\sin\varphi_u\frac{e^{-(\lambda_1\psi_1+\lambda_2\psi_2)}}{\lambda_2}\sin(\lambda_1\psi_1+\lambda_2\psi_2)\,. \tag{19.76}$$

Desgleichen für die weiteren Streifen. Die weiteren Schnittkräfte, die Verschiebungen und die Drehungen werden auf gleiche Weise berechnet.

Es ergibt sich bei der Anwendung dieses Vorgehens, daß die Näherungsberechnung der Schnittgrößen infolge einer im unteren Rand einer Schale mit veränderlichem λ angreifenden Kraft $H = 1$ mit den gleichen Formeln (19.28) bis (19.37) durchgeführt wird, wobei an Stelle von $\lambda\,\psi$ die Summe $\Sigma\,\lambda_i\,\psi_i$ der Werte der einzelnen Streifen, in welche die untersuchte Schale aufgeteilt wurde, gesetzt wird. Offenbar können diese Formeln nur in den Schnitten zwischen den Streifen der Schale angewendet werden, wobei $R_{1,i}$ und $R_{2,i}$ die Krümmungsradien im betrachteten Schnitt bezeichnen.

Die Schnittgrößen infolge eines im unteren Rand angreifenden Moments $M = 1$ werden mit den Formeln (19.41) bis (19.48) berechnet, wobei die gleiche, oben angegebene Substitution vorgenommen wird.

Die genäherten Werte der Verschiebungsgrößen erhalten wir direkt aus den Formeln (19.36), (19.37), (19.49), (19.50):

$$\delta_{11} = -2\frac{R_{2,0}^2}{R_{1,0}}\,\frac{\sin^2\varphi_u}{E\,h_0}\,\lambda_0, \tag{19.77}$$

$$\delta_{22} = -4\frac{R_{2,0}^2}{R_{1,0}^3}\,\frac{\lambda_0^3}{E\,h_0}, \tag{19.78}$$

$$\delta_{12} = \delta_{21} = 2\frac{R_{2,0}^2}{R_{1,0}^2}\,\frac{\sin\varphi_u}{E\,h_0}\,\lambda_0^2. \tag{19.79}$$

Wenn λ stetig ändert und das Gesetz $\lambda = \lambda(\psi)$ bekannt ist, so erhalten wir an Stelle von $\Sigma\,\lambda_i\,\psi_i$ den Ausdruck $\int_0^\psi \lambda\,d\,\psi$. An Stelle der Gln. (19.15) und (19.16) erhalten wir somit:

$$U = C\,e^{-\int_0^\psi \lambda\,d\psi}\cos\Big(\int_0^\psi \lambda\,d\psi + \gamma\Big)\,. \tag{19.80}$$

$$V = C\,2\frac{R_2}{R_1^2}\,\frac{\lambda^2}{E\,h}\,e^{-\int_0^\psi \lambda\,d\psi}\sin\Big(\int_0^\psi \lambda\,d\psi + \gamma\Big)\,. \tag{19.81}$$

Ausgehend von diesen Gleichungen können wir die weiteren Ausdrücke für die Berechnung der Kräfte, Verschiebungen und Drehungen herleiten. Es genügt somit, in den bereits erhaltenen Gleichungen $\int_0^\psi \lambda\,d\,\psi$ an Stelle von $\lambda\,\psi$ einzusetzen.

Verwenden wir das Gesetz [FLÜGGE, 34.1, S. 171]:

$$\lambda = \frac{a}{b - \psi}, \tag{19.82}$$

worin a und b Konstanten sind, so erhalten wir:

$$\int_0^{\psi} \lambda \, d\psi = -a \ln \frac{(b - \psi)}{b}. \tag{19.83}$$

Durch Einsetzen in die Gln. (19.80) und (19.81) ergibt sich:

$$U = C_1 (b - \psi)^a \cos\left(a \ln \frac{b - \psi}{b} + \gamma_1\right), \tag{19.84}$$

$$V = -C_1 \, 2 \frac{R_2}{R_1^2} \frac{a^2}{E h} (b - \psi)^{a-2} \sin\left(a \ln \frac{b - \psi}{b} + \gamma_1\right) \tag{19.85}$$

und darauf mit den Gln. (19.19) bis (19.24):

$$Q_\varphi = \frac{C_1}{R_2} (b - \psi)^a \cos\left(a \ln \frac{b - \psi}{b} + \gamma_1\right), \tag{19.86}$$

$$N_\varphi = -\frac{C_1}{R_2} \operatorname{ctg}(\varphi_u - \psi)\, (b - \psi)^a \cos\left(a \ln \frac{b - \psi}{b} + \gamma_1\right), \tag{19.87}$$

$$N_\vartheta = \frac{C_1}{R_1} \sqrt{2}\, a\, (b - \psi)^{a-1} \sin\left(a \ln \frac{b - \psi}{b} + \gamma_1 - \frac{\pi}{4}\right), \tag{19.88}$$

$$M_\vartheta = C_1 \frac{R_1^2}{2 R_2} \frac{(b - \psi)^{a+2}}{a^2} \left\{ \frac{\nu \sqrt{2}}{R_1} \frac{a}{b - \psi} \cos\left(a \ln \frac{b - \psi}{b} + \gamma_1 - \frac{\pi}{4}\right) + \right.$$
$$\left. + \frac{\operatorname{ctg}(\varphi_u - \psi)}{R_2} \sin\left(a \ln \frac{b - \psi}{b} + \gamma_1\right) \right\}, \tag{19.89}$$

$$M_\varphi = \frac{C_1}{\sqrt{2}} \frac{R_1}{R_2} \frac{(b - \psi)^{a+1}}{a} \cos\left(a \ln \frac{b - \psi}{b} + \gamma_1 - \frac{\pi}{4}\right), \tag{19.90}$$

$$\xi = C_1 \frac{R_2}{R_1} \frac{\sqrt{2}}{E h} \sin(\varphi_u - \psi)\, a\, (b - \psi)^{a-1} \sin\left(a \ln \frac{b - \psi}{b} + \gamma_1 - \frac{\pi}{4}\right). \tag{19.91}$$

Für die Randbedingungen (Abb. 13.2):

$$\left. \begin{aligned} N_\varphi &= -1 \cos \varphi_u, \\ M_\varphi &= 0, \end{aligned} \right\} \tag{19.92}$$

erhalten wir die folgenden Konstanten:

$$C_1 = -\frac{\sqrt{2}\, R_{20} \sin \varphi_u}{b^a}; \qquad \gamma_1 = \frac{3}{4} \pi. \tag{19.93}$$

Für die Randbedingungen (Abb. 13.3):

$$\left. \begin{aligned} N_\varphi &= 0, \\ M_\varphi &= 1, \end{aligned} \right\} \tag{19.94}$$

ergibt sich:
$$C_1 = \frac{2 R_{20} a}{R_{10} b^{a+1}}; \qquad \gamma_1 = \frac{\pi}{2}. \tag{19.95}$$

Setzen wir die Werte der Konstanten in die Gln. (19.84) bis (19.91) ein, so erhalten wir die Ausdrücke für die Kräfte, Verschiebungen und Drehungen für die beiden betrachteten Fälle der Randbedingungen.

Die Verschiebungsgrößen sind die gleichen, die wir schon früher in den Gln. (19.36), (19.37), (19.49), (19.50) erhalten haben.

Wir haben so Formeln erhalten, welche uns erlauben, Schalen mit veränderlichem λ und somit veränderlichen Krümmungsradien R_1, R_2 und veränderlicher Stärke h angenähert zu berechnen.

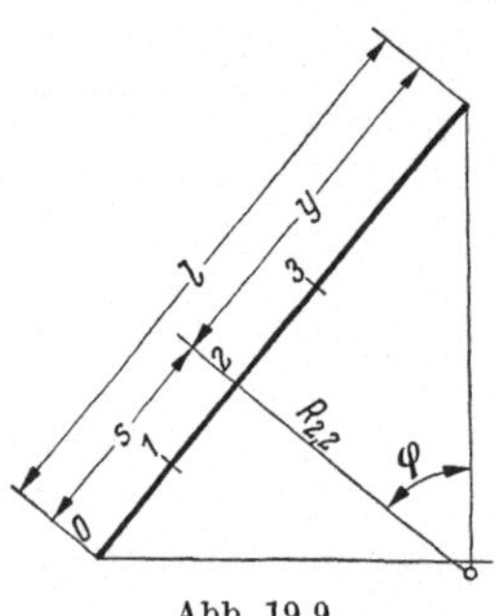

Abb. 19.9

2. *Kegelschalen.* Die früher erhaltenen Gleichungen erlauben uns, Ausdrücke für die Näherungsberechnung der Schnittgrößen infolge von Störungskräften für den Fall der Kegelschalen herzuleiten.

Da in diesen letzteren R_2 variabel ist (Abb. 19.9), ist es tatsächlich nicht möglich, Lösungen von der Art zu erhalten, wie sie von GECKELER für konstante Verhältnisse R_1/R_2 hergeleitet wurden.

Wir können indessen die Schale in Streifen $\overline{01}$, $\overline{12}$, $\overline{23}$ usw. der Breiten Δs_1, Δs_2, Δs_3 usw. unterteilen, für welche wir $R_2 = R_{2,i}$ als konstant annehmen. In diesen Kegelstümpfen, in welche wir die Schale unterteilt haben, ist $R_1 = \infty$.

Es ergibt sich somit, daß die entsprechenden Formeln für die Kräfte, Verschiebungen und Drehungen aus den Gln. (19.28) bis (19.35) und den Gln. (19.41) bis (19.48) hervorgehen, wenn wir:
$$R_1 \, d\psi = ds$$
setzen und den Grenzwert für $R_1 = \infty$ bilden, wobei $\varphi = \text{const.}$

Wir haben zu beachten, daß gilt:
$$\frac{\lambda}{R_1} = \frac{\sqrt[4]{3(1-\nu^2)}}{\sqrt{R_2 h}} = \frac{\sqrt{\operatorname{tg}\varphi}\,\sqrt[4]{3(1-\nu^2)}}{\sqrt{h y}} = \lambda_1. \tag{19.96}$$

Andererseits lautet der Wert von $\lambda \Delta \psi$ im Grenzfall des Kegelstumpfs:
$$\frac{\sqrt{\operatorname{tg}\varphi}\,\sqrt[4]{3(1-\nu^2)}}{\sqrt{h y}} \Delta s = \lambda_1 \Delta s. \tag{19.97}$$

Wir ziehen somit den Schluß, daß wir für die Näherungsberechnung der Schnittgrößen infolge der im unteren Rand einer Kegelschale angreifenden Schnittkräfte $H = 1$ und $M = 1$ die oben erwähnten Formeln verwenden können, wenn wir uns das Tragwerk in Kegelstümpfe aufgeteilt denken, deren jeder durch einen konstant angenommenen

Wert von λ_1 charakterisiert wird. In den erwähnten Formeln, welche offenbar nur für die Berechnung der Schnittgrößen in den Begrenzungsschnitten der Kegelelemente verwendet werden können, müssen wir an Stelle von λ/R_1 den Ausdruck für $\lambda_{1,i}$ aus Gl. (19.96) und an Stelle von $\lambda\,\psi$ die Summe $\Sigma\,\lambda_{1,i}\,\Delta\,s_i$ einsetzen und außerdem noch $\varphi = \text{const}$ an Stelle von $\varphi_u - \psi$ setzen.

Wir stellen fest, daß die Verschiebungsgrößen in den Gln. (19.77), (19.78), (19.79) gegeben sind, woraus folgt:

$$\delta_{11} = -2\frac{R_{2,0}^2}{E\,h_0}\lambda_{1,0}\sin^2\varphi, \tag{19.98}$$

$$\delta_{22} = -4\frac{R_{2,0}^2}{E\,h_0}\lambda_{1,0}^3, \tag{19.99}$$

$$\delta_{12} = \delta_{21} = 2\frac{R_{2,0}^2}{E\,h_0}\lambda_{1,0}^2\sin\varphi. \tag{19.100}$$

Falls die Kegelschale eine konstante Stärke aufweist, können wir mit $\varphi = \text{const}$ nach Gl. (19.96) setzen:

$$\lambda_1 = \frac{a}{\sqrt{y}}, \tag{19.101}$$

woraus folgt:

$$\int_0^s \lambda_1\,d s = -2a\left(\sqrt{y} - \sqrt{l}\right). \tag{19.102}$$

Vergegenwärtigen wir uns die angegebenen Substitutionen, so erhalten wir aus den Gln. (19.15), (19.16), (19.19) bis (19.24) die folgenden Ausdrücke für die Näherungsberechnung der Kräfte, Verschiebungen und Drehungen:

$$U = C_1 e^{2a\sqrt{y}}\cos(2a\sqrt{y} + \gamma_1), \tag{19.103}$$

$$V = -2C_1\frac{R_2}{E\,h}\,\frac{a^2}{y}\,e^{2a\sqrt{y}}\sin(2a\sqrt{y} + \gamma_1), \tag{19.104}$$

$$Q_y = \frac{C_1}{R_2}\,e^{2a\sqrt{y}}\cos(2a\sqrt{y} + \gamma_1), \tag{19.105}$$

$$N_y = -C_1\frac{\operatorname{ctg}\varphi}{R_2}\,e^{2a\sqrt{y}}\cos(2a\sqrt{y} + \gamma_1), \tag{19.106}$$

$$N_\vartheta = \frac{C_1\sqrt{2}\,a}{\sqrt{y}}\,e^{2a\sqrt{y}}\sin\left(2a\sqrt{y} + \gamma_1 - \frac{\pi}{4}\right), \tag{19.107}$$

$$M_\vartheta = \frac{C_1\,y}{2R_2\,a^2}\,e^{2a\sqrt{y}}\left[\nu\sqrt{2}\,\frac{a}{\sqrt{y}}\cos\left(2a\sqrt{y} + \gamma_1 - \frac{\pi}{4}\right) + \right.$$
$$\left. + \frac{\operatorname{ctg}\varphi}{R_2}\sin(2a\sqrt{y} + \gamma_1)\right], \tag{19.108}$$

$$M_y = \frac{C_1\sqrt{y}}{\sqrt{2}\,a\,R_2}\,e^{2a\sqrt{y}}\cos\left(2a\sqrt{y} + \gamma_1 - \frac{\pi}{4}\right), \tag{19.109}$$

$$\xi = C_1\frac{\sqrt{2}\,a\,R_2}{\sqrt{y}}\,\frac{\sin\varphi}{E\,h}\,e^{2a\sqrt{y}}\sin\left(2a\sqrt{y} + \gamma_1 - \frac{\pi}{4}\right). \tag{19.110}$$

Für die Randbedingungen (Abb. 13.2):

$$\left.\begin{aligned} N_y &= -1\cos\varphi, \\ M_y &= 0 \end{aligned}\right\} \tag{19.111}$$

erhalten wir die folgenden Konstanten:

$$C_1 = -\frac{\sqrt{2}\,R_{2,l}\sin\varphi}{e^{2a\sqrt{l}}}; \qquad \gamma_1 = \frac{3}{4}\pi - 2a\sqrt{l}\,. \tag{19.112}$$

Für die Randbedingungen (Abb. 13.3):

$$\left.\begin{aligned} N_y &= 0, \\ M_y &= 1 \end{aligned}\right\} \tag{19.113}$$

ergibt sich:

$$C_1 = \frac{2a\,R_{2,l}}{\sqrt{l}\,e^{2a\sqrt{l}}}; \qquad \gamma_1 = -2a\sqrt{l} + \frac{\pi}{2}. \tag{19.114}$$

Mit diesen Werten der Konstanten können wir aus den Gln. (19.103) bis (19.110) die durch die erwähnten Randbedingungen erzeugten Schnittkräfte, Verschiebungen und Drehungen angenähert berechnen.

Im Fall der Kreiszylinderschale ergibt sich $R_2 = R = \text{const.}$ Setzen wir:

$$\frac{\lambda}{R_1} = \frac{\sqrt[4]{3(1-\nu^2)}}{\sqrt{R\,h}} = \beta, \tag{19.115}$$

und beachten wir, daß für $R_1 \to \infty$ gilt:

$$\int_0^s \lambda\,d\psi = \int_0^s \beta\,ds = \beta\,s, \tag{19.116}$$

so erhalten wir mit Gl. (19.15) und (19.16):

$$U = C\,e^{-\beta s}\cos(\beta s + \gamma), \tag{19.117}$$

$$V = C\,2\,\frac{R\,\beta^2}{E\,h}\,e^{-\beta s}\sin(\beta s + \gamma)\,. \tag{19.118}$$

Analog können wir mit den Gln. (19.19) bis (19.24) die bereits erhaltenen genauen Formeln (15.59) bis (15.73) herleiten, welche uns erlauben, die Schnittgrößen infolge von im unteren Rand einer Kreiszylinderschale, für den $s = 0$ ist, angreifenden Kräften zu berechnen.

f) Numerische Anwendungen.

1. Beispiel. Wir wollen mit Hilfe der Näherungsberechnung die Schnittkräfte in einer geschlossenen Kegelschale aus Stahlbeton ermitteln, deren Rand gelenkig gelagert sein soll, und die unter Eigengewicht steht.

Die Abmessungen der Schale sind aus Abb. 19.10 ersichtlich, wobei die Stärke $h = 0{,}08$ m beträgt.

Aus den Gln. (19.96) und (19.101) erhalten wir:

$$a = \frac{\sqrt{\operatorname{tg}\varphi}\,\sqrt[4]{3(1-\nu^2)}}{\sqrt{h}} = 3{,}5052\,.$$

Wir haben schon gesehen, daß wir durch Einsetzen der Konstanten aus Gl. (19.112) in die Gln. (19.103) bis (19.110) die Kräfte, Verschiebungen und Drehungen infolge von $H = 1$ erhalten. Auf die gleiche Weise verfahren wir mit den Konstanten aus Gl. (19.114), um die Schnittgrößen infolge $M = 1$ zu erhalten.

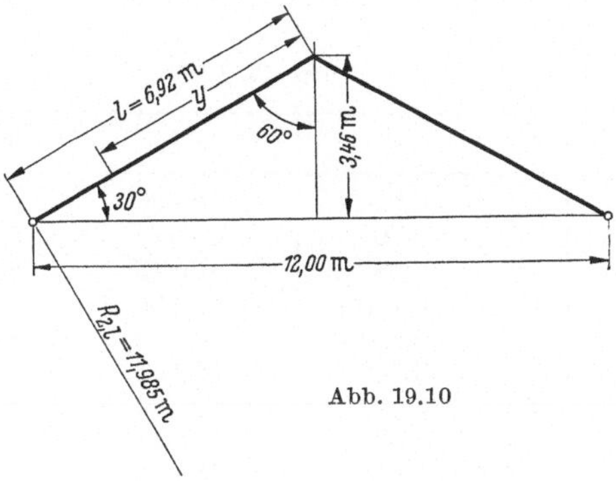

Da es sich um eine gelenkig gelagerte Schale handelt, in deren Rand somit kein Moment angreift, beschränkt sich die Berechnung auf die Ermittlung der Schnittkräfte infolge $H = 1$.

Abb. 19.10

Für das Moment M_y ergibt sich, wenn wir die Konstanten aus Gl. (19.112) in die Gl. (19.109) einsetzen:

$$M_{y\,H=1} = -\frac{R_{2,l}}{R_2}\,\frac{\sin\varphi}{a}\,\sqrt{y}\,e^{2a(\sqrt{y}-\sqrt{l})}\cos\left[\frac{\pi}{2} + 2a(\sqrt{y}-\sqrt{l})\right],$$

wobei:

$$R_2 = y \operatorname{tg} 60^\circ.$$

Um die Berechnung des Ausdrucks für das Moment zu vereinfachen, setzen wir:

$$2a(\sqrt{y}-\sqrt{l}) = -\frac{\pi}{2}\,x,$$

d. h.

$$7{,}0104\,(\sqrt{y} - 2{,}63) = -\frac{\pi}{2}\,x,$$

woraus folgt:

$$\sqrt{y} - 2{,}63 = -0{,}224059\,x.$$

Für $x = 0{,}1$ erhalten wir:

$$\sqrt{y} - 2{,}63 = -0{,}022405,$$

d. h.:

$$\sqrt{y} = 2{,}60759,$$

woraus folgt:

$$y = 6{,}799 \text{ m}; \quad R = 11{,}776 \text{ m}.$$

Mit[1]:

$$e^{-0,1\cdot\pi/2} = 0{,}85464,$$

$$\cos\left(\frac{\pi}{2} - \frac{0{,}1\,\pi}{2}\right) = 0{,}15714,$$

[1] TOELKE, F.: Praktische Funktionenlehre, I. Band, Berlin 1940. HAYASHI, K.: Fünfstellige Tafeln der Kreis- und Hyperbelfunktionen, Berlin 1944.

ergibt sich:

$$M_{y\,H=1} = -\frac{11{,}985}{11{,}776}\,\frac{2{,}60759}{7{,}0104}\,0{,}8546 \cdot 0{,}15714 = -50{,}840 \times 10^{-3}.$$

Betrachten wir andere Werte von x, so können wir das Gesetz der Änderung von $M_{y\,H=1}$ in Funktion von y, d. h. in Funktion des Abstands des Parallelkreises von der Spitze erhalten. Die Ergebnisse sind in der zweiten Kolonne der Tab. 19.13 zusammengestellt.

Tabelle 19.13

x	y	$M_{y\,H=1}$	M_y
0,0	6,920	0,000	0,000
0,1	6,799	− 50,840	5,639
0,2	6,683	− 86,348	9,577
0,4	6,453	−121,936	13,525
0,6	6,227	−124,733	13,835
0,8	6,005	−109,054	12,096
1,2	5,574	− 60,384	6,697
1,5	5,262	− 28,849	3,199
2,0	4,760	0,000	0,000
2,5	4,284	+ 6,643	− 0,736
3,0	3,833	+ 4,527	− 0,502
4,0	3,005	0,000	0,000
	m	$\times 10^{-3}$	kg m/m

Auf die gleiche Weise geht man bei der Ermittlung der weiteren Schnittkräfte vor. In der gleichen Form erhält man auch die Ausdrücke für $\xi_{H=1}$ und $V_{H=1}$, welche für $y = l$ die Verschiebungsgrößen:

$$\delta_{11} = -7{,}9866\,\frac{R_{2,l}}{E\,h},$$

$$\delta_{21} = 21{,}2863\,\frac{R_{2,l}}{E\,h}$$

liefern.

Um den Wert von H^* zu berechnen, müssen wir die Verschiebung im Membranzustand ξ^0 des Schalenrandes unter Eigengewicht berechnen. Aus Gl. (9.15) erhalten wir:

$$\xi^0 = -885{,}8180\,\frac{R_{2.l}}{E\,h}.$$

Weil im Rand nach Gl. (9.13):

$$N_y^0 = -\frac{2400 \cdot 3{,}46 \cdot 0{,}08}{2 \cdot 0{,}25} = -1328{,}64 \text{ kg/m}.$$

beträgt, ergibt sich:

$$H^0 = -1150{,}64 \text{ kg/m}.$$

Wir erhalten somit nach Gl. (16.4) die folgende Elastizitätsgleichung:

$$-885{,}8180 - (H^* - 1150{,}64) \cdot 7{,}9866 = 0,$$

woraus folgt:

$$H^* = 1039{,}72 \text{ kg/m}.$$

Es ergibt sich somit die folgende horizontale Störungskraft im Rand:

$$H = -1150{,}64 + 1039{,}72 = -110{,}92 \text{ kg/m}.$$

Multiplizieren wir die für $H = 1$ erhaltenen Werte der Momente mit H, so erhalten wir die Werte M_y entlang des Meridians, deren Werte in der letzten Kolonne der Tab. 19.13 zusammengestellt sind.

2. Beispiel. Wir wollen mit Hilfe der Formeln (19.98), (19.99) und (19.100) die Verschiebungsgrößen für die schon im Kapitel 14 untersuchte Kegelschale berechnen.

Die Charakteristiken des Tragwerks (Abb. 14.3) sind für den Rand die folgenden:

$$\varphi = 30°,$$
$$h = 0{,}20\,\text{m},$$
$$R_{20} = 16{,}00\,\text{m},$$
$$\nu = \frac{1}{6},$$

woraus mit Gl. (19.96) folgt:

$$\lambda_{1,0} = 11{,}69.$$

Wir erhalten somit aus den Gln. (19.98), (19.99) und (19.100) die Verschiebungsgrößen, deren Werte wir im folgenden angeben, zusammen mit den nach der genauen Theorie berechneten, die wir mit dem Exponenten G versehen:

$$\delta_{11} = -\frac{93{,}520}{E\,h}; \qquad \delta_{11}^G = -\frac{90{,}766}{E\,h},$$
$$\delta_{12} = \delta_{21} = \frac{136{,}656}{E\,h}; \qquad \delta_{12}^G = \delta_{21}^G = \frac{136{,}885}{E\,h},$$
$$\delta_{22} = -\frac{399{,}377}{E\,h}; \qquad \delta_{22}^G = -\frac{401{,}940}{E\,h}.$$

Verwenden wir die genäherten Werte der Verschiebungsgrößen, so erhalten wir im Rand, für Eigengewicht, die folgenden Störungskräfte, denen wir die mit der genauen Theorie erhaltenen gegenüberstellen:

$$H = -904{,}217\ \text{kg/m}; \qquad H^G = -958{,}184\ \text{kg/m},$$
$$M = -272{,}533\ \text{kg m/m}; \qquad M^G = -289{,}676\ \text{kg m/m}.$$

Die Fehler in den genäherten Werten von H und M betragen somit $-5{,}8\%$ bzw. $-5{,}6\%$.

g) Die Kugelschale als System von Meridianstreifen auf elastischer Unterstützung. Wir können die Gleichungen der Methode von GECKELER direkt herleiten, wenn wir, wie schon früher dargelegt, beachten, daß sich die Meridianstreifen der Rotationsschalen im Falle von drehsymmetrischen Auflagern und Lasten wie Balken auf elastischer Bettung verhalten, die in Querrichtung fest miteinander verbunden sind [STEUERMANN, 33.2], [HETÉNYI, 46.1].

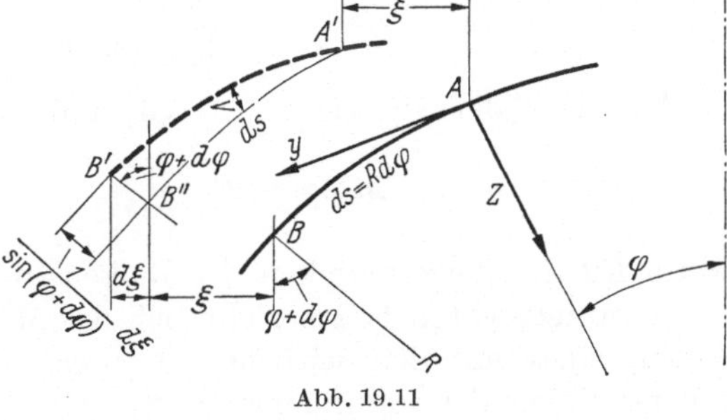

Abb. 19.11

Wir wollen den Fall der geschlossenen Kugelschale betrachten, für die $R_1 = R_2 = R$ ist.

Unter der Wirkung der im Rand angreifenden Kräfte verschiebt sich der Bogen $\widehat{A\,B}$ (Abb. 19.11) der Länge $ds = R\,d\varphi$ nach $\widehat{A'\,B'}$. Wir nehmen an, daß diese Verschiebung keine Änderung der Bogenlänge zur Folge habe, welche immer noch ds betragen soll. Wir vernachlässigen also die Verzerrung des betrachteten Elements infolge der Normalkraft.

Der Punkt A erfährt eine horizontale Verschiebung ξ und der Punkt B eine horizontale Verschiebung $\xi + d\xi$. Unter diesen Bedingungen erfährt der Bogen auch eine Drehung. Wenn der Winkel V sehr klein ist, und

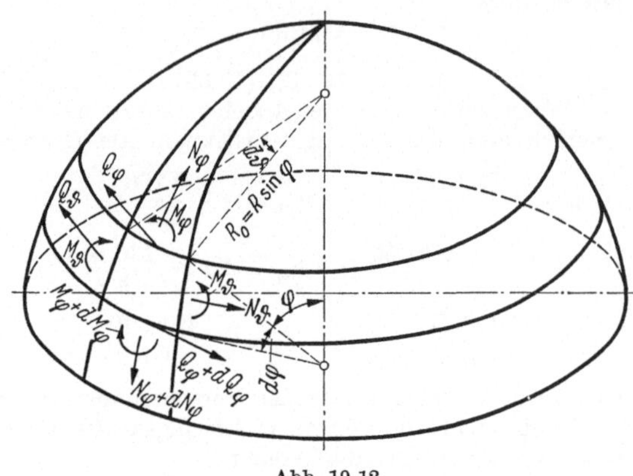

Abb. 19.12

wenn wir die Drehungen als positiv gewählt haben, welche die Achse y in die Achse z überzuführen bestrebt sind, so erhalten wir:

$$V = -\frac{d\xi}{\sin(\varphi + d\varphi)}\,\frac{1}{ds},$$

woraus sich mit der Tatsache, daß $d\varphi$ ein unendlich kleiner Winkel ist, ergibt:

$$V = -\frac{d\xi}{d\varphi}\,\frac{1}{R\sin\varphi}. \tag{19,119}$$

Aus der Balkentheorie wissen wir, daß gilt:

$$M_\varphi = -EJ\frac{dV}{ds},$$

worin EJ die Biegesteifigkeit des Balkens bedeutet.

Im untersuchten Fall bezieht sich das Moment M_φ auf die Breiteneinheit eines mit den seitlichen Streifen fest verbundenen Streifens, welcher wegen der angenommenen Symmetrie der Verzerrung des Tragwerks keinerlei Querverschiebungen erfährt (Abb. 19.12). Unter diesen Bedingungen müssen wir an Stelle von EJ die Konstante $D = Eh^3/12(1 - \nu^2)$ verwenden:

$$M_\varphi = -D\frac{dV}{R\,d\varphi}. \tag{19,120}$$

Infolge des Zusammenhangs unter den Meridian- und Parallelstreifen wird in der Ebene senkrecht zur Ebene von M_φ ein Moment M_ϑ auftreten, das auf eine Breiteneinheit der Parallelstreifen wirkt, wobei gilt:

$$M_\vartheta = \nu M_\varphi. \tag{19.121}$$

Die Biegemomente M_φ und M_ϑ werden positiv angenommen, wenn sie in den äußeren Fasern der Schale Druckkräfte verursachen.

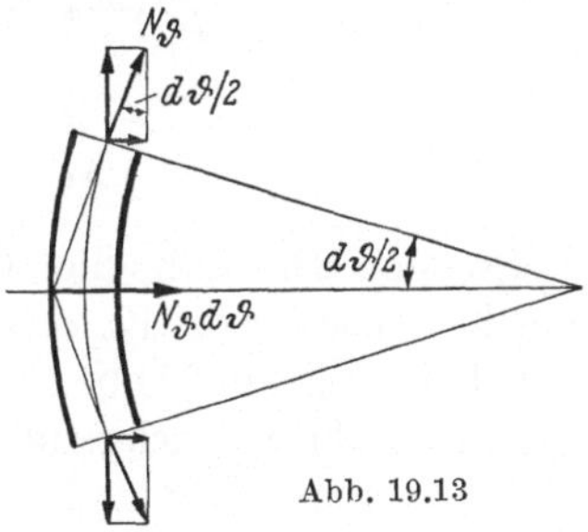

Abb. 19.13

Wir stellen nun fest, daß der Parallelstreifen mit dem Radius $R_0 = R \sin\varphi$ unter der Wirkung einer Normalzugkraft N_ϑ eine positive Radialverschiebung ξ erfährt, die durch den Ausdruck:

$$\xi = \frac{R \sin\varphi}{E h} N_\vartheta \tag{19.122}$$

gegeben ist.

Wir vernachlässigen bei der Berechnung der oben angegebenen Verschiebung die Wirkung infolge des Zusammenhangs mit den Meridianstreifen, d. h. den Einfluß der Kräfte N_φ.

Infolge der Verbindung der Meridian- mit den Parallelstreifen üben die letzteren auf die ersteren eine Kraft N_ϑ pro Breiteneinheit aus (Abb. 19.13), deren Resultierende, für eine Länge $R\,d\varphi$ entlang der Meridiane, sich zu $N_\vartheta\, d\vartheta \cdot R\, d\varphi$ ergibt. Die Komponente dieser Kraft in Richtung der Normalen beträgt $N_\vartheta \sin\varphi \cdot R\, d\varphi\, d\vartheta$ (Abb. 19.14).

Die Querkräfte Q_φ und $Q_\varphi + d\,Q_\varphi$ wirken entlang von Bogenelementen des Parallelkreises, deren Längen $R \sin\varphi \cdot d\vartheta$ bzw. $R \sin(\varphi + d\varphi) \cdot d\vartheta$ betragen (Abb. 19.12), woraus sich die in Abb. 19.14 dargestellten Resultierenden ergeben.

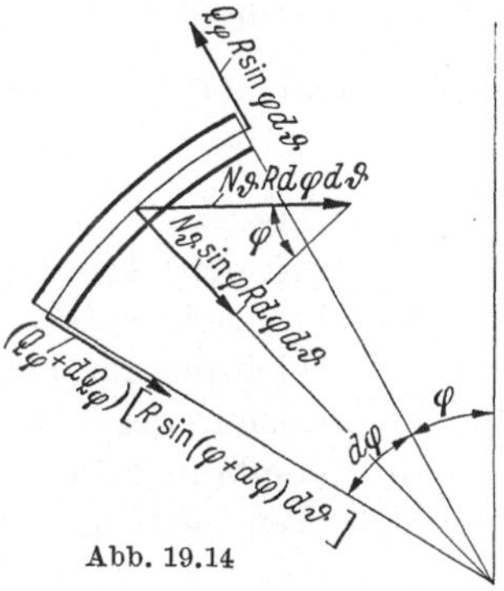

Abb. 19.14

Stellen wir die Gleichgewichtsbedingung der Kräfte in Richtung der Normalen auf die Kugelfläche für den Schwerpunkt des betrachteten Elements auf (Abb. 19.14), so ergibt sich:

$$N_\vartheta = -\frac{d\,Q_\varphi}{d\varphi}. \tag{19.123}$$

Vergegenwärtigen wir uns die Beziehung zwischen Biegemomenten und Querkräften eines Balkens, und beachten wir, daß die Größen Q_φ und M_φ an einem Bogenelement des Parallelkreises angreifen, dessen

Länge $R \sin\varphi \cdot d\vartheta$ beträgt, so ergibt sich:

$$\frac{d}{ds}(M_\varphi R \sin\varphi\, d\vartheta) = Q_\varphi R \sin\varphi\, d\vartheta\,,$$

d. h.:

$$\frac{d}{d\varphi}(M_\varphi \sin\varphi) = Q_\varphi R \sin\varphi\,. \tag{19.124}$$

Stellen wir nun die Gleichgewichtsbedingung in Richtung der Schalenachse für die Kalotte oberhalb des dem Winkel φ entsprechenden Parallelkreises auf (Abb. 19.12), so ergibt sich, wenn wir berücksichtigen, daß in der hier durchgeführten Untersuchung keine auf das Tragwerk wirkende Belastung und somit nur im Rand angreifende Kräfte auftreten:

$$2\pi R_0 N_\varphi \sin\varphi + 2\pi R_0 Q_\varphi \cos\varphi = 0\,,$$

woraus folgt:

$$N_\varphi = -Q_\varphi \operatorname{ctg}\varphi\,. \tag{19.125}$$

Setzen wir den Ausdruck (19.119) in die Gl. (19.120) ein und führen die Ableitung durch, so ergibt sich:

$$M_\varphi \sin\varphi = \frac{D}{R^2}\left[\frac{d^2\xi}{d\varphi^2} - \frac{\cos\varphi}{\sin\varphi}\frac{d\xi}{d\varphi}\right], \tag{19.126}$$

woraus wir mit Gl. (19.124) unter Berücksichtigung der Gl. (19.122) und (19.123) herleiten:

$$\frac{d^4 Q_\varphi}{d\varphi^4} + \frac{2\cos\varphi}{\sin\varphi}\frac{d^3 Q_\varphi}{d\varphi^3} - \frac{1+\sin^2\varphi}{\sin^2\varphi}\frac{d^2 Q_\varphi}{d\varphi^2} + \frac{\cos\varphi}{\sin^3\varphi}\frac{dQ_\varphi}{d\varphi} + \frac{EhR^2}{D} Q_\varphi = 0\,. \tag{19.127}$$

Aus Gründen, die wir schon bei der Untersuchung des Gesetzes über den Verlauf der Schnittgrößen infolge von im Rand angreifenden Kräften dargelegt haben, brauchen wir in dieser Gleichung nur die höchste Ableitung zu berücksichtigen, sofern der Winkel φ in den Parallelkreisen in der Nähe des Rands, wo es interessant ist, die Störungen des Membranzustands zu untersuchen, keine sehr kleinen Werte annimmt. Wir erhalten somit:

$$Q_\varphi^{\mathrm{IV}} + 4\lambda^4 Q_\varphi = 0\,, \tag{19.128}$$

wobei:

$$4\lambda^4 = \frac{12(1-\nu^2)R^2}{h^2} = \frac{E R^2 h}{D}\,. \tag{19.129}$$

Vergegenwärtigen wir uns die Beziehung:

$$U = Q_\varphi R\,, \tag{19.130}$$

so stimmt Gl. (19.128) mit Gl. (19.10) überein.

Setzen wir nun (Abb. 19.1):

$$\varphi = \varphi_u - \psi,$$

d. h.:

$$d\varphi = -d\psi.$$

Aus Gl. (19.128) erhalten wir:

$$Q_\varphi = C\, e^{-\lambda\psi} \cos(\lambda\,\psi + \gamma), \tag{19.131}$$

darauf aus Gl. (19.125):

$$N_\varphi = -Q_\varphi \operatorname{ctg}\varphi \tag{19.132}$$

und aus Gl. (19.123):

$$N_\vartheta = -C\sqrt{2}\,\lambda\, e^{-\lambda\psi} \sin\left(\lambda\,\psi + \gamma + \frac{\pi}{4}\right). \tag{19.133}$$

Setzen wir diesen Ausdruck in die Gl. (19.122) ein, so ergibt sich:

$$\xi = -\frac{R\sin\varphi}{E\,h}\, C\sqrt{2}\,\lambda\, e^{-\lambda\psi} \sin\left(\lambda\,\psi + \gamma + \frac{\pi}{4}\right). \tag{19.134}$$

Leiten wir diesen Ausdruck ab und setzen in die Gl. (19.119) ein:

$$V = 2C\,\frac{\lambda^2\, e^{-\lambda\psi}}{E\,h} \sin(\lambda\,\psi + \gamma) \tag{19.135}$$

und aus Gl. (19.120):

$$M_\varphi = \frac{C\,R}{\sqrt{2}\,\lambda}\, e^{-\lambda\psi} \cos\left(\lambda\,\psi + \gamma + \frac{\pi}{4}\right), \tag{19.136}$$

woraus mit Gl. (19.121) folgt:

$$M_\vartheta = \nu\, M_\varphi. \tag{19.137}$$

20. Flache Kugelschalen

a) Allgemeines. Wir haben schon festgestellt, daß die genaue Theorie der Kugelschalen wegen der schlechten Konvergenz der hypergeometrischen Reihe nicht immer verwendet werden kann, besonders für sehr kleine Werte des Verhältnisses h/R. Man verwendet dann die asymptotische Integration in der von Blumenthal angegebenen Form.

Im Fall von extremen Werten von h/R, so wie sie sich bei Verwendung der modernen Schalentragwerke als Decken einstellen, kann die von uns direkt aus der Methode von Blumenthal abgeleitete Methode oder die Methode von Geckeler verwendet werden, wenn die Schnittgrößen infolge von Störungen in den Streifen in der Nähe der Ränder untersucht werden sollen, sofern die entsprechenden Winkel φ nicht sehr nahe an Null liegende Werte annehmen.

Diese Beschränkung ergibt sich eindeutig aus der von uns durchgeführten direkten Herleitung der Methode von GECKELER. Wenn wir nämlich die Variable U betrachten, so ergibt sich aus der ersten der Gln. (19.6) unter Berücksichtigung der Gl. (19.15), daß die erhaltene Näherung um so besser ist, je kleiner der Wert des Verhältnisses:

$$\frac{\operatorname{ctg}\varphi\, U'}{U''} \simeq \frac{\operatorname{ctg}\varphi}{\sqrt{2}\,\lambda}$$

ist.

Es ergibt sich somit, daß φ immer näher an $\frac{\pi}{2}$ liegen muß, je kleiner λ wird.

Wegen:

$$\lambda = \sqrt[4]{3(1-\nu^2)}\sqrt{\frac{R}{h}}$$

läßt sich feststellen, daß die Methode von GECKELER auch dann annehmbare Ergebnisse liefert, wenn sich die Werte von φ von $\frac{\pi}{2}$ entfernen, sofern die Werte des Verhältnisses $\frac{R}{h}$ groß sind, insbesondere sofern die Schalenstärke gegenüber dem Radius sehr klein ist.

Wenn die Werte von φ gegen Null streben, können die asymptotischen Methoden nicht mehr verwendet werden, sogar wenn λ sehr große Werte annimmt. Dieser Fall stellt sich bei den sehr flachen Schalen ein, die in der modernen Architektur häufig verwendet werden, sowie bei der Untersuchung der Störung im oberen Rand von offenen Schalen infolge eines Verstärkungsrings und insbesondere bei der Berechnung der Schnittgrößen infolge einer im Scheitel von geschlossenen Schalen angreifenden Einzellast, wo $\operatorname{ctg}\varphi = \infty$ ist.

b) Ausdrücke für die Grundunbekannten. Für sehr nahe bei Null liegende Werte von φ können wir in den homogenen Grundgleichungen (13.1), (13.2) setzen:

$$\operatorname{ctg}\varphi \cong \frac{1}{\varphi}. \tag{20.1}$$

Wir erhalten somit die folgenden homogenen Grundgleichungen für sehr flache Kugelschalen, oder allgemein, für die Untersuchung der Randstörungen bei sehr kleinen Werten der entsprechenden Winkel φ:

$$\frac{d^2 U}{d\varphi^2} + \frac{1}{\varphi}\frac{dU}{d\varphi} - \frac{1}{\varphi^2} U + i\mu^2 U = 0, \tag{20.2}$$

$$\frac{d^2 U}{d\varphi^2} + \frac{1}{\varphi}\frac{dU}{d\varphi} - \frac{1}{\varphi^2} U - i\mu^2 U = 0. \tag{20.3}$$

Auf Grund der bereits gemachten Bemerkungen hinsichtlich der Grundgleichungen der Kugel- und Kegelschalen brauchen wir nur die

Lösungen von einer der Gln. (20.2) und (20.3) zu ermitteln, da die Lösungen der einen konjugiert komplex zu den Lösungen der anderen Gleichung sind.

Wir setzen:

$$z = t\sqrt{i} = \varphi\,\mu\sqrt{i}. \tag{20.4}$$

Es ergibt sich somit:

$$\left.\begin{aligned} \varphi &= \frac{z}{\mu\sqrt{i}}, \\ z' &= \mu\sqrt{i}, \\ U' &= \mu\sqrt{i}\,\frac{dU}{dz}, \\ U'' &= \mu^2 i\,\frac{d^2U}{dz^2}. \end{aligned}\right\} \tag{20.5}$$

Setzen wir diese Ausdrücke in Gl. (20.2) ein, so ergibt sich:

$$z^2\frac{d^2U}{dz^2} + z\frac{dU}{dz} + (z^2 - 1^2)\,U = 0. \tag{20.6}$$

Nach der Erklärung im Kapitel 14 bestätigt sich, daß dies eine BESSELsche Gleichung von der Art der Gl. (14.79) ist. Ihre allgemeine Lösung lautet somit nach Gl. (14.82) unter Berücksichtigung der Gl. (20.4):

$$U = C_1 J_1(t\sqrt{i}) + C_2 H_1^{(1)}(t\sqrt{i}), \tag{20.7}$$

worin $J_1(t\sqrt{i})$ die BESSEL-Funktion erster Gattung und erster Ordnung, $H_1^{(1)}(t\sqrt{i})$ die BESSEL-Funktion dritter Gattung und erster Ordnung oder HANKEL-Funktion erster Ordnung sind.

Es ergibt sich somit aus den Gln. (14.84), (14.85) unter Berücksichtigung dessen, was wir mit Bezug auf die Gl. (11.35) und ihre allgemeine Lösung (11.36) festgestellt haben:

$$U = A\,Z_1'(t) + B\,Z_2'(t) + C\,Z_3'(t) + D\,Z_4'(t). \tag{20.8}$$

Die $Z_i'(t)$ bedeuten die Ableitungen der $Z_i(t)$ nach $t = \varphi\,\mu$.

Wir haben bereits festgestellt, daß die Funktionen Z_1' und Z_2' abnehmen, wenn φ abnimmt, während Z_3' und Z_4' abnehmen, wenn φ zunimmt. Unter diesen Bedingungen und unter Berücksichtigung der Unabhängigkeit unter den durch die Belastungszustände in den Rändern erzeugten Schnittgrößen wird $C = D = 0$ bei der Untersuchung der Störungen im unteren Rand und $A = B = 0$ bei derselben Untersuchung für den oberen Rand. Die Konstanten werden somit für jeden Rand unabhängig von den im anderen Rand geltenden Randbedingungen bestimmt.

Wir beachten, daß wir nach Gl. (20.1):

$$\varphi \cong \operatorname{tg} \varphi .$$

setzen können. Entwickeln wir in die Reihe von MAC-LAURIN, so ergibt sich:

$$\operatorname{tg} \varphi \cong \varphi \left(1 + \frac{\varphi^2}{3}\right),$$

d. h. es muß sein:

$$\frac{\varphi^2}{3} \ll 1, \tag{20.9}$$

damit die Gln. (20.2) und (20.3) angewendet werden können.

Ist der Ausdruck für U bekannt, so ergibt sich aus Gl. (11.37) mit $\nu \ll \frac{1}{\varphi^2}$:

$$V = \frac{1}{E h R} \left[\frac{d^2 U}{d \varphi^2} + \frac{1}{\varphi} \frac{d U}{d \varphi} - \frac{1}{\varphi^2} U\right], \tag{20.10}$$

woraus folgt:

$$\frac{d V}{d \varphi} = \frac{1}{E h R} \left[\frac{d^3 U}{d \varphi^3} + \frac{1}{\varphi} \frac{d^2 U}{d \varphi^2} - \frac{2}{\varphi^2} \frac{d U}{d \varphi} + \frac{2}{\varphi^3} U\right]. \tag{20.11}$$

Die Ausdrücke für die Schnittkräfte ergeben sich aus den Gln. (11.7), (11.8), (5.108), (5.109):

$$N_\varphi = -\frac{1}{\varphi} \frac{U}{R}, \tag{20.12}$$

$$N_\vartheta = -\frac{1}{R} \frac{d U}{d \varphi}, \tag{20.13}$$

$$M_\vartheta = -\frac{D}{R} \left(\frac{1}{\varphi} V + \nu \frac{d V}{d \varphi}\right), \tag{20.14}$$

$$M_\varphi = -\frac{D}{R} \left(\frac{d V}{d \varphi} + \frac{\nu}{\varphi} V\right). \tag{20.15}$$

Setzen wir in diese letzteren die Ausdrücke (20.10), (20.11) ein, so erhalten wir:

$$M_\vartheta = -\frac{h^2}{12 R^2 (1-\nu^2)} \frac{1}{\varphi^3} \left[\nu \varphi^3 \frac{d^3 U}{d \varphi^3} + (\nu + 1) \varphi^2 \frac{d^2 U}{d \varphi^2} - \right.$$
$$\left. - (2\nu - 1) \varphi \frac{d U}{d \varphi} + (2\nu - 1) U\right], \tag{20.16}$$

$$M_\varphi = -\frac{h^2}{12 R^2 (1-\nu^2)} \frac{1}{\varphi^3} \left[\varphi^3 \frac{d^3 U}{d \varphi^3} + (\nu + 1) \varphi^2 \frac{d^2 U}{d \varphi^2} - \right.$$
$$\left. - (2 - \nu) \varphi \frac{d U}{d \varphi} + (2 - \nu) U\right]. \tag{20.17}$$

Die Verschiebung ξ ergibt sich aus Gl. (13.82), worin bei Berücksichtigung der Gl. (20.9) gilt:

$$\sin \varphi \cong \varphi . \tag{20.18}$$

Somit:
$$\xi = \frac{1}{E h}\left[-\varphi \frac{d U}{d \varphi} + \nu U\right]. \tag{20.19}$$

c) Kräfte, Verschiebungen und Drehungen infolge der Störungen im unteren Rand. Nachdem wir die allgemeinen Ausdrücke für die Grundunbekannten, nämlich die Kräfte und die Verschiebungen für flache Kugelschalen, erhalten haben, wollen wir die Schnittgrößen infolge von Störungen im unteren Rand bzw. im oberen Rand ermitteln.

Für die Untersuchung des ersten Falls setzen wir im Ausdruck (20.8) für U die Konstanten C und D gleich Null. Wir erhalten folglich:

$$U = A Z_1' + B Z_2', \tag{20.20}$$

$$\frac{d U}{d \varphi} = \mu [A Z_1'' + B Z_2''], \tag{20.21}$$

$$\frac{d^2 U}{d \varphi^2} = \mu^2 [A Z_1''' + B Z_2'''], \tag{20.22}$$

$$\frac{d^3 U}{d \varphi^3} = \mu^3 [A Z_1^{IV} + B Z_2^{IV}]. \tag{20.23}$$

In diesen Formeln haben wir der Einfachheit halber $Z_j^{(i)}$ an Stelle von $Z_j^{(i)}(t)$ geschrieben, wobei damit die Ableitungen der Z_j nach t gemeint sind.

Setzen wir in den obenstehenden Gleichungen die Ausdrücke für die Ableitungen der Z_j aus Gl. (14.91), (14.92), (14.95), (14.96), (14.99), (14.100) ein, so ergibt sich:

$$\frac{d U}{d \varphi} = \mu \left[A\left(Z_2 - \frac{1}{t} Z_1'\right) + B\left(-Z_1 - \frac{1}{t} Z_2'\right)\right], \tag{20.24}$$

$$\frac{d^2 U}{d \varphi^2} = \mu^2 \left[A\left(Z_2' + \frac{2}{t^2} Z_1' - \frac{1}{t} Z_2\right) + B\left(-Z_1' + \frac{2}{t^2} Z_2' + \frac{1}{t} Z_1\right)\right], \tag{20.25}$$

$$\frac{d^3 U}{d \varphi^3} = \mu^3 \left[A\left(-Z_1 - \frac{6}{t^3} Z_1' + \frac{3}{t^2} Z_2 - \frac{2}{t} Z_2'\right) + \right.$$
$$\left. + B\left(-Z_2 - \frac{6}{t^3} Z_2' - \frac{3}{t^2} Z_1 + \frac{2}{t} Z_1'\right)\right]. \tag{20.26}$$

Wir können somit die Gln. (20.12), (20.13), (20.16), (20.17) in der folgenden Form schreiben:

$$N_\varphi = -\frac{1}{\varphi} \frac{[A Z_1' + B Z_2']}{R}, \tag{20.27}$$

$$N_\vartheta = -\frac{\mu}{R}\left[A\left(Z_2 - \frac{1}{t} Z_1'\right) + B\left(-Z_1 - \frac{1}{t} Z_2'\right)\right], \tag{20.28}$$

$$M_\vartheta = \frac{h^2}{12 R^2 (1-\nu^2)} \frac{\mu^2}{\varphi} \{A [\nu t Z_1 + (\nu - 1) Z_2'] +$$
$$+ B [\nu t Z_2 - (\nu - 1) Z_1']\}, \tag{20.29}$$

$$M_\varphi = \frac{h^2}{12 R^2 (1-\nu^2)} \frac{\mu^2}{\varphi} \{A [t Z_1 + (1 - \nu) Z_2'] +$$
$$+ B [t Z_2 - (1 - \nu) Z_1']\}. \tag{20.30}$$

Wir erhalten auch mit Gl. (20.10) und (20.19), wenn wir in denselben die entsprechenden Ausdrücke für die Ableitungen einsetzen:

$$V = \frac{\mu^2}{E\,h\,R}[A\,Z_2' - B\,Z_1'], \tag{20.31}$$

$$\xi = \frac{1}{E\,h}\{A[-t\,Z_2 + (1+\nu)\,Z_1'] + B[t\,Z_1 + (1+\nu)\,Z_2']\}. \tag{20.32}$$

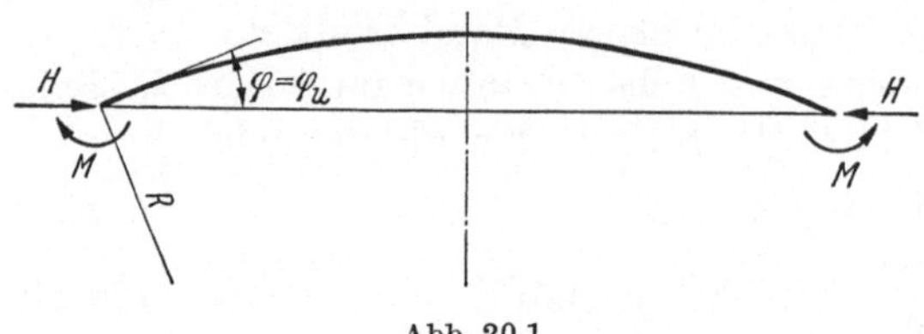

Abb. 20.1

Die Anwendung dieser Formeln erfordert die Kenntnis der Konstanten A und B, welche aus den Randbedingungen im unteren Rand bestimmt werden.

Wir wollen den Fall betrachten, daß pro Längeneinheit des unteren Rands eine Horizontalkraft H und ein Biegemoment M angreifen, deren positive Richtungen aus Abb. 20.1 hervorgehen. Die in Abb. 13.4a und b dargestellten Fälle ergeben sich aus diesem allgemeinen Fall, indem der Reihe nach $H = 1$, $M = 0$ und $H = 0$, $M = 1$ gesetzt werden.

Die Randbedingungen sind die folgenden:

$$\left.\begin{aligned} N_\varphi &= -H\cos\varphi_u \cong -H,\\ M_\varphi &= M. \end{aligned}\right\} \tag{20.33}$$

$\varphi = \varphi_u$ ist der Winkel, der dem unteren Rand entspricht.

Wir erhalten somit aus den Gln. (20.27) und (20.30):

$$\left.\begin{aligned} A\,Z_1' + B\,Z_2' &= \varphi_u\,R\,H,\\ A[t_u Z_1 + (1-\nu)Z_2'] + B[t_u Z_2 - (1-\nu)Z_1'] &= \sqrt{12(1-\nu^2)}\,\frac{R}{h}\,\varphi_u M. \end{aligned}\right\} \tag{20.34}$$

Lösen wir dieses System von zwei Gleichungen für die Unbekannten A und B auf, so erhalten wir die Werte der Konstanten in Funktion der Schnittkräfte H und M:

$$A = \frac{A_1 R}{\mu} H + \frac{A_2 R}{\mu}\frac{M}{h} = \frac{A^* R}{\mu}, \tag{20.35}$$

$$B = \frac{B_1 R}{\mu} H + \frac{B_2 R}{\mu}\frac{M}{h} = \frac{B^* R}{\mu}, \tag{20.36}$$

wobei bedeuten:

$$A_1 = -\frac{t_u Z_2 - (1-\nu)\,Z_1'}{D_u}, \tag{20.37}$$

$$A_2 = \frac{Z_2'\sqrt{12(1-\nu^2)}}{D_u}, \tag{20.38}$$

$$B_1 = \frac{t_u Z_1 + (1-\nu)\,Z_2'}{D_u}, \tag{20.39}$$

$$B_2 = -\frac{Z_1'\sqrt{12(1-\nu^2)}}{D_u}, \tag{20.40}$$

worin:
$$D_u = (Z_1 Z_2' - Z_1' Z_2) + \frac{1-\nu}{t_u} (Z_1'^2 + Z_2'^2), \tag{20.41}$$
$$t_u = \varphi_u \mu. \tag{20.42}$$

Setzen wir im folgenden die Ausdrücke für die Konstanten A und B aus Gl. (20.35) und (20.36) in Gl. (20.31) ein, so erhalten wir:

$$V_u = \frac{\mu}{E h}\left[H (A_1 Z_2' - B_1 Z_1') + \frac{M}{h} (A_2 Z_2' - B_2 Z_1')\right]. \tag{20.43}$$

Aus Gl. (20.37) bis (20.40) ergibt sich:

$$Y_1 = A_1 Z_2' - B_1 Z_1' = -\frac{t_u (Z_1 Z_1' + Z_2 Z_2')}{D_u}, \tag{20.44}$$
$$Y_2 = A_2 Z_2' - B_2 Z_1' = \frac{(Z_1'^2 + Z_2'^2)\sqrt{12(1-\nu^2)}}{D_u}, \tag{20.45}$$

woraus wir den Ausdruck für die Drehung des unteren Rands infolge der Schnittkräfte H und M ermitteln:

$$V_u = \frac{\mu Y_1}{E h} H + \frac{\mu Y_2}{E h} \frac{M}{h}. \tag{20.46}$$

Um den Ausdruck für die Verschiebung im unteren Rand zu erhalten, setzen wir die Gln. (20.35) und (20.36) in die Gl. (20.32) ein. Nach Reduktion, und wenn wir setzen:

$$I_1 = \frac{t_u^2 (Z_1^2 + Z_2^2) - 2 t_u (Z_1' Z_2 - Z_1 Z_2') + (1-\nu^2)(Z_1'^2 + Z_2'^2)}{D_u}, \tag{20.47}$$
$$I_2 = -\frac{t_u (Z_1 Z_1' + Z_2 Z_2')\sqrt{12(1-\nu^2)}}{D_u}, \tag{20.48}$$

ergibt sich:

$$\xi_u = \frac{R I_1}{\mu E h} H + \frac{R I_2}{\mu E h} \frac{M}{h}. \tag{20.49}$$

Mit:

$$\mu = \frac{t}{\varphi} = \frac{t_u}{\varphi_u}, \tag{20.50}$$
$$\mu^4 \cong 12(1-\nu^2)\frac{R^2}{h^2}, \tag{20.51}$$

können wir schreiben:

$$V_u = \frac{Y_1^*}{E h \varphi_u} H + \frac{Y_2^*}{E h^2 \varphi_u} M, \tag{20.52}$$
$$\xi_u = \frac{I_1^*}{E \varphi_u} H + \frac{I_2^*}{E h \varphi_u} M; \tag{20.53}$$

worin bedeuten:

$$Y_1^* = Y_1 t_u; \qquad Y_2^* = Y_2 t_u, \tag{20.54}$$
$$I_1^* = I_1 \frac{t_u}{\sqrt{12(1-\nu^2)}}; \qquad I_2^* = I_2 \frac{t_u}{\sqrt{12(1-\nu^2)}}. \tag{20.55}$$

Vergegenwärtigen wir uns die Bedeutung der Verschiebungsgrößen, so können wir auch schreiben:

$$\xi_u = \delta_{11}^{(u)} \cdot H + \delta_{12}^{(u)} \cdot M\,, \tag{20.56}$$

$$V_u = \delta_{21}^{(u)} \cdot H + \delta_{22}^{(u)} \cdot M\,, \tag{20.57}$$

wobei bedeuten:

$$\delta_{11}^{(u)} = \frac{1}{E\,\varphi_u}\left[\frac{t_u^3(Z_1^2 + Z_2^2) - 2t_u^2(Z_1'Z_2 - Z_1Z_2') + (1-\nu^2)\,t_u(Z_1'^2 + Z_2'^2)}{D_u\sqrt{12(1-\nu^2)}}\right]$$

$$= \frac{1}{E\,\varphi_u}\,a_{11}^{(u)}\,, \tag{20.58}$$

$$\delta_{22}^{(u)} = \frac{1}{E\,h^2\,\varphi_u}\left[\frac{t_u(Z_1'^2 + Z_2'^2)\sqrt{12(1-\nu^2)}}{D_u}\right] = \frac{1}{E\,h^2\,\varphi_u}\,a_{22}^{(u)}\,, \tag{20.59}$$

$$\delta_{12}^{(u)} = \delta_{21}^{(u)} = \frac{1}{E\,h\,\varphi_u}\left[\frac{t_u^2(Z_1Z_1' + Z_2Z_2')}{D_u}\right] = \frac{1}{E\,h\,\varphi_u}\,b^{(u)}\,. \tag{20.60}$$

Ist der Wert der Horizontalkomponente H^0 der statisch bestimmten Reaktion A^0 bekannt, und sind die überzähligen Größen H^* und M^* mit Hilfe der Elastizitätsgleichungen bestimmt, so wie wir im Kapitel 16 gesehen haben, so sind auch die Störungskräfte im Rand bekannt:

$$H = H^0 + H^*; \qquad M = M^*.$$

Wir können somit die Konstanten A und B aus den Gln. (20.35) und (20.36) sowie A^* und B^* berechnen:

$$A^* = A_1 H + A_2 \frac{M}{h}\,, \tag{20.61}$$

$$B^* = B_1 H + B_2 \frac{M}{h}\,. \tag{20.62}$$

Setzen wir die Ausdrücke für A und B in die Gln. (20.27) bis (20.30) ein, so ergibt sich, wenn wir noch berücksichtigen, daß $\varphi = t/\mu$:

$$N_\varphi = A^*\,n_{\varphi_a} + B^*\,n_{\varphi_b}\,, \tag{20.63}$$

$$N_\vartheta = A^*\,n_{\vartheta_a} + B^*\,n_{\vartheta_b}\,, \tag{20.64}$$

$$M_\vartheta = h\,[A^*\,m_{\vartheta_a} + B^*\,m_{\vartheta_b}]\,, \tag{20.65}$$

$$M_\varphi = h\,[A^*\,m_{\varphi_a} + B^*\,m_{\varphi_b}]\,, \tag{20.66}$$

wobei bedeuten:

$$\left.\begin{aligned} n_{\varphi_a} &= -\frac{Z_1'}{t}, \\ n_{\varphi_b} &= -\frac{Z_2'}{t}, \end{aligned}\right\} \tag{20.67}$$

$$\left.\begin{aligned} n_{\vartheta_a} &= -Z_2 + \frac{1}{t} Z_1', \\ n_{\vartheta_b} &= Z_1 + \frac{1}{t} Z_2', \end{aligned}\right\} \tag{20.68}$$

$$\left.\begin{aligned} m_{\vartheta_a} &= \frac{1}{\sqrt{12(1-\nu^2)}} \left[\nu Z_1 + \frac{\nu - 1}{t} Z_2'\right], \\ m_{\vartheta_b} &= \frac{1}{\sqrt{12(1-\nu^2)}} \left[\nu Z_2 - \frac{\nu - 1}{t} Z_1'\right], \end{aligned}\right\} \tag{20.69}$$

$$\left.\begin{aligned} m_{\varphi_a} &= \frac{1}{\sqrt{12(1-\nu^2)}} \left[Z_1 + \frac{1-\nu}{t} Z_2'\right], \\ m_{\varphi_b} &= \frac{1}{\sqrt{12(1-\nu^2)}} \left[Z_2 - \frac{1-\nu}{t} Z_1'\right]. \end{aligned}\right\} \tag{20.70}$$

Diese Gleichungen erlauben uns, die Schnittgrößen infolge der Störungskräfte im unteren Schalenrand zu berechnen.

Die Anwendung des Berechnungsverfahrens, das wir hier dargelegt haben, wird bei Verwendung der Hilfstabellen am Schluß des Buchs sehr einfach, wie wir in einem numerischen Beispiel sehen werden.

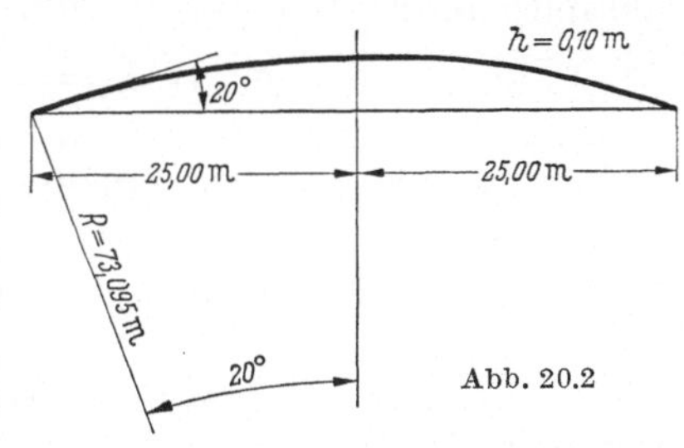

Abb. 20.2

d) Numerische Anwendung. Wir wollen mit Hilfe des oben gezeigten Verfahrens die Schnittkräfte berechnen, die durch das Eigengewicht in der geschlossenen Kugelschale aus Stahlbeton der Abb. 20.2 erzeugt werden.

Es handelt sich um eine sehr flache Kuppel, deren unterster Parallelkreis den Radius $R_0 = 25$ m hat. Das Tragwerk besitzt die folgenden Charakteristiken:

$$R = 73{,}095 \text{ m},$$

$$h = 0{,}10 \text{ m},$$

$$\varphi_u = 20^\circ,$$

$$\nu = \frac{1}{6},$$

woraus folgt:

$$\mu = 49{,}966.$$

Berücksichtigen wir die in Gl. (20.9) angegebene Bedingung für die Anwendbarkeit des Verfahrens, so erhalten wir im Rand, d. h. für $\varphi = 20^\circ = 0{,}34906$:

$$0{,}04061 \ll 1\,.$$

Wir wollen die Fälle der frei aufliegenden Schale und der Schale mit gelenkig gelagertem Rand untersuchen.

In der Tab. 20.1 haben wir die Werte des Parameters $t = \varphi\,\mu$ für verschiedene Werte des Winkels φ zusammengestellt.

Tabelle 20.1

φ	$t = \varphi\,\mu$
20°	17,44
15°	13,08
10°	8,72
5°	4,36
0°	0,00

Für $t = t_u = 17{,}44$, entsprechend dem Wert $\varphi_u = 20^\circ$ für den Parallelkreis des Rands, erhalten wir aus den entsprechenden Hilfstabellen am Schluß des Buchs (S. 259ff.) die folgenden Werte der Konstanten der Schale:

$$A_1 = 0{,}65968 \cdot 10^{-3},$$

$$B_1 = -0{,}96663 \cdot 10^{-3},$$

$$a_{11}^{(u)} = -2164{,}24\,.$$

Bei der Verwendung der erwähnten Hilfstabellen wollen wir für Zwischenwerte des Parameters t die parabolische Interpolation durchführen[1].

Es ergibt sich aus Gl. (20.58), wenn wir Zähler und Nenner mit R/h multiplizieren:

$$\delta_{11}^{(u)} = \delta_{11} = -8{,}48256\,\frac{R}{E\,h}\,.$$

Für das Eigengewicht erhalten wir im Membranzustand im Rand des Tragwerks:

$$\xi^0 = -2029{,}316\,\frac{R}{E\,h}\,,$$

$$N_\varphi^0 = -9044{,}125\ \text{kg/m},$$

woraus folgt:

$$H^0 = -9044{,}125 \cdot \cos 20^\circ = -8498{,}674\ \text{kg/m}\,.$$

Wir erhalten somit für die frei aufliegende Schale die Störungskraft:

$$H = H^0 = -8498{,}674\ \text{kg/m}\,.$$

Im Fall der gelenkig gelagerten Schale ergibt sich aus Gl. (16.4):

$$-2029 - H \cdot 8{,}48256 = 0\,,$$

[1] Tables of Lagrangian Interpolation Coefficients, Columbia, New York: University Press 1944.

woraus die Störungskraft:

$$H = -239{,}233 \text{ kg/m}$$

folgt, wobei:

$$H^* = 8498{,}674 - 239{,}233 = 8259{,}441 \text{ kg/m}.$$

Wir wollen im folgenden die Schnittkräfte infolge $H = 1$ berechnen. Aus Gl. (20.61) und (20.62) erhalten wir mit $M = 0$:

$$A^* = A_1; \qquad B^* = B_1.$$

Aus den Hilfstabellen erhalten wir die Werte von n und m für die in Tab. 20.1 berücksichtigten Werte von φ. Die Ergebnisse sind in den Tab. 20.2 und 20.3 zusammengestellt.

Tabelle 20.2

φ	$n_{\varphi a}$	$n_{\varphi b}$	$n_{\vartheta a}$	$n_{\vartheta b}$
20°	−1205,1880	+212,0184	−11666,3600	+17353,6400
15°	+ 83,4691	− 20,2770	+ 544,8428	− 947,9340
10°	− 6,8211	+ 2,1739	− 25,5236	+ 54,1964
5°	+ 0,8292	− 0,3540	+ 1,1076	− 3,4286
0°	0,0000	+ 0,5000	0,0000	+ 0,5000

Tabelle 20.3

φ	$m_{\varphi a}$	$m_{\varphi b}$	$m_{\vartheta a}$	$m_{\vartheta b}$
20°	+5091,2600	+3474,4680	+909,0355	+922,2699
15°	− 278,5200	− 163,5872	− 52,2009	− 51,0309
10°	+ 15,9736	+ 7,8051	+ 3,2816	+ 3,2429
5°	− 1,0210	− 0,3647	− 0,2710	− 0,2968
0°	+ 0,1707	0,0000	+ 0,1707	0,0000

Die Werte der Schnittkräfte infolge $H = 1$ erhält man unter Verwendung der Gln. (20.63) bis (20.66). Wir haben in der Tab. 20.4 die Ergebnisse zusammengestellt.

Tabelle 20.4. *Kräfte infolge* $H = 1$, $M = 0$

φ	$N_{\varphi H=1}$	$N_{\vartheta H=1}$	$M_{\varphi H=1}$	$M_{\vartheta H=1}$
20°	−1000,0000	−24470,6133	0,0000	−29,1821
15°	+ 74,6631	+ 1275,7232	−2,5606	+ 1,4892
10°	− 6,6010	− 69,2252	+0,2993	− 0,0969
5°	+ 0,8891	+ 4,0447	−0,0321	+ 0,0108
0°	− 0,4833	− 0,4833	+0,0112	+ 0,0112
	$\times 10^{-3}$	$\times 10^{-3}$	$\times 10^{-3}$	$\times 10^{-3}$

Multiplizieren wir die Werte für $H = 1$, $M = 0$ mit $H = H^0 = -8498{,}674$ bzw. $H = -239{,}233$, so erhalten wir die Schnittkräfte für die Fälle der frei aufgelagerten Schale und der Schale mit gelenkig gelagertem Rand. Diese Schnittkräfte müssen zu den Kräften des Membranzustands addiert werden, um die totalen Schnittkräfte zu erhalten.

Tabelle 20.5
Kräfte im Membranzustand

φ	N^0_φ	N^0_ϑ
20°	−9044,125	−7440,601
15°	−8923,410	−8021,699
10°	−8838,528	−8437,789
5°	−8788,141	−8687,780
0°	−8771,400	−8771,400
	kg/m	kg/m

Wir haben in der Tab. 20.5 die Schnittkräfte des Membranzustands und in den Tab. 20.6 und 20.7 die totalen Schnittkräfte für die Fälle der frei aufliegenden Schale und der Schale mit gelenkig gelagertem Rand angegeben.

Tabelle 20.6. *Kräfte in der frei aufgelagerten Schale*

φ	N^t_φ	N^t_ϑ	M^t_φ	M^t_ϑ
20°	− 545,451	+200521,951	0,000	+248,009
15°	−9557,947	− 18857,508	+21,761	− 12,656
10°	−8782,429	− 7849,467	− 2,543	+ 0,823
5°	−8795,697	− 8722,154	+ 0,272	− 0,091
0°	−8767,293	− 8767,293	− 0,095	− 0,095
	kg/m	kg/m	kg m/m	kg m/m

Tabelle 20.7. *Kräfte in der gelenkig gelagerten Schale*

φ	N^t_φ	N^t_ϑ	M^t_φ	M^t_ϑ
20°	−8804,892	−1586,424	0,000	+6,981
15°	−8941,271	−8326,894	+0,612	−0,356
10°	−8836,949	−8421,229	−0,071	+0,023
5°	−8788,353	−8688,747	+0,007	−0,002
0°	− 8771,285	−8771,285	−0,002	−0,002
	kg/m	kg/m	kg m/m	kg m/m

Wir haben uns zu merken, daß in den beiden untersuchten Fällen die Biegemomente M^t_φ klein sind. Im Gegensatz dazu ergibt sich im Fall der frei aufliegenden Schale entlang des Rands eine sehr große Normalzugkraft. In diesem Fall benötigt man einen Verstärkungsring, welcher, wie wir wissen, die Auflagerverhältnisse des Tragwerks verändert.

Die charakteristische Größe λ erreicht für die untersuchte Schale einen hohen Wert, weil:

$$\frac{R}{h} = 730\,.$$

Unter diesen Bedingungen liefert die Methode von GECKELER, übereinstimmend mit den bereits in Abschnitt a) (S. 235ff.) gemachten Feststellungen, genügend genaue Resultate. Zum Vergleich haben wir in der Tab. 20.8 die Werte der Schnittkräfte zusammengestellt, die wir unter Verwendung des in diesem Kapitel dargestellten Verfahrens erhalten haben, und diejenigen, die wir mit der Methode von GECKELER ermittelt haben, welche letzteren durch den Exponenten G gekennzeichnet sind.

Die Werte der Verschiebungsgrößen sind:

$$\delta_{11} = -8{,}48256 \frac{R}{E h},$$

$$\delta_{11}^{G} = -8{,}26510 \frac{R}{E h}.$$

Tabelle 20.8

φ	$N_{\varphi H=1}$	$N^{G}_{\varphi H=1}$	$N_{\vartheta H=1}$	$N^{G}_{\vartheta H=1}$	$M_{\varphi H=1}$	$M^{G}_{\varphi H=1}$	$M_{\vartheta H=1}$	$M^{G}_{\vartheta H=1}$
20°	−1,0000	−0,9396	−24,4706	−24,1671	0,0000	0,0000	−29,1821	−27,5140
15°	+0,0746	+0,0621	+ 1,2757	+ 1,1092	−2,5606	−2,0520	+ 1,4892	+ 1,2650
10°	−0,0066	−0,0046	− 0,6922	− 0,5075	+0,2993	+0,2122	− 0,0969	− 0,0697
	$\times 1$	$\times 1$	$\times 1$	$\times 1$	$\times 10^{-3}$	$\times 10^{-3}$	$\times 10^{-3}$	$\times 10^{-3}$

Wir finden somit eine Bestätigung für die gute Näherung, die uns die mit der Methode von GECKELER bei der Berechnung flacher Schalen für hohe Werte des Verhältnisses R/h erhaltenen Ergebnisse liefern.

e) Kräfte, Verschiebungen und Drehungen infolge der Störungen im oberen Rand. Die Verschiebungsgrößen für den oberen Rand ermittelt man, wie im soeben untersuchten Fall, indem man den Belastungszustand im Rand infolge der Wirkung einer Horizontalkraft H und eines Biegemoments M auf die Längeneinheit dieses Rands betrachtet. Die positiven Richtungen der Kräfte ergeben sich aus Abb. 20.3.

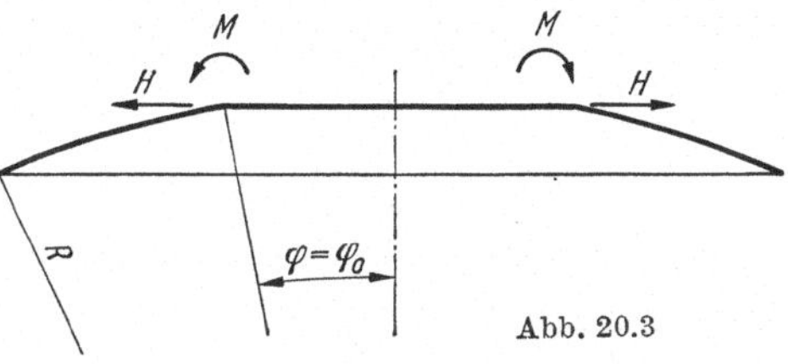

Abb. 20.3

Setzen wir im Ausdruck (20.8) für U die Konstanten $A = B = 0$, da wir die Schnittgrößen infolge von im oberen Rand angreifenden Kräften betrachten, so erhalten wir:

$$U = C\, Z_3' + D\, Z_4'. \tag{20.71}$$

Die Gleichungen, welche in diesem Fall die Randbedingungen ausdrücken, sind die folgenden:

$$\left.\begin{aligned} N_{\varphi} &= -H, \\ M_{\varphi} &= M, \end{aligned}\right\} \tag{20.72}$$

woraus folgt:

$$\left.\begin{aligned} C Z_3' + D Z_4' &= \varphi_0 R H, \\ C[t_0 Z_3 + (1-\nu) Z_4'] + D[t_0 Z_4 - (1-\nu) Z_3'] & \\ = \sqrt{12(1-\nu^2)}\, \frac{R}{h} \varphi_0 M, & \end{aligned}\right\} \quad (20.73)$$

wobei $t = t_0$ und $\varphi = \varphi_0$ die Werte der Variablen im oberen Rand bedeuten.

Gehen wir auf die gleiche Weise vor wie in dem soeben behandelten Fall, so ermitteln wir die folgenden Ausdrücke für die Konstanten:

$$C = \frac{C_1 R}{\mu} H + \frac{C_2 R}{\mu} \frac{M}{h} = \frac{C^* R}{\mu}, \quad (20.74)$$

$$D = \frac{D_1 R}{\mu} H + \frac{D_2 R}{\mu} \frac{M}{h} = \frac{D^* R}{\mu}, \quad (20.75)$$

wobei bedeuten:

$$C_1 = -\frac{t_0 Z_4 - (1-\nu) Z_3'}{D_0}, \quad (20.76)$$

$$C_2 = \frac{Z_4' \sqrt{12(1-\nu^2)}}{D_0}, \quad (20.77)$$

$$D_1 = \frac{t_0 Z_3 + (1-\nu) Z_4'}{D_0}, \quad (20.78)$$

$$D_2 = -\frac{Z_3' \sqrt{12(1-\nu^2)}}{D_0}, \quad (20.79)$$

worin:

$$D_0 = (Z_3 Z_4' - Z_3' Z_4) + \frac{1-\nu}{t_0} (Z_3'^2 + Z_4'^2), \quad (20.80)$$

$$t_0 = \varphi_0 \mu. \quad (20.81)$$

Setzen wir die Ausdrücke für die Konstanten C und D in die folgenden Formeln ein, welche die Drehung und die Verschiebung liefern:

$$V = \frac{\mu^2}{E h R} [C Z_4' - D Z_3'], \quad (20.82)$$

$$\xi = \frac{1}{E h} \{C[-t_0 Z_4 + (1+\nu) Z_3'] + D[t_0 Z_3 + (1+\nu) Z_4']\}, \quad (20.83)$$

so erhalten wir:

$$V_0 = \frac{Y_3^*}{E h \varphi_0} H + \frac{Y_4^*}{E h^2 \varphi_0} M, \quad (20.84)$$

$$\xi_0 = \frac{I_3^*}{E \varphi_0} H + \frac{I_4^*}{E h \varphi_0} M, \quad (20.85)$$

woraus folgt, wenn wir uns an die Bedeutung der Verschiebungsgrößen erinnern:

$$\xi_0 = \delta_{11}^{(0)} H + \delta_{12}^{(0)} M, \quad (20.86)$$

$$V_0 = \delta_{21}^{(0)} H + \delta_{22}^{(0)} M, \quad (20.87)$$

wobei bedeuten:

$$\delta_{11}^{(0)} = \frac{1}{E\,\varphi_0}\left[\frac{t_0^3(Z_3^2+Z_4^2) - 2t_0^2(Z_3' Z_4 - Z_3 Z_4') + (1-\nu^2)\,t_0(Z_3'^2 + Z_4'^2)}{D_0\sqrt{12(1-\nu^2)}}\right]$$

$$= \frac{1}{E\,\varphi_0}\,a_{11}^{(0)}, \tag{20.88}$$

$$\delta_{22}^{(0)} = \frac{1}{E\,h^2\,\varphi_0}\left[\frac{t_0(Z_3'^2 + Z_4'^2)\sqrt{12(1-\nu^2)}}{D_0}\right] = \frac{1}{E\,h^2\,\varphi_0}\,a_{22}^{(0)}, \tag{20.89}$$

$$\delta_{12}^{(0)} = \delta_{21}^{(0)} = \frac{1}{E\,h\,\varphi_0}\left[\frac{t_0^2(Z_3 Z_3' + Z_4 Z_4')}{D_0}\right] = \frac{1}{E\,h\,\varphi_0}\,b^{(0)}. \tag{20.90}$$

Ist der Wert der Horizontalkomponente H^0 der am oberen Rand angreifenden äußeren Kraft bekannt, und sind die überzähligen Größen H^* und M^* mit Hilfe der Elastizitätsgleichungen bestimmt, wie wir im Kapitel 16 gesehen haben, so sind auch die Störungskräfte im Rand bekannt:

$$H = H^0 + H^*; \qquad M = M^*.$$

Wir können somit die Konstanten C und D aus den Gln. (20.74) und (20.75), sowie C^* und D^*:

$$C^* = C_1 H + C_2 \frac{M}{h}, \tag{20.91}$$

$$D^* = D_1 H + D_2 \frac{M}{h}. \tag{20.92}$$

berechnen.

Die Schnittkräfte infolge H und M berechnen sich mit den folgenden Formeln:

$$N_\varphi = C^* n_{\varphi c} + D^* n_{\varphi d}, \tag{20.93}$$

$$N_\vartheta = C^* n_{\vartheta c} + D^* n_{\vartheta d}, \tag{20.94}$$

$$M_\vartheta = h\,[C^* m_{\vartheta c} + D^* m_{\vartheta d}], \tag{20.95}$$

$$M_\varphi = h\,[C^* m_{\varphi c} + D^* m_{\varphi d}], \tag{20.96}$$

wobei bedeuten:

$$\left.\begin{aligned} n_{\varphi c} &= -\frac{Z_3'}{t}, \\ n_{\varphi d} &= -\frac{Z_4'}{t}, \end{aligned}\right\} \tag{20.97}$$

$$\left.\begin{aligned} n_{\vartheta c} &= -Z_4 + \frac{1}{t} Z_3', \\ n_{\vartheta d} &= Z_3 + \frac{1}{t} Z_4', \end{aligned}\right\} \tag{20.98}$$

$$\left.\begin{aligned} m_{\vartheta c} &= \frac{1}{\sqrt{12(1-\nu^2)}}\left[\nu Z_3 + \frac{\nu - 1}{t} Z_4'\right], \\ m_{\vartheta d} &= \frac{1}{\sqrt{12(1-\nu^2)}}\left[\nu Z_4 - \frac{\nu - 1}{t} Z_3'\right], \end{aligned}\right\} \tag{20.99}$$

$$\left.\begin{aligned} m_{\varphi c} &= \frac{1}{\sqrt{12(1-\nu^2)}}\left[Z_3 + \frac{1-\nu}{t} Z_4'\right], \\ m_{\varphi d} &= \frac{1}{\sqrt{12(1-\nu^2)}}\left[Z_4 - \frac{1-\nu}{t} Z_3'\right]. \end{aligned}\right\} \tag{20.100}$$

f) Kugelschalen mit einer vertikalen Einzellast im Scheitel. Für die Anwendungen besonders wichtig ist die Untersuchung der Schnittgrößen infolge einer im Scheitel einer Kugelschale angreifenden Einzellast P.

Wir wollen zunächst annehmen, die Schale befinde sich im Membranzustand unter der Wirkung der betrachteten Last. Die entsprechenden

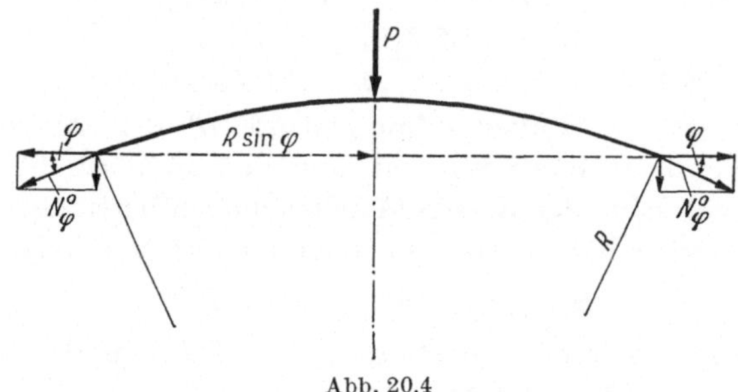

Abb. 20.4

Schnittkräfte werden mit den allgemeinen Ausdrücken (8.2) und (8.3) berechnet, wobei für den untersuchten Fall gilt:

$$P_\varphi = P; \qquad p_z = 0.$$

Um die in Gl. (8.2) auftretende Konstante C zu bestimmen, haben wir zu beachten, daß im Membranzustand die Kraft P entlang eines beliebigen Parallelkreises mit den Vertikalkomponenten der Kräfte N_φ^0, (Abb. 20.4), im Gleichgewicht sein muß. Wir erhalten somit:

$$2\pi R \sin\varphi\, N_\varphi^0 \sin\varphi + P = 0.$$

Setzen wir den Ausdruck für N_φ^0 aus Gl. (8.2) ein, so ergibt sich:

$$2\pi C = 0,$$

woraus folgt: $C = 0$.

Wir erhalten somit:

$$N_\varphi^0 = -\frac{P}{2\pi R \sin^2\varphi}, \tag{20.101}$$

$$N_\vartheta^0 = -N_\varphi^0 = \frac{P}{2\pi R \sin^2\varphi}. \tag{20.102}$$

Im Membranzustand indessen können die Horizontalkräfte N_φ^0 in den Parallelkreisen, die der in Schalenachse angreifenden Belastung unendlich benachbart sind, mit der Kraft P nicht im Gleichgewicht sein, obwohl sie gegen Unendlich streben. Es werden folglich zur Erreichung des Gleichgewichts Querkräfte Q_φ erzeugt, welche den Membranzustand in der Nähe des Scheitels stören.

Für die Untersuchung dieser Störung dürfen wir, wie wir festgestellt haben, wegen der sehr kleinen Werte der Winkel φ in der Nähe des Angriffspunkts der Einzellast, die homogenen Grundgleichungen (20.2) und (20.3) verwenden. Die allgemeine Lösung ist in Gl. (20.8) angegeben. Untersuchen wir indessen die Schnittgrößen infolge einer im Scheitel angreifenden Kraft, so ergeben sich die Konstanten zu: $A = B = 0$. Wir erhalten somit:

$$U = C Z_3' + D Z_4' \tag{20.103}$$

und aus Gl. (20.82):

$$V = \frac{\mu^2}{E h R} [C Z_4' - D Z_3']. \tag{20.104}$$

Um die Werte der Konstanten zu bestimmen, merken wir uns, daß die Resultierende der Querkräfte, die entlang eines dem Scheitel unendlich benachbarten Parallelkreises mit dem Radius R_0 angreifen, mit der Kraft P im Gleichgewicht sein muß. Andererseits bleibt die Tangentialebene an die Mittelfläche im Scheitel unter der Wirkung der Belastung aus Symmetriegründen horizontal. Wir erhalten somit:

$$\lim_{\varphi \to 0} 2\pi R_0 Q_\varphi \cos\varphi = \lim_{\varphi \to 0} 2\pi R \varphi Q_\varphi \cos\varphi = \lim_{\varphi \to 0} 2\pi \varphi U \cos\varphi = -P,$$

$$\lim_{\varphi \to 0} V = 0,$$

d. h.:

$$2\pi [\lim_{\varphi \to 0} \varphi (C Z_3' + D Z_4') \cos\varphi] = -P, \tag{20.105}$$

$$\lim_{\varphi \to 0} [C Z_4' - D Z_3'] = 0. \tag{20.106}$$

Aus den Ausdrücken für Z_3 und Z_4, die in den Gln. (14.76) und (14.77) angegeben sind, kann unter Berücksichtigung der Gl. (14.62) und (14.63) und den Gln. (14.70) und (14.71) leicht ermittelt werden, daß gilt:

$$\left.\begin{aligned} \lim_{t \to 0} Z_3(t) &= \frac{1}{2}, \\ \lim_{t \to 0} Z_4(t) &= \frac{2}{\pi} \ln \frac{C t}{2}, \\ \lim_{t \to 0} Z_3'(t) &= \frac{t}{\pi} \ln \frac{C t}{2}, \\ \lim_{t \to 0} Z_4'(t) &= \frac{2}{\pi t}. \end{aligned}\right\} \tag{20.107}$$

Vergegenwärtigen wir uns, daß $t = \varphi \mu$ ist, so ergibt sich aus den Gln. (20.105) und (20.106):

$$C = 0; \qquad D = -\frac{P \mu}{4}, \tag{20.108}$$

woraus folgt:

$$Q_\varphi = \frac{U}{R} = -\frac{P\mu}{4R} Z_4', \tag{20.109}$$

$$V = \frac{P\mu^3}{4EhR} Z_3'. \tag{20.110}$$

Durch eine analoge Entwicklung zu der, welche uns erlaubt hat, die Gln. (20.27) bis (20.30) für die Berechnung der Schnittkräfte infolge der Störungen im unteren Rand herzuleiten, erhalten wir:

$$N_\varphi = \frac{P\mu^2}{4R} \frac{Z_4'}{t}, \tag{20.111}$$

$$N_\vartheta = -\frac{P\mu^2}{4R}\left[Z_3 + \frac{Z_4'}{t}\right], \tag{20.112}$$

$$M_\vartheta = -\frac{P}{4}\left[\nu Z_4 - \frac{\nu - 1}{t} Z_3'\right], \tag{20.113}$$

$$M_\varphi = -\frac{P}{4}\left[Z_4 - \frac{1-\nu}{t} Z_3'\right]. \tag{20.114}$$

Addieren wir die Schnittkräfte des Membranzustands zu den durch die Störung verursachten, so erhalten wir die totalen Schnittkräfte in der Schale unter der Wirkung der im Scheitel angreifenden Kraft P.

Der Angriffspunkt der Einzellast ist ein singulärer Punkt. In ihm ergeben sich für die Schnittkräfte unendlich große Werte. Wir haben zu beachten, daß die Untersuchung der Störung in der Nähe des unteren Rands in der schon bekannten Art und Weise vor sich geht, unabhängig von der Berechnung der in der Umgebung des Scheitels durch eine in diesem angreifende Einzellast verursachten Schnittgrößen. Im allgemeinen herrscht in der ganzen Schale der Membranzustand vor, mit Ausnahme der Streifen in der Nähe des unteren Rands und der Einzellast. In diesen Streifen summieren sich die Schnittkräfte des Membranzustands und die infolge der Biegesteifigkeit verursachten Schnittkräfte.

Die Verschiebung ξ^0 und die Drehung V^0 im Membranzustand infolge der Last P, deren Kenntnis erforderlich ist, damit die überzähligen Größen im unteren Rand mit Hilfe der Elastizitätsgleichungen berechnet werden können, ergeben sich aus den Formeln (8.11) und (8.13) unter Berücksichtigung der Gln. (20.101) und (20.102). Wir erhalten:

$$\xi^0 = \frac{P(1+\nu)}{2\pi E h \sin\varphi}, \tag{20.115}$$

$$V^0 = 0. \tag{20.116}$$

g) Numerische Anwendung. Wir wollen für die im vorhergehenden Beispiel betrachtete Schale aus Stahlbeton (Abb. 20.2) die Schnittkräfte in der Nähe des Scheitels infolge einer Einzellast $P = 500$ kg berechnen.

Die Charakteristiken des Tragwerks sind die folgenden:

$$R = 73{,}095\,\mathrm{m},$$
$$h = 0{,}10\,\mathrm{m},$$
$$\mu = 49{,}966,$$
$$\nu = \frac{1}{6}.$$

Wir wollen zuerst den Hilfstabellen die Werte von $Z_3(t)$, $Z_4(t)$, $Z_3'(t)$ und $Z_4'(t)$ für $\varphi = 0°$, $0°\,30'$, $1°$, $2°$, $5°$ entnehmen, die wir in der Tab. 20.9 zusammengestellt haben:

Tabelle 20.9

φ	$t = \varphi\,\mu$	$Z_3(t)$	$Z_4(t)$	$Z_3'(t)$	$Z_4'(t)$
0°	0,0000	0,5	$-\infty$	0,0000	$+\infty$
0° 30′	0,4357	0,4410	−0,6265	−0,2030	+1,3600
1°	0,8719	0,3445	−0,2469	−0,2281	+0,5543
2°	1,7438	0,1684	0,0029	−0,1650	+0,1190
5°	4,3600	−0,00534	0,01631	−0,00722	−0,01712

Verwenden wir im folgenden die Formeln (20.109) und (20.111) bis (20.114), so erhalten wir die Schnittkräfte in der Nähe des Scheitels infolge der Störung. Die Ergebnisse sind in der Tab. 20.10 zusammengestellt:

Tabelle 20.10. *Kräfte infolge der Störung*

φ	Q_φ	N_φ	N_ϑ	M_φ	M_ϑ
0°	∞	∞	∞	∞	∞
0° 30′	−116,207	+3326,690	−5209,516	+29,779	+61,584
1°	− 47,363	+2714,214	−4185,038	+ 3,611	+32,394
2°	− 10,168	+ 291,346	−1010,321	−10,218	+ 9,795
5°	+ 1,462	− 16,736	+ 39,535	− 2,211	− 0,167
	kg/m	kg/m	kg/m	kg m/m	kg m/m

Aus Gl. (20.102) erhalten wir die im Membranzustand durch die Einzellast P verursachten Schnittkräfte.

Die Werte sind in der Tab. 20.11 zusammengestellt.

Summieren wir die Ergebnisse aus den Tab. 20.10 und 20.11, so erhalten wir schließlich in der Nähe

Tabelle 20.11
Kräfte im Membranzustand

φ	N_φ^0	N_ϑ^0
0°	∞	∞
0° 30′	−14294,4	+14294,4
1°	− 3577,1	+ 3577,1
2°	− 1788,5	+ 1788,5
5°	− 716,1	+ 716,1
	kg/m	kg/m

des Scheitels die totalen Schnittkräfte, deren Werte wir in der Tab. 20.12 zusammengestellt haben.

Tabelle 20.12. *Kräfte in der Umgebung des Scheitels*

φ	Q^t_φ	N^t_φ	N^t_ϑ	M^t_φ	M^t_ϑ
0°	∞	∞	∞	∞	∞
0° 30′	−116,2	−10967,8	+9084,9	+29,8	+61,6
1°	− 47,4	− 862,9	− 607,9	+ 3,6	+32,4
2°	− 10,2	− 1497,2	+ 778,2	−10,2	+ 9,8
5°	+ 1,5	− 699,4	+ 755,6	− 2,2	− 0,2
	kg/m	kg/m	kg/m	kg m/m	kg m/m

Der Scheitel ist ein singulärer Punkt, wie wir schon gesehen haben. Wir wollen uns merken, daß die Schnittkräfte in der Nähe des Angriffspunkts der Einzellast sehr hohe Werte erreichen.

Dem Winkel $\varphi = 0° \, 30'$ entspricht ein Parallelkreis, dessen Abstand vom Scheitel, auf dem Meridian gemessen, beträgt:

$$s = 73{,}095 \cdot 0{,}00872 = 0{,}637 \text{ m}.$$

Die Störungskräfte klingen indessen rasch ab und sind in der Höhe des Parallelkreises, der dem Winkel $\varphi = 5°$ entspricht, vernachlässigbar.

Literaturverzeichnis

Differentialgeometrie

[*29.1*] Blaschke, W.: Vorlesungen über Differentialgeometrie, I. Berlin 1929.
[*36.1*] Julia, G.: Éléments de géométrie infinitésimale. Paris 1936.
[*46.1*] Camargo, J. O. Monteiro de: *Cálculo véctorial.* São Paulo 1946.
[*47.1*] Bäschlin, C. F.: Einführung in die Kurven- und Flächentheorie auf vektorieller Grundlage. Zürich 1947.
[*48.1*] Baule, B.: Differentialgeometrie. Zürich 1948.
[*51.1*] Graustein, W. C.: Differential geometry. New York 1951.

Hypergeometrische Gleichung. Gleichung von Bessel

[*894.1*] Heffter, L.: Einleitung in die Theorie der linearen Differentialgleichungen mit einer unabhängigen Variablen. Leipzig 1894.
[*26.1*] Schleicher, F.: Kreisplatten auf elastischer Unterlage. Berlin 1926.
[*43.1*] Ince, E. L.: Integration of ordinary differential equations. Edinburgh 1943.
[*45.1*] Watson, G. N.: A treatise on the theory of Bessel functions. Cambridge 1952.
[*48.1*] Sansone, G.: Equazioni differenziali nel campo reale. Bologna 1948.
[*48.2*] Tricomi, F.: Equazioni differenziali. Torino 1948.
[*50.1*] Hildebrand, F. B.: Advanced calculus for engineers. New York 1950.
[*52.1*] Whittaker, E. T., u. G. N. Watson: A course of modern analysis. Cambridge 1952.
[*53.1*] Rothe, R., u. I. Szabó: Höhere Mathematik, IV. Stuttgart 1953.
[*55.1*] McLachlan, N. W.: Bessel functions for engineers. Oxford 1955.

Elastizitätstheorie. Theorie der Flächentragwerke. Theorie der Rotationsschalen

[*828.1*] Lamé, G., u. E. Clapeyron: Mém. prés. par div. savants 4 (1828), p. 465.
[*831.1*] Lamé, G., u. E. Clapeyron: Mémoire sur l'équilibre intérieur des corps solides homogènes. Crelles I. f. Math., Bd. 7 (1831), p. 145.
[*850.1*] Kirchoff, G. R.: Über das Gleichgewicht und die Bewegung einer elastischen Scheibe. Crelles I. f. Math., Bd. 40 (1850), S. 51.
[*852.1*] Lamé, G.: Leçons sur la théorie mathématique de l'élasticité des corps solides. Paris 1852.
[*880.1*] Lecornu, L.: Sur l'équilibre des surfaces flexibles et inextensibles. Paris 1880.
[*887.1*] Lévy, M.: Statique graphique. Paris 1887.
[*12.1*] Reissner, H.: Spannungen in Kugelschalen (Kuppeln). Müller-Breslau, Festschrift. Leipzig 1912.

[*13.1*] Meissner, E.: Das Elastizitätsproblem für dünne Schalen von Ringflächen-, Kugel oder Kegelform. Phys. Z., 1913, S. 343.

[*13.2*] Lorenz, H.: Technische Elastizitäts-Lehre. München 1913.

[*14.1*] Blumenthal, O.: Über die asymptotische Integration von Differentialgleichungen mit Anwendung auf die Berechnung von Spannungen in Kugelschalen. Z. Math. Phys. 1914, S. 343.

[*15.1*] Meissner, E.: Über Elastizität und Festigkeit dünner Schalen. Vierteljahrschrift der Naturforsch. Gesellschaft in Zürich. 1915, S. 23.

[*16.1*] Bolle, L.: Festigkeitsberechnung von Kugelschalen. Diss., Zürich 1916.

[*17.1*] Dubois, F.: Über die Festigkeit der Kegelschale. Diss., Zürich 1917.

[*19.1*] Schwerin, E.: Über Spannungen in symmetrisch und unsymmetrisch belasteten Kugelschalen (Kuppeln), insbesondere bei Belastung durch Winddruck. Arm. Bet., 1919, S. 25.

[*23.1*] Lewe: Die statische Berechnung der Flüssigkeitsbehälter. Handbuch für Eisenbetonbau,V. Berlin 1923.

[*25.1*] Pasternak, P.: Formeln zur raschen Berechnung der Biegebeanspruchung in kreisrunden Behältern. Schweiz. Bauz. 1925, S. 129.

[*26.1*] Pasternak, P.: Die praktische Berechnung biegefester Kugel- und Kegelschalen, kreisrunder Fundamentplatten auf elastischer Bettung und kreiszylindrischer Wandungen in gegenseitiger monolithischer Verbindung. Z. angew. Math. Mech., 1926, S. 1.

[*26.2*] Geckeler, J.: Über die Festigkeit achsensymmetrischer Schalen. Forsch.-Arb. Ing.-Wes., 1926.

[*26.3*] Pöschl, Th.: Berechnung von Behältern. Berlin 1926.

[*28.1*] Dischinger, Fr.: Schalen und Rippenkuppeln. Handbuch für Eisenbetonbau, IV. Berlin 1928.

[*29.1*] Orabona, E.: Calcolo delle piastre a doppia curvatura. Bari 1929.

[*30.1*] Geckeler, J.: Zur Theorie der Elastizität flacher rotationssymmetrischer Schalen. Ing.-Arch. 1930, S. 255.

[*33.1*] Steuermann, E.: Die Grundgedanken der neuzeitlichen Theorie der Kuppeln. Bauingenieur. 1933, S. 50.

[*33.2*] Steuermann, E.: Berechnung der Kuppeln als Bogen auf elastischer Unterlage. Bauingenieur, 1933, S. 285.

[*33.3*] Ekström, J. E.: Studien über dünne Schalen von rotationssymmetrischer Form und Belastung mit konstanter oder veränderlicher Wandstärke. Stockholm 1933.

[*34.1*] Flügge, W.: Statik und Dynamik der Schalen. Berlin 1934.

[*34.2*] Love, A. E. H.: A treatise on the mathematical theory of elasticity, IV. Ed. Cambridge 1934.

[*34.3*] Neményi, P.: Schalen- und Scheibenkonstruktionen. Bygningsstatiske Meddelelser, 1934, Nr. 2.

[*36.1*] Neményi, P.: Beiträge zur Berechnung der Schalen unter unsymmetrischer und unstetiger Belastung. Bygningsstatiske Meddelelser, 1936, Nr. 3.

[*37.1*] Pucher, A.: Die Berechnung der Dehnungsspannungen von Rotationsschalen mit Hilfe von Spannungsfunktionen. Mémoires A. I. P. C. V (1937/38).

[*37.2*] Hetényi, M.: Spherical shells subjected to axial symmetrical bending. Mémoires A.I.P.C. V (1937/38).

[*38.1*] Zanaboni, O.: Sulla trascurabilitá dei momenti interni e delle azioni iperstatiche, nelle lastre curve sottili. Atti Acc. d. Scienze. Torino 1938/39.

[*40.1*] Timoshenko, S.: Theory of plates and shells. New York 1940.

[*41.1*] Worch, G.: Schalen und Behälter. Beton-Kalender. Berlin 1941, S. 118.

[41.2] REISSNER, E.: A new derivation of the equations for the deformation of elastic shells. Amer. J. Math. 1941, p. 177.
[43.1] NEMÉNYI, P., u. C. TRUESDELL: A stress function for the membrane theory of shells of revolution. Proc. Nat. Ac. of Sc. of USA. 1943, p. 159.
[43.2] NORONHA, A. ALVES DE: A cúpula do edifício do Hotel Quitandinha. Concreto, pág. 160. Rio de Janeiro 1943.
[44.1] FÖPPL, A., u. L. FÖPPL: Drang und Zwang. 4. Aufl. München 1944.
[44.2] ZANABONI, O.: Equazioni di equilibrio e di congruenza, indefinite ed ai limiti, delle lastre semielastiche a doppia curvatura. Ann. di Mat. pura e appl. Bologna 1944, p. 215.
[45.1] STRUTT, J. W., Baron RAYLEICH: The theory of sound. 2. Aufl. New York 1945.
[45.2] TRUESDELL, C.: The membrane theory of shells of revolution. Trans. Amer. Math. Soc. 58, 1945, p. 96.
[46.1] HETÉNYI, M.: Beams on elastic foundation. Un. Michigan Press. 1946.
[46.2] SOKOLNIKOFF, I. S.: Mathematical theory of elasticity. New York 1946.
[46.3] BUTTY, E.: Tratado de elasticidad teorico-tecnica. Buenos Aires 1946.
[48.1] BEYER, K.: Die Statik im Stahlbetonbau. 2. Aufl. Berlin 1948.
[48.2] BELLUZZI, O.: Metodi semplici per lo studio delle lastre curve. Giornale del Genio Civile. 1948, p. 217.
[49.1] REISSNER, E.: On the theory of thin elastic shells. Reissner An. volume, 1949. p. 231.
[49.2] ZERNA, W.: Beitrag zur allgemeinen Schalenbiegetheorie. Ing.-Arch. 1949, S. 149.
[50.1] HILDEBRAND, F. B.: On asymptotic integration in shell theory. Proc. of symposia in ap. math., III. New York 1950, p. 53.
[50.2] MARGUERRE, K.: Neuere Festigkeitsprobleme des Ingenieurs. Berlin 1950.
[51.1] BELLUZZI, O.: Scienza delle costruzioni. III. Bologna 1951.
[51.2] VLASOV, V. S.: Basic differential equations in general theory of elastic shells N.A.C.A., T.M. 1241, 1951.
[51.3] HENCKY, H.: Neuere Verfahren in der Festigkeitslehre. München 1951.
[52.1] ESSLINGER, M.: Statische Berechnung von Kesselböden. Berlin 1952.
[52.2] KOMENDANT, A. E.: Prestressed concrete structures. New York 1952.
[53.1] WAN, CHI-TEH: Applied elasticity. New York 1953.
[53.2] FRANZ, G.: Grundsätzliches zum Vorspannen von Flächentragwerken. Beton und Stahlbetonbau, 1953, S. 78.
[53.3] POZZATI, P.: Contributo allo studio delle lastre curve di rivoluzione. Giornale del Genio civile, 1953, p. 249.
[53.4] BIEZENO, C. B., u. R. GRAMMEL: Technische Dynamik. Berlin 1953.
[54.1] PUCHER, A.: Lehrbuch des Stahlbetonbaues. Wien 1954.
[54.2] L'HERMITE, R.: Résistance des matériaux. Paris 1954.
[54.3] GIRKMANN, K.: Flächentragwerke. Wien 1954.
[54.4] GREEN, A. E., u. W. ZERNA: Theoretical elasticity. Oxford 1954.
[54.5] BALDACCI, R. F.: Sulla teoria delle membrane a doppia curvatura. Atti Ist. Sc. Cost. Pisa 1954, Nr. 36.
[55.1] GALLETLY, G. D.: Influence coefficients for hemispherical shells with small openings at the vertex. J. Appl. Mech. 1955, p. 20.
[55.2] NAGHDI, P. M., u. C. N. DE SILVA: On the deformation of elastic shells of revolution. Quart. Appl. Math. 1955, p. 369.
[55.3] TSUBOI, Y., u. K. AKINO: Design and construction of reinforced concrete shell structure of non-uniform thickness supported on roller system. Mémoires A.I.P.C., XV, 1955, p. 199.

[*55.4*] KANTOROWITSCH, S. B.: Die Festigkeit der Apparate und Maschinen für die chemische Industrie. Berlin 1955.

[*56.1*] LAYRANGUES, M.: Étude générale de la déformation élastique des voiles minces. Ann. Ponts et Chaussées, 1956, p. 39.

[*56.2*] GIRKMANN, K.: Flächentragwerke. Wien 1956.

[*57.1*] FLÜGGE, W.: Statik und Dynamik der Schalen. Berlin 1957.

[*57.2*] PFLÜGER, A.: Elementare Schalenstatik. Berlin 1957.

[*57.3*] WORCH, G.: Elastische Schalen. Betonkalender. Berlin 1957, S. 31.

[*58.1*] WLASSOW, W. S.: Allgemeine Schalentheorie und ihre Anwendungen in der Technik. Berlin 1958.

[*59.1*] NOVOZHILOV, V. V.: The theory of thin shells. Groningen 1959.

[*60.1*] PFLÜGER, A.: Elementare Schalenstatik. Berlin 1960.

[*60.2*] FLÜGGE, W.: Stresses in shells. Berlin 1960.

Tabellen

Tabelle I

x	$\Phi(x)$	$\Psi(x)$	$\Theta(x)$	$\Omega(x)$	x	$\Phi(x)$	$\Psi(x)$	$\Theta(x)$	$\Omega(x)$
0	1	1	1	0	0,30	0,9267	0,4888	0,7078	0,2189
0,001	1,0000	0,9980	0,9990	0,0010	0,31	0,9222	0,4748	0,6985	0,2237
0,002	1,0000	0,9960	0,9980	0,0020	0,32	0,9177	0,4609	0,6893	0,2284
0,003	1,0000	0,9940	0,9970	0,0030	0,33	0,9130	0,4472	0,6801	0,2330
0,004	1,0000	0,9920	0,9960	0,0040	0,34	0,9084	0,4337	0,6710	0,2374
0,005	1,0000	0,9900	0,9950	0,0050	0,35	0,9036	0,4204	0,6620	0,2416
0,006	1,0000	0,9880	0,9940	0,0060	0,36	0,8986	0,4072	0,6530	0,2457
0,007	0,9999	0,9861	0,9930	0,0070	0,37	0,8938	0,3943	0,6440	0,2497
0,008	0,9999	0,9841	0,9920	0,0080	0,38	0,8887	0,3815	0,6351	0,2536
0,009	0,9999	9,9821	0,9910	0,0087	0,39	0,8836	0,3688	0,6262	0,2574
0,010	0,9999	0,9801	0,9900	0,0099	0,40	0,8784	0,3564	0,6174	0,2610
0,011	0,9999	0,9781	0,9890	0,0109	0,41	0,8732	0,3441	0,6087	0,2646
0,012	0,9999	0,9761	0,9880	0,0119	0,42	0,8679	0,3320	0,6000	0,2680
0,013	0,9998	0,9742	0,9870	0,0129	0,43	0,8625	0,3201	0,5913	0,2712
0,014	0,9998	0,9722	0,9860	0,0138	0,44	0,8570	0,3084	0,5827	0,2743
0,015	0,9998	0,9702	0,9850	0,0148	0,45	0,8515	0,2968	0,5742	0,2774
0,016	0,9997	0,9683	0,9840	0,0158	0,46	0,8459	0,2853	0,5657	0,2803
0,017	0,9997	0,9663	0,9830	0,0167	0,47	0,8403	0,2742	0,5573	0,2832
0,018	0,9997	0,9643	0,9820	0,0177	0,48	0,8346	0,2632	0,5489	0,2857
0,019	0,9996	0,9624	0,9810	0,0187	0,49	0,8289	0,2522	0,5406	0,2883
0,02	0,9996	0,9604	0,9800	0,0196	0,50	0,8231	0,2414	0,5323	0,2908
0,03	0,9991	0,9409	0,9700	0,0291	0,51	0,8173	0,2307	0,5241	0,2932
0,04	0,9984	0,9216	0,9600	0,0384	0,52	0,8113	0,2204	0,5159	0,2954
0,05	0,9976	0,9025	0,9501	0,0476	0,53	0,8054	0,2103	0,5079	0,2976
					0,54	0,7994	0,2002	0,4998	0,2996
0,06	0,9966	0,8836	0,9401	0,0565	0,55	0,7934	0,1902	0,4918	0,3016
0,07	0,9954	0,8649	0,9302	0,0653	0,56	0,7873	0,1805	0,4839	0,3035
0,08	0,9940	0,8464	0,9202	0,0738	0,57	0,7813	0,1709	0,4761	0,3052
0,09	0,9924	0,8281	0,9103	0,0822	0,58	0,7752	0,1615	0,4683	0,3068
					0,59	0,7690	0,1522	0,4606	0,3084
0,10	0,9906	0,8100	0,9003	0,0903	0,60	0,7628	0,1430	0,4529	0,3099
0,11	0,9887	0,7921	0,8904	0,0983	0,61	0,7566	0,1340	0,4453	0,3113
0,12	0,9867	0,7744	0,8806	0,1062	0,62	0,7503	0,1252	0,4378	0,3126
0,13	0,9844	0,7568	0,8707	0,1138	0,63	0,7442	0,1166	0,4301	0,3138
0,14	0,9821	0,7395	0,8608	0,1213	0,64	0,7379	0,1080	0,4230	0,3150
0,15	0,9796	0,7224	0,8510	0,1286	0,65	0,7315	0,0996	0,4156	0,3160
0,16	0,9770	0,7055	0,8413	0,1358	0,66	0,7252	0,0914	0,4083	0,3169
0,17	0,9742	0,6888	0,8315	0,1427	0,67	0,7189	0,0833	0,4011	0,3178
0,18	0,9713	0,6722	0,8218	0,1495	0,68	0,7126	0,0754	0,3940	0,3186
0,19	0,9683	0,6550	0,8121	0,1562	0,69	0,7062	0,0676	0,3869	0,3193
0,20	0,9651	0,6398	0,8024	0,1627	0,70	0,6997	0,0599	0,3798	0,3199
0,21	0,9618	0,6238	0,7928	0,1690	0,71	0,6933	0,0524	0,3729	0,3205
0,22	0,9583	0,6080	0,7832	0,1752	0,72	0,6869	0,0449	0,3659	0,3210
0,23	0,9547	0,5924	0,7736	0,1812	0,73	0,6805	0,0377	0,3591	0,3214
0,24	0,9511	0,5771	0,7641	0,1870	0,74	0,6741	0,0307	0,3524	0,3217
0,25	0,9472	0,5619	0,7546	0,1927	0,75	0,6676	0,0237	0,3456	0,3220
0,26	0,9433	0,5469	0,7451	0,1982	0,76	0,6611	0,0168	0,3389	0,3221
0,27	0,9393	0,5321	0,7357	0,2036	0,77	0,6547	0,0101	0,3324	0,3223
0,28	0,9353	0,5175	0,7264	0,2089	0,78	0,6483	0,0035	0,3259	0,3224
0,29	0,9310	0,5030	0,7171	0,2140	$^1/_4\pi$	0,6448	0	0,3224	0,3224
					0,79	0,6418	−0,0030	0,3195	0,3224

Tabelle I. (Fortsetzung)

x	$\Phi(x)$	$\Psi(x)$	$\Theta(x)$	$\Omega(x)$	x	$\Phi(x)$	$\Psi(x)$	$\Theta(x)$	$\Omega(x)$
0,80	0,6353	−0,0093	0,3131	0,3223	1,30	0,3355	−0,1897	0,0729	0,2626
0,81	0,6289	−0,0155	0,3067	0,3222	1,31	0,3303	−0,1911	0,0696	0,2607
0,82	0,6225	−0,0217	0,3004	0,3221	1,32	0,3251	−0,1925	0,0663	0,2588
0,83	0,6160	−0,0276	0,2943	0,3219	1,33	0,3199	−0,1938	0,0631	0,2569
0,84	0,6096	−0,0334	0,2881	0,3215	1,34	0,3148	−0,1950	0,0600	0,2550
0,85	0,6032	−0,0391	0,2821	0,3212	1,35	0,3098	−0,1962	0,0568	0,2530
0,86	0,5968	−0,0446	0,2761	0,3207	1,36	0,3047	−0,1973	0,0537	0,2510
0,87	0,5904	−0,0500	0,2702	0,3202	1,37	0,2997	−0,1983	0,0507	0,2490
0,88	0,5840	−0,0554	0,2643	0,3197	1,38	0,2948	−0,1993	0,0478	0,2470
0,89	0,5776	−0,0606	0,2585	0,3191	1,39	0,2898	−0,2003	0,0448	0,2450
0,90	0,5712	−0,0658	0,2527	0,3185	1,40	0,2849	−0,2011	0,0419	0,2430
0,91	0,5648	−0,0708	0,2470	0,3178	1,41	0,2801	−0,2019	0,0391	0,2410
0,92	0,5584	−0,0757	0,2414	0,3171	1,42	0,2753	−0,2027	0,0363	0,2390
0,93	0,5521	−0,0805	0,2359	0,3163	1,43	0,2705	−0,2033	0,0336	0,2370
0,94	0,5459	−0,0851	0,2304	0,3155	1,44	0,2658	−0,2039	0,0309	0,2349
0,95	0,5396	−0,0896	0,2250	0,3146	1,45	0,2611	−0,2045	0,0283	0,2329
0,96	0,5333	−0,0941	0,2196	0,3137	1,46	0,2565	−0,2051	0,0257	0,2308
0,97	0,5270	−0,0984	0,2143	0,3127	1,47	0,2519	−0,2056	0,0232	0,2288
0,98	0,5207	−0,1027	0,2090	0,3117	1,48	0,2474	−0,2060	0,0207	0,2267
0,99	0,5145	−0,1069	0,2038	0,3107	1,49	0,2429	−0,2064	0,0183	0,2247
1,00	0,5083	−0,1109	0,1987	0,3096	1,50	0,2384	−0,2068	0,0158	0,2226
1,01	0,5021	−0,1147	0,1937	0,3085	1,51	0,2339	−0,2071	0,0134	0,2205
1,02	0,4960	−0,1185	0,1888	0,3073	1,52	0,2295	−0,2073	0,0111	0,2184
1,03	0,4899	−0,1223	0,1839	0,3061	1,53	0,2252	−0,2075	0,0089	0,2164
1,04	0,4839	−0,1259	0,1790	0,3049	1,54	0,2209	−0,2077	0,0066	0,2143
1,05	0,4778	−0,1294	0,1742	0,3036	1,55	0,2166	−0,2078	0,0044	0,2122
1,06	0,4716	−0,1328	0,1694	0,3023	1,56	0,2123	−0,2079	0,0022	0,2101
1,07	0,4656	−0,1362	0,1647	0,3009	1,57	0,2082	−0,2079	0,0002	0,2081
1,08	0,4596	−0,1394	0,1601	0,2995	$^1/_2\pi$	0,2079	−0,2079	0	0,2079
1,09	0,4536	−0,1426	0,1555	0,2981	1,58	0,2041	−0,2079	−0,0019	0,2060
					1,59	0,2000	−0,2078	−0,0039	0,2039
1,10	0,4476	−0,1458	0,1509	0,2967	1,60	0,1960	−0,2077	−0,0059	0,2018
1,11	0,4416	−0,1488	0,1464	0,2952	1,61	0,1919	−0,2075	−0,0078	0,1997
1,12	0,4356	−0,1516	0,1420	0,2936	1,62	0,1879	−0,2073	−0,0097	0,1976
1,13	0,4298	−0,1543	0,1378	0,2921	1,63	0,1840	−0,2071	−0,0116	0,1956
1,14	0,4240	−0,1570	0,1335	0,2906	1,64	0,1801	−0,2069	−0,0134	0,1935
1,15	0,4183	−0,1597	0,1293	0,2890	1,65	0,1763	−0,2067	−0,0152	0,1915
1,16	0,4126	−0,1622	0,1252	0,2874	1,66	0,1725	−0,2064	−0,0170	0,1894
1,17	0,4069	−0,1647	0,1241	0,2858	1,67	0,1686	−0,2060	−0,0187	0,1873
1,18	0,4012	−0,1671	0,1171	0,2842	1,68	0,1648	−0,2056	−0,0204	0,1852
1,19	0,3955	−0,1694	0,1131	0,2825	1,69	0,1612	−0,2051	−0,0220	0,1832
1,20	0,3898	−0,1716	0,1091	0,2807	1,70	0,1576	−0,2046	−0,0236	0,1812
1,21	0,3842	−0,1737	0,1053	0,2790	1,71	0,1540	−0,2042	−0,0251	0,1791
1,22	0,3786	−0,1758	0,1014	0,2773	1,72	0,1505	−0,2037	−0,0266	0,1771
1,23	0,3731	−0,1778	0,0977	0,2755	1,73	0,1470	−0,2032	−0,0281	0,1751
1,24	0,3677	−0,1797	0,0940	0,2737	1,74	0,1435	−0,2026	−0,0296	0,1730
1,25	0,3623	−0,1815	0,0904	0,2719	1,75	0,1400	−0,2020	−0,0310	0,1710
1,26	0,3569	−0,1833	0,0868	0,2701	1,76	0,1365	−0,2013	−0,0324	0,1690
1,27	0,3515	−0,1849	0,0833	0,2683	1,77	0,1332	−0,2006	−0,0338	0,1670
1,28	0,3462	−0,1865	0,0798	0,2664	1,78	0,1299	−0,2000	−0,0351	0,1650
1,29	0,3408	−0,1881	0,0763	0,2645	1,79	0,1266	−0,1993	−0,0364	0,1630

Tabelle I. (Fortsetzung)

x	$\Phi(x)$	$\Psi(x)$	$\Theta(x)$	$\Omega(x)$	x	$\Phi(x)$	$\Psi(x)$	$\Theta(x)$	$\Omega(x)$
1,80	0,1234	−0,1985	−0,0376	0,1610	2,25	0,0157	−0,1482	−0,0663	0,0820
1,81	0,1202	−0,1978	−0,0388	0,1590	2,26	0,0141	−0,1469	−0,0664	0,0805
1,82	0,1170	−0,1970	−0,0400	0,1570	2,27	0,0125	−0,1455	−0,0665	0,0790
1,83	0,1138	−0,1962	−0,0412	0,1550	2,28	0,0110	−0,1442	−0,0666	0,0776
1,84	0,1108	−0,1953	−0,0423	0,1531	2,29	0,0095	−0,1429	−0,0667	0,0762
1,85	0,1078	−0,1945	−0,0434	0,1512	2,30	0,0080	−0,1416	−0,0668	0,0748
1,86	0,1048	−0,1936	−0,0444	0,1492	2,31	0,0065	−0,1403	−0,0669	0,0734
1,87	0,1018	−0,1927	−0,0454	0,1473	2,32	0,0050	−0,1389	−0,0670	0,0720
1,88	0,0989	−0,1917	−0,0464	0,1453	2,33	0,0036	−0,1376	−0,0670	0,0706
1,89	0,0960	−0,1908	−0,0474	0,1434	2,34	0,0022	−0,1362	−0,0671	0,0692
1,90	0,0932	−0,1899	−0,0484	0,1415	2,35	0,0008	−0,1349	−0,0671	0,0679
1,91	0,0904	−0,1889	−0,0493	0,1396	$^3/_4\pi$	0	−0,1342	−0,0671	0,0671
1,92	0,0876	−0,1879	−0,0501	0,1377	2,36	−0,0005	−0,1336	−0,0671	0,0666
1,93	0,0849	−0,1869	−0,0510	0,1359	2,37	−0,0018	−0,1323	−0,0671	0,0653
1,94	0,0822	−0,1859	−0,0519	0,1340	2,38	−0,0031	−0,1309	−0,0670	0,0639
					2,39	−0,0044	−0,1296	−0,0670	0,0626
1,95	0,0795	−0,1849	−0,0527	0,1322	2,40	−0,0056	−0,1282	−0,0669	0,0613
1,96	0,0769	−0,1838	−0,0535	0,1304	2,41	−0,0068	−0,1268	−0,0669	0,0600
1,97	0,0743	−0,1827	−0,0543	0,1285	2,42	−0,0080	−0,1255	−0,0668	0,0588
1,98	0,0717	−0,1816	−0,0550	0,1267	2,43	−0,0092	−0,1241	−0,0667	0,0575
1,99	0,0692	−0,1804	−0,0556	0,1249	2,44	−0,0103	−0,1228	−0,0666	0,0563
2,00	0,0667	−0,1793	−0,0563	0,1230	2,45	−0,0114	−0,1215	−0,0665	0,0550
2,01	0,0643	−0,1782	−0,0569	0,1213	2,46	−0,0125	−0,1202	−0,0664	0,0538
2,02	0,0619	−0,1771	−0,0576	0,1195	2,47	−0,0135	−0,1189	−0,0662	0,0526
2,03	0,0595	−0,1759	−0,0582	0,1128	2,48	−0,0146	−0,1175	−0,0661	0,0514
2,04	0,0571	−0,1748	−0,0588	0,1160	2,49	−0,0156	−0,1161	−0,0659	0,0503
2,05	0,0549	−0,1737	−0,0594	0,1143	2,50	−0,0166	−0,1149	−0,0658	0,0492
2,06	0,0526	−0,1725	−0,0599	0,1126	2,51	−0,0176	−0,1136	−0,0656	0,0480
2,07	0,0504	−0,1712	−0,0604	0,1108	2,52	−0,0185	−0,1123	−0,0654	0,0464
2,08	0,0482	−0,1700	−0,0609	0,1091	2,53	−0,0195	−0,1109	−0,0652	0,0457
2,09	0,0460	−0,1688	−0,0614	0,1074	2,54	−0,0204	−0,1096	−0,0650	0,0446
2,10	0,0438	−0,1676	−0,0619	0,1057	2,55	−0,0213	−0,1083	−0,0648	0,0435
2,11	0,0417	−0,1663	−0,0620	0,1040	2,56	−0,0221	−0,1071	−0,0646	0,0425
2,12	0,0397	−0,1650	−0,0627	0,1024	2,57	−0,0228	−0,1058	−0,0644	0,0414
2,13	0,0377	−0,1637	−0,0632	0,1007	2,58	−0,0237	−0,1045	−0,0642	0,0403
2,14	0,0357	−0,1625	−0,0634	0,0981	2,59	−0,0246	−0,1033	−0,0640	0,0394
2,15	0,0337	−0,1613	−0,0638	0,0975	2,60	−0,0254	−0,1020	−0,0637	0,0383
2,16	0,0317	−0,1600	−0,0641	0,0959	2,61	−0,0261	−0,1007	−0,0634	0,0373
2,17	0,0288	−0,1587	−0,0645	0,0943	2,62	−0,0269	−0,0994	−0,0632	0,0363
2,18	0,0280	−0,1574	−0,0647	0,0927	2,63	−0,0276	−0,0982	−0,0629	0,0353
2,19	0,0262	−0,1560	−0,0650	0,0911	2,64	−0,0283	−0,0969	−0,0626	0,0343
2,20	0,0244	−0,1547	−0,0652	0,0895	2,65	−0,0289	−0,0956	−0,0623	0,0334
2,21	0,0226	−0,1434	−0,0655	0,0880	2,66	−0,0296	−0,0944	−0,0620	0,0324
2,22	0,0208	−0,1522	−0,0657	0,0865	2,67	−0,0302	−0,0932	−0,0617	0,0315
2,23	0,0191	−0,1509	−0,0660	0,0850	2,68	−0,0308	−0,0920	−0,0614	0,0306
2,24	0,0174	−0,1496	−0,0661	0,0835	2,69	−0,0314	−0,0908	−0,0611	0,0297

Tabelle I. (Fortsetzung)

x	$\Phi(x)$	$\Psi(x)$	$\Theta(x)$	$\Omega(x)$	x	$\Phi(x)$	$\Psi(x)$	$\Theta(x)$	$\Omega(x)$
2,70	−0,0320	−0,0895	−0,0608	0,0287	3,15	−0,0432	−0,0424	−0,0428	−0,0004
2,71	−0,0326	−0,0883	−0,0605	0,0279	3,16	−0,0432	−0,0416	−0,0423	−0,0008
2,72	−0,0331	−0,0871	−0,0601	0,0270	3,17	−0,0432	−0,0407	−0,0420	−0,0012
2,73	−0,0337	−0,0859	−0,0598	0,0261	3,18	−0,0431	−0,0399	−0,0415	−0,0016
2,74	−0,0342	−0,0847	−0,0594	0,0253	3,19	−0,0431	−0,0391	−0,0411	−0,0020
2,75	−0,0347	−0,0835	−0,0591	0,0244	3,20	−0,0431	−0,0383	−0,0407	−0,0024
2,76	−0,0352	−0,0823	−0,0588	0,0236	3,21	−0,0430	−0,0375	−0,0403	−0,0029
2,77	−0,0356	−0,0811	−0,0585	0,0228	3,22	−0,0430	−0,0367	−0,0399	−0,0032
2,78	−0,0361	−0,0799	−0,0581	0,0220	3,23	−0,0429	−0,0359	−0,0394	−0,0035
2,79	−0,0365	−0,0787	−0,0577	0,0212	3,24	−0,0428	−0,0351	−0,0390	−0,0039
2,80	−0,0369	−0,0777	−0,0573	0,0204	3,25	−0,0427	−0,0343	−0,0385	−0,0042
2,81	−0,0373	−0,0765	−0,0570	0,0196	3,26	−0,0426	−0,0336	−0,0381	−0,0046
2,82	−0,0377	−0,0754	−0,0566	0,0188	3,27	−0,0425	−0,0328	−0,0377	−0,0049
2,83	−0,0381	−0,0742	−0,0562	0,0181	3,28	−0,0424	−0,0321	−0,0373	−0,0052
2,84	−0,0385	−0,0731	−0,0558	0,0173	3,29	−0,0423	−0,0313	−0,0369	−0,0055
2,85	−0,0388	−0,0721	−0,0554	0,0167	3,30	−0,0422	−0,0306	−0,0365	−0,0058
2,86	−0,0391	−0,0710	−0,0550	0,0160	3,31	−0,0421	−0,0299	−0,0360	−0,0061
2,87	−0,0394	−0,0699	−0,0546	0,0153	3,32	−0,0420	−0,0292	−0,0356	−0,0064
2,88	−0,0397	−0,0687	−0,0542	0,0145	3,33	−0,0419	−0,0285	−0,0352	−0,0067
2,89	−0,0400	−0,0676	−0,0538	0,0138	3,34	−0,0418	−0,0278	−0,0348	−0,0070
2,90	−0,0403	−0,0666	−0,0534	0,0132	3,35	−0,0417	−0,0271	−0,0344	−0,0073
2,91	−0,0406	−0,0656	−0,0530	0,0125	3,36	−0,0415	−0,0264	−0,0340	−0,0075
2,92	−0,0409	−0,0645	−0,0526	0,0114	3,37	−0,0413	−0,0257	−0,0335	−0,0078
2,93	−0,0411	−0,0634	−0,0522	0,0112	3,38	−0,0411	−0,0251	−0,0331	−0,0080
2,94	−0,0413	−0,0624	−0,0518	0,0106	3,39	−0,0409	−0,0244	−0,0327	−0,0083
2,95	−0,0415	−0,0614	−0,0514	0,0100	3,40	−0,0408	−0,0238	−0,0323	−0,0085
2,96	−0,0417	−0,0603	−0,0510	0,0094	3,41	−0,0406	−0,0231	−0,0319	−0,0088
2,97	−0,0419	−0,0593	−0,0506	0,0088	3,42	−0,0404	−0,0225	−0,0315	−0,0090
2,98	−0,0420	−0,0583	−0,0502	0,0082	3,43	−0,0403	−0,0218	−0,0311	−0,0093
2,99	−0,0421	−0,0573	−0,0497	0,0076	3,44	−0,0401	−0,0212	−0,0307	−0,0094
3,00	−0,0422	−0,0563	−0,0493	0,0071	3,45	−0,0399	−0,0206	−0,0303	−0,0097
3,01	−0,0423	−0,0553	−0,0489	0,0065	3,46	−0,0397	−0,0200	−0,0299	−0,0099
3,02	−0,0424	−0,0543	−0,0484	0,0059	3,47	−0,0395	−0,0194	−0,0295	−0,0101
3,03	−0,0425	−0,0534	−0,0480	0,0054	3,48	−0,0392	−0,0189	−0,0291	−0,0102
3,04	−0,0426	−0,0524	−0,0476	0,0049	3,49	−0,0390	−0,0183	−0,0287	−0,0104
3,05	−0,0427	−0,0515	−0,0472	0,0043	3,50	−0,0388	−0,0177	−0,0283	−0,0106
3,06	−0,0428	−0,0505	−0,0468	0,0039	3,51	−0,0386	−0,0171	−0,0279	−0,0108
3,07	−0,0429	−0,0496	−0,0464	0,0034	3,52	−0,0384	−0,0165	−0,0275	−0,0109
3,08	−0,0430	−0,0487	−0,0459	0,0029	3,53	−0,0382	−0,0160	−0,0271	−0,0111
3,09	−0,0431	−0,0478	−0,0455	0,0023	3,54	−0,0380	−0,0155	−0,0268	−0,0113
3,10	−0,0431	−0,0469	−0,0450	0,0019	3,55	−0,0378	−0,0149	−0,0264	−0,0114
3,11	−0,0431	−0,0460	−0,0446	0,0015	3,56	−0,0376	−0,0144	−0,0260	−0,0116
3,12	−0,0432	−0,0451	−0,0441	0,0010	3,57	−0,0373	−0,0139	−0,0257	−0,0117
3,13	−0,0432	−0,0442	−0,0437	0,0006	3,58	−0,0371	−0,0134	−0,0253	−0,0118
3,14	−0,0432	−0,0433	−0,0432	0,0001	3,59	−0,0368	−0,0129	−0,0249	−0,0120
π	−0,0432	−0,0432	−0,0432	0					

Tabelle I. (Fortsetzung)

x	$\Phi(x)$	$\Psi(x)$	$\Theta(x)$	$\Omega(x)$
3,60	−0,0366	−0,0124	−0,0245	−0,0121
3,61	−0,0363	−0,0119	−0,0242	−0,0122
3,62	−0,0361	−0,0114	−0,0238	−0,0123
3,63	−0,0359	−0,0109	−0,0234	−0,0124
3,64	−0,0356	−0,0105	−0,0231	−0,0125
3,65	−0,0354	−0,0101	−0,0227	−0,0126
3,66	−0,0351	−0,0096	−0,0223	−0,0127
3,67	−0,0348	−0,0092	−0,0220	−0,0128
3,68	−0,0346	−0,0088	−0,0217	−0,0129
3,69	−0,0343	−0,0083	−0,0214	−0,0130
3,70	−0,0341	−0,0079	−0,0210	−0,0131
3,71	−0,0338	−0,0075	−0,0207	−0,0132
3,72	−0,0336	−0,0071	−0,0203	−0,0132
3,73	−0,0333	−0,0067	−0,0200	−0,0133
3,74	−0,0330	−0,0063	−0,0197	−0,0133
3,75	−0,0327	−0,0059	−0,0193	−0,0134
3,76	−0,0324	−0,0055	−0,0190	−0,0135
3,77	−0,0322	−0,0051	−0,0187	−0,0136
3,78	−0,0319	−0,0048	−0,0184	−0,0136
3,79	−0,0316	−0,0044	−0,0180	−0,0137
3,80	−0,0314	−0,0040	−0,0177	−0,0137
3,81	−0,0311	−0,0036	−0,0174	−0,0138
3,82	−0,0308	−0,0033	−0,0171	−0,0138
3,83	−0,0305	−0,0030	−0,0168	−0,0138
3,84	−0,0303	−0,0027	−0,0165	−0,0138
3,85	−0,0300	−0,0023	−0,0162	−0,0139
3,86	−0,0297	−0,0020	−0,0159	−0,0139
3,87	−0,0294	−0,0017	−0,0156	−0,0139
3,88	−0,0292	−0,0014	−0,0153	−0,0139
3,89	−0,0298	−0,0011	−0,0150	−0,0139
3,90	−0,0286	−0,0008	−0,0147	−0,0140
3,91	−0,0283	−0,0005	−0,0144	−0,0140
3,92	−0,0280	−0,0002	−0,0141	−0,0140
$^5/_4\pi$	−0,0278	0	−0,0139	−0,0140
3,93	−0,0278	0,0001	−0,0139	−0,0140
3,94	−0,0275	0,0003	−0,0136	−0,0139
3,95	−0,0272	0,0005	−0,0133	−0,0139
3,96	−0,0269	0,0008	−0,0130	−0,0139
3,97	−0,0267	0,0011	−0,0128	−0,0139
3,98	−0,0264	0,0014	−0,0125	−0,0139
3,99	−0,0261	0,0017	−0,0122	−0,0139

x	$\Phi(x)$	$\Psi(x)$	$\Theta(x)$	$\Omega(x)$
4,00	−0,0258	0,0019	−0,0120	−0,0139
4,10	−0,0231	0,0040	−0,0096	−0,0136
4,20	−0,0204	0,0057	−0,0074	−0,0131
4,30	−0,0179	0,0070	−0,0055	−0,0125
4,40	−0,0155	0,0079	−0,0038	−0,0117
4,50	−0,0132	0,0085	−0,0028	−0,0108
4,60	−0,0111	0,0089	−0,0012	−0,0100
4,70	−0,0092	0,0090	−0,0001	−0,0091
$^3/_2\pi$	−0,0090	0,0090	0	−0,0090
4,80	−0,0075	0,0089	0,0007	−0,0082
4,90	−0,0059	0,0087	0,0014	−0,0073
5,00	−0,0046	0,0084	0,0019	−0,0065
5,10	−0,0033	0,0080	0,0023	−0,0057
5,20	−0,0023	0,0075	0,0026	−0,0049
5,30	−0,0014	0,0069	0,0028	−0,0042
5,40	−0,0006	0,0064	0,0029	−0,0035
$^7/_4\pi$	0	0,0058	0,0029	−0,0029
5,50	0,0000	0,0058	0,0029	−0,0029
5,60	0,0005	0,0062	0,0029	−0,0023
5,70	0,0009	0,0046	0,0028	−0,0018
5,80	0,0013	0,0041	0,0027	−0,0014
5,90	0,0015	0,0036	0,0026	−0,0010
6,00	0,0017	0,0031	0,0024	−0,0007
6,10	0,0018	0,0026	0,0022	−0,0004
6,20	0,0019	0,0022	0,0020	−0,0002
2π	0,0019	0,0019	0,0019	0
6,30	0,0019	0,0018	0,0019	0,0001
6,40	0,0018	0,0015	0,0017	0,0002
6,50	0,0018	0,0012	0,0018	0,0003
6,60	0,0017	0,0009	0,0015	0,0004
6,70	0,0016	0,0006	0,0013	0,0005
6,80	0,0015	0,0004	0,0011	0,0006
6,90	0,0014	0,0002	0,0009	0,0006
7,00	0,0013	0,0001	0,0007	0,0006
$^9/_4\pi$	0,0012	0	0,0006	0,0006
7,10	0,0012	−0,0000	0,0006	0,0006
7,20	0,0011	−0,0001	0,0005	0,0006
7,30	0,0009	−0,0002	0,0004	0,0006
7,40	0,0008	−0,0003	0,0003	0,0006
7,50	0,0007	−0,0003	0,0002	0,0005
7,60	0,0006	−0,0004	0,0001	0,0005
7,70	0,0006	−0,0004	0,0001	0,0005
7,80	0,0004	−0,0004	0,0000	0,0004
$^5/_2\pi$	0,0004	−0,0004	0	0,0004
7,90	0,0004	−0,0004	−0,0000	0,0004
8,00	0,0002	−0,0004	−0,0001	0,0003

Tabelle II

$10t$	$Z_1(t)$	$Z_2(t)$	$Z_1'(t)$	$Z_2'(t)$
	+0,10000 · 10^{1}	−0,00000 · 10^{0}	+0,00000 · 10^{0}	−0,00000 · 10^{0}
1	+0,99999 · 10^{0}	−0,25000 · 10^{-2}	−0,62500 · 10^{-4}	−0,50000 · 10^{-1}
2	+0,99997	−0,10000 · 10^{-1}	−0,50000 · 10^{-3}	−0,10000 · 10^{0}
3	+0,99987	−0,22499	−0,16875 · 10^{-2}	−0,14999
4	+0,99960	−0,39998	−0,39999	−0,19997
5	+0,99902	−0,62493	−0,78120 · 10^{-2}	−0,24992
6	+0,99797	−0,89979 · 10^{-1}	−0,13498 · 10^{-1}	−0,29979
7	+0,99625	−0,12244 · 10^{0}	−0,21433	−0,34956
8	+0,99360	−0,15988	−0,31988	−0,39914
9	+0,98975	−0,20227	−0,45536	−0,44846
10	+0,98438	−0,24956	−0,62445	−0,49739
11	+0,97713	−0,30173	−0,83081 · 10^{-1}	−0,54580
12	+0,96763	−0,35870	−0,10780 · 10^{0}	−0,59352
13	+0,95543	−0,42040	−0,13697	−0,64033
14	+0,94007	−0,48673	−0,17092	−0,68600
15	+0,92107	−0,55756	−0,12001	−0,73025
16	+0,89789	−0,63272	−0,25454	−0,77274
17	+0,86997	−0,71203	−0,30483	−0,81310
18	+0,83672	−0,79526	−0,36118	−0,85092
19	+0,79752	−0,88212	−0,42384	−0,88573
20	+0,75173	−0,97229 · 10^{0}	−0,49306	−0,91701
21	+0,69868	−0,10654 · 10^{1}	−0,56906	−0,94418
22	+0,63769	−0,11609	−0,65200	−0,96661
23	+0,56805	−0,12585	−0,74202	−0,98360
24	+0,48904	−0,13575	−0,83920	−0,99443
25	+0,39996	−0,14571	−0,94358 · 10^{0}	−0,99827
26	+0,30009	−0,15568	−0,10551 · 10^{1}	−0,99426
27	+0,18870 · 10^{0}	−0,16557	−0,11737	−0,98148
28	+0,65112 · 10^{-1}	−0,17528	−0,12992	−0,95896
29	−0,71367 · 10^{-1}	−0,18471	−0,14314	−0,92566
30	−0,22138 · 10^{0}	−0,19376	−0,15698	−0,88048
31	−0,38553	−0,20228	−0,17141	−0,82229
32	−0,56437	−0,21015	−0,18636	−0,74992
33	−0,75840	−0,21723	−0,20177	−0,66214
34	−0,96804 · 10^{0}	−0,22334	−0,21755	−0,55769
35	−0,11936 · 10^{1}	−0,22832	−0,23360	−0,43529
36	−0,14353	−0,23198	−0,24982	−0,29366
37	−0,16932	−0,23413	−0,26607	−0,13148 · 10^{0}
38	−0,19674	−0,23454	−0,28221	+0,52530 · 10^{-1}
39	−0,22576	−0,23300	−0,29807	+0,25965 · 10^{0}
40	−0,25634	−0,22927	−0,31346	+0,49113
41	−0,28843	−0,22309	−0,32818	+0,74816 · 10^{0}
42	−0,32194	−0,21421	−0,34199	+0,10318 · 10^{1}
43	−0,35679	−0,20236	−0,35465	+0,13432
44	−0,39283	−0,18725	−0,36587	+0,16832
45	−0,42991	−0,16860	−0,37536	+0,20526
46	−0,46783	−0,14610	−0,38280	+0,24520
47	−0,50639	−0,11946 · 10^{1}	−0,38782	+0,28818
48	−0,54530	−0,88365 · 10^{0}	−0,39006	+0,33421
49	−0,58429 · 10^{1}	−0,52514 · 10^{0}	−0,38910 · 10^{1}	+0,38330 · 10^{1}

Tabelle II. (Fortsetzung)

$10t$	$Z_1(t)$	$Z_2(t)$	$Z_1'(t)$	$Z_2'(t)$
50	$-0{,}62300 \cdot 10^1$	$-0{,}11603 \cdot 10^0$	$-0{,}38453 \cdot 10^1$	$+0{,}43541 \cdot 10^1$
51	$-0{,}66106$	$+0{,}34666$	$-0{,}37589$	$+0{,}49046$
52	$-0{,}69803$	$+0{,}86584 \cdot 10^0$	$-0{,}36269$	$+0{,}54835$
53	$-0{,}73343$	$+0{,}14442 \cdot 10^1$	$-0{,}34445$	$+0{,}60892$
54	$-0{,}76674$	$+0{,}20845$	$-0{,}32063$	$+0{,}67198$
55	$-0{,}79736$	$+0{,}27889$	$-0{,}29070$	$+0{,}73729$
56	$-0{,}82465$	$+0{,}35597$	$-0{,}25409$	$+0{,}80453$
57	$-0{,}84793$	$+0{,}43985$	$-0{,}21024$	$+0{,}87335$
58	$-0{,}86644$	$+0{,}53068$	$-0{,}15855 \cdot 10^1$	$+0{,}94332 \cdot 10^1$
59	$-0{,}87936$	$+0{,}62854$	$-0{,}98438 \cdot 10^0$	$+0{,}10139 \cdot 10^2$
60	$-0{,}88583$	$+0{,}73347$	$-0{,}29308$	$+0{,}10846$
61	$-0{,}88490$	$+0{,}84545$	$+0{,}49429 \cdot 10^0$	$+0{,}11547$
62	$-0{,}87560$	$+0{,}96437 \cdot 10^1$	$+0{,}13835 \cdot 10^1$	$+0{,}12234$
63	$-0{,}85688$	$+0{,}10900 \cdot 10^2$	$+0{,}23802$	$+0{,}12900$
64	$-0{,}82762$	$+0{,}12223$	$+0{,}34898$	$+0{,}13535$
65	$-0{,}78669$	$+0{,}13606$	$+0{,}47173$	$+0{,}14129$
66	$-0{,}73287$	$+0{,}15047$	$+0{,}60674$	$+0{,}14670$
67	$-0{,}66491$	$+0{,}16538$	$+0{,}75441$	$+0{,}15146$
68	$-0{,}58155$	$+0{,}18073$	$+0{,}91509 \cdot 10^1$	$+0{,}15543$
69	$-0{,}48145$	$+0{,}19644$	$+0{,}10890 \cdot 10^2$	$+0{,}15847$
70	$-0{,}36329$	$+0{,}21239$	$+0{,}12764$	$+0{,}16041$
71	$-0{,}22571 \cdot 10^1$	$+0{,}22848$	$+0{,}14773$	$+0{,}16109$
72	$-0{,}67369 \cdot 10^0$	$+0{,}24456$	$+0{,}16917$	$+0{,}16033$
73	$+0{,}11308 \cdot 10^1$	$+0{,}26049$	$+0{,}19194$	$+0{,}15792$
74	$+0{,}31694$	$+0{,}27608$	$+0{,}21600$	$+0{,}15367$
75	$+0{,}54549$	$+0{,}29115$	$+0{,}24130$	$+0{,}14735$
76	$+0{,}79993 \cdot 10^1$	$+0{,}30548$	$+0{,}26777$	$+0{,}13875$
77	$+0{,}10814 \cdot 10^2$	$+0{,}31882$	$+0{,}29531$	$+0{,}12762$
78	$+0{,}13909$	$+0{,}33091$	$+0{,}32382$	$+0{,}11372 \cdot 10^2$
79	$+0{,}17293$	$+0{,}34146$	$+0{,}35314$	$+0{,}96806 \cdot 10^1$
80	$+0{,}20974$	$+0{,}35016$	$+0{,}38311$	$+0{,}76603$
81	$+0{,}24957$	$+0{,}35667$	$+0{,}41352$	$+0{,}52855$
82	$+0{,}29245$	$+0{,}36061$	$+0{,}44415$	$+0{,}25295 \cdot 10^1$
83	$+0{,}33839$	$+0{,}36159$	$+0{,}47472$	$-0{,}63409 \cdot 10^0$
84	$+0{,}38738$	$+0{,}35919$	$+0{,}50492$	$-0{,}42318 \cdot 10^1$
85	$+0{,}43936$	$+0{,}35297$	$+0{,}53441$	$-0{,}82895 \cdot 10^1$
86	$+0{,}49423$	$+0{,}34245$	$+0{,}56280$	$-0{,}12832 \cdot 10^2$
87	$+0{,}55187$	$+0{,}32714$	$+0{,}58966$	$-0{,}17883$
88	$+0{,}61209$	$+0{,}30651$	$+0{,}61451$	$-0{,}23465$
89	$+0{,}67468$	$+0{,}28003$	$+0{,}63682$	$-0{,}29598$
90	$+0{,}73935$	$+0{,}24712$	$+0{,}65600$	$-0{,}36299$
91	$+0{,}80576$	$+0{,}20723$	$+0{,}67145$	$-0{,}43583$
92	$+0{,}87350$	$+0{,}15976$	$+0{,}68246$	$-0{,}51459$
93	$+0{,}94208 \cdot 10^2$	$+0{,}10411 \cdot 10^2$	$+0{,}68831$	$-0{,}59935$
94	$+0{,}10109 \cdot 10^3$	$+0{,}39693 \cdot 10^1$	$+0{,}68821$	$-0{,}69012$
95	$+0{,}10795$	$-0{,}34105 \cdot 10^1$	$+0{,}68131$	$-0{,}78684$
96	$+0{,}11469$	$-0{,}11787 \cdot 10^2$	$+0{,}66674$	$-0{,}88940$
97	$+0{,}12125$	$-0{,}21217$	$+0{,}64353$	$-0{,}99763 \cdot 10^2$
98	$+0{,}12753$	$-0{,}31757$	$+0{,}61069$	$-0{,}11112 \cdot 10^3$
99	$+0{,}13343 \cdot 10^3$	$-0{,}43459 \cdot 10^2$	$+0{,}56719 \cdot 10^2$	$-0{,}12299 \cdot 10^3$

Tabelle II. (Fortsetzung)

$10t$	$Z_1(t)$	$Z_2(t)$	$Z_1'(t)$	$Z_2'(t)$
100	$+0{,}13884 \cdot 10^3$	$-0{,}56370 \cdot 10^2$	$+0{,}51195 \cdot 10^2$	$-0{,}13531 \cdot 10^3$
101	$+0{,}14363$	$-0{,}70534$	$+0{,}44384$	$-0{,}14803$
102	$+0{,}14767$	$-0{,}85987 \cdot 10^2$	$+0{,}36170$	$-0{,}16108$
103	$+0{,}15081$	$-0{,}10275 \cdot 10^3$	$+0{,}26437$	$-0{,}17437$
104	$+0{,}15290$	$-0{,}12086$	$+0{,}15065 \cdot 10^2$	$-0{,}18782$
105	$+0{,}15377$	$-0{,}14032$	$+0{,}19344 \cdot 10^1$	$-0{,}20130$
106	$+0{,}15322$	$-0{,}16112$	$-0{,}13075 \cdot 10^2$	$-0{,}21469$
107	$+0{,}15108$	$-0{,}18325$	$-0{,}30082$	$-0{,}22784$
108	$+0{,}14714$	$-0{,}20668$	$-0{,}49202$	$-0{,}24059$
109	$+0{,}14117$	$-0{,}23135$	$-0{,}70543$	$-0{,}25275$
110	$+0{,}13295$	$-0{,}25720$	$-0{,}94212 \cdot 10^2$	$-0{,}26412$
111	$+0{,}12225$	$-0{,}28414$	$-0{,}12030 \cdot 10^3$	$-0{,}27446$
112	$+0{,}10881 \cdot 10^3$	$-0{,}31205$	$-0{,}14890$	$-0{,}28353$
113	$+0{,}92383 \cdot 10^2$	$-0{,}34080$	$-0{,}18007$	$-0{,}29106$
114	$+0{,}72707$	$-0{,}37020$	$-0{,}21388$	$-0{,}29676$
115	$+0{,}49516$	$-0{,}40008$	$-0{,}25037$	$-0{,}30029$
116	$+0{,}22542 \cdot 10^2$	$-0{,}43018$	$-0{,}28955$	$-0{,}30132$
117	$-0{,}84831 \cdot 10^1$	$-0{,}46024$	$-0{,}33141$	$-0{,}29948$
118	$-0{,}43828 \cdot 10^2$	$-0{,}48997$	$-0{,}37592$	$-0{,}29437$
119	$-0{,}83753 \cdot 10^2$	$-0{,}51900$	$-0{,}42300$	$-0{,}28558$
120	$-0{,}12851 \cdot 10^3$	$-0{,}54695$	$-0{,}47257$	$-0{,}27267$
121	$-0{,}17834$	$-0{,}57338$	$-0{,}52446$	$-0{,}25517$
122	$-0{,}23347$	$-0{,}59781$	$-0{,}57850$	$-0{,}23262$
123	$-0{,}29411$	$-0{,}61972$	$-0{,}63445$	$-0{,}20450$
124	$-0{,}36042$	$-0{,}63851$	$-0{,}69202$	$-0{,}17029$
125	$-0{,}43255$	$-0{,}65356$	$-0{,}75087$	$-0{,}12949 \cdot 10^3$
126	$-0{,}51062$	$-0{,}66417$	$-0{,}81057$	$-0{,}81534 \cdot 10^2$
127	$-0{,}59468$	$-0{,}66961$	$-0{,}87066$	$-0{,}25888$
128	$-0{,}68475$	$-0{,}66907$	$-0{,}93059$	$+0{,}37991 \cdot 10^2$
129	$-0{,}78077$	$-0{,}66172$	$-0{,}98972 \cdot 10^3$	$+0{,}11064 \cdot 10^3$
130	$-0{,}88264$	$-0{,}64663$	$-0{,}10473 \cdot 10^4$	$+0{,}19260$
131	$-0{,}99017 \cdot 10^3$	$-0{,}62287$	$-0{,}11026$	$+0{,}28438$
132	$-0{,}11030 \cdot 10^4$	$-0{,}58941$	$-0{,}11547$	$+0{,}38645$
133	$-0{,}12209$	$-0{,}54522$	$-0{,}12027$	$+0{,}49928$
134	$-0{,}13434$	$-0{,}48918$	$-0{,}12453$	$+0{,}62327$
135	$-0{,}14698$	$-0{,}42018$	$-0{,}12815$	$+0{,}75877$
136	$-0{,}15994$	$-0{,}33704$	$-0{,}13099$	$+0{,}90608 \cdot 10^3$
137	$-0{,}17315$	$-0{,}23856$	$-0{,}13291$	$+0{,}10654 \cdot 10^4$
138	$-0{,}18649$	$-0{,}12355 \cdot 10^3$	$-0{,}13377$	$+0{,}12368$
139	$-0{,}19986$	$+0{,}92100 \cdot 10^1$	$-0{,}13339$	$+0{,}14204$
140	$-0{,}24312$	$+0{,}16093 \cdot 10^3$	$-0{,}13161$	$+0{,}16161$
141	$-0{,}22613$	$+0{,}33282$	$-0{,}12823$	$+0{,}18235$
142	$-0{,}23871$	$+0{,}52602$	$-0{,}12306$	$+0{,}20423$
143	$-0{,}25068$	$+0{,}74164$	$-0{,}11590$	$+0{,}22719$
144	$-0{,}26182$	$+0{,}98074 \cdot 10^3$	$-0{,}10654 \cdot 10^4$	$+0{,}25116$
145	$-0{,}27190$	$+0{,}12442 \cdot 10^4$	$-0{,}94737 \cdot 10^3$	$+0{,}27603$
146	$-0{,}28068$	$+0{,}15330$	$-0{,}80268$	$+0{,}30169$
147	$-0{,}28786$	$+0{,}18478$	$-0{,}62895$	$+0{,}32798$
148	$-0{,}29315$	$+0{,}21892$	$-0{,}42373$	$+0{,}35474$
149	$-0{,}29622 \cdot 10^4$	$+0{,}25574 \cdot 10^4$	$-0{,}18456 \cdot 10^3$	$+0{,}38175 \cdot 10^4$

Tabelle II. (Fortsetzung)

$10t$	$Z_1(t)$	$Z_2(t)$	$Z_1'(t)$	$Z_2'(t)$
150	$-0{,}29672 \cdot 10^4$	$+0{,}29527 \cdot 10^4$	$+0{,}91055 \cdot 10^2$	$+0{,}40877 \cdot 10^4$
151	$-0{,}29427$	$+0{,}33749$	$+0{,}40558 \cdot 10^3$	$+0{,}43554$
152	$-0{,}28847$	$+0{,}38236$	$+0{,}76146 \cdot 10^3$	$+0{,}46175$
153	$-0{,}27890$	$+0{,}42981$	$+0{,}11610 \cdot 10^4$	$+0{,}48704$
154	$-0{,}26510$	$+0{,}47972$	$+0{,}16066$	$+0{,}51102$
155	$-0{,}24660$	$+0{,}53195$	$+0{,}21003$	$+0{,}53327$
156	$-0{,}22292$	$+0{,}58630$	$+0{,}26440$	$+0{,}55330$
157	$-0{,}19355$	$+0{,}64252$	$+0{,}32395$	$+0{,}57058$
158	$-0{,}15796$	$+0{,}70031$	$+0{,}38882$	$+0{,}58454$
159	$-0{,}11560 \cdot 10^4$	$+0{,}75930$	$+0{,}45913$	$+0{,}59456$
160	$-0{,}65949 \cdot 10^3$	$+0{,}81907$	$+0{,}53493$	$+0{,}59995$
161	$-0{,}84363 \cdot 10^2$	$+0{,}87911$	$+0{,}61625$	$+0{,}59999$
162	$+0{,}57485 \cdot 10^3$	$+0{,}93886$	$+0{,}70308$	$+0{,}59392$
163	$+0{,}13236 \cdot 10^4$	$+0{,}99766 \cdot 10^4$	$+0{,}79531$	$+0{,}58088$
164	$+0{,}21672$	$+0{,}10547 \cdot 10^5$	$+0{,}89279$	$+0{,}56001$
165	$+0{,}31108$	$+0{,}11093$	$+0{,}99528 \cdot 10^4$	$+0{,}53039$
166	$+0{,}41593$	$+0{,}11605$	$+0{,}11024 \cdot 10^5$	$+0{,}49104$
167	$+0{,}53172$	$+0{,}12072$	$+0{,}12139$	$+0{,}44094$
168	$+0{,}65885$	$+0{,}12483$	$+0{,}13292$	$+0{,}37906$
169	$+0{,}79766$	$+0{,}12826$	$+0{,}14475$	$+0{,}30429$
170	$+0{,}94844 \cdot 10^4$	$+0{,}13087$	$+0{,}15683$	$+0{,}21555$
171	$+0{,}11113 \cdot 10^5$	$+0{,}13252$	$+0{,}16905$	$+0{,}11169 \cdot 10^4$
172	$+0{,}12865$	$+0{,}13305$	$+0{,}18132$	$-0{,}84098 \cdot 10^2$
173	$+0{,}14740$	$+0{,}13229$	$+0{,}19351$	$-0{,}14589 \cdot 10^4$
174	$+0{,}16735$	$+0{,}13007$	$+0{,}20549$	$-0{,}30189$
175	$+0{,}18848$	$+0{,}12619$	$+0{,}21711$	$-0{,}47749$
176	$+0{,}21075$	$+0{,}12045$	$+0{,}22819$	$-0{,}67375$
177	$+0{,}23410$	$+0{,}11264$	$+0{,}23854$	$-0{,}89167 \cdot 10^4$
178	$+0{,}25843$	$+0{,}10254 \cdot 10^5$	$+0{,}24795$	$-0{,}11321 \cdot 10^5$
179	$+0{,}28365$	$+0{,}89924 \cdot 10^4$	$+0{,}25618$	$-0{,}13960$
180	$+0{,}30962$	$+0{,}74543$	$+0{,}26298$	$-0{,}16841$
181	$+0{,}33619$	$+0{,}56159$	$+0{,}26807$	$-0{,}19967$
182	$+0{,}36317$	$+0{,}34524 \cdot 10^4$	$+0{,}27115$	$-0{,}23345$
183	$+0{,}39034$	$+0{,}93855 \cdot 10^3$	$+0{,}27188$	$-0{,}26974$
184	$+0{,}41746$	$-0{,}19509 \cdot 10^4$	$+0{,}26993$	$-0{,}30856$
185	$+0{,}44423$	$-0{,}52410$	$+0{,}26492$	$-0{,}34987$
186	$+0{,}47032$	$-0{,}89564 \cdot 10^4$	$+0{,}25645$	$-0{,}39360$
187	$+0{,}49539$	$-0{,}13121 \cdot 10^5$	$+0{,}24411$	$-0{,}43966$
188	$+0{,}51900$	$-0{,}17757$	$+0{,}22745$	$-0{,}48792$
189	$+0{,}54072$	$-0{,}22886$	$+0{,}20602$	$-0{,}53821$
190	$+0{,}56003$	$-0{,}28527$	$+0{,}17933$	$-0{,}59029$
191	$+0{,}57639$	$-0{,}34697$	$+0{,}14691$	$-0{,}64390$
192	$+0{,}58920$	$-0{,}41409$	$+0{,}10823 \cdot 10^5$	$-0{,}69871$
193	$+0{,}59781$	$-0{,}48674$	$+0{,}62790 \cdot 10^4$	$-0{,}75432$
194	$+0{,}60152$	$-0{,}56497$	$+0{,}10059$	$-0{,}81029$
195	$+0{,}59957$	$-0{,}64879$	$-0{,}50482 \cdot 10^4$	$-0{,}86609$
196	$+0{,}59115$	$-0{,}73816$	$-0{,}11935 \cdot 10^5$	$-0{,}92111$
197	$+0{,}57540$	$-0{,}83296$	$-0{,}19706$	$-0{,}97468 \cdot 10^5$
198	$+0{,}55142$	$-0{,}93302 \cdot 10^5$	$-0{,}28410$	$-0{,}10260 \cdot 10^6$
199	$+0{,}51825$	$-0{,}10380 \cdot 10^6$	$-0{,}38095$	$-0{,}10743$
200	$+0{,}47489 \cdot 10^5$	$-0{,}11477 \cdot 10^6$	$-0{,}48803 \cdot 10^5$	$-0{,}11185 \cdot 10^6$

Tabelle III

A_1

$10t$	$\nu = 0$	$\nu = \frac{1}{8}$	$\nu = \frac{1}{6}$	$\nu = \frac{1}{4}$
	−0,00000 · 10^{0}	−0,00000 · 10^{0}	−0,00000 · 10^{0}	−0,00000 · 10^{0}
1	−0,75000 · 10^{-2}	−0,69444 · 10^{-2}	−0,67857 · 10^{-2}	−0,65000 · 10^{-2}
2	−0,29999 · 10^{-1}	−0,27777 · 10^{-1}	−0,27142 · 10^{-1}	−0,25999 · 10^{-1}
3	−0,67490 · 10^{-1}	−0,62491 · 10^{-1}	−0,61063 · 10^{-1}	−0,58492 · 10^{-1}
4	−0,11994 · 10^{0}	−0,11106 · 10^{0}	−0,10852 · 10^{0}	−0,10395 · 10^{0}
5	−0,18729	−0,17343	−0,16947	−0,16234
6	−0,26938	−0,24946	−0,24377	−0,23353
7	−0,36594	−0,33894	−0,33122	−0,31732
8	−0,47655	−0,44146	−0,43143	−0,41337
9	−0,60053	−0,55648	−0,54388	−0,52119
10	−0,73695	−0,68317	−0,56779	−0,64006
11	−0,88454 · 10^{0}	−0,82044	−0,80208	−0,76900
12	−0,10416 · 10^{1}	−0,96684 · 10^{0}	−0,94540 · 10^{0}	−0,90673 · 10^{0}
13	−0,12062	−0,11205 · 10^{1}	−0,10960 · 10^{1}	−0,10516 · 10^{1}
14	−0,13757	−0,12794	−0,12517	−0,12018
15	−0,15472	−0,14408	−0,14102	−0,13549
16	−0,17176	−0,16020	−0,15686	−0,15083
17	−0,18833	−0,17596	−0,17239	−0,16591
18	−0,20406	−0,19105	−0,18728	−0,18044
19	−0,21860	−0,20513	−0,20122	−0,19411
20	−0,23159	−0,21787	−0,21388	−0,20659
21	−0,24274	−0,22899	−0,22497	−0,21763
22	−0,25179	−0,23822	−0,23424	−0,22696
23	−0,25855	−0,24537	−0,24149	−0,23438
24	−0,26289	−0,25030	−0,24658	−0,23974
25	−0,26477	−0,25293	−0,24942	−0,24295
26	−0,26422	−0,25327	−0,25000	−0,24397
27	−0,26131	−0,25135	−0,24837	−0,24285
28	−0,25620	−0,24729	−0,24462	−0,23965
29	−0,24907	−0,24125	−0,23889	−0,23450
30	−0,24013	−0,23340	−0,23137	−0,22757
31	−0,22962	−0,22397	−0,22225	−0,21904
32	−0,21778	−0,21316	−0,21176	−0,20912
33	−0,20486	−0,20122	−0,20011	−0,19801
34	−0,19108	−0,18835	−0,18752	−0,18594
35	−0,17667	−0,17479	−0,17420	−0,17311
36	−0,16185	−0,16072	−0,16037	−0,15971
37	−0,14678	−0,14634	−0,14620	−0,14594
38	−0,13166	−0,13182	−0,13186	−0,13196
39	−0,11662	−0,11731	−0,11752	−0,11793
40	−0,10180 · 10^{1}	−0,10295 · 10^{1}	−0,10331 · 10^{1}	−0,10399 · 10^{1}
41	−0,87328 · 10^{0}	−0,88866 · 10^{0}	−0,89345 · 10^{0}	−0,90260 · 10^{0}
42	−0,73288	−0,75155	−0,75738	−0,76852
43	−0,59771	−0,61910	−0,62579	−0,63860
44	−0,46848	−0,49207	−0,49947	−0,51362
45	−0,34579	−0,37110	−0,37904	−0,39428
46	−0,23010	−0,25669	−0,26506	−0,28111
47	−0,12177 · 10^{0}	−0,14927 · 10^{0}	−0,15793 · 10^{0}	−0,17457 · 10^{0}
48	−0,21079 · 10^{-1}	−0,49135 · 10^{-1}	−0,57986 · 10^{-1}	−0,74994 · 10^{-1}
49	+0,71811 · 10^{-1}	+0,43503 · 10^{-1}	+0,34561 · 10^{-1}	+0,17363 · 10^{-1}

Tabelle III. (Fortsetzung)

A_1

$10t$	$\nu=0$	$\nu=\frac{1}{8}$	$\nu=\frac{1}{6}$	$\nu=\frac{1}{4}$
50	$+0{,}15680\cdot10^0$	$+0{,}12851\cdot10^0$	$+0{,}11956\cdot10^0$	$+0{,}10234\cdot10^0$
51	+0,23386	+0,20583	+0,19695	+0,17985
52	+0,30306	+0,27548	+0,26674	+0,24989
53	+0,36448	+0,33755	+0,32900	+0,31251
54	+0,41831	+0,39216	+0,38386	+0,36782
55	+0,46475	+0,43951	+0,43149	+0,41598
56	+0,50404	+0,47982	+0,47212	+0,45721
57	+0,53650	+0,51338	+0,50601	+0,49176
58	+0,56244	+0,54047	+0,53347	+0,51992
59	+0,58221	+0,56145	+0,55482	+0,54200
60	+0,59618	+0,57665	+0,57042	+0,55834
61	+0,60474	+0,58647	+0,58063	+0,56930
62	+0,60829	+0,59127	+0,58583	+0,57527
63	+0,60723	+0,59146	+0,58641	+0,57661
64	+0,60198	+0,58743	+0,58278	+0,57373
65	+0,59293	+0,57959	+0,57532	+0,56701
66	+0,58050	+0,56833	+0,56443	+0,55684
67	+0,56507	+0,55403	+0,55049	+0,54361
68	+0,54703	+0,53708	+0,53389	+0,52768
69	+0,52675	+0,51784	+0,51498	+0,50942
70	+0,50458	+0,49667	+0,49413	+0,48917
71	+0,48088	+0,47390	+0,47166	+0,46728
72	+0,45595	+0,44985	+0,44789	+0,44407
73	+0,43009	+0,42482	+0,42313	+0,41982
74	+0,40360	+0,39910	+0,39765	+0,39482
75	+0,37672	+0,37293	+0,37171	+0,36933
76	+0,34970	+0,34657	+0,34556	+0,34360
77	+0,32276	+0,32023	+0,31942	+0,31783
78	+0,29606	+0,29411	+0,29348	+0,29223
79	+0,26986	+0,26839	+0,26792	+0,26699
80	+0,24425	+0,24322	+0,24289	+0,24225
81	+0,21937	+0,21875	+0,21855	+0,21816
82	+0,19535	+0,19509	+0,19500	+0,19484
83	+0,17228	+0,17234	+0,17236	+0,17240
84	+0,15026	+0,15059	+0,15070	+0,15091
85	+0,12934	+0,12991	+0,13010	+0,13046
86	$+0{,}10957\cdot10^0$	$+0{,}11035\cdot10^0$	$+0{,}11060\cdot10^0$	$+0{,}11109\cdot10^0$
87	$+0{,}91003\cdot10^{-1}$	$+0{,}91952\cdot10^{-1}$	$+0{,}92260\cdot10^{-1}$	$+0{,}92862\cdot10^{-1}$
88	+0,73644	+0,74736	+0,75090	+0,75782
89	+0,57512	+0,58719	+0,59110	+0,59876
90	+0,42607	+0,43904	+0,44324	+0,45148
91	+0,28920	+0,30284	+0,30726	+0,31593
92	$+0{,}16433\cdot10^{-1}$	$+0{,}17844\cdot10^{-1}$	$+0{,}18302\cdot10^{-1}$	$+0{,}19199\cdot10^{-1}$
93	$+0{,}51207\cdot10^{-2}$	$+0{,}65601\cdot10^{-2}$	$+0{,}70271\cdot10^{-2}$	$+0{,}79428\cdot10^{-2}$
94	$-0{,}50500\cdot10^{-2}$	$-0{,}35984\cdot10^{-2}$	$-0{,}31273\cdot10^{-2}$	$-0{,}22033\cdot10^{-2}$
95	$-0{,}14117\cdot10^{-1}$	$-0{,}12667\cdot10^{-1}$	$-0{,}12197\cdot10^{-1}$	$-0{,}11274\cdot10^{-1}$
96	−0,22124	−0,20689	−0,20223	−0,19309
97	−0,29117	−0,27708	−0,27250	−0,26351
98	−0,35147	−0,33773	−0,33326	−0,32449
99	$-0{,}40268\cdot10^{-1}$	$-0{,}38936\cdot10^{-1}$	$-0{,}38503\cdot10^{-1}$	$-0{,}37653\cdot10^{-1}$

Tabelle III. (Fortsetzung)

A_1

$10t$	$\nu=0$	$\nu=\frac{1}{8}$	$\nu=\frac{1}{6}$	$\nu=\frac{1}{4}$
100	$-0{,}44533 \cdot 10^{-1}$	$-0{,}43250 \cdot 10^{-1}$	$-0{,}42833 \cdot 10^{-1}$	$-0{,}42014 \cdot 10^{-1}$
101	$-0{,}47999$	$-0{,}46771$	$-0{,}46371$	$-0{,}45586$
102	$-0{,}50723$	$-0{,}49553$	$-0{,}49172$	$-0{,}48424$
103	$-0{,}52761$	$-0{,}51652$	$-0{,}51291$	$-0{,}50582$
104	$-0{,}54169$	$-0{,}53123$	$-0{,}52783$	$-0{,}52114$
105	$-0{,}55002$	$-0{,}54021$	$-0{,}53702$	$-0{,}53075$
106	$-0{,}55316$	$-0{,}54400$	$-0{,}54102$	$-0{,}53517$
107	$-0{,}55162$	$-0{,}54312$	$-0{,}54035$	$-0{,}53491$
108	$-0{,}54592$	$-0{,}53807$	$-0{,}53551$	$-0{,}53048$
109	$-0{,}53654$	$-0{,}52932$	$-0{,}52697$	$-0{,}52285$
110	$-0{,}52396$	$-0{,}51736$	$-0{,}51521$	$-0{,}51098$
111	$-0{,}50862$	$-0{,}50261$	$-0{,}50066$	$-0{,}49681$
112	$-0{,}49092$	$-0{,}48550$	$-0{,}48373$	$-0{,}48025$
113	$-0{,}47128$	$-0{,}46641$	$-0{,}46482$	$-0{,}46170$
114	$-0{,}45005$	$-0{,}44571$	$-0{,}44429$	$-0{,}44151$
115	$-0{,}42758$	$-0{,}42374$	$-0{,}42248$	$-0{,}42002$
116	$-0{,}40418$	$-0{,}40081$	$-0{,}39971$	$-0{,}39754$
117	$-0{,}38014$	$-0{,}37720$	$-0{,}37625$	$-0{,}37436$
118	$-0{,}35571$	$-0{,}35319$	$-0{,}35237$	$-0{,}35075$
119	$-0{,}33114$	$-0{,}32901$	$-0{,}32831$	$-0{,}32693$
120	$-0{,}30665$	$-0{,}30486$	$-0{,}30428$	$-0{,}30313$
121	$-0{,}28241$	$-0{,}28095$	$-0{,}28047$	$-0{,}27953$
122	$-0{,}25860$	$-0{,}25743$	$-0{,}25705$	$-0{,}25630$
123	$-0{,}23535$	$-0{,}23446$	$-0{,}23417$	$-0{,}23359$
124	$-0{,}21281$	$-0{,}21216$	$-0{,}21194$	$-0{,}21152$
125	$-0{,}19106$	$-0{,}19063$	$-0{,}19048$	$-0{,}19021$
126	$-0{,}17020$	$-0{,}16996$	$-0{,}16988$	$-0{,}16973$
127	$-0{,}15030$	$-0{,}15023$	$-0{,}15021$	$-0{,}15017$
128	$-0{,}13141$	$-0{,}13149$	$-0{,}13152$	$-0{,}13158$
129	$-0{,}11357 \cdot 10^{-1}$	$-0{,}11379 \cdot 10^{-1}$	$-0{,}11386 \cdot 10^{-1}$	$-0{,}11400 \cdot 10^{-1}$
130	$-0{,}96825 \cdot 10^{-2}$	$-0{,}97154 \cdot 10^{-2}$	$-0{,}97262 \cdot 10^{-2}$	$-0{,}97474 \cdot 10^{-2}$
131	$-0{,}81169$	$-0{,}81593$	$-0{,}81732$	$-0{,}82006$
132	$-0{,}66615$	$-0{,}67119$	$-0{,}67284$	$-0{,}67609$
133	$-0{,}53159$	$-0{,}53728$	$-0{,}53914$	$-0{,}54281$
134	$-0{,}40787$	$-0{,}41408$	$-0{,}41611$	$-0{,}42011$
135	$-0{,}29480$	$-0{,}30140$	$-0{,}30356$	$-0{,}30782$
136	$-0{,}19210 \cdot 10^{-2}$	$-0{,}19898$	$-0{,}20123$	$-0{,}20568$
137	$-0{,}99442 \cdot 10^{-3}$	$-0{,}10651 \cdot 10^{-2}$	$-0{,}10883 \cdot 10^{-2}$	$-0{,}11340 \cdot 10^{-2}$
138	$-0{,}16461$	$-0{,}23636 \cdot 10^{-3}$	$-0{,}25986 \cdot 10^{-3}$	$-0{,}30623 \cdot 10^{-3}$
139	$+0{,}57252 \cdot 10^{-3}$	$+0{,}50053 \cdot 10^{-3}$	$+0{,}47695 \cdot 10^{-3}$	$+0{,}43041 \cdot 10^{-3}$
140	$+0{,}12213 \cdot 10^{-2}$	$+0{,}11498 \cdot 10^{-2}$	$+0{,}11263 \cdot 10^{-2}$	$+0{,}10801 \cdot 10^{-2}$
141	$+0{,}17866$	$+0{,}17161$	$+0{,}16929$	$+0{,}16473$
142	$+0{,}22730$	$+0{,}22040$	$+0{,}21814$	$+0{,}21367$
143	$+0{,}26855$	$+0{,}26184$	$+0{,}25964$	$+0{,}25530$
144	$+0{,}30290$	$+0{,}29642$	$+0{,}29430$	$+0{,}29011$
145	$+0{,}33085$	$+0{,}32464$	$+0{,}32260$	$+0{,}31858$
146	$+0{,}35291$	$+0{,}34697$	$+0{,}34503$	$+0{,}34119$
147	$+0{,}36955$	$+0{,}36392$	$+0{,}36207$	$+0{,}35842$
148	$+0{,}38126$	$+0{,}37593$	$+0{,}37419$	$+0{,}37074$
149	$+0{,}38849 \cdot 10^{-2}$	$+0{,}38349 \cdot 10^{-2}$	$+0{,}38185 \cdot 10^{-2}$	$+0{,}37861 \cdot 10^{-2}$

Tabelle III. (Fortsetzung)

A_1

$10t$	$\nu=0$	$\nu=\frac{1}{8}$	$\nu=\frac{1}{6}$	$\nu=\frac{1}{4}$
150	$+0{,}39171 \cdot 10^{-2}$	$+0{,}38703 \cdot 10^{-2}$	$+0{,}38550 \cdot 10^{-2}$	$+0{,}38246 \cdot 10^{-2}$
151	$+0{,}39133$	$+0{,}38698$	$+0{,}38555$	$+0{,}38273$
152	$+0{,}38778$	$+0{,}38375$	$+0{,}38243$	$+0{,}37982$
153	$+0{,}38144$	$+0{,}37773$	$+0{,}37651$	$+0{,}37411$
154	$+0{,}37269$	$+0{,}36929$	$+0{,}36818$	$+0{,}36597$
155	$+0{,}36187$	$+0{,}35878$	$+0{,}35776$	$+0{,}35575$
156	$+0{,}34932$	$+0{,}34651$	$+0{,}34559$	$+0{,}34377$
157	$+0{,}33533$	$+0{,}33280$	$+0{,}33197$	$+0{,}33033$
158	$+0{,}32018$	$+0{,}31792$	$+0{,}31718$	$+0{,}31571$
159	$+0{,}30413$	$+0{,}30212$	$+0{,}30147$	$+0{,}30016$
160	$+0{,}28743$	$+0{,}28566$	$+0{,}28508$	$+0{,}28393$
161	$+0{,}27027$	$+0{,}26873$	$+0{,}26822$	$+0{,}26722$
162	$+0{,}25287$	$+0{,}25154$	$+0{,}25110$	$+0{,}25023$
163	$+0{,}23539$	$+0{,}23425$	$+0{,}23387$	$+0{,}23314$
164	$+0{,}21798$	$+0{,}21702$	$+0{,}21671$	$+0{,}21609$
165	$+0{,}20079$	$+0{,}19999$	$+0{,}19973$	$+0{,}19922$
166	$+0{,}18392$	$+0{,}18328$	$+0{,}18307$	$+0{,}18266$
167	$+0{,}16749$	$+0{,}16699$	$+0{,}16683$	$+0{,}16650$
168	$+0{,}15158$	$+0{,}15121$	$+0{,}15108$	$+0{,}15084$
169	$+0{,}13626$	$+0{,}13600$	$+0{,}13591$	$+0{,}13574$
170	$+0{,}12160$	$+0{,}12143$	$+0{,}12138$	$+0{,}12127$
171	$+0{,}10763 \cdot 10^{-2}$	$+0{,}10755 \cdot 10^{-2}$	$+0{,}10753 \cdot 10^{-2}$	$+0{,}10748 \cdot 10^{-2}$
172	$+0{,}94399 \cdot 10^{-3}$	$+0{,}94404 \cdot 10^{-3}$	$+0{,}94406 \cdot 10^{-3}$	$+0{,}94409 \cdot 10^{-3}$
173	$+0{,}81925$	$+0{,}81998$	$+0{,}82022$	$+0{,}82070$
174	$+0{,}70225$	$+0{,}70358$	$+0{,}70401$	$+0{,}70487$
175	$+0{,}59309$	$+0{,}59492$	$+0{,}59552$	$+0{,}59671$
176	$+0{,}49176$	$+0{,}49401$	$+0{,}49475$	$+0{,}49621$
177	$+0{,}39819$	$+0{,}40079$	$+0{,}40165$	$+0{,}40334$
178	$+0{,}31227$	$+0{,}31515$	$+0{,}31610$	$+0{,}31798$
179	$+0{,}23383$	$+0{,}23693$	$+0{,}23795$	$+0{,}23996$
180	$+0{,}16264 \cdot 10^{-3}$	$+0{,}16590$	$+0{,}16697$	$+0{,}16910$
181	$+0{,}98461 \cdot 10^{-4}$	$+0{,}10183 \cdot 10^{-3}$	$+0{,}10294 \cdot 10^{-3}$	$+0{,}10514 \cdot 10^{-3}$
182	$+0{,}41005$	$+0{,}44447 \cdot 10^{-4}$	$+0{,}45579 \cdot 10^{-4}$	$+0{,}37821 \cdot 10^{-4}$
183	$-0{,}10030$	$-0{,}65599 \cdot 10^{-5}$	$-0{,}54184 \cdot 10^{-5}$	$-0{,}31580 \cdot 10^{-5}$
184	$-0{,}54968$	$-0{,}51505 \cdot 10^{-4}$	$-0{,}50366 \cdot 10^{-4}$	$-0{,}48109 \cdot 10^{-4}$
185	$-0{,}94146 \cdot 10^{-4}$	$-0{,}90720 \cdot 10^{-4}$	$-0{,}89593 \cdot 10^{-4}$	$-0{,}87361 \cdot 10^{-4}$
186	$-0{,}12791 \cdot 10^{-3}$	$-0{,}12454 \cdot 10^{-3}$	$-0{,}12344 \cdot 10^{-3}$	$-0{,}12125 \cdot 10^{-3}$
187	$-0{,}15661$	$-0{,}15333$	$-0{,}15226$	$-0{,}15012$
188	$-0{,}18060$	$-0{,}17743$	$-0{,}17639$	$-0{,}17432$
189	$-0{,}20024$	$-0{,}19719$	$-0{,}19618$	$-0{,}19419$
190	$-0{,}21587$	$-0{,}21295$	$-0{,}21199$	$-0{,}21008$
191	$-0{,}22782$	$-0{,}22505$	$-0{,}22413$	$-0{,}22232$
192	$-0{,}23644$	$-0{,}23381$	$-0{,}23295$	$-0{,}23123$
193	$-0{,}24205$	$-0{,}23957$	$-0{,}23875$	$-0{,}23714$
194	$-0{,}24494$	$-0{,}24262$	$-0{,}24186$	$-0{,}24034$
195	$-0{,}24542$	$-0{,}24326$	$-0{,}24255$	$-0{,}24114$
196	$-0{,}24377$	$-0{,}24177$	$-0{,}24110$	$-0{,}23980$
197	$-0{,}24026$	$-0{,}23840$	$-0{,}23779$	$-0{,}23659$
198	$-0{,}23512$	$-0{,}23342$	$-0{,}23286$	$-0{,}23176$
199	$-0{,}22861$	$-0{,}22706$	$-0{,}22655$	$-0{,}22554$
200	$-0{,}22094 \cdot 10^{-3}$	$-0{,}21953 \cdot 10^{-3}$	$-0{,}21907 \cdot 10^{-3}$	$-0{,}21815 \cdot 10^{-3}$

Tabelle IV

A_2

$10t$	$\nu=0$	$\nu=\frac{1}{8}$	$\nu=\frac{1}{6}$	$\nu=\frac{1}{4}$
	$+0{,}69282 \cdot 10^1$	$+0{,}61101 \cdot 10^1$	$+0{,}58554 \cdot 10^1$	$+0{,}53665 \cdot 10^1$
1	+0,69282	+0,61101	+0,58554	+0,53665
2	+0,69280	+0,61099	+0,58552	+0,53664
3	+0,69270	+0,61091	+0,58544	+0,53657
4	+0,69245	+0,61070	+0,58525	+0,63640
5	+0,69192	+0,61026	+0,58483	+0,53602
6	+0,69095	+0,60945	+0,58407	+0,53535
7	+0,68936	+0,60813	+0,58283	+0,53424
8	+0,68694	+0,60611	+0,58092	+0,53255
9	+0,68344	+0,60319	+0,57817	+0,53011
10	+0,67860	+0,59915	+0,57436	+0,52672
11	+0,67214	+0,59376	+0,56927	+0,52220
12	+0,66379	+0,58677	+0,56269	+0,51633
13	+0,65329	+0,57798	+0,55439	+0,50894
14	+0,64040	+0,56717	+0,54418	+0,49984
15	+0,62492	+0,55415	+0,53189	+0,48886
16	+0,60673	+0,53881	+0,51738	+0,47590
17	+0,58575	+0,52107	+0,50059	+0,47590
18	+0,56201	+0,50093	+0,48151	+0,46087
19	+0,53564	+0,47846	+0,46020	+0,42460
20	+0,50685	+0,45381	+0,43680	+0,40351
21	+0,47592	+0,42722	+0,41151	+0,38067
22	+0,44325	+0,39898	+0,38461	+0,35631
23	+0,40926	+0,36944	+0,35644	+0,33071
24	+0,37441	+0,33898	+0,32734	+0,30421
25	+0,33920	+0,30803	+0,29772	+0,27713
26	+0,30408	+0,27698	+0,26795	+0,24984
27	+0,26949	+0,24623	+0,23842	+0,22268
28	+0,23584	+0,21613	+0,20946	+0,19596
29	+0,20346	+0,18700	+0,18139	+0,16998
30	+0,17262	+0,15911	+0,15447	+0,14498
31	+0,14354	+0,13267	+0,12891	$+0{,}12118 \cdot 10^1$
32	$+0{,}11638 \cdot 10^1$	$+0{,}10785 \cdot 10^1$	$+0{,}10487 \cdot 10^1$	$+0{,}98737 \cdot 10^0$
33	$+0{,}91224 \cdot 10^0$	$+0{,}84751 \cdot 10^0$	$+0{,}82477 \cdot 10^0$	+0,77762
34	+0,68132	+0,63448	+0,61791	+0,58338
35	+0,47108	+0,43969	+0,42850	+0,40508
36	+0,28128	+0,26310	+0,25657	$+0{,}24285 \cdot 10^0$
37	$+0{,}11139 \cdot 10^0$	$+0{,}10439 \cdot 10^0$	$+0{,}10187 \cdot 10^0$	$+0{,}96534 \cdot 10^{-1}$
38	$-0{,}39337 \cdot 10^{-1}$	$-0{,}36936 \cdot 10^{-1}$	$-0{,}36063 \cdot 10^{-1}$	$-0{,}34211 \cdot 10^{-1}$
39	$-0{,}17178 \cdot 10^0$	$-0{,}16158 \cdot 10^0$	$-0{,}15785 \cdot 10^0$	$-0{,}14990 \cdot 10^0$
40	−0,28695	−0,27036	−0,26424	−0,25118
41	−0,38590	−0,36414	−0,35608	−0,33879
42	−0,46971	−0,44387	−0,43425	−0,41352
43	−0,53950	−0,51053	−0,49966	−0,47620
44	−0,59638	−0,56507	−0,55327	−0,52770
45	−0,64141	−0,60847	−0,59589	−0,56886
46	−0,67565	−0,64168	−0,62875	−0,60054
47	−0,70011	−0,66563	−0,65244	−0,62357
48	−0,71577	−0,68121	−0,66792	−0,63877
49	$-0{,}72354 \cdot 10^0$	$-0{,}68928 \cdot 10^0$	$-0{,}67604 \cdot 10^0$	$-0{,}64691 \cdot 10^0$

Tabelle IV. (Fortsetzung)

A_2

$10t$	$\nu=0$	$\nu=\frac{1}{8}$	$\nu=\frac{1}{6}$	$\nu=\frac{1}{4}$
50	$-0{,}72432\cdot 10^{0}$	$-0{,}69066\cdot 10^{0}$	$-0{,}67759\cdot 10^{0}$	$-0{,}64875\cdot 10^{0}$
51	$-0{,}71893$	$-0{,}68612$	$-0{,}67332$	$-0{,}64501$
52	$-0{,}70814$	$-0{,}67639$	$-0{,}66395$	$-0{,}63636$
53	$-0{,}69270$	$-0{,}66217$	$-0{,}65015$	$-0{,}62344$
54	$-0{,}67329$	$-0{,}64410$	$-0{,}63256$	$-0{,}60686$
55	$-0{,}65053$	$-0{,}62278$	$-0{,}61177$	$-0{,}58717$
56	$-0{,}62502$	$-0{,}59878$	$-0{,}58833$	$-0{,}56491$
57	$-0{,}59730$	$-0{,}57261$	$-0{,}56274$	$-0{,}54056$
58	$-0{,}56787$	$-0{,}54475$	$-0{,}53546$	$-0{,}51457$
59	$-0{,}53717$	$-0{,}51562$	$-0{,}50693$	$-0{,}48734$
60	$-0{,}50562$	$-0{,}48563$	$-0{,}47754$	$-0{,}45925$
61	$-0{,}47359$	$-0{,}45512$	$-0{,}44762$	$-0{,}43064$
62	$-0{,}44140$	$-0{,}42442$	$-0{,}41750$	$-0{,}40180$
63	$-0{,}40934$	$-0{,}39381$	$-0{,}38746$	$-0{,}37301$
64	$-0{,}37768$	$-0{,}36354$	$-0{,}35773$	$-0{,}34450$
65	$-0{,}34663$	$-0{,}33382$	$-0{,}32854$	$-0{,}31649$
66	$-0{,}31638$	$-0{,}30484$	$-0{,}30007$	$-0{,}28915$
67	$-0{,}28711$	$-0{,}27677$	$-0{,}27247$	$-0{,}26264$
68	$-0{,}25894$	$-0{,}24972$	$-0{,}24588$	$-0{,}23708$
69	$-0{,}23197$	$-0{,}22382$	$-0{,}22041$	$-0{,}21257$
70	$-0{,}20630$	$-0{,}19914$	$-0{,}19613$	$-0{,}18921$
71	$-0{,}18200$	$-0{,}17575$	$-0{,}17312$	$-0{,}16705$
72	$-0{,}15909$	$-0{,}15369$	$-0{,}15141$	$-0{,}14614$
73	$-0{,}13762$	$-0{,}13300$	$-0{,}13104$	$-0{,}12652$
74	$-0{,}11759\cdot 10^{0}$	$-0{,}11368\cdot 10^{0}$	$-0{,}11203\cdot 10^{0}$	$-0{,}10818\cdot 10^{0}$
75	$-0{,}99003\cdot 10^{-1}$	$-0{,}95752\cdot 10^{-1}$	$-0{,}94367\cdot 10^{-1}$	$-0{,}91148\cdot 10^{-1}$
76	$-0{,}81838$	$-0{,}79179$	$-0{,}78043$	$-0{,}75398$
77	$-0{,}66074$	$-0{,}63950$	$-0{,}63039$	$-0{,}60916$
78	$-0{,}51675$	$-0{,}50031$	$-0{,}49324$	$-0{,}47674$
79	$-0{,}38601$	$-0{,}37385$	$-0{,}36861$	$-0{,}35635$
80	$-0{,}26802$	$-0{,}25966$	$-0{,}25605$	$-0{,}24758$
81	$-0{,}16225\cdot 10^{-1}$	$-0{,}15724\cdot 10^{-1}$	$-0{,}15507\cdot 10^{-1}$	$-0{,}14997\cdot 10^{-1}$
82	$-0{,}68121\cdot 10^{-2}$	$-0{,}66038\cdot 10^{-2}$	$-0{,}65131\cdot 10^{-2}$	$-0{,}63002\cdot 10^{-2}$
83	$+0{,}14979$	$+0{,}14525$	$+0{,}14327$	$+0{,}13861$
84	$+0{,}87678\cdot 10^{-2}$	$+0{,}85047\cdot 10^{-2}$	$+0{,}83895\cdot 10^{-2}$	$+0{,}81183\cdot 10^{-2}$
85	$+0{,}15062\cdot 10^{-1}$	$+0{,}14614\cdot 10^{-1}$	$+0{,}14417\cdot 10^{-1}$	$+0{,}13954\cdot 10^{-1}$
86	$+0{,}20446$	$+0{,}19843$	$+0{,}19578$	$+0{,}18952$
87	$+0{,}24984$	$+0{,}24254$	$+0{,}23932$	$+0{,}23171$
88	$+0{,}28741$	$+0{,}27909$	$+0{,}27541$	$+0{,}26669$
89	$+0{,}31761$	$+0{,}30869$	$+0{,}30465$	$+0{,}29505$
90	$+0{,}34165$	$+0{,}33193$	$+0{,}32761$	$+0{,}31734$
91	$+0{,}35954$	$+0{,}34940$	$+0{,}34487$	$+0{,}33412$
92	$+0{,}37205$	$+0{,}36164$	$+0{,}35699$	$+0{,}34591$
93	$+0{,}37974$	$+0{,}36921$	$+0{,}36448$	$+0{,}35322$
94	$+0{,}38314$	$+0{,}37260$	$+0{,}36785$	$+0{,}35654$
95	$+0{,}38275$	$+0{,}37230$	$+0{,}36759$	$+0{,}35633$
96	$+0{,}37904$	$+0{,}36877$	$+0{,}36413$	$+0{,}35303$
97	$+0{,}37246$	$+0{,}36244$	$+0{,}35791$	$+0{,}34705$
98	$+0{,}36342$	$+0{,}35372$	$+0{,}34932$	$+0{,}33876$
99	$+0{,}35230\cdot 10^{-1}$	$+0{,}34297\cdot 10^{-1}$	$+0{,}33872\cdot 10^{-1}$	$+0{,}32853\cdot 10^{-1}$

Tabelle IV. (Fortsetzung)

A_2

$10t$	$\nu = 0$	$\nu = \frac{1}{8}$	$\nu = \frac{1}{6}$	$\nu = \frac{1}{4}$
100	$+0{,}33947 \cdot 10^{-1}$	$+0{,}33054 \cdot 10^{-1}$	$+0{,}32647 \cdot 10^{-1}$	$+0{,}31669 \cdot 10^{-1}$
101	+0,32524	+0,31675	+0,31287	+0,30353
102	+0,30992	+0,30189	+0,29821	+0,28934
103	+0,29377	+0,28622	+0,28274	+0,27437
104	+0,27705	+0,26997	+0,26672	+0,25885
105	+0,25997	+0,25338	+0,25033	+0,24298
106	+0,24273	+0,23661	+0,23379	+0,22694
107	+0,22550	+0,21985	+0,21724	+0,21090
108	+0,20843	+0,20325	+0,20084	+0,19500
109	+0,19165	+0,18692	+0,18471	+0,17936
110	+0,17528	+0,17097	+0,16897	+0,16409
111	+0,15940	+0,15551	+0,15370	+0,14928
112	+0,14410	+0,14061	+0,13897	+0,13499
113	+0,12944	+0,12633	+0,12486	+0,12129
114	+0,11547	$+0{,}11271 \cdot 10^{-1}$	$+0{,}11141 \cdot 10^{-1}$	$+0{,}10824 \cdot 10^{-1}$
115	$+0{,}10233 \cdot 10^{-1}$	$+0{,}99806 \cdot 10^{-2}$	$+0{,}98660 \cdot 10^{-2}$	$+0{,}95861 \cdot 10^{-2}$
116	$+0{,}89753 \cdot 10^{-2}$	+0,87631	+0,86628	+0,84178
117	+0,78038	+0,76204	+0,75336	+0,73212
118	+0,67101	+0,65534	+0,64790	+0,62969
119	+0,56943	+0,55620	+0,54991	+0,53451
120	+0,47555	+0,46457	+0,45933	+0,44651
121	+0,38924	+0,38030	+0,37604	+0,36557
122	+0,31033	+0,30324	+0,29986	+0,29153
123	+0,23859	+0,23317	+0,23057	+0,22419
124	+0,17375	+0,16982	+0,16794	+0,16330
125	$+0{,}11552 \cdot 10^{-2}$	$+0{,}11293 \cdot 10^{-2}$	$+0{,}11168 \cdot 10^{-2}$	$+0{,}10860 \cdot 10^{-2}$
126	$+0{,}63605 \cdot 10^{-3}$	$+0{,}62184 \cdot 10^{-3}$	$+0{,}61499 \cdot 10^{-3}$	$+0{,}59811 \cdot 10^{-3}$
127	+0,17658	+0,17266	+0,17076	+0,16609
128	−0,22656	−0,22155	−0,21913	−0,21315
129	−0,57688	−0,56419	−0,55804	−0,54285
130	$-0{,}87788 \cdot 10^{-3}$	$-0{,}85867 \cdot 10^{-3}$	$-0{,}84935 \cdot 10^{-3}$	$-0{,}82629 \cdot 10^{-3}$
131	$-0{,}11330 \cdot 10^{-2}$	$-0{,}11084 \cdot 10^{-2}$	$-0{,}10964 \cdot 10^{-2}$	$-0{,}10667 \cdot 10^{-2}$
132	−0,13460	−0,13168	−0,13026	−0,12674
133	−0,15200	−0,14872	−0,14713	−0,14316
134	−0,16585	−0,16229	−0,16055	−0,15624
135	−0,17647	−0,17270	−0,17086	−0,16628
136	−0,18417	−0,18026	−0,17834	−0,17357
137	−0,18926	−0,18526	−0,18329	−0,17840
138	−0,19201	−0,18797	−0,18598	−0,18103
139	−0,19269	−0,18866	−0,18667	−0,18171
140	−0,19157	−0,18758	−0,18561	−0,18069
141	−0,18888	−0,18496	−0,18302	−0,17818
142	−0,18489	−0,18102	−0,17913	−0,17440
143	−0,17965	−0,17596	−0,17412	−0,16954
144	−0,17351	−0,16996	−0,16820	−0,16378
145	−0,16660	−0,16321	−0,16152	−0,15729
146	−0,15907	−0,15584	−0,15423	−0,15020
147	−0,15107	−0,14802	−0,14650	−0,14268
148	−0,14273	−0,13986	−0,13842	−0,13482
149	$-0{,}13417 \cdot 10^{-2}$	$-0{,}13148 \cdot 10^{-2}$	$-0{,}13014 \cdot 10^{-2}$	$-0{,}12676 \cdot 10^{-2}$

Tabelle IV. (Fortsetzung)

A_2

$10t$	$\nu=0$	$\nu=\frac{1}{8}$	$\nu=\frac{1}{6}$	$\nu=\frac{1}{4}$
150	$-0,12549 \cdot 10^{-2}$	$-0,12299 \cdot 10^{-2}$	$-0,12173 \cdot 10^{-2}$	$-0,11858 \cdot 10^{-2}$
151	$-0,11679$	$-0,11447$	$-0,11330$	$-0,11037$
152	$-0,10814 \cdot 10^{-2}$	$-0,10600 \cdot 10^{-2}$	$-0,10492 \cdot 10^{-2}$	$-0,10221 \cdot 10^{-2}$
153	$-0,99623 \cdot 10^{-3}$	$-0,97660 \cdot 10^{-3}$	$-0,96670 \cdot 10^{-3}$	$-0,94181 \cdot 10^{-3}$
154	$-0,91290$	$-0,89499$	$-0,88594$	$-0,86317$
155	$-0,83195$	$-0,81570$	$-0,80747$	$-0,78676$
156	$-0,75382$	$-0,73914$	$-0,73171$	$-0,71298$
157	$-9,67883$	$-0,66567$	$-0,65899$	$-0,64216$
158	$-0,60728$	$-0,59555$	$-0,58959$	$-0,57455$
159	$-0,53936$	$-0,52898$	$-0,52370$	$-0,51037$
160	$-0,47522$	$-0,46611$	$-0,46147$	$-0,44975$
161	$-0,41496$	$-0,40704$	$-0,40200$	$-0,39278$
162	$-0,35863$	$-0,35181$	$-0,34833$	$-0,33951$
163	$-0,30624$	$-0,30044$	$-0,29747$	$-0,28995$
164	$-0,25776$	$-0,25290$	$-0,25040$	$-0,24409$
165	$-0,21313$	$-0,20912$	$-0,20706$	$-0,20185$
166	$-0,17225$	$-0,16903$	$-0,16737$	$-0,16316$
167	$-0,13503$	$-0,13251 \cdot 10^{-3}$	$-0,13121 \cdot 10^{-3}$	$-0,12792 \cdot 10^{-3}$
168	$-0,10133 \cdot 10^{-3}$	$-0,99448 \cdot 10^{-4}$	$-0,98476 \cdot 10^{-4}$	$-0,96009 \cdot 10^{-4}$
169	$-0,71009 \cdot 10^{-4}$	$-0,69693$	$-0,69013$	$-0,67287$
170	$-0,43906$	$-0,43095$	$-0,42676$	$-0,41610$
171	$-0,19859 \cdot 10^{-4}$	$-0,19493 \cdot 10^{-4}$	$-0,19304 \cdot 10^{-4}$	$-0,18823 \cdot 10^{-4}$
172	$+0,13051 \cdot 10^{-5}$	$+0,12811 \cdot 10^{-5}$	$+0,12687 \cdot 10^{-5}$	$+0,12371 \cdot 10^{-5}$
173	$+0,19762 \cdot 10^{-4}$	$+0,19400 \cdot 10^{-4}$	$+0,19213 \cdot 10^{-4}$	$+0,18735 \cdot 10^{-4}$
174	$+0,35689$	$+0,35039$	$+0,34701$	$+0,33840$
175	$+0,49266$	$+0,48371$	$+0,47906$	$+0,46719$
176	$+0,31312$	$+0,30627$	$+0,30294$	$+0,29472$
177	$+0,70072$	$+0,68808$	$+0,68148$	$+0,66466$
178	$+0,77645$	$+0,76248$	$+0,75519$	$+0,73657$
179	$+0,83552$	$+0,82054$	$+0,81271$	$+0,79271$
180	$+0,87953$	$+0,86381$	$+0,85558$	$+0,83456$
181	$+0,90999$	$+0,89378$	$+0,88528$	$+0,86356$
182	$+0,92836$	$+0,91188$	$+0,90322$	$+0,88110$
183	$+0,93602$	$+0,91945$	$+0,91074$	$+0,88846$
184	$+0,93425$	$+0,91776$	$+0,90909$	$+0,88688$
185	$+0,92428$	$+0,90802$	$+0,89945$	$+0,87751$
186	$+0,90724$	$+0,89133$	$+0,88293$	$+0,86143$
187	$+0,88419$	$+0,86873$	$+0,86056$	$+0,83963$
188	$+0,85610$	$+0,84117$	$+0,83328$	$+0,81304$
189	$+0,82387$	$+0,80955$	$+0,80196$	$+0,78251$
190	$+0,78831$	$+0,77465$	$+0,76741$	$+0,74882$
191	$+0,75018$	$+0,73722$	$+0,73034$	$+0,71267$
192	$+0,71015$	$+0,69791$	$+0,69141$	$+0,67471$
193	$+0,66881$	$+0,65732$	$+0,65121$	$+0,63550$
194	$+0,62672$	$+0,61598$	$+0,61026$	$+0,59556$
195	$+0,58434$	$+0,57436$	$+0,56904$	$+0,55535$
196	$+0,54210$	$+0,53287$	$+0,52794$	$+0,51525$
197	$+0,50036$	$+0,49186$	$+0,48732$	$+0,47563$
198	$+0,45943$	$+0,45165$	$+0,44749$	$+0,43677$
199	$+0,41952$	$+0,41250$	$+0,40871$	$+0,39892$
200	$+0,38105 \cdot 10^{-4}$	$+0,37463 \cdot 10^{-4}$	$+0,37119 \cdot 10^{-4}$	$+0,36231 \cdot 10^{-4}$

Tabelle V

B_1

$10t$	$\nu=0$	$\nu=\frac{1}{8}$	$\nu=\frac{1}{6}$	$\nu=\frac{1}{4}$
	$-0{,}20000 \cdot 10^{1}$	$-0{,}20000 \cdot 10^{1}$	$-0{,}20000 \cdot 10^{1}$	$-0{,}20000 \cdot 10^{1}$
1	$-0{,}20000$	$-0{,}20000$	$-0{,}20000$	$-0{,}20000$
2	$-0{,}19998$	$-0{,}19998$	$-0{,}19998$	$-0{,}19998$
3	$-0{,}19993$	$-0{,}19993$	$-0{,}19994$	$-0{,}19994$
4	$-0{,}19978$	$-0{,}19980$	$-0{,}19981$	$-0{,}19982$
5	$-0{,}19948$	$-0{,}19952$	$-0{,}19953$	$-0{,}19955$
6	$-0{,}19892$	$-0{,}19901$	$-0{,}19903$	$-0{,}19908$
7	$-0{,}19800$	$-0{,}19817$	$-0{,}19822$	$-0{,}19830$
8	$-0{,}19660$	$-0{,}19689$	$-0{,}19697$	$-0{,}19711$
9	$-0{,}19458$	$-0{,}19503$	$-0{,}19516$	$-0{,}19539$
10	$-0{,}19179$	$-0{,}19247$	$-0{,}19266$	$-0{,}19301$
11	$-0{,}18807$	$-0{,}18904$	$-0{,}18932$	$-0{,}18983$
12	$-0{,}18326$	$-0{,}18462$	$-0{,}18501$	$-0{,}18571$
13	$-0{,}17721$	$-0{,}17904$	$-0{,}17957$	$-0{,}18052$
14	$-0{,}16980$	$-0{,}17220$	$-0{,}17289$	$-0{,}17413$
15	$-0{,}16091$	$-0{,}16397$	$-0{,}16485$	$-0{,}16644$
16	$-0{,}15047$	$-0{,}15428$	$-0{,}15538$	$-0{,}15737$
17	$-0{,}13846$	$-0{,}14310$	$-0{,}14444$	$-0{,}14687$
18	$-0{,}12491$	$-0{,}13044$	$-0{,}13203$	$-0{,}13494$
19	$-0{,}10990 \cdot 10^{1}$	$-0{,}11635$	$-0{,}11822$	$-0{,}12162$
20	$-0{,}93572 \cdot 10^{0}$	$-0{,}10095 \cdot 10^{1}$	$-0{,}10309 \cdot 10^{1}$	$-0{,}10701 \cdot 10^{1}$
21	$-0{,}76110$	$-0{,}84399 \cdot 10^{0}$	$-0{,}86822 \cdot 10^{0}$	$-0{,}91247 \cdot 10^{0}$
22	$-0{,}57757$	$-0{,}66910$	$-0{,}69595$	$-0{,}74509$
23	$-0{,}38784$	$-0{,}48724$	$-0{,}51650$	$-0{,}57019$
24	$-0{,}19486 \cdot 10^{0}$	$-0{,}30110$	$-0{,}33251$	$-0{,}39026$
25	$-0{,}16206 \cdot 10^{-2}$	$-0{,}11351 \cdot 10^{0}$	$-0{,}14671 \cdot 10^{0}$	$-0{,}20793 \cdot 10^{0}$
26	$+0{,}18895 \cdot 10^{0}$	$+0{,}72739 \cdot 10^{-1}$	$+0{,}38199 \cdot 10^{-1}$	$-0{,}25878 \cdot 10^{-1}$
27	$+0{,}37411$	$+0{,}25496 \cdot 10^{0}$	$+0{,}21933 \cdot 10^{0}$	$+0{,}15328 \cdot 10^{0}$
28	$+0{,}55139$	$+0{,}43069$	$+0{,}39445$	$+0{,}32711$
29	$+0{,}71866$	$+0{,}59774$	$+0{,}56129$	$+0{,}49340$
30	$+0{,}87419 \cdot 10^{0}$	$+0{,}75428$	$+0{,}71800$	$+0{,}65026$
31	$+0{,}10166 \cdot 10^{1}$	$+0{,}89883 \cdot 10^{0}$	$+0{,}86306$	$+0{,}79611$
32	$+0{,}11450$	$+0{,}10302 \cdot 10^{1}$	$+0{,}99531 \cdot 10^{0}$	$+0{,}92972 \cdot 10^{0}$
33	$+0{,}12587$	$+0{,}11478$	$+0{,}11139 \cdot 10^{1}$	$+0{,}10502 \cdot 10^{1}$
34	$+0{,}13574$	$+0{,}12510$	$+0{,}12184$	$+0{,}11569$
35	$+0{,}14411$	$+0{,}13397$	$+0{,}13085$	$+0{,}12496$
36	$+0{,}15099$	$+0{,}14139$	$+0{,}13843$	$+0{,}13282$
37	$+0{,}15643$	$+0{,}14739$	$+0{,}14459$	$+0{,}13929$
38	$+0{,}16048$	$+0{,}15201$	$+0{,}14938$	$+0{,}14440$
39	$+0{,}16320$	$+0{,}15530$	$+0{,}15285$	$+0{,}14819$
40	$+0{,}16465$	$+0{,}15734$	$+0{,}15506$	$+0{,}15073$
41	$+0{,}16494$	$+0{,}15819$	$+0{,}15609$	$+0{,}15208$
42	$+0{,}16412$	$+0{,}15794$	$+0{,}15600$	$+0{,}15231$
43	$+0{,}16230$	$+0{,}15666$	$+0{,}15489$	$+0{,}15151$
44	$+0{,}15956$	$+0{,}15444$	$+0{,}15283$	$+0{,}14975$
45	$+0{,}15599$	$+0{,}15136$	$+0{,}14991$	$+0{,}14712$
46	$+0{,}15167$	$+0{,}14752$	$+0{,}14622$	$+0{,}14371$
47	$+0{,}14670$	$+0{,}14300$	$+0{,}14183$	$+0{,}13960$
48	$+0{,}14116$	$+0{,}13788$	$+0{,}13685$	$+0{,}13486$
49	$+0{,}13512 \cdot 10^{1}$	$+0{,}13225 \cdot 10^{1}$	$+0{,}13134 \cdot 10^{1}$	$+0{,}12959 \cdot 10^{1}$

Tabelle V. (Fortsetzung)

B_1

$10t$	$\nu = 0$	$\nu = \frac{1}{8}$	$\nu = \frac{1}{6}$	$\nu = \frac{1}{4}$
50	+0,12868 · 10^{1}	+0,12618 · 10^{1}	+0,12539 · 10^{1}	+0,12387 · 10^{1}
51	+0,12190	+0,11975	+0,11907	+0,11776
52	+0,11487	+0,11305	+0,11247	+0,11136
53	+0,10765	+0,10613 · 10^{1}	+0,10565 · 10^{1}	+0,10471 · 10^{1}
54	+0,10032 · 10^{1}	+0,99070 · 10^{0}	+0,98674 · 10^{0}	+0,97909 · 10^{0}
55	+0,92921 · 10^{0}	+0,91926	+0,91610	+0,90999
56	+0,85524	+0,84759	+0,84516	+0,84045
57	+0,78180	+0,77623	+0,77446	+0,77103
58	+0,70938	+0,70568	+0,70451	+0,70223
59	+0,63841	+0,63639	+0,63575	+0,63451
60	+0,56929	+0,56877	+0,56860	+0,56827
61	+0,50238	+0,50316	+0,50341	+0,50389
62	+0,43796	+0,43989	+0,44050	+0,44170
63	+0,37630	+0,37921	+0,38014	+0,38195
64	+0,31761	+0,32136	+0,32256	+0,32489
65	+0,26207	+0,26652	+0,26795	+0,27072
66	+0,20980	+0,21483	+0,21644	+0,21958
67	+0,16089	+0,16639	+0,16815	+0,17158
68	+0,11542 · 10^{0}	+0,12128 · 10^{0}	+0,12316 · 10^{0}	+0,12682 · 10^{0}
69	+0,73415 · 10^{-1}	+0,79534 · 10^{-1}	+0,81500 · 10^{-1}	+0,85326 · 10^{-1}
70	+0,34858 · 10^{-1}	+0,41155 · 10^{-1}	+0,43180 · 10^{-1}	+0,47121
71	−0,27316 · 10^{-3}	+0,61261 · 10^{-2}	+0,81839 · 10^{-2}	+0,12192
72	−0,32032 · 10^{-1}	−0,25599 · 10^{-1}	−0,23530 · 10^{-1}	−0,19497
73	−0,60495	−0,54089	−0,52027	−0,48007
74	−0,85756 · 10^{-1}	−0,79430 · 10^{-1}	−0,77393	−0,73420
75	−0,10792 · 10^{0}	−0,10172 · 10^{-0}	−0,99729 · 10^{-1}	−0,95831 · 10^{-1}
76	−0,12713	−0,12109	−0,11915 · 10^{0}	−0,11535 · 10^{0}
77	−0,14352	−0,13767	−0,13579	−0,13211
78	−0,15722	−0,15160	−0,14979	−0,14625
79	−0,16840	−0,16302	−0,16129	−0,15790
80	−0,17721	−0,17210	−0,17044	−0,16722
81	−0,18382	−0,17898	−0,17742	−0,17436
82	−0,18839	−0,18384	−0,18236	−0,17948
83	−0,19109	−0,18682	−0,18544	−0,18274
84	−0,19209	−0,18811	−0,18682	−0,18430
85	−0,19153	−0,18784	−0,18665	−0,18431
86	−0,18959	−0,18618	−0,18508	−0,18292
87	−0,18642	−0,18329	−0,18227	−0,18029
88	−0,18216	−0,17930	−0,17837	−0,17656
89	−0,17695	−0,17435	−0,17351	−0,17186
90	−0,17093	−0,16859	−0,16783	−0,16634
91	−0,16424	−0,16214	−0,16146	−0,16012
92	−0,15698	−0,15511	−0,15451	−0,15332
93	−0,14928	−0,14763	−0,14709	−0,14604
94	−0,14124	−0,13979	−0,13932	−0,13840
95	−0,13296	−0,13170	−0,13129	−0,13049
96	−0,12452	−0,12344	−0,12309	−0,12241
97	−0,11601	−0,11510	−0,11480	−0,11422
98	−0,10750 · 10^{0}	−0,10675 · 10^{0}	−0,10650 · 10^{0}	−0,10602 · 10^{0}
99	−0,99066 · 10^{-1}	−0,98452 · 10^{-1}	−0,98252 · 10^{-1}	−0,97860 · 10^{-1}

Tabelle V. (Fortsetzung)

B_1

$10t$	$\nu=0$	$\nu=\frac{1}{8}$	$\nu=\frac{1}{6}$	$\nu=\frac{1}{4}$
100	$-0{,}90754 \cdot 10^{-1}$	$-0{,}90269 \cdot 10^{-1}$	$-0{,}90111 \cdot 10^{-1}$	$-0{,}89801 \cdot 10^{-1}$
101	$-0{,}82621$	$-0{,}82253$	$-0{,}82133$	$-0{,}81898$
102	$-0{,}74713$	$-0{,}74450$	$-0{,}74364$	$-0{,}74197$
103	$-0{,}67067$	$-0{,}66899$	$-0{,}66844$	$-0{,}66737$
104	$-0{,}59717$	$-0{,}59633$	$-0{,}59605$	$-0{,}59552$
105	$-0{,}52688$	$-0{,}52679$	$-0{,}52676$	$-0{,}52670$
106	$-0{,}46003$	$-0{,}46059$	$-0{,}46077$	$-0{,}46113$
107	$-0{,}39678$	$-0{,}39790$	$-0{,}39827$	$-0{,}39899$
108	$-0{,}33724$	$-0{,}33885$	$-0{,}33937$	$-0{,}34040$
109	$-0{,}28150$	$-0{,}28351$	$-0{,}28417$	$-0{,}28546$
110	$-0{,}22958$	$-0{,}23193$	$-0{,}23270$	$-0{,}23421$
111	$-0{,}18149$	$-0{,}18412$	$-0{,}18497$	$-0{,}18666$
112	$-0{,}13720 \cdot 10^{-1}$	$-0{,}14004 \cdot 10^{-1}$	$-0{,}14097$	$-0{,}14280$
113	$-0{,}96654 \cdot 10^{-2}$	$-0{,}99667 \cdot 10^{-2}$	$-0{,}10064 \cdot 10^{-1}$	$-0{,}10258 \cdot 10^{-1}$
114	$-0{,}59772$	$-0{,}62902$	$-0{,}63923 \cdot 10^{-2}$	$-0{,}65933 \cdot 10^{-2}$
115	$-0{,}26452 \cdot 10^{-2}$	$-0{,}29657 \cdot 10^{-2}$	$-0{,}30703 \cdot 10^{-2}$	$-0{,}32761 \cdot 10^{-2}$
116	$+0{,}34244 \cdot 10^{-3}$	$+0{,}18281 \cdot 10^{-4}$	$-0{,}87491 \cdot 10^{-4}$	$-0{,}29572 \cdot 10^{-3}$
117	$+0{,}29993 \cdot 10^{-2}$	$+0{,}26749 \cdot 10^{-2}$	$+0{,}25690 \cdot 10^{-2}$	$+0{,}23605 \cdot 10^{-2}$
118	$+0{,}53402$	$+0{,}50183$	$+0{,}49132$	$+0{,}47063$
119	$+0{,}73805$	$+0{,}70638$	$+0{,}69604$	$+0{,}67568$
120	$+0{,}91369 \cdot 10^{-2}$	$+0{,}88275 \cdot 10^{-2}$	$+0{,}87264 \cdot 10^{-2}$	$+0{,}85274 \cdot 10^{-2}$
121	$+0{,}10626 \cdot 10^{-1}$	$+0{,}10325 \cdot 10^{-1}$	$+0{,}10227 \cdot 10^{-1}$	$+0{,}10034 \cdot 10^{-1}$
122	$+0{,}11865$	$+0{,}11576$	$+0{,}11481$	$+0{,}11295$
123	$+0{,}12872$	$+0{,}12595$	$+0{,}12504$	$+0{,}12325$
124	$+0{,}13664$	$+0{,}13399$	$+0{,}13313$	$+0{,}13142$
125	$+0{,}14259$	$+0{,}14007$	$+0{,}13925$	$+0{,}13764$
126	$+0{,}14672$	$+0{,}14435$	$+0{,}14358$	$+0{,}14205$
127	$+0{,}14922$	$+0{,}14699$	$+0{,}14626$	$+0{,}14483$
128	$+0{,}15023$	$+0{,}14815$	$+0{,}14747$	$+0{,}14613$
129	$+0{,}14992$	$+0{,}14799$	$+0{,}14736$	$+0{,}14611$
130	$+0{,}14844$	$+0{,}14665$	$+0{,}14607$	$+0{,}14491$
131	$+0{,}14592$	$+0{,}14428$	$+0{,}14374$	$+0{,}14268$
132	$+0{,}14251$	$+0{,}14100$	$+0{,}14051$	$+0{,}13954$
133	$+0{,}13833$	$+0{,}13696$	$+0{,}13651$	$+0{,}13562$
134	$+0{,}13349$	$+0{,}13225$	$+0{,}13185$	$+0{,}13105$
135	$+0{,}12812$	$+0{,}12701$	$+0{,}12665$	$+0{,}12593$
136	$+0{,}12232$	$+0{,}12132$	$+0{,}12100$	$+0{,}12036$
137	$+0{,}11618$	$+0{,}11530$	$+0{,}11501$	$+0{,}11444$
138	$+0{,}10979$	$+0{,}10901$	$+0{,}10876$	$+0{,}10826$
139	$+0{,}10323 \cdot 10^{-1}$	$+0{,}10255 \cdot 10^{-1}$	$+0{,}10233 \cdot 10^{-1}$	$+0{,}10189 \cdot 10^{-1}$
140	$+0{,}96575 \cdot 10^{-2}$	$+0{,}95992 \cdot 10^{-2}$	$+0{,}95802 \cdot 10^{-2}$	$+0{,}95425 \cdot 10^{-2}$
141	$+0{,}89887$	$+0{,}89391$	$+0{,}89228$	$+0{,}88907$
142	$+0{,}83225$	$+0{,}82809$	$+0{,}82673$	$+0{,}82404$
143	$+0{,}76641$	$+0{,}76299$	$+0{,}76187$	$+0{,}75966$
144	$+0{,}70182$	$+0{,}69907$	$+0{,}69817$	$+0{,}69639$
145	$+0{,}63884$	$+0{,}63671$	$+0{,}63601$	$+0{,}63463$
146	$+0{,}57783$	$+0{,}57625$	$+0{,}57573$	$+0{,}57471$
147	$+0{,}51905$	$+0{,}51797$	$+0{,}51762$	$+0{,}51692$
148	$+0{,}46275$	$+0{,}46211$	$+0{,}46190$	$+0{,}46149$
149	$+0{,}40909 \cdot 10^{-2}$	$+0{,}40885 \cdot 10^{-2}$	$+0{,}40877 \cdot 10^{-2}$	$+0{,}40861 \cdot 10^{-2}$

Tabelle V. (Fortsetzung)

B_1

$10t$	$\nu = 0$	$\nu = \frac{1}{8}$	$\nu = \frac{1}{6}$	$\nu = \frac{1}{4}$
150	$+0{,}35822 \cdot 10^{-2}$	$+0{,}35832 \cdot 10^{-2}$	$+0{,}35836 \cdot 10^{-2}$	$+0{,}35843 \cdot 10^{-2}$
151	+0,31025	+0,31065	+0,31078	+0,31105
152	+0,26523	+0,26589	+0,26611	+0,26654
153	+0,22320	+0,22409	+0,22438	+0,22495
154	+0,18418	+0,18525	+0,18560	+0,18629
155	+0,14813	+0,14935	+0,14975	+0,15054
156	$+0{,}11501 \cdot 10^{-2}$	$+0{,}11635 \cdot 10^{-2}$	$+0{,}11679 \cdot 10^{-2}$	$+0{,}11766 \cdot 10^{-2}$
157	$+0{,}84769 \cdot 10^{-3}$	$+0{,}86203 \cdot 10^{-3}$	$+0{,}86674 \cdot 10^{-3}$	$+0{,}87605 \cdot 10^{-3}$
158	+0,57317	+0,58821	+0,59314	+0,60290
159	+0,32566	+0,34116	+0,34625	+0,35631
160	$+0{,}10409 \cdot 10^{-3}$	$+0{,}11986 \cdot 10^{-3}$	$+0{,}12503 \cdot 10^{-3}$	$+0{,}13527 \cdot 10^{-3}$
161	$-0{,}92672 \cdot 10^{-4}$	$-0{,}76817 \cdot 10^{-4}$	$-0{,}71612 \cdot 10^{-4}$	$-0{,}61318 \cdot 10^{-4}$
162	$-0{,}26586 \cdot 10^{-3}$	$-0{,}25007 \cdot 10^{-3}$	$-0{,}24488 \cdot 10^{-3}$	$-0{,}23463 \cdot 10^{-3}$
163	−0,41675	−0,40116	−0,39604	−0,38591
164	−0,54666	−0,53139	−0,52637	−0,51644
165	−0,65694	−0,64207	−0,63719	−0,62753
166	−0,74893	−0,73456	−0,72983	−0,72049
167	−0,82398	−0,81017	−0,80563	−0,79665
168	−0,88344	−0,87023	−0,86590	−0,85731
169	−0,92860	−0,91605	−0,91193	−0,90377
170	−0,96076	−0,94889	−0,94500	−0,93728
171	−0,98115	−0,96999	−0,96632	−0,95906
172	−0,99098	−0,98053	−0,97709	−0,97030
173	−0,99138	−0,98165	−0,97845	−0,97212
174	−0,98345	−0,97443	−0,97147	−0,96560
175	−0,96823	−0,95992	−0,95718	−0,95177
176	−0,94670	−0,93907	−0,93656	−0,93160
177	−0,91977	−0,91281	−0,91052	−0,90600
178	−0,88829	−0,88199	−0,87991	−0,87580
179	−0,85307	−0,84739	−0,84552	−0,84181
180	−0,81484	−0,80975	−0,80807	−0,80476
181	−0,77427	−0,76974	−0,76825	−0,76530
182	−0,73198	−0,72798	−0,72666	−0,72406
183	−0,68852	−0,68502	−0,68387	−0,68159
184	−0,64439	−0,64136	−0,64036	−0,63839
185	−0,60005	−0,59746	−0,59660	−0,59491
186	−0,55589	−0,55370	−0,55298	−0,55156
187	−0,51227	−0,51045	−0,50986	−0,50867
188	−0,46949	−0,46801	−0,46753	−0,46656
189	−0,42781	−0,42664	−0,42626	−0,42550
190	−0,38745	−0,38657	−0,38627	−0,38570
191	−0,34860	−0,34797	−0,34776	−0,34735
192	−0,31141	−0,31101	−0,31087	−0,31061
193	−0,27600	−0,27580	−0,27573	−0,27559
194	−0,24246	−0,24243	−0,24242	−0,24240
195	−0,21084	−0,21097	−0,21101	−0,21109
196	−0,18120	−0,18146	−0,18154	−0,18171
197	−0,15354	−0,15391	−0,15404	−0,15428
198	−0,12787	−0,12834	−0,12849	−0,12880
199	$-0{,}10416 \cdot 10^{-3}$	$-0{,}10471 \cdot 10^{-3}$	$-0{,}10490 \cdot 10^{-3}$	$-0{,}10525 \cdot 10^{-3}$
200	$-0{,}82403 \cdot 10^{-4}$	$-0{,}83018 \cdot 10^{-4}$	$-0{,}83221 \cdot 10^{-4}$	$-0{,}83622 \cdot 10^{-4}$

Tabelle VI

B_2

$10t$	$\nu=0$	$\nu=\frac{1}{8}$	$\nu=\frac{1}{6}$	$\nu=\frac{1}{4}$
	$+0{,}00000\cdot10^{0}$	$+0{,}00000\cdot10^{0}$	$+0{,}00000\cdot10^{0}$	$+0{,}00000\cdot10^{0}$
1	$-0{,}86602\cdot10^{-2}$	$-0{,}76376\cdot10^{-2}$	$-0{,}73192\cdot10^{-2}$	$-0{,}67082\cdot10^{-2}$
2	$-0{,}34640\cdot10^{-1}$	$-0{,}30549\cdot10^{-1}$	$-0{,}29276\cdot10^{-1}$	$-0{,}26832\cdot10^{-1}$
3	$-0{,}77932\cdot10^{-1}$	$-0{,}68730\cdot10^{-1}$	$-0{,}65865\cdot10^{-1}$	$-0{,}60366\cdot10^{-1}$
4	$-0{,}13850\cdot10^{0}$	$-0{,}12215\cdot10^{0}$	$-0{,}11706\cdot10^{0}$	$-0{,}10729\cdot10^{0}$
5	−0,21628	−0,19075	−0,18281	−0,16755
6	−0,31110	−0,27441	−0,26298	−0,24104
7	−0,42267	−0,37287	−0 35735	−0,32756
8	−0,55053	−0,48575	−0,46557	−0,42680
9	−0,69396	−0,61247	−0,58707	−0,53827
10	$-0{,}85195\cdot10^{0}$	−0,75220	−0,72108	−0,66127
11	$-0{,}10231\cdot10^{1}$	$-0{,}90381\cdot10^{0}$	$-0{,}86654\cdot10^{0}$	−0,79488
12	−0,12057	$-0{,}10658\cdot10^{1}$	$-0{,}10220\cdot10^{1}$	$-0{,}93786\cdot10^{0}$
13	−0,13974	−0,12363	−0,11859	$-0{,}10886\cdot10^{1}$
14	−0,15956	−0,14131	−0,13559	−0,12454
15	−0,17972	−0,15937	−0,15296	−0,14059
16	−0,19986	−0,17749	−0,17043	−0,15676
17	−0,21960	−0,19535	−0,18767	−0,17278
18	−0,23855	−0,21262	−0,20438	−0,18835
19	−0,25631	−0,22895	−0,22021	−0,20318
20	−0,27252	−0,24401	−0,23486	−0,21696
21	−0,28648	−0,25748	−0,24802	−0,22943
22	−0,29898	−0,26912	−0,25943	−0,24034
23	−0,30874	−0,27870	−0,26889	−0,24948
24	−0,31597	−0,28607	−0,27624	−0,25672
25	−0,32061	−0,29116	−0,28141	−0,26195
26	−0,32269	−0,29394	−0,28435	−0,26514
27	−0,32228	−0,29446	−0,28512	−0,26630
28	−0,31953	−0,29282	−0,28379	−0,26550
29	−0,31462	−0,28917	−0,28050	−0,26285
30	−0,30777	−0,28369	−0,27541	−0,25850
31	−0,29922	−0,27656	−0,26872	−0,25261
32	−0,28921	−0,26801	−0,26062	−0,24537
33	−0,27798	−0,25825	−0,25133	−0,23696
34	−0,26577	−0,24750	−0,24104	−0,22757
35	−0,25281	−0,23596	−0,22996	−0,21739
36	−0,23930	−0,22382	−0,21827	−0,20660
37	−0,22542	−0,21126	−0,20615	−0,19535
38	−0,21134	−0,19844	−0,19374	−0,18380
39	−0,19720	−0,18549	−0,18120	−0,17208
40	−0,18314	−0,17255	−0,16865	−0,16031
41	−0,16927	−0,15973	−0,15619	−0,14861
42	−0,15568	−0,14711	−0,14392	−0,13705
43	−0,14244	−0,13479	−0,13192	−0,12573
44	−0,12963	−0,12282	−0,12026	−0,11470
45	−0,11729	−0,11127	$-0{,}10899\cdot10^{1}$	$-0{,}10403\cdot10^{1}$
46	$-0{,}10548\cdot10^{1}$	$-0{,}10017\cdot10^{1}$	$-0{,}98158\cdot10^{0}$	$-0{,}93755\cdot10^{0}$
47	$-0{,}94219\cdot10^{0}$	$-0{,}89579\cdot10^{0}$	−0,87803	−0,83919
48	−0,83536	−0,79503	−0,77952	−0,74550
49	$-0{,}73449\cdot10^{0}$	$-0{,}69971\cdot10^{0}$	$-0{,}68627\cdot10^{0}$	$-0{,}65670\cdot10^{0}$

Tabelle VI. (Fortsetzung)

B_2

$10t$	$\nu = 0$	$\nu = \frac{1}{8}$	$\nu = \frac{1}{6}$	$\nu = \frac{1}{4}$
50	$-0{,}63968 \cdot 10^0$	$-0{,}60995 \cdot 10^0$	$-0{,}59841 \cdot 10^0$	$-0{,}57294 \cdot 10^0$
51	$-0{,}55098$	$-0{,}52584$	$-0{,}51603$	$-0{,}49433$
52	$-0{,}46839$	$-0{,}44738$	$-0{,}43916$	$-0{,}42091$
53	$-0{,}39184$	$-0{,}37457$	$-0{,}36777$	$-0{,}28956$
54	$-0{,}32125$	$-0{,}30733$	$-0{,}30182$	$-0{,}35266$
55	$-0{,}25649$	$-0{,}24555$	$-0{,}24121$	$-0{,}23151$
56	$-0{,}19740$	$-0{,}18911$	$-0{,}18581$	$-0{,}17841$
57	$-0{,}14378 \cdot 10^0$	$-0{,}13784 \cdot 10^0$	$-0{,}13546 \cdot 10^0$	$-0{,}13013 \cdot 10^0$
58	$-0{,}95446 \cdot 10^{-1}$	$-0{,}91560 \cdot 10^{-1}$	$-0{,}89999 \cdot 10^{-1}$	$-0{,}86488 \cdot 10^{-1}$
59	$-0{,}52152$	$-0{,}00059$	$-0{,}49216$	$-0{,}47314$
60	$-0{,}13662$	$-0{,}13122$	$-0{,}12903$	$-0{,}12409$
61	$+0{,}20272$	$+0{,}19482$	$+0{,}19161$	$+0{,}18434$
62	$+0{,}49913$	$+0{,}47994$	$+0{,}47211$	$+0{,}45436$
63	$+0{,}75525$	$+0{,}72660$	$+0{,}71488$	$+0{,}68822$
64	$+0{,}97375 \cdot 10^{-1}$	$+0{,}93730 \cdot 10^{-1}$	$+0{,}92233 \cdot 10^{-1}$	$+0{,}88822 \cdot 10^{-1}$
65	$+0{,}11572 \cdot 10^0$	$+0{,}11145 \cdot 10^0$	$+0{,}10969 \cdot 10^0$	$+0{,}10566 \cdot 10^0$
66	$+0{,}13085$	$+0{,}12608$	$+0{,}12410$	$+0{,}11959$
67	$+0{,}14300$	$+0{,}13785$	$+0{,}13571$	$+0{,}13082$
68	$+0{,}15244$	$+0{,}14702$	$+0{,}14476$	$+0{,}13957$
69	$+0{,}15942$	$+0{,}15381$	$+0{,}15147$	$+0{,}14608$
70	$+0{,}16416$	$+0{,}15846$	$+0{,}15607$	$+0{,}15056$
71	$+0{,}16691$	$+0{,}16117$	$+0{,}15876$	$+0{,}15320$
72	$+0{,}16787$	$+0{,}16217$	$+0{,}15977$	$+0{,}15421$
73	$+0{,}16727$	$+0{,}16165$	$+0{,}15928$	$+0{,}15377$
74	$+0{,}16529$	$+0{,}15980$	$+0{,}15747$	$+0{,}15206$
75	$+0{,}16212$	$+0{,}15679$	$+0{,}15453$	$+0{,}14926$
76	$+0{,}15793$	$+0{,}15280$	$+0{,}15061$	$+0{,}14550$
77	$+0{,}15289$	$+0{,}14797$	$+0{,}14587$	$+0{,}14095$
78	$+0{,}14714$	$+0{,}14245$	$+0{,}14044$	$+0{,}13574$
79	$+0{,}14081$	$+0{,}13638$	$+0{,}13446$	$+0{,}12999$
80	$+0{,}13404$	$+0{,}12986$	$+0{,}12805$	$+0{,}12382$
81	$+0{,}12694$	$+0{,}12302$	$+0{,}12132$	$+0{,}11733$
82	$+0{,}11961$	$+0{,}11595$	$+0{,}11436$	$+0{,}11062$
83	$+0{,}11214$	$+0{,}10874$	$+0{,}10726$	$+0{,}10377 \cdot 10^0$
84	$+0{,}10461 \cdot 10^0$	$+0{,}10147 \cdot 10^0$	$+0{,}10010 \cdot 10^0$	$+0{,}96864 \cdot 10^{-1}$
85	$+0{,}97103 \cdot 10^{-1}$	$+0{,}94216 \cdot 10^{-1}$	$+0{,}92949 \cdot 10^{-1}$	$+0{,}89961$
86	$+0{,}89674$	$+0{,}87032$	$+0{,}85869$	$+0{,}83123$
87	$+0{,}82380$	$+0{,}79974$	$+0{,}78913$	$+0{,}76402$
88	$+0{,}75268$	$+0{,}73089$	$+0{,}72126$	$+0{,}69842$
89	$+0{,}68379$	$+0{,}66417$	$+0{,}65546$	$+0{,}63482$
90	$+0{,}61745$	$+0{,}59988$	$+0{,}59206$	$+0{,}57351$
91	$+0{,}55392$	$+0{,}53829$	$+0{,}53132$	$+0{,}51475$
92	$+0{,}49342$	$+0{,}47962$	$+0{,}47344$	$+0{,}45875$
93	$+0{,}43611$	$+0{,}42400$	$+0{,}41858$	$+0{,}40564$
94	$+0{,}38208$	$+0{,}37157$	$+0{,}36684$	$+0{,}35556$
95	$+0{,}33142$	$+0{,}32237$	$+0{,}31829$	$+0{,}30855$
96	$+0{,}28415$	$+0{,}27645$	$+0{,}27297$	$+0{,}26465$
97	$+0{,}24026$	$+0{,}23380$	$+0{,}23087$	$+0{,}22386$
98	$+0{,}19972$	$+0{,}19439$	$+0{,}19197$	$+0{,}18617$
99	$+0{,}16247 \cdot 10^{-1}$	$+0{,}15817 \cdot 10^{-1}$	$+0{,}15621 \cdot 10^{-1}$	$+0{,}15151 \cdot 10^{-1}$

Tabelle VI. (Fortsetzung)

B_2

$10t$	$\nu=0$	$\nu=\frac{1}{8}$	$\nu=\frac{1}{6}$	$\nu=\frac{1}{4}$
100	$+0{,}12844 \cdot 10^{-1}$	$+0{,}12506 \cdot 10^{-1}$	$+0{,}12352 \cdot 10^{-1}$	$+0{,}11982 \cdot 10^{-1}$
101	$+0{,}97518 \cdot 10^{-2}$	$+0{,}94972 \cdot 10^{-2}$	$+0{,}93809 \cdot 10^{-2}$	$+0{,}91009 \cdot 10^{-2}$
102	+0,69593	+0,67790	+0,66964	+0,64973
103	+0,44540	+0,43394	+0,42868	+0,41599
104	$+0{,}22223 \cdot 10^{-2}$	$+0{,}21655 \cdot 10^{-2}$	$+0{,}21394 \cdot 10^{-2}$	$+0{,}20763 \cdot 10^{-2}$
105	$+0{,}24982 \cdot 10^{-3}$	$+0{,}24348 \cdot 10^{-3}$	$+0{,}24056 \cdot 10^{-3}$	$+0{,}23349 \cdot 10^{-3}$
106	$-0{,}14783 \cdot 10^{-2}$	$-0{,}14411 \cdot 10^{-2}$	$-0{,}14238 \cdot 10^{-2}$	$-0{,}13821 \cdot 10^{-2}$
107	−0,29773	−0,29028	−0,28682	−0,27846
108	−0,42624	−0,41564	−0,41072	−0,39879
109	−0,53490	−0,52169	−0,51554	−0,50061
110	−0,62522	−0,60987	−0,60272	−0,58532
111	−0,69869	−0,68165	−0,67368	−0,65431
112	−0,75676	−0,73842	−0,72983	−0,70892
113	−0,80084	−0,78156	−0,77251	−0,75044
114	−0,83230	−0,81238	−0,80301	−0,78015
115	−0,85243	−0,83215	−0,82260	−0,79926
116	−0,86247	−0,84208	−0,83244	−0,80890
117	−0,86359	−0,84329	−0,83369	−0,81018
118	−0,85690	−0,83688	−0,82739	−0,80413
119	−0,84344	−0,82385	−0,81454	−0,79172
120	−0,82418	−0,80515	−0,79608	−0,77385
121	−0,80001	−0,78164	−0,77288	−0,75136
122	−0,77177	−0,75415	−0,74572	−0,72502
123	−0,74022	−0,72341	−0,71536	−0,69556
124	−0,70605	−0,69011	−0,68245	−0,66361
125	−0,66990	−0,65485	−0,64762	−0,62979
126	−0,63233	−0,61821	−0,61140	−0,59462
127	−0,59387	−0,58067	−0,57430	−0,55858
128	−0,55496	−0,54269	−0,53676	−0,52211
129	−0,51601	−0,50466	−0,49916	−0,48557
130	−0,47737	−0,46692	−0,46185	−0,44931
131	−0,43934	−0,42978	−0,42513	−0,41362
132	−0,40220	−0,39349	−0,38924	−0,37873
133	−0,36615	−0,35826	−0,35441	−0,34486
134	−0,33138	−0,32428	−0,32080	−0,31218
135	−0,29805	−0,29169	−0,28857	−0,28084
136	−0,26626	−0,26061	−0,25784	−0,25094
137	−0,23612	−0,23112	−0,22867	−0,22257
138	−0,20767	−0,20330	−0,20115	−0,19580
139	−0,18096	−0,17717	−0,17530	−0,17065
140	−0,15601	−0,15276	−0,15115	−0,14715
141	−0,13282	−0,13006	−0,12870	−0,12530
142	$-0{,}11138 \cdot 10^{-2}$	$-0{,}10908 \cdot 10^{-2}$	$-0{,}10794 \cdot 10^{-2}$	$-0{,}10509 \cdot 10^{-2}$
143	$-0{,}91653 \cdot 10^{-3}$	$-0{,}89769 \cdot 10^{-3}$	$-0{,}88834 \cdot 10^{-3}$	$-0{,}86497 \cdot 10^{-3}$
144	−0,73603	−0,72097	−0,71348	−0,69475
145	−0,57179	−0,56014	−0,55434	−0,53982
146	−0,42323	−0,41465	−0,41037	−0,39964
147	−0,28970	−0,28385	−0,28093	−0,27360
148	$-0{,}17049 \cdot 10^{-3}$	$-0{,}16706 \cdot 10^{-3}$	$-0{,}16535 \cdot 10^{-3}$	$-0{,}16105 \cdot 10^{-3}$
149	$-0{,}64867 \cdot 10^{-4}$	$-0{,}63568 \cdot 10^{-4}$	$-0{,}62917 \cdot 10^{-4}$	$-0{,}61284 \cdot 10^{-4}$

Tabelle VI. (Fortsetzung)

B_2

$10t$	$\nu=0$	$\nu=\frac{1}{8}$	$\nu=\frac{1}{6}$	$\nu=\frac{1}{4}$
150	$+0{,}27954\cdot10^{-4}$	$+0{,}27396\cdot10^{-4}$	$+0{,}27116\cdot10^{-4}$	$+0{,}26414\cdot10^{-4}$
151	$+0{,}10875\cdot10^{-3}$	$+0{,}10659\cdot10^{-3}$	$+0{,}10551\cdot10^{-3}$	$+0{,}10278\cdot10^{-3}$
152	+0,17833	+0,17481	+0,17303	+0,16856
153	+0,23749	+0,23281	+0,23045	+0,22452
154	+0,28701	+0,28138	+0,27853	+0,27137
155	+0,32767	+0,32126	+0,31803	+0,30987
156	+0,36023	+0,35321	+0,34966	+0,34071
157	+0,38542	+0,37794	+0,37415	+0,36459
158	+0,40395	+0,39615	+0,39218	+0,38218
159	+0,41650	+0,40849	+0,40441	+0,39412
160	+0,42371	+0,41559	+0,41146	+0,40100
161	+0,42621	+0,41807	+0,41392	+0,40342
162	+0,42455	+0,41648	+0,41235	+0,40191
163	+0,41929	+0,41135	+0,40728	+0,39699
164	+0,41093	+0,40317	+0,39920	+0,38913
165	+0,39994	+0,39242	+0,38855	+0,37877
166	+0,38675	+0,37950	+0,37577	+0,36633
167	+0,37176	+0,36481	+0,36124	+0,35218
168	+0,35533	+0,34872	+0,34531	+0,33666
169	+0,33780	+0,33153	+0,32830	+0,32009
170	+0,31945	+0,31355	+0,31050	+0,30275
171	+0,30057	+0,29504	+0,29217	+0,28489
172	+0,28139	+0,27622	+0,27355	+0,26674
173	+0,26211	+0,25732	+0,25483	+0,24850
174	+0,24293	+0,23850	+0,23620	+0,23035
175	+0,22401	+0,21994	+0,21782	+0,21243
176	+0,20548	+0,20176	+0,19982	+0,19488
177	+0,18746	+0,18407	+0,18231	+0,17781
178	+0,17004	+0,16698	+0,16539	+0,16131
179	+0,15332	+0,15057	+0,14913	+0,14546
180	+0,13734	+0,13489	+0,13360	+0,13032
181	+0,12217	+0,11999	+0,11885	+0,11593
182	$+0{,}10782\cdot10^{-3}$	$+0{,}10591\cdot10^{-3}$	$+0{,}10490\cdot10^{-3}$	$+0{,}10233\cdot10^{-3}$
183	$+0{,}94344\cdot10^{-4}$	$+0{,}92673\cdot10^{-4}$	$+0{,}91796\cdot10^{-4}$	$+0{,}89550\cdot10^{-4}$
184	+0,81729	+0,80286	+0,79527	+0,77585
185	+0,69986	+0,68755	+0,68106	+0,66445
186	+0,59111	+0,58075	+0,57528	+0,56126
187	+0,49091	+0,48233	+0,47779	+0,46617
188	+0,39907	+0,39212	+0,38844	+0,37900
189	+0,31536	+0,30988	+0,30698	+0,29953
190	+0,23949	+0,23534	+0,23314	+0,22750
191	+0,17115	+0,16820	+0,16663	+0,16260
192	$+0{,}11000\cdot10^{-4}$	$+0{,}10810\cdot10^{-4}$	$+0{,}10710\cdot10^{-4}$	$+0{,}10451\cdot10^{-4}$
193	$+0{,}55672\cdot10^{-5}$	$+0{,}54715\cdot10^{-5}$	$+0{,}54207\cdot10^{-5}$	$+0{,}52899\cdot10^{-5}$
194	$+0{,}77805\cdot10^{-6}$	$+0{,}76472\cdot10^{-6}$	$+0{,}75762\cdot10^{-6}$	$+0{,}73937\cdot10^{-6}$
195	$-0{,}34059\cdot10^{-5}$	$-0{,}33478\cdot10^{-5}$	$-0{,}33167\cdot10^{-5}$	$-0{,}32369\cdot10^{-5}$
196	$-0{,}70243\cdot10^{-5}$	−0,69046	−0,68408	−0,66764
197	$-0{,}10116\cdot10^{-4}$	$-0{,}99447\cdot10^{-5}$	$-0{,}98528\cdot10^{-5}$	$-0{,}96164\cdot10^{-5}$
198	−0,12721	$-0{,}12506\cdot10^{-4}$	$-0{,}12391\cdot10^{-4}$	$-0{,}12094\cdot10^{-4}$
199	−0,14879	−0,14627	−0,14493	−0,14146
200	$-0{,}16625\cdot10^{-4}$	$-0{,}16345\cdot10^{-4}$	$-0{,}16195\cdot10^{-4}$	$-0{,}15808\cdot10^{-4}$

Tabelle VII

$a_{11}^{(i)}$

$10t$	$\nu = 0$	$\nu = \frac{1}{8}$	$\nu = \frac{1}{6}$	$\nu = \frac{1}{4}$
	+0,00000 · 10^{0}	+0,00000 · 10^{0}	+0,00000 · 10^{0}	+0,00000 · 10^{0}
1	−0,28867 · 10^{-2}	−0,25459 · 10^{-2}	−0,24397 · 10^{-2}	−0,22360 · 10^{-2}
2	−0,11548 · 10^{-1}	−0,10184 · 10^{-1}	−0,97600 · 10^{-2}	−0,89452 · 10^{-2}
3	−0,25996	−0,22927	−0,21971 · 10^{-1}	−0,20137 · 10^{-1}
4	−0,46274	−0,40812	−0,39112	−0,35851
5	−0,72497 · 10^{-1}	−0,63946	−0,61286	−0,56183
6	−0,10490 · 10^{0}	−0,92545 · 10^{-1}	−0,88703 · 10^{-1}	−0,81337 · 10^{-1}
7	−0,14392	−0,12700 · 10^{0}	−0,12174 · 10^{0}	−0,11168 · 10^{0}
8	−0,19024	−0,16794	−0,16103	−0,14780
9	−0,24491	−0,21633	−0,20749	−0,19062
10	−0,30943	−0,27354	−0,26247	−0,24140
11	−0,38584	−0,34143	−0,32780	−0,30193
12	−0,47678	−0,42244	−0,40585	−0,37448
13	−0,58556	−0,51963	−0,49962	−0,46198
14	−0,71623	−0,63674	−0,61279	−0,56797
15	−0,87348 · 10^{0}	−0,77816	−0,74966	−0,69665
16	−0,10626 · 10^{1}	−0,94889 · 10^{0}	−0,91515 · 10^{0}	−0,85282 · 10^{0}
17	−0,12894	−0,11544 · 10^{1}	−0,11147 · 10^{1}	−0,10418 · 10^{1}
18	−0,15601	−0,14006	−0,13541	−0,12694
19	−0,18808	−0,16936	−0,16394	−0,15415
20	−0,22577	−0,20393	−0,19766	−0,18642
21	−0,26963	−0,24435	−0,23715	−0,22432
22	−0,32018	−0,29114	−0,28293	−0,26841
23	−0,37784	−0,34476	−0,33547	−0,31916
24	−0,44297	−0,40559	−0,39516	−0,37700
25	−0,51581	−0,47392	−0,46232	−0,44225
26	−0,59653	−0,54998	−0,53717	−0,51518
27	−0,68523	−0,63391	−0,61987	−0,59597
28	−0,78193	−0,72577	−0,71051	−0,68473
29	−0,88663	−0,82560	−0,80912	−0,78153
30	−0,99930 · 10^{1}	−0,93339 · 10^{1}	−0,91572 · 10^{1}	−0,88639
31	−0,11199 · 10^{2}	−0,10491 · 10^{2}	−0,10303 · 10^{2}	−0,99931 · 10^{1}
32	−0,12483	−0,11728	−0,11528	−0,11203 · 10^{2}
33	−0,13847	−0,13043	−0,12833	−0,12493
34	−0,15290	−0,14439	−0,14218	−0,13865
35	−0,16812	−0,15914	−0,15682	−0,15318
36	−0,18414	−0,17469	−0,17228	−0,16853
37	−0,20098	−0,19107	−0,18856	−0,18471
38	−0,21865	−0,20828	−0,20568	−0,20174
39	−0,23717	−0,22634	−0,22365	−0,21964
40	−0,25657	−0,24528	−0,24250	−0,23842
41	−0,27687	−0,26511	−0,26225	−0,25811
42	−0,29810	−0,28587	−0,28293	−0,27874
43	−0,32028	−0,30758	−0,30456	−0,30033
44	−0,34346	−0,33027	−0,32718	−0,32292
45	−0,36765	−0,35399	−0,35081	−0,34654
46	−0,39290	−0,37874	−0,37549	−0,37121
47	−0,41924	−0,40458	−0,40126	−0,39698
48	−0,44669	−0,43153	−0,42814	−0,42387
49	−0,47530 · 10^{2}	−0,45963 · 10^{2}	−0,45617 · 10^{2}	−0,45192 · 10^{2}

Tabelle VII. (Fortsetzung)

$a_{11}^{(t)}$

10t	$\nu = 0$	$\nu = \frac{1}{8}$	$\nu = \frac{1}{6}$	$\nu = \frac{1}{4}$
50	$-0{,}50509 \cdot 10^2$	$-0{,}48890 \cdot 10^2$	$-0{,}48537 \cdot 10^2$	$-0{,}48116 \cdot 10^2$
51	−0,53609	−0,51939	−0,51579	−0,51162
52	−0,56834	−0,55111	−0,54745	−0,54333
53	−0,60187	−0,58410	−0,58038	−0,57633
54	−0,63670	−0,61839	−0,61461	−0,61064
55	−0,67286	−0,65400	−0,65017	−0,64629
56	−0,71039	−0,69097	−0,68709	−0,68332
57	−0,74930	−0,72933	−0,72539	−0,72174
58	−0,78962	−0,76909	−0,76511	−0,76160
59	−0,83138	−0,81028	−0,80626	−0,80290
60	−0,87460	−0,85293	−0,84888	−0,84569
61	−0,91931	−0,89706	−0,89298	−0,88997
62	$-0{,}96553 \cdot 10^2$	−0,94270	−0,93859	−0,93579
63	$-0{,}10132 \cdot 10^3$	$-0{,}98988 \cdot 10^2$	$-0{,}98574 \cdot 10^2$	$-0{,}98316 \cdot 10^2$
64	−0,10626	$-0{,}10386 \cdot 10^3$	$-0{,}10344 \cdot 10^3$	$-0{,}10321 \cdot 10^3$
65	−0,11134	−0,10889	−0,10847	−0,10826
66	−0,11659	−0,11408	−0,11366	−0,11348
67	−0,12200	−0,11943	−0,11901	−0,11886
68	−0,12758	−0,12495	−0,12453	−0,12441
69	−0,13332	−0,13063	−0,13021	−0,13013
70	−0,13924	−0,13649	−0,13607	−0,13602
71	−0,14532	−0,14251	−0,14210	−0,14209
72	−0,15158	−0,14871	−0,14830	−0,14833
73	−0,15802	−0,15509	−0,15468	−0,15475
74	−0,16463	−0,16164	−0,16124	−0,16135
75	−0,17143	−0,16838	−0,16798	−0,16814
76	−0,17841	−0,17530	−0,17490	−0,17512
77	−0,18557	−0,18240	−0,18201	−0,18228
78	−0,19292	−0,18970	−0,18931	−0,18964
79	−0,20047	−0,19718	−0,19680	−0,19718
80	−0,20821	−0,20486	−0,20449	−0,20493
81	−0,21614	−0,21273	−0,21237	−0,21288
82	−0,22427	−0,22081	−0,22046	−0,22102
83	−0,23260	−0,22908	−0,22874	−0,22937
84	−0,24114	−0,23756	−0,23723	−0,23793
85	−0,24988	−0,24624	−0,24592	−0,24670
86	−0,25883	−0,25513	−0,25482	−0,25568
87	−0,26799	−0,26423	−0,26394	−0,26487
88	−0,27736	−0,27355	−0,27327	−0,27428
89	−0,28695	−0,28308	−0,28281	−0,28391
90	−0,29675	−0,29283	−0,29258	−0,29377
91	−0,30678	−0,30279	−0,30256	−0,30384
92	−0,31703	−0,31299	−0,31277	−0,31415
93	−0,32750	−0,32340	−0,32321	−0,32468
94	−0,33821	−0,33405	−0,33387	−0,33545
95	−0,34914	−0,34493	−0,34477	−0,34645
96	−0,36030	−0,35604	−0,35590	−0,35769
97	−0,37170	−0,36738	−0,36727	−0,36917
98	−0,38334	−0,37897	−0,37888	−0,38089
99	$-0{,}39522 \cdot 10^3$	$-0{,}39079 \cdot 10^3$	$-0{,}39073 \cdot 10^3$	$-0{,}39285 \cdot 10^3$

Tabelle VII. (Fortsetzung)

$a_{11}^{(i)}$

10t	$\nu = 0$	$\nu = \frac{1}{8}$	$\nu = \frac{1}{6}$	$\nu = \frac{1}{4}$
100	$-0{,}40734 \cdot 10^3$	$-0{,}40286 \cdot 10^3$	$-0{,}40282 \cdot 10^3$	$-0{,}40507 \cdot 10^3$
101	−0,41970	−0,41517	−0,41516	−0,41753
102	−0,43232	−0,42773	−0,42774	−0,43024
103	−0,44518	−0,44054	−0,44058	−0,44322
104	−0,45829	−0,45360	−0,45368	−0,45644
105	−0,47166	−0,46692	−0,46703	−0,46993
106	−0,48529	−0,48050	−0,48063	−0,48368
107	−0,49918	−0,49434	−0,49450	−0,49770
108	−0,51333	−0,50844	−0,50864	−0,51198
109	−0,52774	−0,52280	−0,52304	−0,52654
110	−0,54242	−0,53743	−0,53771	−0,54137
111	−0,55737	−0,55234	−0,55265	−0,55647
112	−0,57259	−0,56751	−0,56786	−0,57185
113	−0,58809	−0,58296	−0,58335	−0,58751
114	−0,60386	−0,59869	−0,59912	−0,60345
115	−0,61991	−0,61470	−0,61517	−0,61968
116	−0,63625	−0,63099	−0,63150	−0,63620
117	−0,65286	−0,64756	−0,64812	−0,65301
118	−0,66977	−0,66442	−0,66503	−0,67011
119	−0,68696	−0,68158	−0,68223	−0,68750
120	−0,70445	−0,69902	−0,69973	−0,70520
121	−0,72223	−0,71676	−0,71752	−0,72319
122	−0,74030	−0,73480	−0,73561	−0,74149
123	−0,75867	−0,75313	−0,75400	−0,76009
124	−0,77735	−0,77177	−0,77269	−0,77900
125	−0,79633	−0,79072	−0,79169	−0,79823
126	−0,81561	−0,80997	−0,81100	−0,81776
127	−0,83521	−0,82953	−0,83062	−0,83761
128	−0,85511	−0,84940	−0,85055	−0,85778
129	−0,87533	−0,86959	−0,87080	−0,87827
130	−0,89587	−0,89009	−0,89136	−0,89909
131	−0,91672	−0,91091	−0,91225	−0,92023
132	−0,93789	−0,93206	−0,93346	−0,94169
133	−0,95939	−0,95353	−0,95500	−0,96349
134	$-0{,}98121 \cdot 10^3$	−0,97532	−0,97687	$-0{,}98563 \cdot 10^3$
135	$-0{,}10033 \cdot 10^4$	$-0{,}99745 \cdot 10^3$	$-0{,}99907 \cdot 10^3$	$-0{,}10081 \cdot 10^4$
136	−0,10258	$-0{,}10199 \cdot 10^4$	$-0{,}10216 \cdot 10^4$	−0,10309
137	−0,10486	−0,10427	−0,10444	−0,10540
138	−0,10718	−0,10658	−0,10676	−0,10775
139	−0,10953	−0,10893	−0,10912	−0,11013
140	−0,11191	−0,11131	−0,11151	−0,11255
141	−0,11433	−0,11372	−0,11393	−0,11501
142	−0,11678	−0,11617	−0,11639	−0,11750
143	−0,11927	−0,11866	−0,11888	−0,12002
144	−0,12179	−0,12118	−0,12141	−0,12258
145	−0,12434	−0,12373	−0,12398	−0,12518
146	−0,12694	−0,12633	−0,12658	−0,12781
147	−0,12956	−0,12895	−0,12921	−0,13048
148	−0,13223	−0,13162	−0,13188	−0,13319
149	$-0{,}13493 \cdot 10^4$	$-0{,}13432 \cdot 10^4$	$-0{,}13450 \cdot 10^4$	$-0{,}13593 \cdot 10^4$

Tabelle VII. (Fortsetzung)

$a_{11}^{(t)}$

$10t$	$\nu=0$	$\nu=\frac{1}{8}$	$\nu=\frac{1}{6}$	$\nu=\frac{1}{4}$
150	$-0{,}13767 \cdot 10^4$	$-0{,}13705 \cdot 10^4$	$-0{,}13734 \cdot 10^4$	$-0{,}13871 \cdot 10^4$
151	−0,14044	−0,13982	−0,14012	−0,14153
152	−0,14325	−0,14263	−0,14294	−0,14439
153	−0,14610	−0,14548	−0,14580	−0,14728
154	−0,14898	−0,14837	−0,14870	−0,15022
155	−0,15191	−0,15129	−0,15163	−0,15319
156	−0,15487	−0,15425	−0,15460	−0,15620
157	−0,15787	−0,15725	−0,15761	−0,15925
158	−0,16090	−0,16029	−0,16066	−0,16234
159	−0,16398	−0,16337	−0,16375	−0,16547
160	−0,16710	−0,16648	−0,16688	−0,16864
161	−0,17025	−0,16964	−0,17005	−0,17185
162	−0,17344	−0,17283	−0,17325	−0,17510
163	−0,17668	−0,17607	−0,17650	−0,17839
164	−0,17995	−0,17934	−0,17979	−0,18172
165	−0,18326	−0,18266	−0,18312	−0,18509
166	−0,18662	−0,18602	−0,18648	−0,18851
167	−0,19001	−0,18941	−0,18989	−0,19196
168	−0,19345	−0,19285	−0,19334	−0,19546
169	−0,19693	−0,19633	−0,19684	−0,19900
170	−0,20044	−0,19985	−0,20037	−0,20258
171	−0,20400	−0,20341	−0,20395	−0,20621
172	−0,20761	−0,20702	−0,20757	−0,20987
173	−0,21125	−0,21067	−0,21123	−0,21359
174	−0,21494	−0,21436	−0,21493	−0,21734
175	−0,21866	−0,21809	−0,21868	−0,22114
176	−0,22244	−0,22186	−0,22247	−0,22498
177	−0,22625	−0,22568	−0,22630	−0,22887
178	−0,23011	−0,22955	−0,23018	−0,23280
179	−0,23401	−0,23345	−0,23410	−0,23677
180	−0,23796	−0,23740	−0,23807	−0,24079
181	−0,24195	−0,24140	−0,24208	−0,24486
182	−0,24598	−0,24544	−0,24614	−0,24897
183	−0,25006	−0,24952	−0,25024	−0,25313
184	−0,25418	−0,25365	−0,25436	−0,25733
185	−0,25835	−0,25782	−0,25857	−0,26158
186	−0,26257	−0,26204	−0,26281	−0,26588
187	−0,26682	−0,26631	−0,26709	−0,27022
188	−0,27113	−0,27062	−0,27142	−0,27461
189	−0,27548	−0,27498	−0,27580	−0,27905
190	−0,27988	−0,27938	−0,28022	−0,28353
191	−0,28432	−0,28383	−0,28469	−0,28806
192	−0,28881	−0,28833	−0,28921	−0,29264
193	−0,29335	−0,29288	−0,29377	−0,29727
194	−0,29794	−0,29747	−0,29838	−0,30195
195	−0,30257	−0,30211	−0,30304	−0,30668
196	−0,30725	−0,30680	−0,30775	−0,31145
197	−0,31198	−0,31154	−0,31251	−0,31628
198	−0,31676	−0,31632	−0,31731	−0,32115
199	−0,32158	−0,32115	−0,32217	−0,32607
200	$-0{,}32646 \cdot 10^4$	$-0{,}32604 \cdot 10^4$	$-0{,}32707 \cdot 10^4$	$-0{,}33105 \cdot 10^4$

Tabelle VIII

$a_{22}^{(t)}$

10t	$\nu = 0$	$\nu = \frac{1}{8}$	$\nu = \frac{1}{6}$	$\nu = \frac{1}{4}$
	$+0{,}00000 \cdot 10^{0}$	$+0{,}00000 \cdot 10^{0}$	$+0{,}00000 \cdot 10^{0}$	$+0{,}00000 \cdot 10^{0}$
1	$-0{,}34641 \cdot 10^{-1}$	$-0{,}30550 \cdot 10^{-1}$	$-0{,}29277 \cdot 10^{-1}$	$-0{,}26832 \cdot 10^{-1}$
2	$-0{,}13856 \cdot 10^{0}$	$-0{,}12220 \cdot 10^{0}$	$-0{,}11710 \cdot 10^{0}$	$-0{,}10733 \cdot 10^{0}$
3	$-0{,}31174$	$-0{,}27493$	$-0{,}26347$	$-0{,}24148$
4	$-0{,}55411$	$-0{,}48869$	$-0{,}46832$	$-0{,}42923$
5	$-0{,}86546 \cdot 10^{0}$	$-0{,}76332 \cdot 10^{0}$	$-0{,}73151 \cdot 10^{0}$	$-0{,}67047$
6	$-0{,}12454 \cdot 10^{1}$	$-0{,}10985 \cdot 10^{1}$	$-0{,}10527 \cdot 10^{1}$	$-0{,}96494 \cdot 10^{0}$
7	$-0{,}16931$	$-0{,}14936$	$-0{,}14315$	$-0{,}13122 \cdot 10^{1}$
8	$-0{,}22076$	$-0{,}19478$	$-0{,}18669$	$-0{,}17114$
9	$-0{,}27869$	$-0{,}24597$	$-0{,}23576$	$-0{,}21616$
10	$-0{,}34285$	$-0{,}30271$	$-0{,}29019$	$-0{,}26612$
11	$-0{,}41289$	$-0{,}36474$	$-0{,}34970$	$-0{,}32078$
12	$-0{,}48836$	$-0{,}43170$	$-0{,}41398$	$-0{,}37988$
13	$-0{,}56871$	$-0{,}50315$	$-0{,}48262$	$-0{,}44305$
14	$-0{,}65323$	$-0{,}57853$	$-0{,}55509$	$-0{,}50985$
15	$-0{,}74114$	$-0{,}65721$	$-0{,}63080$	$-0{,}57978$
16	$-0{,}83154$	$-0{,}73847$	$-0{,}70910$	$-0{,}65224$
17	$-0{,}92347 \cdot 10^{1}$	$-0{,}82150$	$-0{,}78922$	$-0{,}72659$
18	$-0{,}10159 \cdot 10^{2}$	$-0{,}90549$	$-0{,}87039$	$-0{,}80214$
19	$-0{,}11078$	$-0{,}98958 \cdot 10^{1}$	$-0{,}95182 \cdot 10^{1}$	$-0{,}87818$
20	$-0{,}11983$	$-0{,}10729 \cdot 10^{2}$	$-0{,}10327 \cdot 10^{2}$	$-0{,}95401 \cdot 10^{1}$
21	$-0{,}12864$	$-0{,}11548$	$-0{,}11123$	$-0{,}10289 \cdot 10^{2}$
22	$-0{,}13714$	$-0{,}12344$	$-0{,}11900$	$-0{,}11024$
23	$-0{,}14527$	$-0{,}13114$	$-0{,}12652$	$-0{,}11739$
24	$-0{,}15300$	$-0{,}13852$	$-0{,}13376$	$-0{,}12431$
25	$-0{,}16028$	$-0{,}14555$	$-0{,}14068$	$-0{,}13095$
26	$-0{,}16713$	$-0{,}15224$	$-0{,}14727$	$-0{,}13732$
27	$-0{,}17355$	$-0{,}15857$	$-0{,}15354$	$-0{,}14340$
28	$-0{,}17957$	$-0{,}16456$	$-0{,}15948$	$-0{,}14920$
29	$-0{,}18522$	$-0{,}17024$	$-0{,}16513$	$-0{,}15474$
30	$-0{,}19054$	$-0{,}17563$	$-0{,}17051$	$-0{,}16004$
31	$-0{,}19559$	$-0{,}18078$	$-0{,}17565$	$-0{,}16512$
32	$-0{,}20040$	$-0{,}18571$	$-0{,}18059$	$-0{,}17002$
33	$-0{,}20502$	$-0{,}19047$	$-0{,}18536$	$-0{,}17476$
34	$-0{,}20950$	$-0{,}19510$	$-0{,}19000$	$-0{,}17939$
35	$-0{,}21388$	$-0{,}19962$	$-0{,}19455$	$-0{,}18391$
36	$-0{,}21819$	$-0{,}20408$	$-0{,}19902$	$-0{,}18837$
37	$-0{,}22246$	$-0{,}20849$	$-0{,}20344$	$-0{,}19279$
38	$-0{,}22672$	$-0{,}21288$	$-0{,}20785$	$-0{,}19718$
39	$-0{,}23099$	$-0{,}21727$	$-0{,}21225$	$-0{,}20156$
40	$-0{,}23528$	$-0{,}22167$	$-0{,}21666$	$-0{,}20595$
41	$-0{,}23960$	$-0{,}22609$	$-0{,}22109$	$-0{,}21035$
42	$-0{,}24397$	$-0{,}23055$	$-0{,}22555$	$-0{,}21478$
43	$-0{,}24839$	$-0{,}23504$	$-0{,}23004$	$-0{,}21924$
44	$-0{,}25285$	$-0{,}23958$	$-0{,}23458$	$-0{,}22373$
45	$-0{,}25737$	$-0{,}24416$	$-0{,}23915$	$-0{,}22826$
46	$-0{,}26194$	$-0{,}24878$	$-0{,}24376$	$-0{,}23282$
47	$-0{,}26656$	$-0{,}25344$	$-0{,}24841$	$-0{,}23742$
48	$-0{,}27123$	$-0{,}25813$	$-0{,}25310$	$-0{,}24205$
49	$-0{,}27593 \cdot 10^{2}$	$-0{,}26287 \cdot 10^{2}$	$-0{,}25782 \cdot 10^{2}$	$-0{,}24671 \cdot 10^{2}$

Tabelle VIII. (Fortsetzung)

$a_{22}^{(t)}$

10t	$\nu = 0$	$\nu = \frac{1}{8}$	$\nu = \frac{1}{6}$	$\nu = \frac{1}{4}$
50	$-0{,}28068 \cdot 10^2$	$-0{,}26763 \cdot 10^2$	$-0{,}26257 \cdot 10^2$	$-0{,}25139 \cdot 10^2$
51	−0,28545	−0,27243	−0,26734	−0,25610
52	−0,29026	−0,27724	−0,27214	−0,26083
53	−0,29509	−0,28208	−0,27696	−0,26558
54	−0,29994	−0,28694	−0,28180	−0,27034
55	−0,30481	−0,29180	−0,28665	−0,27512
56	−0,30969	−0,29668	−0,29150	−0,27990
57	−0,31458	−0,30157	−0,29637	−0,28469
58	−0,31947	−0,30647	−0,30124	−0,28949
59	−0,32438	−0,31136	−0,30612	−0,29429
60	−0,32929	−0,31626	−0,31099	−0,29909
61	−0,33420	−0,32117	−0,31587	−0,30389
62	−0,33911	−0,32607	−0,32075	−0,30868
63	−0,34402	−0,33097	−0,32562	−0,31348
64	−0,34893	−0,33586	−0,33050	−0,31828
65	−0,35383	−0,34076	−0,33537	−0,32307
66	−0,35874	−0,34565	−0,34024	−0,32786
67	−0,36364	−0,35054	−0,34511	−0,33265
68	−0,36855	−0,35543	−0,34997	−0,33743
69	−0,37345	−0,36032	−0,35483	−0,34221
70	−0,37834	−0,36520	−0,35969	−0,34699
71	−0,38324	−0,37008	−0,36455	−0,35177
72	−0,38814	−0,37496	−0,36940	−0,35654
73	−0,39303	−0,37984	−0,37425	−0,36132
74	−0,39792	−0,38471	−0,37910	−0,36609
75	−0,40281	−0,38959	−0,38395	−0,37085
76	−0,40770	−0,39446	−0,38880	−0,37562
77	−0,41259	−0,39933	−0,39364	−0,38039
78	−0,41748	−0,40420	−0,39849	−0,38515
79	−0,42237	−0,40907	−0,40333	−0,38991
80	−0,42726	−0,41394	−0,40817	−0,39468
81	−0,43215	−0,41881	−0,41302	−0,39944
82	−0,43704	−0,42367	−0,41786	−0,40420
83	−0,44193	−0,42854	−0,42270	−0,40896
84	−0,44682	−0,43341	−0,42754	−0,41372
85	−0,45171	−0,43828	−0,43238	−0,41848
86	−0,45660	−0,44314	−0,43722	−0,42324
87	−0,46149	−0,44801	−0,44206	−0,42800
88	−0,46638	−0,45288	−0,44691	−0,43276
89	−0,47127	−0,45775	−0,45175	−0,43752
90	−0,47616	−0,46261	−0,45659	−0,44228
91	−0,48105	−0,46748	−0,46143	−0,44703
92	−0,48594	−0,47235	−0,46627	−0,45179
93	−0,49084	−0,47721	−0,47111	−0,45655
94	−0,49573	−0,48208	−0,47595	−0,46131
95	−0,50062	−0,48695	−0,48079	−0,46607
96	−0,50551	−0,49181	−0,48563	−0,47082
97	−0,51041	−0,49668	−0,49047	−0,47558
98	−0,51530	−0,50155	−0,49531	−0,48034
99	$-0{,}52019 \cdot 10^2$	$-0{,}50641 \cdot 10^2$	$-0{,}50015 \cdot 10^2$	$-0{,}48509 \cdot 10^2$

Tabelle VIII. (Fortsetzung)

$a_{22}^{(t)}$

$10t$	$\nu = 0$	$\nu = \frac{1}{8}$	$\nu = \frac{1}{6}$	$\nu = \frac{1}{4}$
100	$-0{,}52509 \cdot 10^2$	$-0{,}51128 \cdot 10^2$	$-0{,}50498 \cdot 10^2$	$-0{,}48985 \cdot 10^2$
101	−0,52998	−0,51615	−0,50982	−0,49461
102	−0,53487	−0,52101	−0,51466	−0,49936
103	−0,53977	−0,52588	−0,51950	−0,50412
104	−0,54466	−0,53075	−0,52434	−0,50887
105	−0,54956	−0,53561	−0,52918	−0,51363
106	−0,55445	−0,54048	−0,53402	−0,51838
107	−0,55935	−0,54534	−0,53886	−0,52314
108	−0,56424	−0,55021	−0,54369	−0,52789
109	−0,56913	−0,55508	−0,54853	−0,53265
110	−0,57403	−0,55994	−0,55337	−0,53740
111	−0,57892	−0,56481	−0,55821	−0,54216
112	−0,58382	−0,56967	−0,56305	−0,54691
113	−0,58871	−0,57454	−0,56788	−0,55166
114	−0,59361	−0,57940	−0,57272	−0,55642
115	−0,59850	−0,58427	−0,57756	−0,56117
116	−0,60340	−0,58913	−0,58239	−0,56592
117	−0,60829	−0,59400	−0,58723	−0,57068
118	−0,61319	−0,59886	−0,59207	−0,57543
119	−0,61808	−0,60373	−0,59690	−0,58018
120	−0,62298	−0,60859	−0,60174	−0,58493
121	−0,62787	−0,61346	−0,60658	−0,58969
122	−0,63277	−0,61832	−0,61141	−0,59444
123	−0,63767	−0,62319	−0,61625	−0,59919
124	−0,64256	−0,62805	−0,62109	−0,60394
125	−0,64746	−0,63291	−0,62592	−0,60869
126	−0,65235	−0,63778	−0,63076	−0,61345
127	−0,65725	−0,64264	−0,63559	−0,61820
128	−0,66214	−0,64751	−0,64043	−0,62295
129	−0,66704	−0,65237	−0,64527	−0,62770
130	−0,67194	−0,65724	−0,65010	−0,63245
131	−0,67683	−0,66210	−0,65494	−0,63720
132	−0,68173	−0,66696	−0,65977	−0,64195
133	−0,68662	−0,67183	−0,66461	−0,64670
134	−0,69152	−0,67669	−0,66944	−0,65145
135	−0,69642	−0,68156	−0,67428	−0,65620
136	−0,70131	−0,68642	−0,67911	−0,66096
137	−0,70621	−0,69128	−0,68395	−0,66571
138	−0,71110	−0,69615	−0,68878	−0,67046
139	−0,71600	−0,70101	−0,69362	−0,67521
140	−0,72090	−0,70587	−0,69845	−0,67996
141	−0,72579	−0,71074	−0,70329	−0,68471
142	−0,73069	−0,71560	−0,70812	−0,68946
143	−0,73559	−0,72046	−0,71296	−0,69421
144	−0,74048	−0,72533	−0,71779	−0,69896
145	−0,74538	−0,73019	−0,72263	−0,70370
146	−0,75027	−0,73505	−0,72746	−0,70845
147	−0,75517	−0,73992	−0,73230	−0,71320
148	−0,76007	−0,74478	−0,73713	−0,71795
149	$-0{,}76496 \cdot 10^2$	$-0{,}74964 \cdot 10^2$	$-0{,}74196 \cdot 10^2$	$-0{,}72270 \cdot 10^2$

Tabelle VIII. (Fortsetzung)

$a_{22}^{(i)}$

$10t$	$\nu=0$	$\nu=\frac{1}{8}$	$\nu=\frac{1}{6}$	$\nu=\frac{1}{4}$
150	$-0{,}76986\cdot10^2$	$-0{,}75451\cdot10^2$	$-0{,}74680\cdot10^2$	$-0{,}72745\cdot10^2$
151	−0,77476	−0,75937	−0,75163	−0,73220
152	−0,77965	−0,76423	−0,75647	−0,73695
153	−0,78455	−0,76910	−0,76130	−0,74170
154	−0,78945	−0,77396	−0,76614	−0,74645
155	−0,79434	−0,77882	−0,77097	−0,75120
156	−0,79924	−0,78369	−0,77580	−0,75594
157	−0,80414	−0,78855	−0,78064	−0,76069
158	−0,80903	−0,79341	−0,78547	−0,76544
159	−0,81393	−0,79827	−0,79031	−0,77019
160	−0,81883	−0,80314	−0,79514	−0,77494
161	−0,82373	−0,80800	−0,79997	−0,77969
162	−0,82862	−0,81286	−0,80481	−0,78444
163	−0,83352	−0,81772	−0,80964	−0,78918
164	−0,83842	−0,82259	−0,81447	−0,79393
165	−0,84331	−0,82745	−0,81931	−0,79868
166	−0,84821	−0,83231	−0,82414	−0,80343
167	−0,85311	−0,83718	−0,82897	−0,80818
168	−0,85800	−0,84204	−0,83381	−0,81292
169	−0,86290	−0,84690	−0,83864	−0,81767
170	−0,86780	−0,85176	−0,84348	−0,82242
171	−0,87270	−0,85663	−0,84831	−0,82717
172	−0,87759	−0,86149	−0,85314	−0,83192
173	−0,88249	−0,86635	−0,85798	−0,83666
174	−0,88739	−0,87121	−0,86281	−0,84141
175	−0,89228	−0,87608	−0,86764	−0,84616
176	−0,89718	−0,88094	−0,87247	−0,85091
177	−0,90208	−0,88580	−0,87731	−0,85565
178	−0,90698	−0,89066	−0,88214	−0,86040
179	−0,91187	−0,89552	−0,88697	−0,86515
180	−0,91677	−0,90039	−0,89181	−0,86990
181	−0,92167	−0,90525	−0,89664	−0,87464
182	−0,92657	−0,91011	−0,90147	−0,87939
183	−0,93146	−0,91497	−0,90631	−0,88414
184	−0,93636	−0,91984	−0,91114	−0,88888
185	−0,94126	−0,92470	−0,91597	−0,89363
186	−0,94616	−0,92956	−0,92081	−0,89838
187	−0,95105	−0,93442	−0,92564	−0,90313
188	−0,95595	−0,93929	−0,93047	−0,90787
189	−0,96085	−0,94415	−0,93530	−0,91262
190	−0,96575	−0,94901	−0,94014	−0,91737
191	−0,97064	−0,95387	−0,94497	−0,92211
192	−0,97554	−0,95873	−0,94980	−0,92686
193	−0,98044	−0,96360	−0,95464	−0,93161
194	−0,98534	−0,96846	−0,95947	−0,93635
195	−0,99023	−0,97332	−0,96430	−0,94110
196	$-0{,}99513\cdot10^2$	−0,97818	−0,96913	−0,94585
197	$-0{,}10000\cdot10^3$	−0,98304	−0,97397	−0,95059
198	−0,10049	−0,98791	−0,97880	−0,95534
199	−0,10098	−0,99277	−0,98363	−0,96009
200	$-0{,}10147\cdot10^3$	$-0{,}99763\cdot10^2$	$-0{,}98846\cdot10^2$	$-0{,}96483\cdot10^2$

Tabelle IX

$b^{(i)}$

$10t$	$\nu=0$	$\nu=\frac{1}{8}$	$\nu=\frac{1}{6}$	$\nu=\frac{1}{4}$
	$-0{,}00000\cdot 10^{0}$	$-0{,}00000\cdot 10^{0}$	$-0{,}00000\cdot 10^{0}$	$-0{,}00000\cdot 10^{0}$
1	$+0{,}25000\cdot 10^{-4}$	$+0{,}22222\cdot 10^{-4}$	$+0{,}21428\cdot 10^{-4}$	$+0{,}20000\cdot 10^{-4}$
2	$+0{,}40000\cdot 10^{-3}$	$+0{,}35555\cdot 10^{-3}$	$+0{,}34285\cdot 10^{-3}$	$+0{,}32000\cdot 10^{-3}$
3	$+0{,}20248\cdot 10^{-2}$	$+0{,}17998\cdot 10^{-2}$	$+0{,}17355\cdot 10^{-2}$	$+0{,}16198\cdot 10^{-2}$
4	$+0{,}63978\cdot 10^{-2}$	$+0{,}56871\cdot 10^{-2}$	$+0{,}54841\cdot 10^{-2}$	$+0{,}51185\cdot 10^{-2}$
5	$+0{,}15612\cdot 10^{-1}$	$+0{,}13878\cdot 10^{-1}$	$+0{,}13383\cdot 10^{-1}$	$+0{,}12491\cdot 10^{-1}$
6	$+0{,}32345$	$+0{,}28755$	$+0{,}27730$	$+0{,}25883$
7	$+0{,}59838\cdot 10^{-1}$	$+0{,}53204$	$+0{,}51308$	$+0{,}47894$
8	$+0{,}10185\cdot 10^{0}$	$+0{,}90582\cdot 10^{-1}$	$+0{,}87359\cdot 10^{-1}$	$+0{,}81554\cdot 10^{-1}$
9	$+0{,}16263$	$+0{,}14467\cdot 10^{0}$	$+0{,}13953\cdot 10^{0}$	$+0{,}13028\cdot 10^{0}$
10	$+0{,}24679$	$+0{,}21962$	$+0{,}21184$	$+0{,}19784$
11	$+0{,}35919$	$+0{,}31981$	$+0{,}30853$	$+0{,}28821$
12	$+0{,}50481$	$+0{,}44976$	$+0{,}43399$	$+0{,}40555$
13	$+0{,}68853$	$+0{,}61398$	$+0{,}59259$	$+0{,}55399$
14	$+0{,}91492\cdot 10^{0}$	$+0{,}81670\cdot 10^{0}$	$+0{,}78848\cdot 10^{0}$	$+0{,}73752$
15	$+0{,}11879\cdot 10^{1}$	$+0{,}10617\cdot 10^{1}$	$+0{,}10254\cdot 10^{1}$	$+0{,}95979\cdot 10^{0}$
16	$+0{,}15108$	$+0{,}13523$	$+0{,}13066$	$+0{,}12239\cdot 10^{1}$
17	$+0{,}18857$	$+0{,}16907$	$+0{,}16344$	$+0{,}15323$
18	$+0{,}23134$	$+0{,}20783$	$+0{,}20102$	$+0{,}18865$
19	$+0{,}27937$	$+0{,}25152$	$+0{,}24343$	$+0{,}22872$
20	$+0{,}33248$	$+0{,}30004$	$+0{,}29059$	$+0{,}27337$
21	$+0{,}39036$	$+0{,}35318$	$+0{,}34232$	$+0{,}32247$
22	$+0{,}45261$	$+0{,}41062$	$+0{,}39830$	$+0{,}37576$
23	$+0{,}51873$	$+0{,}47196$	$+0{,}45819$	$+0{,}43292$
24	$+0{,}58818$	$+0{,}53674$	$+0{,}52153$	$+0{,}49357$
25	$+0{,}66041$	$+0{,}60447$	$+0{,}58787$	$+0{,}55727$
26	$+0{,}73486$	$+0{,}67467$	$+0{,}65674$	$+0{,}62360$
27	$+0{,}81105$	$+0{,}74689$	$+0{,}72770$	$+0{,}69213$
28	$+0{,}88852$	$+0{,}82069$	$+0{,}80033$	$+0{,}76248$
29	$+0{,}96693\cdot 10^{1}$	$+0{,}89574$	$+0{,}87429$	$+0{,}83432$
30	$+0{,}10460\cdot 10^{2}$	$+0{,}97176\cdot 10^{1}$	$+0{,}94930\cdot 10^{1}$	$+0{,}90736$
31	$+0{,}11255$	$+0{,}10485\cdot 10^{2}$	$+0{,}10251\cdot 10^{2}$	$+0{,}98140\cdot 10^{1}$
32	$+0{,}12054$	$+0{,}11259$	$+0{,}11017$	$+0{,}10563\cdot 10^{2}$
33	$+0{,}12857$	$+0{,}12039$	$+0{,}11789$	$+0{,}11319$
34	$+0{,}13663$	$+0{,}12825$	$+0{,}12568$	$+0{,}12083$
35	$+0{,}14474$	$+0{,}13616$	$+0{,}13353$	$+0{,}12855$
36	$+0{,}15291$	$+0{,}14415$	$+0{,}14145$	$+0{,}13634$
37	$+0{,}16115$	$+0{,}15222$	$+0{,}14946$	$+0{,}14423$
38	$+0{,}16947$	$+0{,}16039$	$+0{,}15757$	$+0{,}15222$
39	$+0{,}17790$	$+0{,}16866$	$+0{,}16579$	$+0{,}16033$
40	$+0{,}18645$	$+0{,}17706$	$+0{,}17413$	$+0{,}16857$
41	$+0{,}19514$	$+0{,}18560$	$+0{,}18262$	$+0{,}17694$
42	$+0{,}20398$	$+0{,}19429$	$+0{,}19126$	$+0{,}18547$
43	$+0{,}21299$	$+0{,}20315$	$+0{,}20006$	$+0{,}19417$
44	$+0{,}22218$	$+0{,}21218$	$+0{,}20904$	$+0{,}20304$
45	$+0{,}23156$	$+0{,}22140$	$+0{,}21821$	$+0{,}21210$
46	$+0{,}24113$	$+0{,}23082$	$+0{,}22758$	$+0{,}22135$
47	$+0{,}25091$	$+0{,}24044$	$+0{,}23714$	$+0{,}23081$
48	$+0{,}26090$	$+0{,}25027$	$+0{,}24692$	$+0{,}24047$
49	$+0{,}27111\cdot 10^{2}$	$+0{,}26032\cdot 10^{2}$	$+0{,}25691\cdot 10^{2}$	$+0{,}25035\cdot 10^{2}$

Tabelle IX. (Fortsetzung)

$b^{(t)}$

$10t$	$\nu=0$	$\nu=\frac{1}{8}$	$\nu=\frac{1}{6}$	$\nu=\frac{1}{4}$
50	$+0,28154 \cdot 10^2$	$+0,27058 \cdot 10^2$	$+0,26712 \cdot 10^2$	$+0,26044 \cdot 10^2$
51	+0,29220	+0,28106	+0,27754	+0,27075
52	+0,30307	+0,29177	+0,28819	+0,28128
53	+0,31417	+0,30269	+0,29905	+0,29203
54	+0,32549	+0,31384	+0,31014	+0,30299
55	+0,33703	+0,32520	+0,32144	+0,31418
56	+0,34879	+0,33679	+0,33297	+0,32558
57	+0,36077	+0,34859	+0,34471	+0,33720
58	+0,37296	+0,36060	+0,35666	+0,34904
59	+0,38537	+0,37283	+0,36883	+0,36108
60	+0,39799	+0,38527	+0,38121	+0,37334
61	+0,41082	+0,39792	+0,39380	+0,38581
62	+0,42386	+0,41078	+0,40660	+0,39849
63	+0,43710	+0,42384	+0,41960	+0,41137
64	+0,45055	+0,43711	+0,43281	+0,42445
65	+0,45420	+0,45058	+0,44622	+0,43774
66	+0,47805	+0,46425	+0,45983	+0,45123
67	+0,49210	+0,47813	+0,47364	+0,46492
68	+0,50635	+0,49220	+0,48765	+0,47881
69	+0,52081	+0,50647	+0,50187	+0,49290
70	+0,53545	+0,52094	+0,51628	+0,50719
71	+0,55030	+0,53561	+0,53088	+0,52168
72	+0,56535	+0,55047	+0,54569	+0,53636
73	+0,58059	+0,56554	+0,56069	+0,55125
74	+0,59603	+0,58080	+0,57589	+0,56633
75	+0,61167	+0,59626	+0,59129	+0,58161
76	+0,62750	+0,61191	+0,60689	+0,59708
77	+0,64353	+0,62777	+0,62268	+0,61276
78	+0,65976	+0,54382	+0,63868	+0,62863
79	+0,67619	+0,66007	+0,65487	+0,64470
80	+0,69282	+0,67652	+0,67126	+0,66097
81	+0,70964	+0,69317	+0,68785	+0,67744
82	+0,72667	+0,71001	+0,70463	+0,69411
83	+0,74389	+0,72706	+0,72162	+0,71097
84	+0,76131	+0,74430	+0,73880	+0,72804
85	+0,77893	+0,76175	+0,75618	+0,74530
86	+0,79675	+0,77939	+0,77377	+0,76277
87	+0,81477	+0,79723	+0,79155	+0,78043
88	+0,83299	+0,81527	+0,80953	+0,79829
89	+0,85141	+0,83351	+0,82771	+0,81635
90	+0,87002	+0,85195	+0,84609	+0,83462
91	+0,88884	+0,87059	+0,86467	+0,85308
92	+0,90786	+0,88943	+0,88346	+0,87174
93	+0,92708	+0,90847	+0,90244	+0,89060
94	+0,94649	+0,92771	+0,92162	+0,90966
95	+0,96611	+0,94715	+0,94100	+0,92892
96	$+0,98593 \cdot 10^2$	+0,96679	+0,96058	+0,84839
97	$+0,10059 \cdot 10^3$	$+0,98663 \cdot 10^2$	$+0,98036 \cdot 10^2$	+0,96805
98	+0,10261	$+0,10066 \cdot 10^3$	$+0,10003 \cdot 10^3$	$+0,98791 \cdot 10^2$
99	$+0,10465 \cdot 10^3$	$+0,10269 \cdot 10^3$	$+0,10205 \cdot 10^3$	$+0,10079 \cdot 10^3$

Tabelle IX. (Fortsetzung)
$b^{(t)}$

$10t$	$\nu = 0$	$\nu = \frac{1}{8}$	$\nu = \frac{1}{6}$	$\nu = \frac{1}{4}$
100	$+0{,}10672 \cdot 10^3$	$+0{,}10473 \cdot 10^3$	$+0{,}10409 \cdot 10^3$	$+0{,}10282 \cdot 10^3$
101	+0,10880	+0,10680	+0,10614	+0,10487
102	+0,11090	+0,10888	+0,10822	+0,10693
103	+0,11302	+0,11098	+0,11032	+0,10902
104	+0,11516	+0,11311	+0,11244	+0,11112
105	+0,11732	+0,11525	+0,11458	+0,11325
106	+0,11951	+0,11742	+0,11673	+0,11540
107	+0,12171	+0,11960	+0,11891	+0,11756
108	+0,12393	+0,12180	+0,12111	+0,11975
109	+0,12617	+0,12403	+0,12333	+0,12196
110	+0,12843	+0,12627	+0,12557	+0,12418
111	+0,13071	+0,12854	+0,12782	+0,12643
112	+0,13302	+0,13082	+0,13010	+0,12869
113	+0,13534	+0,13312	+0,13240	+0,13098
114	+0,13768	+0,13545	+0,13472	+0,13329
115	+0,14004	+0,13779	+0,13706	+0,13561
116	+0,14242	+0,14015	+0,13941	+0,13796
117	+0,14482	+0,14254	+0,14179	+0,14032
118	+0,14724	+0,14494	+0,14419	+0,14271
119	+0,14969	+0,14737	+0,14661	+0,14512
120	+0,15215	+0,14981	+0,14905	+0,14754
121	+0,15463	+0,15227	+0,15150	+0,14999
122	+0,15713	+0,15476	+0,15398	+0,15245
123	+0,15965	+0,15726	+0,15648	+0,15494
124	+0,16219	+0,15978	+0,15900	+0,15744
125	+0,16475	+0,16233	+0,16153	+0,15997
126	+0,16734	+0,16489	+0,16409	+0,16252
127	+0,16994	+0,16747	+0,16667	+0,16508
128	+0,17256	+0,17008	+0,16927	+0,16767
129	+0,17520	+0,17270	+0,17189	+0,17027
130	+0,17786	+0,17535	+0,17452	+0,17290
131	+0,18054	+0,17801	+0,17718	+0,17555
132	+0,18324	+0,18069	+0,17986	+0,17821
133	+0,18597	+0,18340	+0,18256	+0,18090
134	+0,18871	+0,18612	+0,18527	+0,18360
135	+0,19147	+0,18886	+0,18801	+0,18633
136	+0,19425	+0,19163	+0,19077	+0,18908
137	+0,19705	+0,19441	+0,19355	+0,19184
138	+0,19987	+0,19721	+0,19634	+0,19463
139	+0,20271	+0,20004	+0,19916	+0,19743
140	+0,20557	+0,20288	+0,20200	+0,20026
141	+0,20846	+0,20575	+0,20486	+0,20310
142	+0,21136	+0,20863	+0,20773	+0,20597
143	+0,21428	+0,21153	+0,21063	+0,20886
144	+0,21722	+0,21446	+0,21355	+0,21176
145	+0,22018	+0,21740	+0,21649	+0,21469
146	+0,22316	+0,22036	+0,21945	+0,21763
147	+0,22616	+0,22335	+0,22242	+0,22060
148	+0,22918	+0,22635	+0,22542	+0,22358
149	$+0{,}23223 \cdot 10^3$	$+0{,}22937 \cdot 10^3$	$+0{,}22844 \cdot 10^3$	$+0{,}22659 \cdot 10^3$

Tabelle IX. (Fortsetzung)

$b^{(i)}$

10t	$\nu=0$	$\nu=\frac{1}{8}$	$\nu=\frac{1}{6}$	$\nu=\frac{1}{4}$
150	+0,23529 · 10³	+0,23242 · 10³	+0,23148 · 10³	+0,22962 · 10³
151	+0,23837	+0,23548	+0,23453	+0,23266
152	+0,24147	+0,23856	+0,23761	+0,23573
153	+0,24459	+0,24167	+0,24071	+0,23881
154	+0,24773	+0,24479	+0,24383	+0,24192
155	+0,25089	+0,24793	+0,24696	+0,24504
156	+0,25407	+0,25110	+0,25012	+0,24819
157	+0,25727	+0,25428	+0,25330	+0,25136
158	+0,26050	+0,25748	+0,25650	+0,25454
159	+0,26374	+0,26071	+0,25971	+0,25775
160	+0,26700	+0,26395	+0,26295	+0,26097
161	+0,27028	+0,26721	+0,26621	+0,26422
162	+0,27358	+0,27050	+0,26949	+0,26748
163	+0,27690	+0,27380	+0,27287	+0,27077
164	+0,28024	+0,27712	+0,27610	+0,27408
165	+0,28360	+0,28047	+0,27944	+0,27740
166	+0,28698	+0,28383	+0,28280	+0,28075
167	+0,29039	+0,28721	+0,28617	+0,28411
168	+0,29381	+0,29062	+0,28957	+0,28750
169	+0,29725	+0,29404	+0,29299	+0,29090
170	+0,30071	+0,29749	+0,29643	+0,29433
171	+0,30419	+0,30095	+0,29988	+0,29778
172	+0,30769	+0,30443	+0,30336	+0,30124
173	+0,31121	+0,30794	+0,30686	+0,30473
174	+0,31475	+0,31146	+0,31038	+0,30823
175	+0,31831	+0,31500	+0,31391	+0,31176
176	+0,32189	+0,31857	+0,31747	+0,31530
177	+0,32550	+0,32215	+0,32105	+0,31887
178	+0,32912	+0,32575	+0,32465	+0,32246
179	+0,33276	+0,32938	+0,32826	+0,32606
180	+0,33642	+0,33302	+0,33190	+0,32969
181	+0,34010	+0,33668	+0,33556	+0,33333
182	+0,34380	+0,34037	+0,33924	+0,33700
183	+0,34752	+0,34407	+0,34293	+0,34068
184	+0,35126	+0,34779	+0,34665	+0,34439
185	+0,35502	+0,35154	+0,35039	+0,34811
186	+0,35881	+0,35530	+0,35415	+0,35186
187	+0,36261	+0,35908	+0,35792	+0,35563
188	+0,36643	+0,36289	+0,36172	+0,35941
189	+0,37027	+0,36671	+0,36554	+0,36322
190	+0,37413	+0,37055	+0,36937	+0,36704
191	+0,37801	+0,37442	+0,37323	+0,37089
192	+0,38191	+0,37830	+0,37711	+0,37475
193	+0,38583	+0,38220	+0,38101	+0,37864
194	+0,38977	+0,38613	+0,38492	+0,38254
195	+0,39373	+0,39007	+0,38886	+0,38647
196	+0,39771	+0,39403	+0,39282	+0,39042
197	+0,40172	+0,39802	+0,39680	+0,39438
198	+0,40574	+0,40202	+0,40079	+0,39837
199	+0,40978	+0,40604	+0,40481	+0,40237
200	+0,41384 · 10³	+0,41008 · 10³	+0,40885 · 10³	+0,40640 · 10³

Tabelle X

$10t$	$n_{\varphi a}$	$n_{\varphi b}$	$n_{\vartheta a}$	$n_{\vartheta b}$
	$+0{,}00000 \cdot 10^{0}$	$+0{,}50000 \cdot 10^{0}$	$+0{,}00000 \cdot 10^{0}$	$+0{,}50000 \cdot 10^{0}$
1	$+0{,}62500 \cdot 10^{-3}$	$+0{,}50000$	$+0{,}18750 \cdot 10^{-2}$	$+0{,}50000$
2	$+0{,}25000 \cdot 10^{-2}$	$+0{,}50000$	$+0{,}75000 \cdot 10^{-2}$	$+0{,}49998$
3	$+0{,}56250$	$+0{,}49998$	$+0{,}16875 \cdot 10^{-1}$	$+0{,}49989$
4	$+0{,}99998 \cdot 10^{-2}$	$+0{,}49993$	$+0{,}29998$	$+0{,}49967$
5	$+0{,}15624 \cdot 10^{-1}$	$+0{,}49984$	$+0{,}46869$	$+0{,}49919$
6	$+0{,}22497$	$+0{,}49966$	$+0{,}67482$	$+0{,}49831$
7	$+0{,}30619$	$+0{,}49937$	$+0{,}91830 \cdot 10^{-1}$	$+0{,}49687$
8	$+0{,}39986$	$+0{,}49893$	$+0{,}11990 \cdot 10^{0}$	$+0{,}49467$
9	$+0{,}50596$	$+0{,}49829$	$+0{,}15167$	$+0{,}49146$
10	$+0{,}62446$	$+0{,}49740$	$+0{,}18712$	$+0{,}48699$
11	$+0{,}75529$	$+0{,}49619$	$+0{,}22620$	$+0{,}48095$
12	$+0{,}89838 \cdot 10^{-1}$	$+0{,}49460$	$+0{,}26887$	$+0{,}47303$
13	$+0{,}10536 \cdot 10^{0}$	$+0{,}49257$	$+0{,}31504$	$+0{,}46286$
14	$+0{,}12209$	$+0{,}49001$	$+0{,}36464$	$+0{,}45007$
15	$+0{,}14001$	$+0{,}48683$	$+0{,}41755$	$+0{,}43424$
16	$+0{,}15909$	$+0{,}48296$	$+0{,}47364$	$+0{,}41493$
17	$+0{,}17932$	$+0{,}47830$	$+0{,}53272$	$+0{,}39167$
18	$+0{,}20066$	$+0{,}47274$	$+0{,}59461$	$+0{,}36398$
19	$+0{,}22308$	$+0{,}46618$	$+0{,}65905$	$+0{,}33135$
20	$+0{,}24653$	$+0{,}45851$	$+0{,}72576$	$+0{,}29323$
21	$+0{,}27098$	$+0{,}44961$	$+0{,}79441$	$+0{,}24907$
22	$+0{,}29636$	$+0{,}43937$	$+0{,}86461$	$+0{,}19832$
23	$+0{,}32262$	$+0{,}42766$	$+0{,}93591 \cdot 10^{0}$	$+0{,}14039 \cdot 10^{0}$
24	$+0{,}34967$	$+0{,}41435$	$+0{,}10078 \cdot 10^{1}$	$+0{,}74701 \cdot 10^{-1}$
25	$+0{,}37743$	$+0{,}39931$	$+0{,}10797$	$+0{,}66088 \cdot 10^{-3}$
26	$+0{,}40582$	$+0{,}38241$	$+0{,}11511$	$-0{,}82317 \cdot 10^{-1}$
27	$+0{,}43472$	$+0{,}36351$	$+0{,}12210$	$-0{,}17481 \cdot 10^{0}$
28	$+0{,}46402$	$+0{,}34249$	$+0{,}12888$	$-0{,}27738$
29	$+0{,}49359$	$+0{,}31919$	$+0{,}13536$	$-0{,}39056$
30	$+0{,}52328$	$+0{,}29349$	$+0{,}14143$	$-0{,}51487$
31	$+0{,}55294$	$+0{,}26526$	$+0{,}14699$	$-0{,}65079$
32	$+0{,}58238$	$+0{,}23435$	$+0{,}15192$	$-0{,}79873$
33	$+0{,}61142$	$+0{,}20065$	$+0{,}15609$	$-0{,}95906 \cdot 10^{0}$
34	$+0{,}63985$	$+0{,}16403$	$+0{,}15936$	$-0{,}11321 \cdot 10^{1}$
35	$+0{,}66745$	$+0{,}12437 \cdot 10^{0}$	$+0{,}16158$	$-0{,}13180$
36	$+0{,}69396$	$+0{,}81572 \cdot 10^{-1}$	$+0{,}16259$	$-0{,}15169$
37	$+0{,}71913$	$+0{,}35536$	$+0{,}16222$	$-0{,}17288$
38	$+0{,}74267$	$-0{,}13824$	$+0{,}16028$	$-0{,}19536$
39	$+0{,}76429$	$-0{,}65578 \cdot 10^{-1}$	$+0{,}15657$	$-0{,}21910$
40	$+0{,}78366$	$-0{,}12278 \cdot 10^{0}$	$+0{,}15090$	$-0{,}24406$
41	$+0{,}80044$	$-0{,}18248$	$+0{,}14305$	$-0{,}27018$
42	$+0{,}81427$	$-0{,}24568$	$+0{,}13279$	$-0{,}29738$
43	$+0{,}82477$	$-0{,}31238$	$+0{,}11989$	$-0{,}32555$
44	$+0{,}83154$	$-0{,}38256$	$+0{,}10410 \cdot 10^{1}$	$-0{,}35457$
45	$+0{,}83415$	$-0{,}45614$	$+0{,}85187 \cdot 10^{0}$	$-0{,}38429$
46	$+0{,}83218$	$-0{,}53305$	$+0{,}62886$	$-0{,}41453$
47	$+0{,}82516$	$-0{,}61315$	$+0{,}36944 \cdot 10^{0}$	$-0{,}44507$
48	$+0{,}81262$	$-0{,}69629$	$+0{,}71032 \cdot 10^{-1}$	$-0{,}47568$
49	$+0{,}79409 \cdot 10^{0}$	$-0{,}78226 \cdot 10^{0}$	$-0{,}26895 \cdot 10^{0}$	$-0{,}50607 \cdot 10^{1}$

Tabelle X. (Fortsetzung)

$10t$	$n_{\varphi a}$	$n_{\varphi b}$	$n_{\vartheta a}$	$n_{\vartheta b}$
50	$+0{,}76907 \cdot 10^{0}$	$-0{,}87083 \cdot 10^{0}$	$-0{,}65303 \cdot 10^{0}$	$-0{,}53593 \cdot 10^{1}$
51	$+0{,}73704$	$-0{,}96169 \cdot 10^{0}$	$-0{,}10837 \cdot 10^{1}$	$-0{,}56490$
52	$+0{,}69749$	$-0{,}10545 \cdot 10^{1}$	$-0{,}15633$	$-0{,}59258$
53	$+0{,}64991$	$-0{,}11489$	$-0{,}20942$	$-0{,}61855$
54	$+0{,}59377$	$-0{,}12444$	$-0{,}26783$	$-0{,}64230$
55	$+0{,}52855$	$-0{,}13405$	$-0{,}33175$	$-0{,}66331$
56	$+0{,}45374$	$-0{,}14367$	$-0{,}40135$	$-0{,}68099$
57	$+0{,}36884$	$-0{,}15322$	$-0{,}47674$	$-0{,}69472$
58	$+0{,}27336$	$-0{,}16264$	$-0{,}55802$	$-0{,}70380$
59	$+0{,}16684$	$-0{,}17185$	$-0{,}64523$	$-0{,}70751$
60	$+0{,}48847 \cdot 10^{-1}$	$-0{,}18077$	$-0{,}73836$	$-0{,}70506$
61	$-0{,}81031 \cdot 10^{-1}$	$-0{,}18930$	$-0{,}83735$	$-0{,}69561$
62	$-0{,}22315 \cdot 10^{0}$	$-0{,}19734$	$-0{,}94206 \cdot 10^{1}$	$-0{,}67827$
63	$-0{,}37782$	$-0{,}20477$	$-0{,}10523 \cdot 10^{2}$	$-0{,}65210$
64	$-0{,}54529$	$-0{,}21150$	$-0{,}11678$	$-0{,}61613$
65	$-0{,}72575$	$-0{,}21738$	$-0{,}12881$	$-0{,}56931$
66	$-0{,}91931 \cdot 10^{0}$	$-0{,}22228$	$-0{,}14128$	$-0{,}51059$
67	$-0{,}11260 \cdot 10^{1}$	$-0{,}22606$	$-0{,}15412$	$-0{,}43885$
68	$-0{,}13457$	$-0{,}22858$	$-0{,}16728$	$-0{,}35297$
69	$-0{,}15783$	$-0{,}22967$	$-0{,}18066$	$-0{,}25179$
70	$-0{,}18235$	$-0{,}22916$	$-0{,}19416$	$-0{,}13413 \cdot 10^{1}$
71	$-0{,}20808$	$-0{,}22689$	$-0{,}20767$	$+0{,}11797 \cdot 10^{-1}$
72	$-0{,}23497$	$-0{,}22268$	$-0{,}22107$	$+0{,}15531 \cdot 10^{1}$
73	$-0{,}26293$	$-0{,}21633$	$-0{,}23420$	$+0{,}32941$
74	$-0{,}29189$	$-0{,}20766$	$-0{,}24690$	$+0{,}52461$
75	$-0{,}32173$	$-0{,}19647$	$-0{,}25898$	$+0{,}74197$
76	$-0{,}35233$	$-0{,}18257$	$-0{,}27025$	$+0{,}98251 \cdot 10^{1}$
77	$-0{,}38353$	$-0{,}16575$	$-0{,}28047$	$+0{,}12471 \cdot 10^{2}$
78	$-0{,}41516$	$-0{,}14580$	$-0{,}28940$	$+0{,}15367$
79	$-0{,}44702$	$-0{,}12254 \cdot 10^{1}$	$-0{,}29677$	$+0{,}18519$
80	$-0{,}47889$	$-0{,}95754 \cdot 10^{0}$	$-0{,}30228$	$+0{,}21931$
81	$-0{,}51053$	$-0{,}65253$	$-0{,}30562$	$+0{,}25609$
82	$-0{,}54165$	$-0{,}30848 \cdot 10^{0}$	$-0{,}30645$	$+0{,}29554$
83	$-0{,}57195$	$+0{,}76397 \cdot 10^{-1}$	$-0{,}30440$	$+0{,}33763$
84	$-0{,}60110$	$+0{,}50379 \cdot 10^{0}$	$-0{,}29909$	$+0{,}38235$
85	$-0{,}62872$	$+0{,}97524 \cdot 10^{0}$	$-0{,}29010$	$+0{,}42961$
86	$-0{,}65443$	$+0{,}14921 \cdot 10^{1}$	$-0{,}27701$	$+0{,}47931$
87	$-0{,}67778$	$+0{,}20556$	$-0{,}25937$	$+0{,}53131$
88	$-0{,}69831$	$+0{,}26665$	$-0{,}23668$	$+0{,}58543$
89	$-0{,}71553$	$+0{,}33257$	$-0{,}20848$	$+0{,}64143$
90	$-0{,}72890$	$+0{,}40333$	$-0{,}17424$	$+0{,}69902$
91	$-0{,}73786$	$+0{,}47893$	$-0{,}13345 \cdot 10^{2}$	$+0{,}75787$
92	$-0{,}74181$	$+0{,}55934$	$-0{,}85584 \cdot 10^{1}$	$+0{,}81757$
93	$-0{,}74012$	$+0{,}64447$	$-0{,}30105$	$+0{,}87764$
94	$-0{,}73214$	$+0{,}73417$	$+0{,}33521 \cdot 10^{1}$	$+0{,}93755$
95	$-0{,}71718$	$+0{,}82825$	$+0{,}10582 \cdot 10^{2}$	$+0{,}99668 \cdot 10^{2}$
96	$-0{,}69452$	$+0{,}92646 \cdot 10^{1}$	$+0{,}18732$	$+0{,}10543 \cdot 10^{3}$
97	$-0{,}66343$	$+0{,}10285 \cdot 10^{2}$	$+0{,}27852$	$+0{,}11097$
98	$-0{,}62316$	$+0{,}11339$	$+0{,}37989$	$+0{,}11620$
99	$-0{,}57293 \cdot 10^{1}$	$+0{,}12423 \cdot 10^{2}$	$+0{,}49188 \cdot 10^{2}$	$+0{,}11201 \cdot 10^{3}$

Tabelle X. (Fortsetzung)

$10t$	$n_{\varphi a}$	$n_{\varphi b}$	$n_{\vartheta a}$	$n_{\vartheta b}$
100	$-0{,}51195 \cdot 10^1$	$+0{,}13531 \cdot 10^2$	$+0{,}61490 \cdot 10^2$	$+0{,}12531 \cdot 10^3$
101	$-0{,}43944$	$+0{,}14656$	$+0{,}74929$	$+0{,}12897$
102	$-0{,}35461$	$+0{,}15792$	$+0{,}89533 \cdot 10^2$	$+0{,}13188$
103	$-0{,}25668$	$+0{,}16930$	$+0{,}10533 \cdot 10^3$	$+0{,}13388$
104	$-0{,}14486$	$+0{,}18060$	$+0{,}12232$	$+0{,}13484$
105	$-0{,}18423$	$+0{,}19172$	$+0{,}14051$	$+0{,}13460$
106	$+0{,}12336$	$+0{,}20254$	$+0{,}15989$	$+0{,}13297$
107	$+0{,}28115$	$+0{,}21294$	$+0{,}18044$	$+0{,}12979$
108	$+0{,}45557$	$+0{,}22277$	$+0{,}20213$	$+0{,}12486$
109	$+0{,}64719$	$+0{,}23188$	$+0{,}22488$	$+0{,}11798$
110	$+0{,}85647 \cdot 10^1$	$+0{,}24011$	$+0{,}24864$	$+0{,}10894 \cdot 10^3$
111	$+0{,}10838 \cdot 10^2$	$+0{,}24726$	$+0{,}27331$	$+0{,}97523 \cdot 10^2$
112	$+0{,}13295$	$+0{,}25316$	$+0{,}29876$	$+0{,}83495$
113	$+0{,}15936$	$+0{,}25758$	$+0{,}32486$	$+0{,}66625$
114	$+0{,}18762$	$+0{,}26032$	$+0{,}35145$	$+0{,}46676$
115	$+0{,}21772$	$+0{,}26112$	$+0{,}37831$	$+0{,}23404 \cdot 10^2$
116	$+0{,}24961$	$+0{,}25976$	$+0{,}40522$	$-0{,}34332 \cdot 10^1$
117	$+0{,}28326$	$+0{,}25596$	$+0{,}43192$	$-0{,}34080 \cdot 10^2$
118	$+0{,}31858$	$+0{,}24947$	$+0{,}45811$	$-0{,}68775 \cdot 10^2$
119	$+0{,}35547$	$+0{,}23998$	$+0{,}48345$	$-0{,}10775 \cdot 10^3$
120	$+0{,}39380$	$+0{,}22722$	$+0{,}50756$	$-0{,}15123$
121	$+0{,}43344$	$+0{,}21089$	$+0{,}53003$	$-0{,}29943$
122	$+0{,}47418$	$+0{,}19067$	$+0{,}55039$	$-0{,}25254$
123	$+0{,}51582$	$+0{,}16626$	$+0{,}56813$	$-0{,}31073$
124	$+0{,}55808$	$+0{,}13733$	$+0{,}58270$	$-0{,}37415$
125	$+0{,}60069$	$+0{,}10359 \cdot 10^2$	$+0{,}59349$	$-0{,}44291$
126	$+0{,}64331$	$+0{,}64709 \cdot 10^1$	$+0{,}59984$	$-0{,}51709$
127	$+0{,}68556$	$+0{,}20384$	$+0{,}60105$	$-0{,}59672$
128	$+0{,}72702$	$-0{,}29681$	$+0{,}59637$	$-0{,}68178$
129	$+0{,}76722$	$-0{,}85772 \cdot 10^1$	$+0{,}58499$	$-0{,}77220$
130	$+0{,}80564$	$-0{,}14815 \cdot 10^2$	$+0{,}56607$	$-0{,}86783$
131	$+0{,}84172$	$-0{,}21708$	$+0{,}53869$	$-0{,}96846 \cdot 10^3$
132	$+0{,}87482$	$-0{,}29277$	$+0{,}50193$	$-0{,}10738 \cdot 10^4$
133	$+0{,}90428$	$-0{,}37540$	$+0{,}45479$	$-0{,}11834$
134	$+0{,}92936$	$-0{,}46512$	$+0{,}39525$	$-0{,}12969$
135	$+0{,}94928$	$-0{,}56205$	$+0{,}32525$	$-0{,}14136$
136	$+0{,}96319$	$-0{,}66623$	$+0{,}24072$	$-0{,}15328$
137	$+0{,}97020$	$-0{,}77766$	$+0{,}14154 \cdot 10^3$	$-0{,}16537$
138	$+0{,}96937$	$-0{,}89627 \cdot 10^2$	$+0{,}26617 \cdot 10^2$	$-0{,}17753$
139	$+0{,}95967$	$-0{,}10219 \cdot 10^3$	$-0{,}15017 \cdot 10^3$	$-0{,}18964$
140	$+0{,}94006$	$-0{,}11543$	$-0{,}25494$	$-0{,}20158$
141	$+0{,}90944$	$-0{,}12932$	$-0{,}42376$	$-0{,}21320$
142	$+0{,}86667$	$-0{,}14382$	$-0{,}61268$	$-0{,}22433$
143	$+0{,}81054$	$-0{,}15887$	$-0{,}82270 \cdot 10^3$	$-0{,}23479$
144	$+0{,}73986$	$-0{,}17442$	$-0{,}10547 \cdot 10^4$	$-0{,}24438$
145	$+0{,}65336$	$-0{,}19037$	$-0{,}13096$	$-0{,}25287$
146	$+0{,}54978$	$-0{,}20663$	$-0{,}15880$	$-0{,}26001$
147	$+0{,}42786$	$-0{,}22312$	$-0{,}18906$	$-0{,}26555$
148	$+0{,}28631$	$-0{,}23969$	$-0{,}22178$	$-0{,}26918$
149	$+0{,}12386 \cdot 10^2$	$-0{,}25620 \cdot 10^3$	$-0{,}25698 \cdot 10^4$	$-0{,}27060 \cdot 10^4$

Tabelle X. (Fortsetzung)

$10t$	$n_{\varphi a}$	$n_{\varphi b}$	$n_{\vartheta a}$	$n_{\vartheta b}$
150	$-0{,}60703 \cdot 10^1$	$-0{,}27251 \cdot 10^3$	$-0{,}29466 \cdot 10^4$	$-0{,}26947 \cdot 10^4$
151	$-0{,}26860 \cdot 10^2$	$-0{,}28844$	$-0{,}33480$	$-0{,}26543$
152	$-0{,}50096$	$-0{,}30378$	$-0{,}37735$	$-0{,}25809$
153	$-0{,}75886 \cdot 10^2$	$-0{,}31833$	$-0{,}42222$	$-0{,}24706$
154	$-0{,}10432 \cdot 10^3$	$-0{,}33183$	$-0{,}46929$	$-0{,}23191$
155	$-0{,}13550$	$-0{,}34404$	$-0{,}51840$	$-0{,}21220$
156	$-0{,}16949$	$-0{,}35468$	$-0{,}56935$	$-0{,}18746$
157	$-0{,}20634$	$-0{,}36343$	$-0{,}62189$	$-0{,}15721$
158	$-0{,}24609$	$-0{,}36996$	$-0{,}67570$	$-0{,}12096 \cdot 10^4$
159	$-0{,}28876$	$-0{,}37393$	$-0{,}73042$	$-0{,}78213 \cdot 10^3$
160	$-0{,}33433$	$-0{,}37497$	$-0{,}78563$	$-0{,}28452$
161	$-0{,}38276$	$-0{,}37267$	$-0{,}84084$	$+0{,}28830$
162	$-0{,}43400$	$-0{,}36661$	$-0{,}89546$	$+0{,}94146 \cdot 10^3$
163	$-0{,}48792$	$-0{,}35637$	$-0{,}94887 \cdot 10^4$	$+0{,}16799 \cdot 10^4$
164	$-0{,}54438$	$-0{,}34147$	$-0{,}10003 \cdot 10^5$	$+0{,}25087$
165	$-0{,}60320$	$-0{,}32145$	$-0{,}10490$	$+0{,}34323$
166	$-0{,}66414$	$-0{,}29580$	$-0{,}10941$	$+0{,}44551$
167	$-0{,}72692$	$-0{,}26404$	$-0{,}11345$	$+0{,}55812$
168	$-0{,}79118$	$-0{,}22563$	$-0{,}11692$	$+0{,}68141$
169	$-0{,}85655$	$-0{,}18005$	$-0{,}11969$	$+0{,}81567$
170	$-0{,}92253$	$-0{,}12679 \cdot 10^3$	$-0{,}12164$	$+0{,}96112 \cdot 10^4$
171	$-0{,}98862 \cdot 10^3$	$-0{,}65318 \cdot 10^2$	$-0{,}12263$	$+0{,}11179 \cdot 10^5$
172	$-0{,}10542 \cdot 10^4$	$+0{,}48894 \cdot 10^1$	$-0{,}12251$	$+0{,}12860$
173	$-0{,}11185$	$+0{,}84334 \cdot 10^2$	$-0{,}12111$	$+0{,}14655$
174	$-0{,}11810$	$+0{,}17350 \cdot 10^3$	$-0{,}11826$	$+0{,}16561$
175	$-0{,}12406$	$+0{,}27285$	$-0{,}11378$	$+0{,}18575$
176	$-0{,}12965$	$+0{,}38281$	$-0{,}10749 \cdot 10^5$	$+0{,}20693$
177	$-0{,}13477$	$+0{,}50377$	$-0{,}99168 \cdot 10^4$	$+0{,}22906$
178	$-0{,}13929$	$+0{,}63605$	$-0{,}88615$	$+0{,}25207$
179	$-0{,}14312$	$+0{,}77993$	$-0{,}75612$	$+0{,}27585$
180	$-0{,}14610$	$+0{,}93560 \cdot 10^3$	$-0{,}59933$	$+0{,}30026$
181	$-0{,}14810$	$+0{,}11032 \cdot 10^4$	$-0{,}41349$	$+0{,}32516$
182	$-0{,}14898$	$+0{,}12827$	$-0{,}19626 \cdot 10^4$	$+0{,}35034$
183	$-0{,}14857$	$+0{,}14740$	$+0{,}54716 \cdot 10^3$	$+0{,}37560$
184	$-0{,}14670$	$+0{,}16770$	$+0{,}34179 \cdot 10^4$	$+0{,}40069$
185	$-0{,}14320$	$+0{,}18912$	$+0{,}66730 \cdot 10^4$	$+0{,}42531$
186	$-0{,}13787$	$+0{,}21161$	$+0{,}10335 \cdot 10^5$	$+0{,}44916$
187	$-0{,}13054$	$+0{,}23511$	$+0{,}14426$	$+0{,}47187$
188	$-0{,}12098$	$+0{,}25953$	$+0{,}18967$	$+0{,}49305$
189	$-0{,}10900 \cdot 10^4$	$+0{,}28476$	$+0{,}23976$	$+0{,}51224$
190	$-0{,}94387 \cdot 10^3$	$+0{,}31068$	$+0{,}29471$	$+0{,}52896$
191	$-0{,}76916$	$+0{,}33712$	$+0{,}35466$	$+0{,}54268$
192	$-0{,}56371$	$+0{,}36391$	$+0{,}41973$	$+0{,}55281$
193	$-0{,}32533 \cdot 10^3$	$+0{,}39084$	$+0{,}48999$	$+0{,}55873$
194	$-0{,}51853 \cdot 10^2$	$+0{,}41767$	$+0{,}56549$	$+0{,}55975$
195	$+0{,}25888 \cdot 10^3$	$+0{,}44415$	$+0{,}64620$	$+0{,}55515$
196	$+0{,}60894 \cdot 10^3$	$+0{,}46995$	$+0{,}73207$	$+0{,}54415$
197	$+0{,}10003 \cdot 10^4$	$+0{,}49476$	$+0{,}82296$	$+0{,}52592$
198	$+0{,}14349$	$+0{,}51819$	$+0{,}91867 \cdot 10^5$	$+0{,}49960$
199	$+0{,}19143$	$+0{,}53985$	$+0{,}10189 \cdot 10^6$	$+0{,}46427$
200	$+0{,}24401 \cdot 10^4$	$+0{,}55927 \cdot 10^4$	$+0{,}11233 \cdot 10^6$	$+0{,}41896 \cdot 10^5$

Tabelle XI

$m_{\varphi a}$

10t	$\nu=0$	$\nu=\frac{1}{8}$	$\nu=\frac{1}{6}$	$\nu=\frac{1}{4}$
	+0,14434 · 10⁰	+0,16366 · 10⁰	+0,17078 · 10⁰	+0,18634 · 10⁰
1	+0,14434	+0,16366	+0,17078	+0,18634
2	+0,14433	+0,16366	+0,17078	+0,18633
3	+0,14431	+0,16363	+0,17075	+0,18631
4	+0,14424	+0,16356	+0,17068	+0,18623
5	+0,14410	+0,16342	+0,17054	+0,18608
6	+0,14385	+0,16316	+0,17027	+0,18581
7	+0,14344	+0,16273	+0,16984	+0,18536
8	+0,14280	+0,16207	+0,16917	+0,18467
9	+0,14187	+0,16112	+0,16820	+0,18367
10	+0,14058	+0,15978	+0,16685	+0,18226
11	+0,13884	+0,15798	+0,16502	+0,18038
12	+0,13655	+0,15562	+0,16262	+0,17790
13	+0,13362	+0,15259	+0,15955	+0,17471
14	+0,12992	+0,14877	+0,15568	+0,17071
15	+0,12535	+0,14405	+0,15089	+0,16575
16	+0,11978	+0,13829	+0,14504	+0,15971
17	+0,11306	+0,13136	+0,13801	+0,15242
18	+0,10507 · 10⁰	+0,12309	+0,12963	+0,14375
19	+0,95652 · 10⁻¹	+0,11336	+0,11975	+0,13354
20	+0,84647	+0,10199 · 10⁰	+0,10822 · 10⁰	+0,12159
21	+0,71902	+0,88822 · 10⁻¹	+0,94860 · 10⁻¹	+0,10777 · 10⁰
22	+0,57251	+0,73683	+0,79502	+0,91877 · 10⁻¹
23	+0,40528	+0,56402	+0,61970	+0,73733
24	+0,21564 · 10⁻¹	+0,36805	+0,42088	+0,53155
25	+0,19078 · 10⁻³	+0,14715	+0,19678 · 10⁻¹	+0,29960 · 10⁻¹
26	−0,23763 · 10⁻¹	−0,10042	−0,54402 · 10⁻²	+0,39610 · 10⁻²
27	−0,50463	−0,37641	−0,33441 · 10⁻¹	−0,25023 · 10⁻¹
28	−0,80071 · 10⁻¹	−0,68248 · 10⁻¹	−0,64496	−0,57170
29	−0,11274 · 10⁰	−0,10202 · 10⁰	−0,98769 · 10⁻¹	−0,92651 · 10⁻¹
30	−0,14863	−0,13913	−0,13642 · 10⁰	−0,13163 · 10⁰
31	−0,18787	−0,17970	−0,17759	−0,17426
32	−0,23057	−0,22387	−0,22241	−0,22067
33	−0,27686	−0,27175	−0,27099	−0,27098
34	−0,32680	−0,32342	−0,32343	−0,32529
35	−0,38046	−0,37895	−0,37979	−0,38367
36	−0,43788	−0,43838	−0,44012	−0,44617
37	−0,49906	−0,50171	−0,50441	−0,51278
38	−0,56396	−0,56892	−0,57263	−0,58348
39	−0,63249	−0,63991	−0,64471	−0,65820
40	−0,70455	−0,71459	−0,72054	−0,73681
41	−0,77995	−0,79275	−0,79992	−0,81913
42	−0,85846	−0,87418	−0,88263	−0,90493
43	−0,93979 · 10⁰	−0,95858 · 10⁰	−0,96836 · 10⁰	−0,99389 · 10⁰
44	−0,10236 · 10¹	−0,10456 · 10¹	−0,10568 · 10¹	−0,10857 · 10¹
45	−0,11094	−0,11347	−0,11474	−0,11797
46	−0,11966	−0,12255	−0,12396	−0,12756
47	−0,12848	−0,13173	−0,13330	−0,13727
48	−0,13732	−0,14093	−0,14266	−0,14701
49	−0,14609 · 10¹	−0,15009 · 10¹	−0,15198 · 10¹	−0,15671 · 10¹

Tabelle XI. (Fortsetzung)

$m_{\varphi a}$

$10t$	$\nu=0$	$\nu=\frac{1}{8}$	$\nu=\frac{1}{6}$	$\nu=\frac{1}{4}$
50	$-0{,}15471\cdot10^{1}$	$-0{,}15910\cdot10^{1}$	$-0{,}16115\cdot10^{1}$	$-0{,}16627\cdot10^{1}$
51	$-0{,}16307$	$-0{,}16786$	$-0{,}17008$	$-0{,}17559$
52	$-0{,}17106$	$-0{,}17625$	$-0{,}17864$	$-0{,}18453$
53	$-0{,}17856$	$-0{,}18415$	$-0{,}18670$	$-0{,}19298$
54	$-0{,}18542$	$-0{,}19141$	$-0{,}19412$	$-0{,}20077$
55	$-0{,}19148$	$-0{,}19787$	$-0{,}20074$	$-0{,}20775$
56	$-0{,}19658$	$-0{,}20336$	$-0{,}20638$	$-0{,}21374$
57	$-0{,}20055$	$-0{,}20771$	$-0{,}21087$	$-0{,}21854$
58	$-0{,}20317$	$-0{,}21069$	$-0{,}21399$	$-0{,}22196$
59	$-0{,}20424$	$-0{,}21211$	$-0{,}21552$	$-0{,}22375$
60	$-0{,}20353$	$-0{,}21172$	$-0{,}21524$	$-0{,}22368$
61	$-0{,}20081$	$-0{,}20928$	$-0{,}21289$	$-0{,}22150$
62	$-0{,}19580$	$-0{,}20452$	$-0{,}20821$	$-0{,}21693$
63	$-0{,}18825$	$-0{,}19718$	$-0{,}20091$	$-0{,}20968$
64	$-0{,}17786$	$-0{,}18696$	$-0{,}19070$	$-0{,}19946$
65	$-0{,}16435$	$-0{,}17355$	$-0{,}17728$	$-0{,}18594$
66	$-0{,}14739$	$-0{,}15664$	$-0{,}16033$	$-0{,}16880$
67	$-0{,}12669$	$-0{,}13591$	$-0{,}13951$	$-0{,}14769$
68	$-0{,}10189\cdot10^{1}$	$-0{,}11101\cdot10^{1}$	$-0{,}11449\cdot10^{1}$	$-0{,}12227\cdot10^{1}$
69	$-0{,}72685\cdot10^{0}$	$-0{,}81612\cdot10^{0}$	$-0{,}84922\cdot10^{0}$	$-0{,}92187\cdot10^{0}$
70	$-0{,}38720\cdot10^{0}$	$-0{,}47360\cdot10^{0}$	$-0{,}50451$	$-0{,}57070$
71	$+0{,}34055\cdot10^{-2}$	$-0{,}79088\cdot10^{-1}$	$-0{,}10725$	$-0{,}16560$
72	$+0{,}44834\cdot10^{0}$	$+0{,}37090\cdot10^{0}$	$+0{,}34604$	$+0{,}29707$
73	$+0{,}95093\cdot10^{0}$	$+0{,}87977\cdot10^{0}$	$+0{,}85886\cdot10^{0}$	$+0{,}82087\cdot10^{0}$
74	$+0{,}15144\cdot10^{1}$	$+0{,}14509\cdot10^{1}$	$+0{,}14346\cdot10^{1}$	$+0{,}14093\cdot10^{1}$
75	$+0{,}21419$	$+0{,}20874$	$+0{,}20764$	$+0{,}20657$
76	$+0{,}28363$	$+0{,}27923$	$+0{,}27874$	$+0{,}27932$
77	$+0{,}36002$	$+0{,}35684$	$+0{,}35704$	$+0{,}35947$
78	$+0{,}44361$	$+0{,}44181$	$+0{,}44278$	$+0{,}44729$
79	$+0{,}53458$	$+0{,}53435$	$+0{,}53619$	$+0{,}54298$
80	$+0{,}63311$	$+0{,}63463$	$+0{,}63742$	$+0{,}64673$
81	$+0{,}73928$	$+0{,}74275$	$+0{,}74658$	$+0{,}75866$
82	$+0{,}85314$	$+0{,}85876$	$+0{,}86374$	$+0{,}87882\cdot10^{1}$
83	$+0{,}97466\cdot10^{1}$	$+0{,}98265\cdot10^{1}$	$+0{,}98886\cdot10^{1}$	$+0{,}10072\cdot10^{2}$
84	$+0{,}11037\cdot10^{2}$	$+0{,}11143\cdot10^{2}$	$+0{,}11219\cdot10^{2}$	$+0{,}11437$
85	$+0{,}12402$	$+0{,}12535$	$+0{,}12625$	$+0{,}12881$
86	$+0{,}13836$	$+0{,}14000$	$+0{,}14106$	$+0{,}14401$
87	$+0{,}15338$	$+0{,}15534$	$+0{,}15656$	$+0{,}15994$
88	$+0{,}16900$	$+0{,}17131$	$+0{,}17270$	$+0{,}17653$
89	$+0{,}18517$	$+0{,}18784$	$+0{,}18941$	$+0{,}19372$
90	$+0{,}20179$	$+0{,}20485$	$+0{,}20662$	$+0{,}21142$
91	$+0{,}21878$	$+0{,}22225$	$+0{,}22422$	$+0{,}22952$
92	$+0{,}23601$	$+0{,}23991$	$+0{,}24209$	$+0{,}24792$
93	$+0{,}25335$	$+0{,}25770$	$+0{,}26009$	$+0{,}26646$
94	$+0{,}27065$	$+0{,}27546$	$+0{,}27807$	$+0{,}28499$
95	$+0{,}28772$	$+0{,}29300$	$+0{,}29584$	$+0{,}30332$
96	$+0{,}30436$	$+0{,}31013$	$+0{,}31320$	$+0{,}32124$
97	$+0{,}23035$	$+0{,}32662$	$+0{,}32991$	$+0{,}33852$
98	$+0{,}33543$	$+0{,}34221$	$+0{,}34572$	$+0{,}35488$
99	$+0{,}34933\cdot10^{2}$	$+0{,}35661\cdot10^{2}$	$+0{,}36035\cdot10^{2}$	$+0{,}37005\cdot10^{2}$

Tabelle XI. (Fortsetzung)

$m_{\varphi a}$

$10t$	$\nu = 0$	$\nu = \frac{1}{8}$	$\nu = \frac{1}{6}$	$\nu = \frac{1}{4}$
100	$+0,36174 \cdot 10^2$	$+0,36952 \cdot 10^2$	$+0,37347 \cdot 10^2$	$+0,38369 \cdot 10^2$
101	+0,37232	+0,38059	+0,38475	+0,39545
102	+0,38070	+0,38945	+0,39381	+0,40496
103	+0,38649	+0,39570	+0,40023	+0,41178
104	+0,38926	+0,39891	+0,40359	+0,41549
105	+0,38855	+0,39859	+0,40341	+0,41558
106	+0,38386	+0,39426	+0,39919	+0,41155
107	+0,37468	+0,38539	+0,39038	+0,40284
108	+0,36045	+0,37140	+0,37643	+0,38888
109	+0,34059	+0,35172	+0,35674	+0,36904
110	+0,31449	+0,32571	+0,33067	+0,34270
111	+0,28152	+0,29274	+0,29758	+0,30919
112	+0,24103	+0,25214	+0 25680	+0 26780
113	+0,19233	+0,20322	+0,20763	+0,21784
114	$+0,13474 \cdot 10^2$	$+0,14527 \cdot 10^2$	$+0,14935 \cdot 10^2$	$+0,15856 \cdot 10^2$
115	$+0,67562 \cdot 10^1$	$+0,77593 \cdot 10^1$	$+0,81262 \cdot 10^1$	$+0,89241 \cdot 10^1$
116	$-0,99109 \cdot 10^0$	$-0,54189 \cdot 10^{-1}$	$+0,26235 \cdot 10^0$	$+0,91254 \cdot 10^0$
117	$-0,98379 \cdot 10^1$	$-0,89848 \cdot 10^1$	$-0,87285 \cdot 10^1$	$-0,82527 \cdot 10^1$
118	$-0,19853 \cdot 10^2$	$-0,19103 \cdot 10^2$	$-0,18918 \cdot 10^2$	$-0,18645 \cdot 10^2$
119	−0,31105	−0,30478	−0,30375	−0,30337
120	−0,43658	−0,43176	−0 43168	−0 43396
121	−0 57572	−0 57260	−0,57359	−0,57888
122	−0,72903	−0,72786	−0,73007	−0,73873
123	$-0,89702 \cdot 10^2$	$-0,89806 \cdot 10^2$	$-0,90163 \cdot 10^2$	$-0,91404 \cdot 10^2$
124	$-0,10801 \cdot 10^3$	$-0,10836 \cdot 10^3$	$-0,10887 \cdot 10^3$	$-0,11053 \cdot 10^3$
125	−0,12786	−0,12849	−0,12917	−0,13128
126	−0,14927	−0,15022	−0,15107	−0,15369
127	−0,17226	−0,17355	−0,17460	−0,17776
128	−0,19681	−0,19848	−0,19975	−0,20349
129	−0,22292	−0,22499	−0,22650	−0,23087
130	−0,25052	−0,25304	−0,25480	−0,25984
131	−0,27957	−0,28257	−0,28460	−0,29036
132	−0,30998	−0,31349	−0,31580	−0,32233
133	−0,34163	−0,34570	−0,34831	−0,35563
134	−0,37439	−0,37904	−0,38197	−0,39013
135	−0,40808	−0,41335	−0,41661	−0,42565
136	−0,44250	−0,44842	−0,45203	−0,46198
137	−0,47740	−0,48400	−0,48796	−0,49885
138	−0,51249	−0,51981	−0,52414	−0,53598
139	−0,54746	−0,55551	−0,56021	−0,57303
140	−0,58192	−0,59072	−0,59581	−0,60961
141	−0,61546	−0,62503	−0,63050	−0,64528
142	−0,64759	−0,65794	−0,66380	−0,67955
143	−0,67779	−0,68893	−0,69516	−0,71186
144	−0,70547	−0,71739	−0,72399	−0,74160
145	−0,72998	−0,74267	−0,74962	−0,76811
146	−0,75061	−0,76406	−0,77134	−0,79062
147	−0,76659	−0,78076	−0,78835	−0,80836
148	−0,77708	−0,79194	−0,79979	−0,82043
149	$-0,78117 \cdot 10^3$	$-0,79667 \cdot 10^3$	$-0,80475 \cdot 10^3$	$-0,82589 \cdot 10^3$

Tabelle XI. (Fortsetzung)

$m_{\varphi a}$

$10t$	$\nu=0$	$\nu=\frac{1}{8}$	$\nu=\frac{1}{6}$	$\nu=\frac{1}{4}$
150	$-0{,}77790\cdot10^3$	$-0{,}79396\cdot10^3$	$-0{,}80224\cdot10^3$	$-0{,}82373\cdot10^3$
151	$-0{,}76623$	$-0{,}78278$	$-0{,}79118$	$-0{,}81285$
152	$-0{,}74506$	$-0{,}76200$	$-0{,}77046$	$-0{,}79214$
153	$-0{,}71322$	$-0{,}73044$	$-0{,}73887$	$-0{,}76034$
154	$-0{,}66949$	$-0{,}68685$	$-0{,}69518$	$-0{,}71618$
155	$-0{,}61258$	$-0{,}62993$	$-0{,}63805$	$-0{,}65831$
156	$-0{,}54115$	$-0{,}55833$	$-0{,}56613$	$-0{,}58533$
157	$-0{,}45383$	$-0{,}47063$	$-0{,}47800$	$-0{,}49580$
158	$-0{,}34919$	$-0{,}36540$	$-0{,}37219$	$-0{,}38822$
159	$-0{,}22578\cdot10^3$	$-0{,}24117\cdot10^3$	$-0{,}24723$	$-0{,}26106$
160	$-0{,}82136\cdot10^2$	$-0{,}96423\cdot10^2$	$-0{,}10160\cdot10^3$	$-0{,}11278\cdot10^3$
161	$+0{,}83227\cdot10^2$	$+0{,}70331\cdot10^2$	$+0{,}66223\cdot10^2$	$+0{,}58179\cdot10^2$
162	$+0{,}27178\cdot10^3$	$+0{,}26059\cdot10^3$	$+0{,}25774\cdot10^3$	$+0{,}25336\cdot10^3$
163	$+0{,}48497$	$+0{,}47584$	$+0{,}47446$	$+0{,}47431$
164	$+0{,}72420$	$+0{,}71750$	$+0{,}71781$	$+0{,}72250$
165	$+0{,}99082\cdot10^3$	$+0{,}98696\cdot10^3$	$+0{,}98919\cdot10^3$	$+0{,}99935\cdot10^3$
166	$+0{,}12861\cdot10^4$	$+0{,}12855\cdot10^4$	$+0{,}12899\cdot10^4$	$+0{,}13062\cdot10^4$
167	$+0{,}16112$	$+0{,}16143$	$+0{,}16211$	$+0{,}16443$
168	$+0{,}19671$	$+0{,}19744$	$+0{,}19840$	$+0{,}20148$
169	$+0{,}23546$	$+0{,}23667$	$+0{,}23793$	$+0{,}24184$
170	$+0{,}27745$	$+0{,}27919$	$+0{,}28077$	$+0{,}28561$
171	$+0{,}32271$	$+0{,}32503$	$+0{,}32697$	$+0{,}33281$
172	$+0{,}37126$	$+0{,}37421$	$+0{,}37655$	$+0{,}38347$
173	$+0{,}42307$	$+0{,}42672$	$+0{,}42948$	$+0{,}43758$
174	$+0{,}47810$	$+0{,}48251$	$+0{,}48573$	$+0{,}49507$
175	$+0{,}53624$	$+0{,}54147$	$+0{,}54518$	$+0{,}55586$
176	$+0{,}59735$	$+0{,}60347$	$+0{,}60769$	$+0{,}61980$
177	$+0{,}66125$	$+0{,}66831$	$+0{,}67309$	$+0{,}68669$
178	$+0{,}72767$	$+0{,}73574$	$+0{,}74110$	$+0{,}75628$
179	$+0{,}79632$	$+0{,}80545$	$+0{,}81142$	$+0{,}82825$
180	$+0{,}86680$	$+0{,}87705$	$+0{,}88366$	$+0{,}90220$
181	$+0{,}93866\cdot10^4$	$+0{,}95009\cdot10^4$	$+0{,}95735\cdot10^4$	$+0{,}97766\cdot10^4$
182	$+0{,}10114\cdot10^5$	$+0{,}10240\cdot10^5$	$+0{,}10320\cdot10^5$	$+0{,}10541\cdot10^5$
183	$+0{,}10843$	$+0{,}10982$	$+0{,}11068$	$+0{,}11308$
184	$+0{,}11567$	$+0{,}11719$	$+0{,}11813$	$+0{,}12071$
185	$+0{,}12278$	$+0{,}12444$	$+0{,}12544$	$+0{,}12821$
186	$+0{,}12966$	$+0{,}13146$	$+0{,}13254$	$+0{,}13549$
187	$+0{,}13622$	$+0{,}13815$	$+0{,}13930$	$+0{,}14244$
188	$+0{,}14233$	$+0{,}14440$	$+0{,}14562$	$+0{,}14893$
189	$+0{,}14787$	$+0{,}15008$	$+0{,}15136$	$+0{,}15484$
190	$+0{,}15270$	$+0{,}15504$	$+0{,}15638$	$+0{,}16002$
191	$+0{,}15666$	$+0{,}15912$	$+0{,}16053$	$+0{,}16431$
192	$+0{,}15958$	$+0{,}16217$	$+0{,}16362$	$+0{,}16753$
193	$+0{,}16129$	$+0{,}16399$	$+0{,}16549$	$+0{,}16950$
194	$+0{,}16159$	$+0{,}16438$	$+0{,}16592$	$+0{,}17000$
195	$+0{,}16026$	$+0{,}16314$	$+0{,}16470$	$+0{,}16883$
196	$+0{,}15708$	$+0{,}16003$	$+0{,}16161$	$+0{,}16574$
197	$+0{,}15182$	$+0{,}15482$	$+0{,}15639$	$+0{,}16049$
198	$+0{,}14422$	$+0{,}14725$	$+0{,}14880$	$+0{,}15282$
199	$+0{,}13402$	$+0{,}13705$	$+0{,}13856$	$+0{,}14244$
200	$+0{,}12095\cdot10^5$	$+0{,}12394\cdot10^5$	$+0{,}12539\cdot10^5$	$+0{,}12908\cdot10^5$

Tabelle XII

$m_{\varphi b}$

10t	$\nu = 0$	$\nu = \frac{1}{8}$	$\nu = \frac{1}{6}$	$\nu = \frac{1}{4}$
	$+0,00000 \cdot 10^{0}$	$+0,00000 \cdot 10^{0}$	$+0,00000 \cdot 10^{0}$	$+0,00000 \cdot 10^{0}$
1	$-0,54126 \cdot 10^{-3}$	$-0,56827 \cdot 10^{-3}$	$-0,57944 \cdot 10^{-3}$	$-0,60560 \cdot 10^{-3}$
2	$-0,21650 \cdot 10^{-2}$	$-0,22731 \cdot 10^{-2}$	$-0,23177 \cdot 10^{-2}$	$-0,24224 \cdot 10^{-2}$
3	−0,48713	−0,51144	−0,52148	−0,54503
4	$-0,86598 \cdot 10^{-2}$	$-0,90919 \cdot 10^{-2}$	$-0,92705 \cdot 10^{-2}$	$-0,96891 \cdot 10^{-2}$
5	$-0,13530 \cdot 10^{-1}$	$-0,14205 \cdot 10^{-1}$	$-0,14484 \cdot 10^{-1}$	$-0,15138 \cdot 10^{-1}$
6	−0,19480	−0,20452	−0,20854	−0,21796
7	−0,26509	−0,27832	−0,28379	−0,29660
8	−0,34612	−0,36340	−0,37054	−0,38727
9	−0,43784	−0,45970	−0,46874	−0,48991
10	−0,54017	−0,56715	−0,57830	−0,60443
11	−0,65299	−0,68562	−0,69910	−0,73070
12	−0,77615	−0,81496	−0,83099	$-0,86856 \cdot 10^{-1}$
13	$-0,90945 \cdot 10^{-1}$	$-0,95496 \cdot 10^{-1}$	$-0,97376 \cdot 10^{-1}$	$-0,10178 \cdot 10^{0}$
14	$-0,10526 \cdot 10^{0}$	$-0,11053 \cdot 10^{0}$	$-0,11271 \cdot 10^{0}$	−0,11781
15	−0,12053	−0,12658	−0,12908	−0,13492
16	−0,13672	−0,14359	−0,14643	−0,15307
17	−0,15378	−0,16152	−0,16471	−0,17219
18	−0,17164	−0,18030	−0,18387	−0,19223
19	−0,19025	−0,19986	−0,20383	−0,21311
20	−0,20950	−0,22013	−0,22451	−0,23475
21	−0,22932	−0,24099	−0,24580	−0,25704
22	−0,24959	−0,26234	−0,26759	−0,27986
23	−0,27017	−0,28404	−0,28975	−0,30308
24	−0,29093	−0,30595	−0,31212	−0,32653
25	−0,31169	−0,32788	−0,33453	−0,35005
26	−0,33228	−0,34966	−0,35679	−0,37342
27	−0,35247	−0,37107	−0,37869	−0,39644
28	−0,37205	−0,39187	−0,39997	−0,41884
29	−0,39074	−0,41178	−0,42037	−0,44035
30	−0,40827	−0,43053	−0,43960	−0,46066
31	−0,42432	−0,44779	−0,45732	−0,47945
32	−0,43855	−0,46320	−0,47319	−0,49634
33	−0,45059	−0,47639	−0,48681	−0,51094
34	−0,46003	−0,48694	−0,49777	−0,52281
35	−0,46644	−0,49440	−0,50562	−0,53148
36	−0,46935	−0,49830	−0,50987	−0,53647
37	−0,46828	−0,49813	−0,51001	−0,53723
38	−0,46267	−0,49334	−0,50547	−0,53320
39	−0,45198	−0,48335	−0,49569	−0,52377
40	−0,43562	−0,46756	−0,48003	−0,50831
41	−0,41295	−0,44532	−0,45786	−0,48615
42	−0,38333	−0,41597	−0,42850	−0,45659
43	−0,34608	−0,37881	−0,39124	−0,41891
44	−0,30051	−0,33313	−0,34535	−0,37235
45	−0,24591	−0,27819	−0,29010	−0,31615
46	−0,18153	−0,21323	−0,22471	−0,24951
47	$-0,10664 \cdot 10^{0}$	$-0,13750 \cdot 10^{0}$	$-0,14842 \cdot 10^{0}$	$-0,17165 \cdot 10^{0}$
48	$-0,20505 \cdot 10^{-1}$	$-0,50222 \cdot 10^{-1}$	$-0,60448 \cdot 10^{-1}$	$-0,81747 \cdot 10^{-1}$
49	$+0,77638 \cdot 10^{-1}$	$+0,49371 \cdot 10^{-1}$	$+0,39991 \cdot 10^{-1}$	$+0,20996 \cdot 10^{-1}$

Tabelle XII. (Fortsetzung)

$m_{\varphi b}$

10t	$\nu=0$	$\nu=\frac{1}{8}$	$\nu=\frac{1}{6}$	$\nu=\frac{1}{4}$
50	$+0{,}18851\cdot10^0$	$+0{,}16203\cdot10^0$	$+0{,}15366\cdot10^0$	$+0{,}13737\cdot10^0$
51	+0,31283	+0,28850	+0,28131	+0,26816
52	+0,45129	+0,42949	+0,42366	+0,41410
53	+0,60453	+0,58567	+0,58139	+0,57592
54	+0,77315	+0,75767	+0,75515	+0,75425
55	$+0{,}95769\cdot10^0$	$+0{,}94603\cdot10^0$	$+0{,}94548\cdot10^0$	$+0{,}94970\cdot10^0$
56	$+0{,}11586\cdot10^1$	$+0{,}11512\cdot10^1$	$+0{,}11529\cdot10^1$	$+0{,}11627\cdot10^1$
57	+0,13762	+0,13737	+0,13777	+0,13938
58	+0,16108	+0,16136	+0,16203	+0,16433
59	+0,18626	+0,18712	+0,18809	+0,19112
60	+0,21314	+0,21465	+0,21593	+0,21977
61	+0,24172	+0,24392	+0,24554	+0,25025
62	+0,27195	+0,27491	+0,27689	+0,28253
63	+0,30377	+0,30754	+0,30992	+0,31655
64	+0,33710	+0,34175	+0,34454	+0,35222
65	+0,37183	+0,37741	+0,38065	+0,38944
66	+0,40783	+0,41440	+0,41810	+0,42805
67	+0,44492	+0,45253	+0,45672	+0,46790
68	+0,48289	+0,49160	+0,49631	+0,50876
69	+0,52151	+0,53137	+0,53661	+0,55037
70	+0,56049	+0,57155	+0,57733	+0,59246
71	+0,59950	+0,61180	+0,61815	+0,63467
72	+0,63817	+0,65176	+0,65868	+0,67661
73	+0,67607	+0,69098	+0,69849	+0,71784
74	+0,71273	+0,72898	+0,73708	+0,75786
75	+0,74762	+0,76523	+0,77392	+0,79612
76	+0,78014	+0,79912	+0,80840	+0,83199
77	+0,80965	+0,83000	+0,83985	+0,86479
78	+0,83542	+0,85713	+0,86753	+0,89376
79	+0,85669	+0,87972	+0,89065	+0,91810
80	+0,87260	+0,89691	+0,90834	+0,93691
81	+0,88224	+0,90778	+0,91967	+0,94923
82	+0,88463	+0,91132	+0,92361	+0,95401
83	+0,87872	+0,90647	+0,91909	+0,95017
84	+0,86339	+0,89208	+0,90497	+0,93651
85	+0,83746	+0,86694	+0,88001	+0,91178
86	+0,79967	+0,82979	+0,84295	+0,87467
87	+0,74872	+0,77929	+0,79241	+0,82379
88	+0,68324	+0,71404	+0,72701	+0,75770
89	+0,60181	+0,63260	+0,64527	+0,67488
90	+0,50298	+0,53346	+0,54568	+0,57380
91	+0,38523	+0,41511	+0,42670	+0,45286
92	$+0{,}24705\cdot10^1$	+0,27599	+0,28676	+0,31045
93	$+0{,}86904\cdot10^0$	$+0{,}11451\cdot10^1$	$+0{,}12425\cdot10^1$	$+0{,}14492\cdot10^1$
94	$-0{,}96767\cdot10^0$	$-0{,}70904\cdot10^0$	$-0{,}62415\cdot10^0$	$-0{,}45370\cdot10^0$
95	$-0{,}30548\cdot10^1$	$-0{,}28181\cdot10^1$	$-0{,}27482\cdot10^1$	$-0{,}26205\cdot10^1$
96	−0,54075	−0,51976	−0,51453	−0,50672
97	$-0{,}80401\cdot10^1$	$-0{,}78624\cdot10^1$	$-0{,}78304\cdot10^1$	$-0{,}78093\cdot10^1$
98	$-0{,}10966\cdot10^2$	$-0{,}10826\cdot10^2$	$-0{,}10818\cdot10^2$	$-0{,}10861\cdot10^2$
99	$-0{,}14199\cdot10^2$	$-0{,}14103\cdot10^2$	$-0{,}14121\cdot10^2$	$-0{,}14238\cdot10^2$

Tabelle XII. (Fortsetzung)

$m_{\varphi b}$

$10t$	$\nu = 0$	$\nu = \frac{1}{8}$	$\nu = \frac{1}{6}$	$\nu = \frac{1}{4}$
100	$-0{,}17750 \cdot 10^2$	$-0{,}17704 \cdot 10^2$	$-0{,}17752 \cdot 10^2$	$-0{,}17951 \cdot 10^2$
101	$-0{,}21630$	$-0{,}21641$	$-0{,}21722$	$-0{,}22012$
102	$-0{,}25846$	$-0{,}25921$	$-0{,}26039$	$-0{,}26429$
103	$-0{,}30404$	$-0{,}30551$	$-0{,}30710$	$-0{,}31210$
104	$-0{,}35309$	$-0{,}35536$	$-0{,}35739$	$-0{,}36359$
105	$-0{,}40561$	$-0{,}40875$	$-0{,}41127$	$-0{,}41877$
106	$-0{,}46156$	$-0{,}46566$	$-0{,}46871$	$-0{,}47762$
107	$-0{,}52089$	$-0{,}52603$	$-0{,}52965$	$-0{,}54007$
108	$-0{,}58348$	$-0{,}58975$	$-0{,}59398$	$-0{,}60601$
109	$-0{,}64918$	$-0{,}65666$	$-0{,}66154$	$-0{,}67529$
110	$-0{,}71776$	$-0{,}72655$	$-0{,}73212$	$-0{,}74768$
111	$-0{,}78896$	$-0{,}79914$	$-0{,}80544$	$-0{,}82292$
112	$-0{,}86245$	$-0{,}87410$	$-0{,}88117$	$-0{,}90064$
113	$-0{,}93780 \cdot 10^2$	$-0{,}95101 \cdot 10^2$	$-0{,}95888 \cdot 10^2$	$-0{,}98043 \cdot 10^2$
114	$-0{,}10145 \cdot 10^3$	$-0{,}10293 \cdot 10^3$	$-0{,}10380 \cdot 10^3$	$-0{,}10618 \cdot 10^3$
115	$-0{,}10920$	$-0{,}11086$	$-0{,}11182$	$-0{,}11441$
116	$-0{,}11697$	$-0{,}11881$	$-0{,}11985$	$-0{,}12267$
117	$-0{,}12468$	$-0{,}12670$	$-0{,}12783$	$-0{,}13088$
118	$-0{,}13224$	$-0{,}13445$	$-0{,}13567$	$-0{,}13895$
119	$-0{,}13956$	$-0{,}14195$	$-0{,}14327$	$-0{,}14678$
120	$-0{,}14652$	$-0{,}14911$	$-0{,}15052$	$-0{,}15426$
121	$-0{,}15301$	$-0{,}15579$	$-0{,}15729$	$-0{,}16125$
122	$-0{,}15888$	$-0{,}16186$	$-0{,}16345$	$-0{,}16763$
123	$-0{,}16400$	$-0{,}16718$	$-0{,}16885$	$-0{,}17323$
124	$-0{,}16821$	$-0{,}17157$	$-0{,}17332$	$-0{,}17788$
125	$-0{,}17132$	$-0{,}17486$	$-0{,}17668$	$-0{,}18142$
126	$-0{,}17316$	$-0{,}17686$	$-0{,}17875$	$-0{,}18363$
127	$-0{,}17351$	$-0{,}17737$	$-0{,}17931$	$-0{,}18431$
128	$-0{,}17215$	$-0{,}17616$	$-0{,}17814$	$-0{,}18322$
129	$-0{,}16887$	$-0{,}17300$	$-0{,}17501$	$-0{,}18013$
130	$-0{,}16341$	$-0{,}16763$	$-0{,}16966$	$-0{,}17477$
131	$-0{,}15551$	$-0{,}15980$	$-0{,}16182$	$-0{,}16688$
132	$-0{,}14489$	$-0{,}14922$	$-0{,}15122$	$-0{,}15616$
133	$-0{,}13128$	$-0{,}13561$	$-0{,}13756$	$-0{,}14233$
134	$-0{,}11438 \cdot 10^3$	$-0{,}11867 \cdot 10^3$	$-0{,}12054 \cdot 10^3$	$-0{,}12506$
135	$-0{,}93893 \cdot 10^2$	$-0{,}98087 \cdot 10^2$	$-0{,}99856 \cdot 10^2$	$-0{,}10404 \cdot 10^3$
136	$-0{,}69489$	$-0{,}73542$	$-0{,}75175$	$-0{,}78948 \cdot 10^2$
137	$-0{,}40860 \cdot 10^2$	$-0{,}44712$	$-0{,}46174$	$-0{,}49432$
138	$-0{,}76838 \cdot 10^1$	$-0{,}11270$	$-0{,}12523$	$-0{,}15161$
139	$+0{,}30362 \cdot 10^2$	$+0{,}27111$	$+0{,}26110$	$+0{,}24205$
140	$+0{,}73596 \cdot 10^2$	$+0{,}70759 \cdot 10^2$	$+0{,}70053 \cdot 10^2$	$+0{,}69003 \cdot 10^2$
141	$+0{,}12233 \cdot 10^3$	$+0{,}11999 \cdot 10^3$	$+0{,}11962 \cdot 10^3$	$+0{,}11956 \cdot 10^3$
142	$+0{,}17686$	$+0{,}17511$	$+0{,}17514$	$+0{,}17620$
143	$+0{,}23749$	$+0{,}23642$	$+0{,}23690$	$+0{,}23924$
144	$+0{,}30447$	$+0{,}30419$	$+0{,}30518$	$+0{,}30894$
145	$+0{,}37805$	$+0{,}37866$	$+0{,}38022$	$+0{,}38558$
146	$+0{,}45843$	$+0{,}46005$	$+0{,}46225$	$+0{,}46937$
147	$+0{,}54578$	$+0{,}54854$	$+0{,}55144$	$+0{,}56049$
148	$+0{,}64023$	$+0{,}64425$	$+0{,}64792$	$+0{,}65909$
149	$+0{,}74184 \cdot 10^3$	$+0{,}74725 \cdot 10^3$	$+0{,}75176 \cdot 10^3$	$+0{,}76525 \cdot 10^3$

Tabelle XII. (Fortsetzung)

$m_{\varphi b}$

10t	$\nu = 0$	$\nu = \frac{1}{8}$	$\nu = \frac{1}{6}$	$\nu = \frac{1}{4}$
150	$+0{,}85062 \cdot 10^3$	$+0{,}85756 \cdot 10^3$	$+0{,}86298 \cdot 10^3$	$+0{,}87897 \cdot 10^3$
151	$+0{,}96649 \cdot 10^3$	$+0{,}97511 \cdot 10^3$	$+0{,}98151 \cdot 10^3$	$+0{,}10002 \cdot 10^4$
152	$+0{,}10893 \cdot 10^4$	$+0{,}10997 \cdot 10^4$	$+0{,}11072 \cdot 10^4$	+0,11287
153	+0,12188	+0,12312	+0,12398	+0,12644
154	+0,13547	+0,13692	+0,13790	+0,14069
155	+0,14965	+0,15132	+0,15243	+0,15557
156	+0,16436	+0,16627	+0,16751	+0,17101
157	+0,17952	+0,18169	+0,18307	+0,18695
158	+0,19506	+0,19749	+0,19902	+0,20329
159	+0,21085	+0,21357	+0,21525	+0,21992
160	+0,22679	+0,22980	+0,23164	+0,23672
161	+0,24273	+0,24604	+0,24804	+0,25354
162	+0,25850	+0,26212	+0,26428	+0,27021
163	+0,27391	+0,27785	+0,28018	+0,28653
164	+0,28877	+0,29303	+0,29552	+0,30230
165	+0,30283	+0,30742	+0,31007	+0,31726
166	+0,31584	+0,32075	+0,32356	+0,33115
167	+0,32751	+0,33274	+0,33570	+0,34367
168	+0,33752	+0,34307	+0,34617	+0,35449
169	+0,34553	+0,35138	+0,35461	+0,36324
170	+0,35116	+0,35729	+0,36064	+0,36955
171	+0,35402	+0,36041	+0,36386	+0,37299
172	+0,35365	+0,36028	+0,36381	+0,37311
173	+0,34961	+0,35644	+0,36003	+0,36941
174	+0,34139	+0,34839	+0,35200	+0,36139
175	+0,32847	+0,33558	+0,33918	+0,34849
176	+0,31029	+0,31746	+0,32102	+0,33013
177	+0,28627	+0,29344	+0,29691	+0,30570
178	+0,25581	+0,26290	+0,26623	+0,27458
179	+0,21827	+0,22520	+0,22835	+0,23610
180	+0,17301	+0,17969	+0,18259	+0,18957
181	$+0{,}11936 \cdot 10^4$	$+0{,}12569 \cdot 10^4$	$+0{,}12828 \cdot 10^4$	$+0{,}13432 \cdot 10^4$
182	$+0{,}56655 \cdot 10^3$	$+0{,}62522 \cdot 10^3$	$+0{,}64729 \cdot 10^3$	$+0{,}69618 \cdot 10^3$
183	−0,15795	−0,10516	$-0{,}87698 \cdot 10^2$	$-0{,}52394 \cdot 10^2$
184	$-0{,}98668 \cdot 10^3$	$-0{,}94112 \cdot 10^3$	$-0{,}92909 \cdot 10^3$	$-0{,}90669 \cdot 10^3$
185	$-0{,}19263 \cdot 10^4$	$-0{,}18895 \cdot 10^4$	$-0{,}18838 \cdot 10^4$	$-0{,}18828 \cdot 10^4$
186	−0,29835	−0,29569	−0,29585	−0,29786
187	−0,41645	−0,41499	−0,41599	−0,42038
188	−0,54752	−0,54745	−0,54939	−0,55646
189	−0,69213	−0,69364	−0,69663	−0,70670
190	$-0{,}85076 \cdot 10^4$	$-0{,}85405 \cdot 10^4$	$-0{,}85822 \cdot 10^4$	$-0{,}87162 \cdot 10^4$
191	$-0{,}10238 \cdot 10^5$	$-0{,}10291 \cdot 10^5$	$-0{,}10346 \cdot 10^5$	$-0{,}10516 \cdot 10^5$
192	−0,12116	−0,12192	−0,12261	−0,12472
193	−0,14145	−0,14245	−0,14329	−0,14584
194	−0,16324	−0,16451	−0,16553	−0,16855
195	−0,18654	−0,18811	−0,18931	−0,19285
196	−0,21133	−0,21322	−0,21462	−0,21871
197	−0,23757	−0,23981	−0,24142	−0,24610
198	−0,26520	−0,26781	−0,26966	−0,27496
199	−0,29414	−0,29716	−0,29924	−0,30521
200	$-0{,}32428 \cdot 10^5$	$-0{,}32773 \cdot 10^5$	$-0{,}39007 \cdot 10^5$	$-0{,}33673 \cdot 10^5$

721/54/60 — III/18/203